△

수학을 쉽게 만들어 주는 자

풍산자 반복수학

중학수학 1-2

구성과 특징

» 반복 연습으로 기초를 탄탄하게 만드는 기본학습서!
수학하는 힘을 길러주는 반복수학으로 기초 실력과 자신감을 UP하세요.

진도북

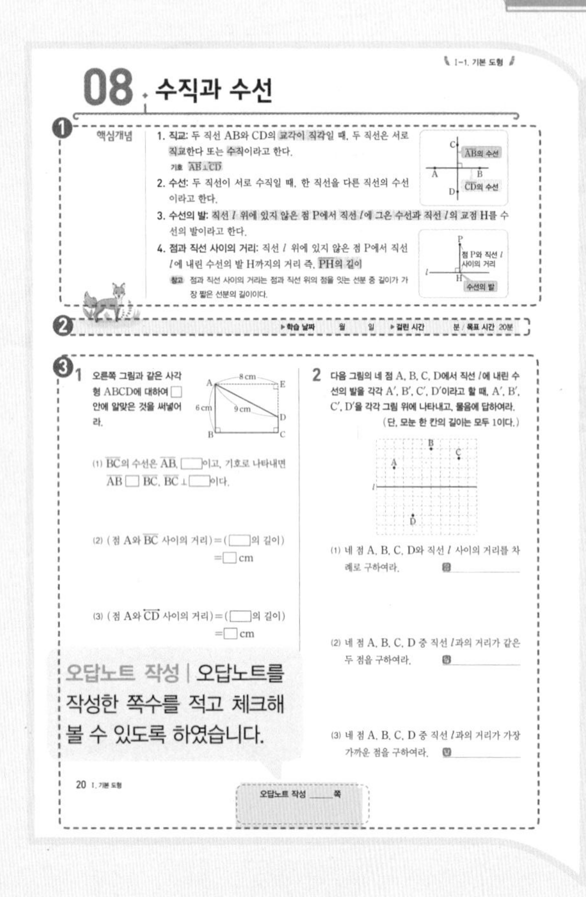

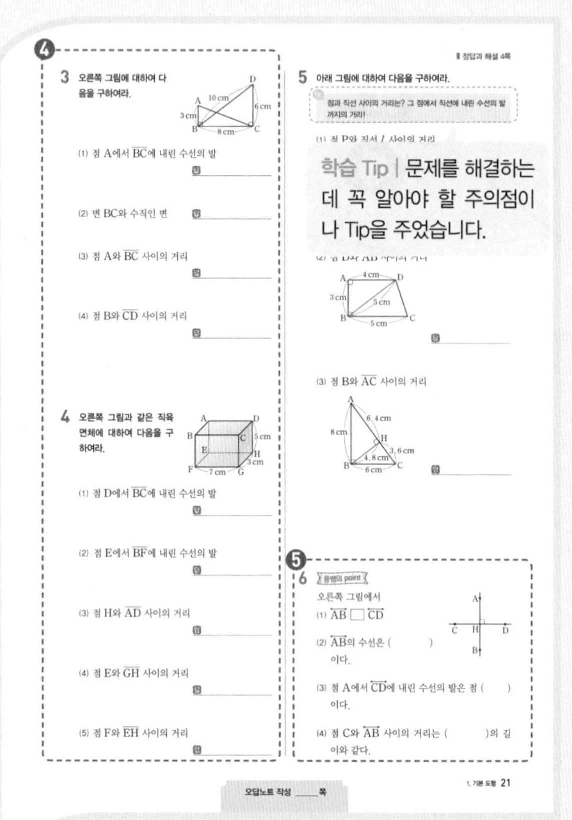

❶ **학습 내용의 핵심만 쏙쏙!**
주제별 핵심 개념과 원리를 핵심만 쏙쏙 뽑아 이해하기 쉽게 정리

❷ **학습 날짜와 시간 체크!**
주제별 학습 날짜, 걸린 시간을 체크하면서 계획성 있게 학습

❸ **단계별 문제로 개념을 확실히!**
'빈칸 채우기 → 과정 완성하기 → 직접 풀어 보기'의 과정을 통해서 스스로 개념을 이해할 수 있도록 제시

❹ **유사 문제의 반복 학습!**
같은 유형의 유사 문제를 반복적으로 연습하면서 개념을 확실히 익히고 기본 실력을 기를 수 있도록 구성

❺ **풍쌤의 point!**
용어, 공식 등 꼭 알아야 할 핵심 사항을 괄호 문제를 통해 다시 한번 체크할 수 있도록 구성

풍산자 반복수학만의 매력

1

수학의 기본기를 다지는 원리, 개념, 연산 문제의 집중 · 반복 연습

2

개념의 이해를 돕는 단계별 문제 구성

3

학습 스케줄과 오답노트를 통한 자기 주도적 학습

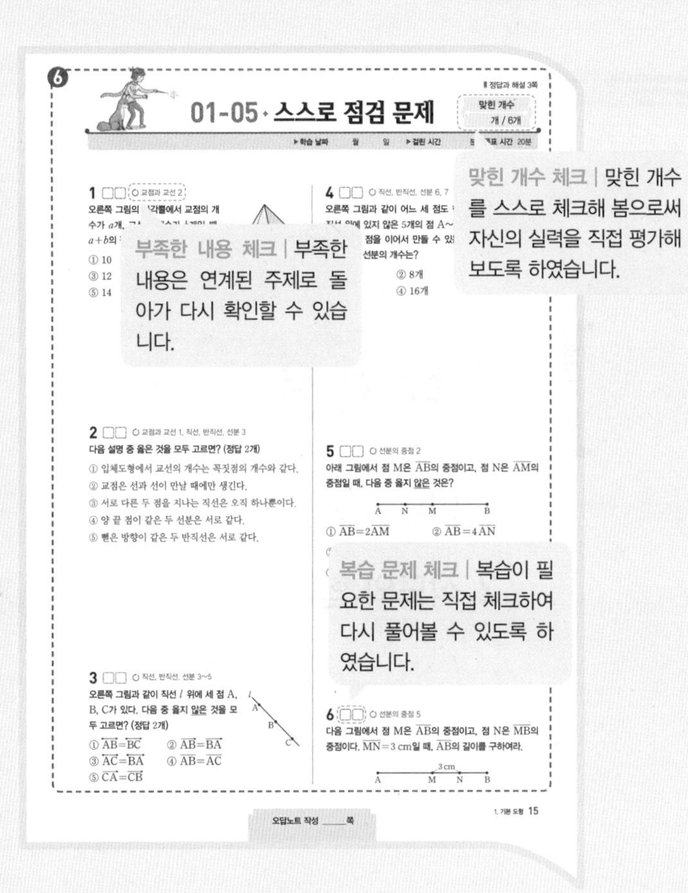

❻ 중요한 문제만 모아 점검!

집중+반복 학습한 내용을 바탕으로 자기 실력을 점검할 수 있는 평가 문항으로 구성

정답과 해설

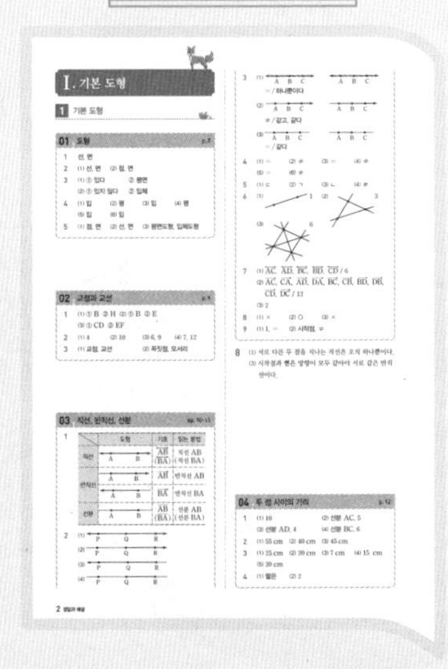

• 최적의 문제 해결 방법을 자세하고 친절하게 제시

오답노트

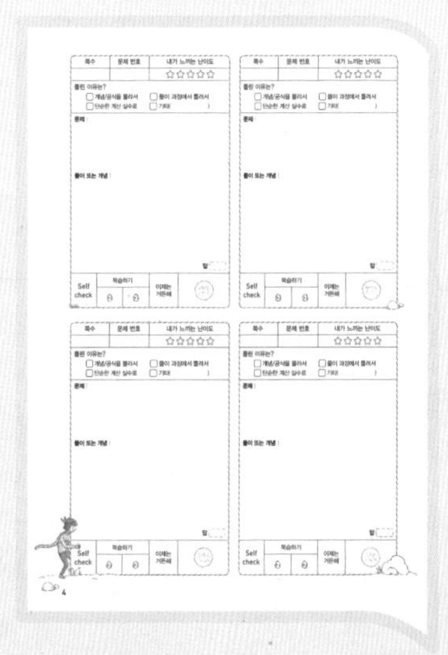

• 틀린 문제를 체크하고 다시 한 번 풀어볼 수 있는 오답노트

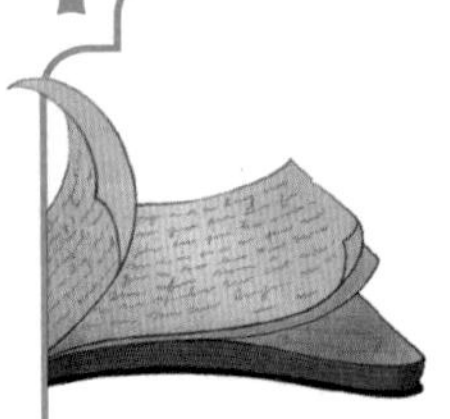

이 책의 차례

I 기본 도형

II 평면도형과 입체도형

III 통계

배움은 멈추지 말아야 한다.
날마다 한 가지씩 새로운 것을 배우면
경쟁자의 99 %를 극복할 수 있다.

– 조 카를로스 –

기본 도형

01 도형

핵심개념

1. 도형을 이루는 기본 요소: 점, 선, 면

참고 ① 점이 움직인 자리는 선이 되고, 선이 움직인 자리는 면이 된다.
② 선은 무수히 많은 점으로 이루어져 있고, 면은 무수히 많은 선으로 이루어져 있다.

2. 평면도형: 한 평면 위에 있는 도형

예 삼각형, 사각형, 원

3. 입체도형: 한 평면 위에 있지 않은 도형

예 직육면체, 원뿔, 구

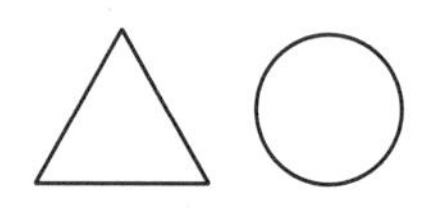
평면도형

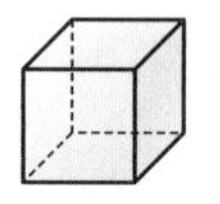
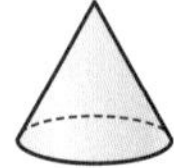
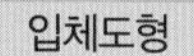
입체도형

▶학습 날짜 월 일 ▶걸린 시간 분 / 목표 시간 10분

정답과 해설 2쪽

1 다음은 도형을 이루는 기본 요소이다. □ 안에 알맞은 것을 써넣어라.

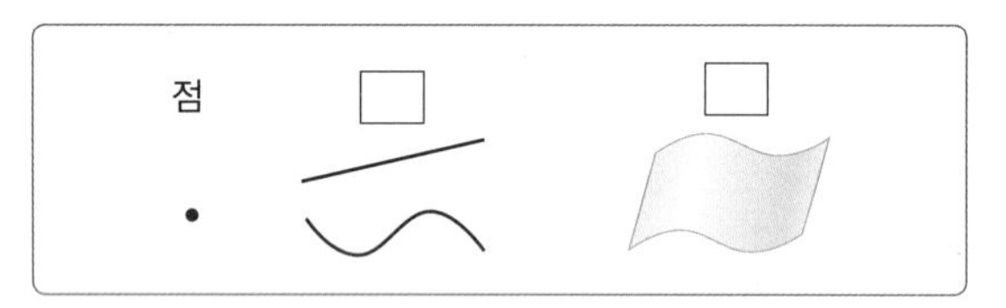

2 다음은 도형에 대한 설명이다. 빈칸에 알맞은 것을 써넣어라.

(1) 모든 도형은 점, ______, ______으로 이루어져 있다.

(2) 선은 무수히 많은 ______으로 이루어져 있고, ______은 무수히 많은 선으로 이루어져 있다.

3 주어진 도형에 대하여 다음을 완성하여라.

(1) 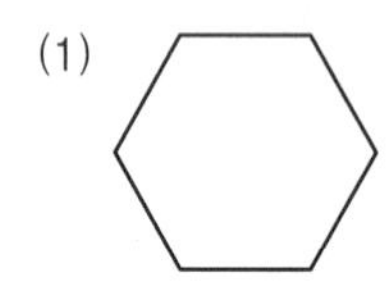
① 한 평면 위에 (있다, 있지 않다).
② (평면, 입체)도형이다.

(2) 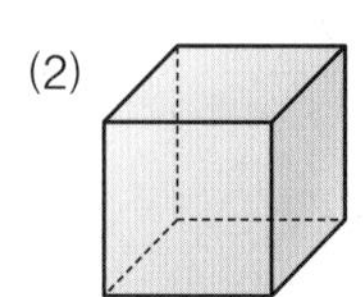
① 한 평면 위에 (있다, 있지 않다).
② (평면, 입체)도형이다.

tip 평면도형은 여러 개의 선으로 둘러싸여 있고, 입체도형은 여러 개의 면으로 둘러싸여 있어.

4 다음 도형이 평면도형이면 '평', 입체도형이면 '입'을 써넣어라.

(1) 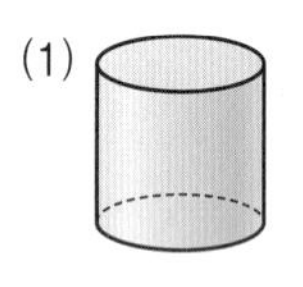 ( )

(2) ( )

(3) 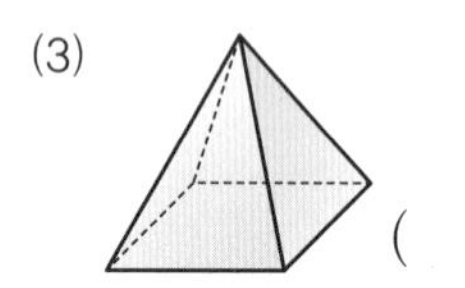 ( )

(4) 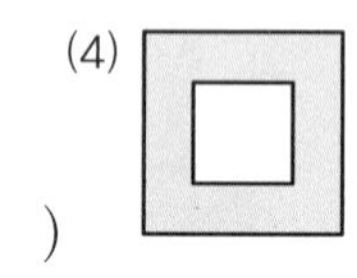 ( )

(5) 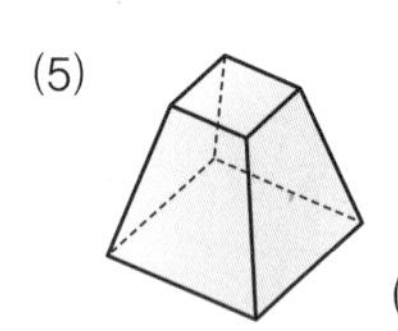 ( )

(6) 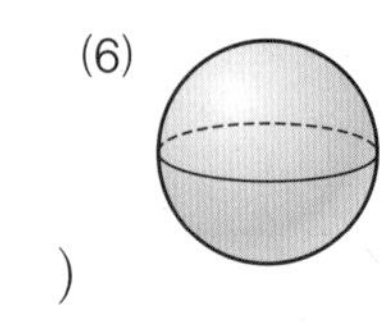 ( )

5 풍쌤의 point

(1) 모든 도형은 ( ), 선, ( )으로 이루어져 있다.

(2) 점이 움직인 자리는 ( )이 되고, 선이 움직인 자리는 ( )이 된다.

(3) 한 평면 위에 있는 도형을 ( ), 한 평면 위에 있지 않은 도형을 ( )이라고 한다.

오답노트 작성 ______쪽

오답노트를 작성한 쪽수를 적고, 나중에 체크해 보세요~

02 교점과 교선

핵심개념

1. **교점:** 선과 선 또는 선과 면이 만나서 생기는 점
2. **교선:** 면과 면이 만나서 생기는 선

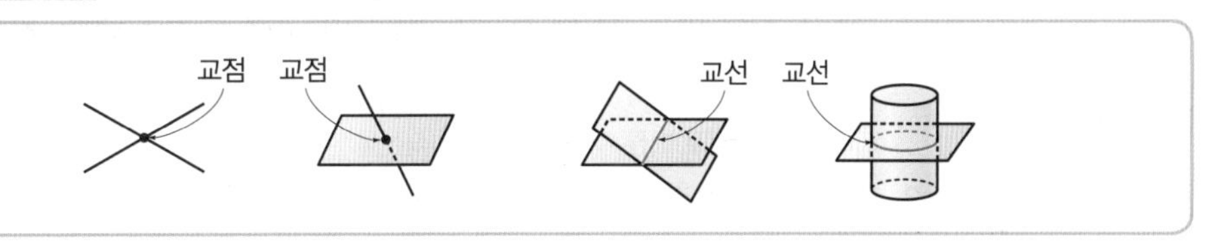

참고 ① 교선은 직선일 수도 있고, 곡선일 수도 있다.
② 입체도형에서 (교점의 개수)=(꼭짓점의 개수), (교선의 개수)=(모서리의 개수)이다.

▶**학습 날짜** 월 일 ▶**걸린 시간** 분 / **목표 시간** 10분

▮ 정답과 해설 2쪽

1 오른쪽 그림의 직육면체에 대하여 □ 안에 알맞은 것을 써넣어라.

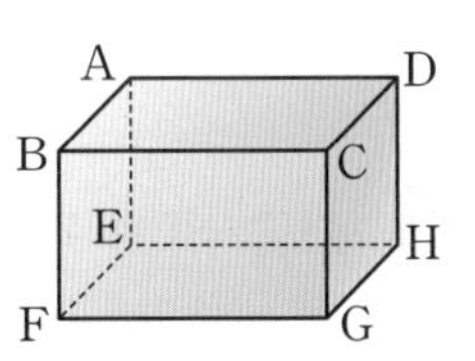

(1) ① 모서리 AB와 모서리 BF의 교점
➔ 점 □

② 모서리 EH와 모서리 GH의 교점
➔ 점 □

(2) ① 모서리 AB와 면 BFGC의 교점
➔ 점 □

② 모서리 EF와 면 AEHD의 교점
➔ 점 □

(3) ① 면 ABCD와 면 CGHD의 교선
➔ 모서리 □

② 면 ABFE와 면 EFGH의 교선
➔ 모서리 □

2 다음 도형에 대하여 □ 안에 알맞은 수를 써넣어라.

(1)

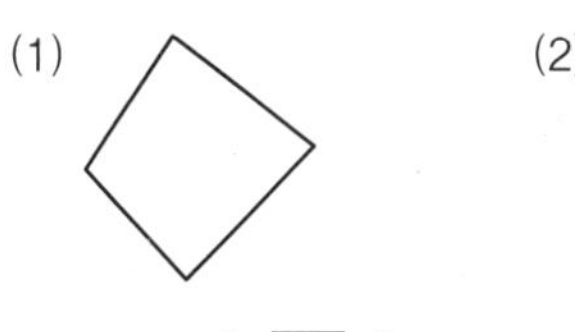

➔ 교점: □개

(2)

➔ 교점: □개

(3)

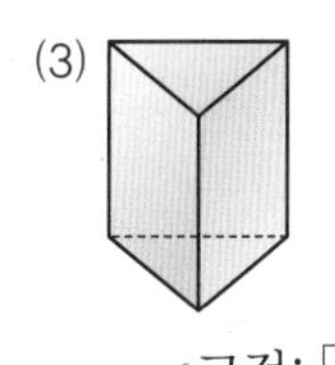

➔ 교점: □개, 교선: □개

(4)

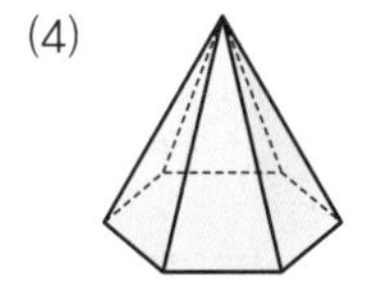

➔ 교점: □개, 교선: □개

tip 입체도형에서 교점의 개수는 꼭짓점의 개수, 교선의 개수는 모서리의 개수와 같아.

3 풍쌤의 point

(1)

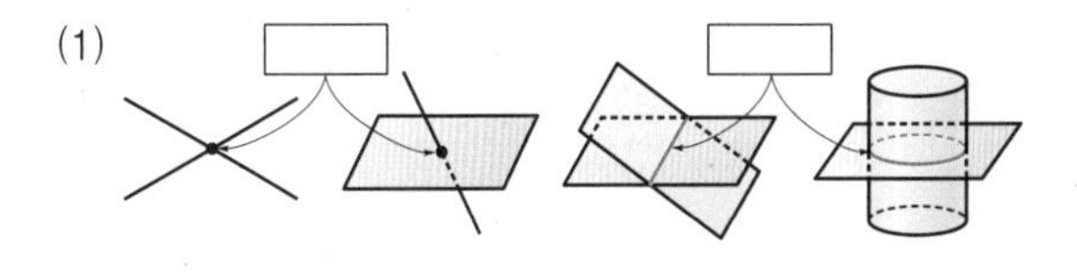

(2) 입체도형에서
(교점의 개수)=(□의 개수)이고
(교선의 개수)=(□의 개수)이다.

오답노트 작성 ____쪽

03 직선, 반직선, 선분

핵심개념

1. **직선 AB:** 서로 다른 두 점 A, B를 지나는 직선
   기호 $\overleftrightarrow{AB}$

   참고 한 점을 지나는 직선은 무수히 많지만 서로 다른 두 점을 지나는 직선은 하나뿐이다.

   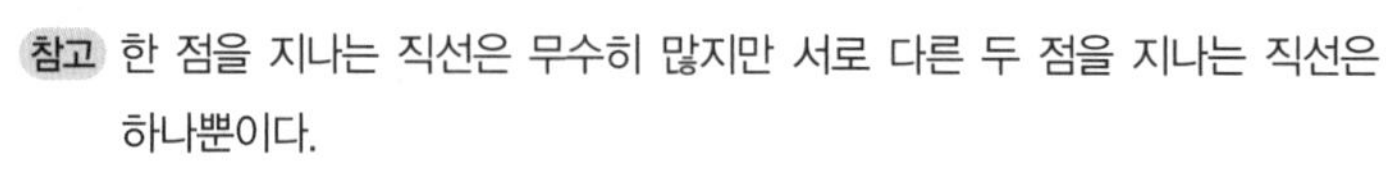

   ➜ 즉, 서로 다른 두 점은 하나의 직선을 결정한다.

2. **반직선 AB:** 직선 AB 위의 점 A에서 시작하여 점 B의 방향으로 뻗은 직선의 한 부분 기호 $\overrightarrow{AB}$

   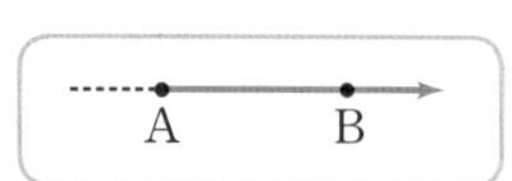

   주의 반직선 BA($\overrightarrow{BA}$)는 반직선 AB($\overrightarrow{AB}$)와 시작점과 뻗은 방향이 다른 반직선이다. 즉, $\overrightarrow{AB} \neq \overrightarrow{BA}$

3. **선분 AB:** 직선 AB 위의 점 A에서 점 B까지의 부분
   기호 $\overline{AB}$

▶학습 날짜 월 일 ▶걸린 시간 분 / 목표 시간 20분

1 다음 표를 완성하여라.

	도형	기호	읽는 방법
직선	A B		직선 AB (직선 BA)
반직선	A B		
	A B		
선분	A B		

2 다음 기호를 도형으로 나타내어라.

(1) $\overleftrightarrow{PQ}$ ➜ P Q R

(2) $\overrightarrow{QR}$ ➜ P Q R

(3) $\overrightarrow{RP}$ ➜ P Q R

(4) $\overline{RQ}$ ➜ P Q R

3 다음 기호를 각각 도형으로 나타내고, □ 안에 = 또는 ≠를 써넣어라. 또, 문장을 완성하여라.

(1) $\overleftrightarrow{AB}$ □ $\overleftrightarrow{AC}$

A B C　　A B C

➜ 서로 다른 3개 이상의 점이 한 직선 위에 있을 때, 이 중 어느 두 점을 지나는 직선은 (하나뿐이다, 무수히 많다).

(2) $\overrightarrow{BC}$ □ $\overrightarrow{AC}$

A B C　　A B C

➜ 두 반직선이 서로 같으면 시작점이 (같고, 다르고), 뻗은 방향이 (같다, 다르다).

(3) $\overline{BA}$ □ $\overline{AB}$

A B　　A B

➜ 두 선분이 서로 같으면 양 끝 점이 (같다, 다르다).

오답노트 작성 ____쪽

4 다음 그림과 같이 직선 l 위에 네 점 A, B, C, D가 있다. □ 안에 $=$ 또는 $\neq$를 써넣어라.

(1) $\overline{BD}$ □ $\overline{DB}$ (2) $\overline{AC}$ □ $\overline{AD}$

(3) $\overleftrightarrow{AB}$ □ $\overleftrightarrow{CD}$ (4) $\overrightarrow{CA}$ □ $\overrightarrow{AC}$

(5) $\overrightarrow{BC}$ □ $\overrightarrow{BD}$ (6) $\overrightarrow{CB}$ □ $\overrightarrow{CD}$

tip 두 반직선이 서로 같으려면 시작점과 뻗어 나가는 방향이 모두 같아야 해.

5 오른쪽 그림과 같이 직선 l 위에 세 점 A, B, C가 있다. 다음 중 서로 같은 것끼리 선으로 연결하여라.

(1) $\overline{AB}$ • • ㄱ. $\overrightarrow{AC}$

(2) $\overrightarrow{AB}$ • • ㄴ. $\overleftrightarrow{CA}$

(3) $\overleftrightarrow{AB}$ • • ㄷ. $\overline{BA}$

(4) $\overrightarrow{CA}$ • • ㄹ. $\overrightarrow{CB}$

6 다음 그림에서 두 점을 지나는 직선을 모두 긋고, 그 개수를 구하여라.

(1) ➜ □개

(2) ➜ □개

(3) ➜ □개

7 오른쪽 그림과 같이 원 위에 4개의 점 A, B, C, D가 있다. 다음 빈칸에 알맞은 것을 써넣어라.

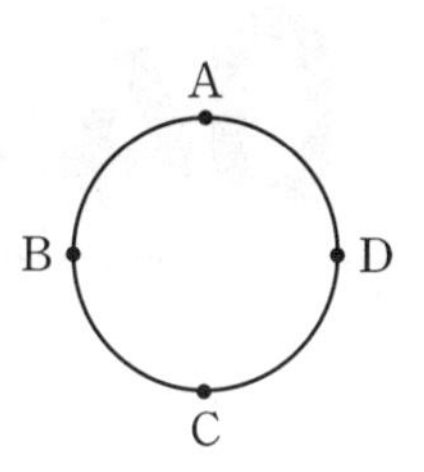

(1) 두 점을 지나는 직선과 그 개수
➜ $\overleftrightarrow{AB}$, ______________
➜ □개

(2) 두 점을 지나는 반직선과 그 개수
➜ $\overrightarrow{AB}$, $\overrightarrow{BA}$, ______________
➜ □개

(3) (두 점을 지나는 반직선의 개수)
$=$(두 점을 지나는 직선의 개수)$\times$□

tip 두 점 A, B를 지나는 직선은 $\overleftrightarrow{AB}$로 1개 만들 수 있지만 반직선은 $\overrightarrow{AB}$, $\overrightarrow{BA}$로 2개 만들 수 있어. 즉, 두 점을 지나는 반직선의 개수는 직선의 개수의 2배가 돼.

8 다음 중 옳은 것에는 ○표, 옳지 않은 것에는 ×표를 하여라.

(1) 서로 다른 두 점을 지나는 직선은 무수히 많다. ( )

(2) $\overleftrightarrow{AB}$와 $\overleftrightarrow{BA}$는 서로 같은 직선이다. ( )

(3) 시작점이 같은 두 반직선은 서로 같다. ( )

9 풍쌤의 point

(1) 서로 다른 두 점을 지나는 직선은 ( )개이다.
➜ $\overleftrightarrow{AB}$ □ $\overleftrightarrow{BA}$

(2) 반직선은 (   )과 뻗은 방향이 모두 같아야 같은 반직선이다.
➜ $\overrightarrow{AB}$ □ $\overrightarrow{BA}$

04 두 점 사이의 거리

핵심개념

두 점 A, B 사이의 거리: 두 점 A, B를 양 끝 점으로 하는 선 중 길이가 가장 짧은 선분 AB의 길이 ➜ $\overline{AB}$

참고 $\overline{AB}$는 도형으로서 선분 AB를 나타내기도 하고, 그 선분의 길이를 나타내기도 한다.

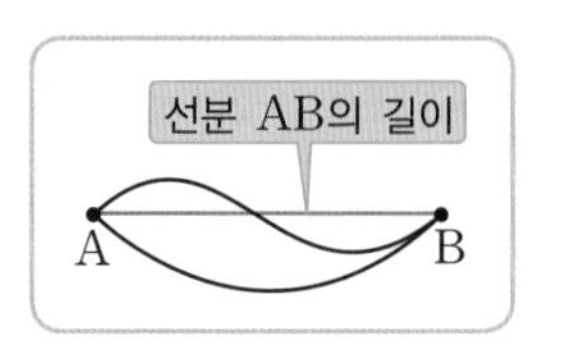

▶학습 날짜 월 일 ▶걸린 시간 분 / 목표 시간 10분

정답과 해설 2쪽

1 오른쪽 그림에 대하여 □ 안에 알맞은 것을 써넣어라.

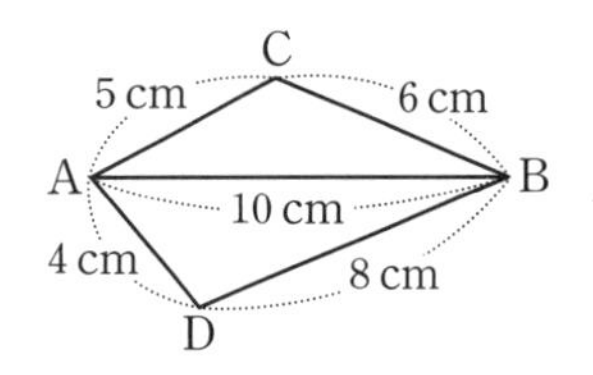

(1) 두 점 A, B 사이의 거리
➜ (선분 AB의 길이)=□cm

(2) 두 점 A, C 사이의 거리
➜ (□의 길이)=□cm

(3) 두 점 A, D 사이의 거리
➜ (□의 길이)=□cm

(4) 두 점 B, C 사이의 거리
➜ (□의 길이)=□cm

2 오른쪽 그림에 대하여 다음의 두 점 사이의 거리를 구하여라.

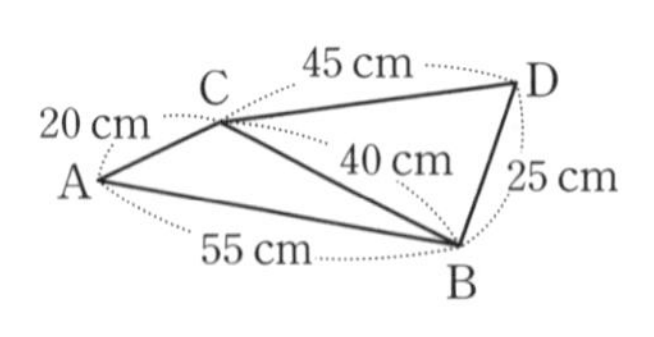

(1) 두 점 A, B 답 ______

(2) 두 점 B, C 답 ______

(3) 두 점 C, D 답 ______

3 오른쪽 그림에 대하여 다음의 두 점 사이의 거리를 구하여라.

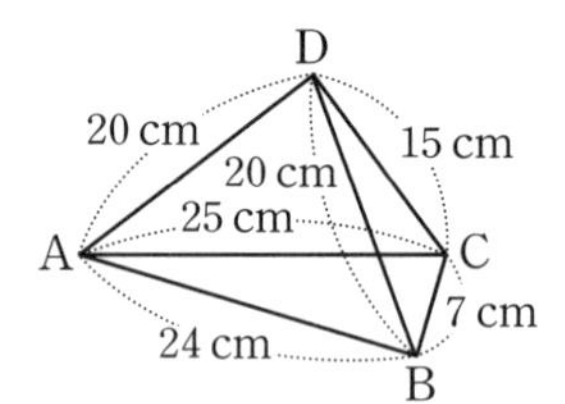

(1) 두 점 A, C 답 ______

(2) 두 점 A, D 답 ______

(3) 두 점 B, C 답 ______

(4) 두 점 C, D 답 ______

(5) 두 점 B, D 답 ______

4 풍쌤의 point

(1) 두 점 사이의 거리는 두 점을 양 끝 점으로 하는 선 중 길이가 가장 (짧은, 긴) 선분이다.

(2) 선분 AB의 길이가 2 cm일 때, 두 점 A, B 사이의 거리는 □cm이다.

오답노트 작성 ______쪽

05 선분의 중점

핵심개념

선분 AB의 중점: 선분 AB 위에 있으면서 선분 AB의 길이를 이등분하는 점 M을 선분 AB의 중점이라고 한다.

→ $\overline{AM}=\overline{BM}=\frac{1}{2}\overline{AB}$

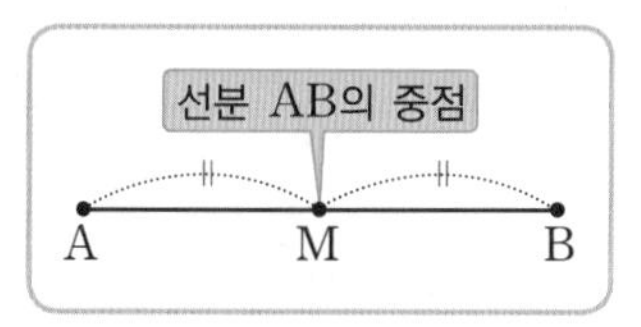

참고 선분 AB 위에 있으면서 선분 AB의 길이를 삼등분하는 두 점을 선분 AB의 삼등분점이라고 한다.

▶학습 날짜 월 일 ▶걸린 시간 분 / 목표 시간 20분

정답과 해설 3쪽

1 다음 그림에서 점 M이 $\overline{XY}$의 중점일 때, □ 안에 알맞은 수를 써넣어라.

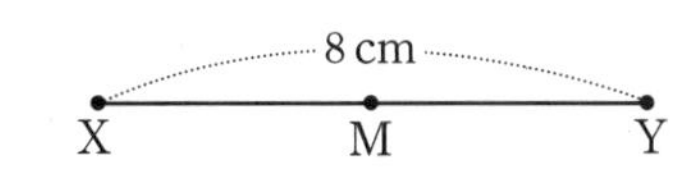

(1) $\overline{XY}=\square\,\overline{XM}=\square\,\overline{MY}$

(2) $\overline{XM}=\square\,\overline{XY}=\square$ cm

(3) $\overline{MY}=\square\,\overline{XY}=\square$ cm

2 다음 그림에서 점 M은 $\overline{AB}$의 중점, 점 N은 $\overline{MB}$의 중점이다. □ 안에 알맞은 것을 써넣어라.

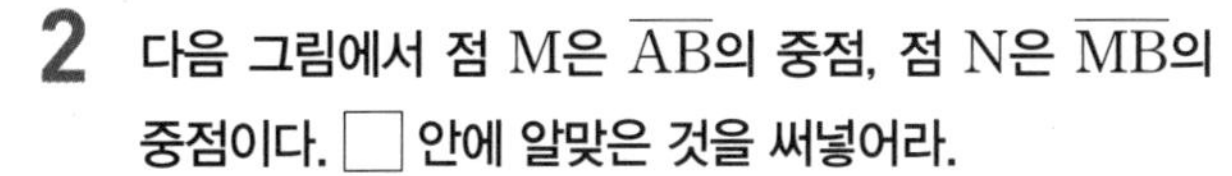

(1) $\overline{AM}=\overline{MB}$, $\overline{MN}=\square$

(2) $\overline{AB}=\square\,\overline{AM}$, $\overline{AM}=\square\,\overline{AB}$

(3) $\overline{MB}=\square\,\overline{MN}$, $\overline{MN}=\square\,\overline{MB}$

(4) $\overline{AB}=\square\,\overline{MN}$, $\overline{MN}=\square\,\overline{AB}$

(5) $\overline{AB}=\square\,\overline{NB}$, $\overline{NB}=\square\,\overline{AB}$

3 다음 그림에서 두 점 M, N이 $\overline{XY}$를 삼등분하는 점일 때, □ 안에 알맞은 수를 써넣어라.

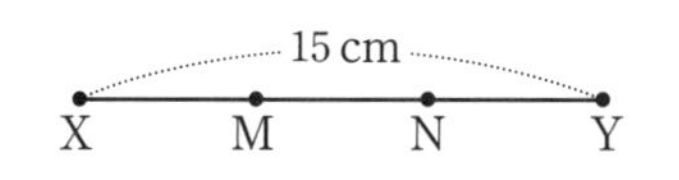

(1) $\overline{XM}=\square\,\overline{XY}=\square$ cm

(2) $\overline{XN}=\square\,\overline{XM}=\square$ cm

(3) $\overline{XN}=\square\,\overline{XY}=\square$ cm

(4) $\overline{MY}=\square\,\overline{XY}=\square$ cm

4 다음 그림에서 두 점 M, N이 $\overline{AB}$를 삼등분하는 점일 때, □ 안에 알맞은 수를 써넣어라.

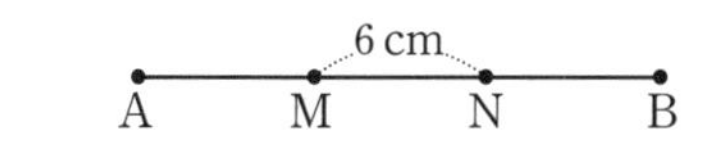

(1) $\overline{AM}=\overline{MN}=\square$ cm

(2) $\overline{AB}=\square\,\overline{MN}=\square$ cm

(3) $\overline{AN}=\square\,\overline{MN}=\square$ cm

(4) $\overline{BM}=\square\,\overline{MN}=\square$ cm

오답노트 작성 ______쪽

5 **다음 그림에 대하여 주어진 선분의 길이를 구하여라.**

(1) 두 점 M, N이 각각 $\overline{AC}$, $\overline{BC}$의 중점일 때, $\overline{AB}$의 길이

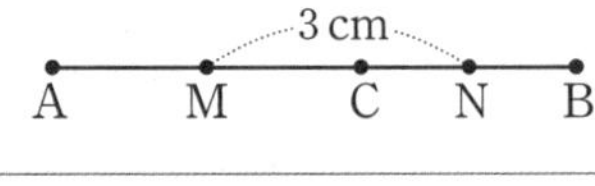

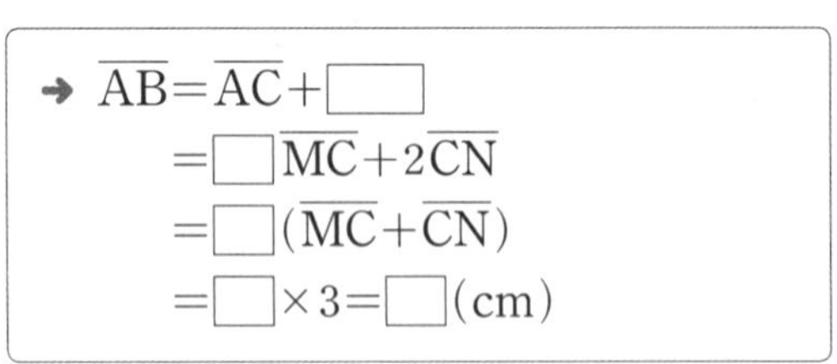

➜ $\overline{AB}=\overline{AC}+\square$
$=\square\overline{MC}+2\overline{CN}$
$=\square(\overline{MC}+\overline{CN})$
$=\square\times3=\square(\text{cm})$

(2) 두 점 M, N이 각각 $\overline{AB}$, $\overline{AM}$의 중점일 때, $\overline{AM}$의 길이

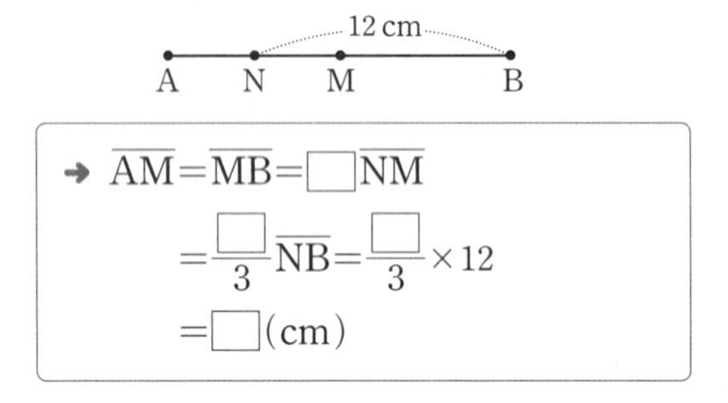

➜ $\overline{AM}=\overline{MB}=\square\overline{NM}$
$=\dfrac{\square}{3}\overline{NB}=\dfrac{\square}{3}\times12$
$=\square(\text{cm})$

(3) 두 점 M, N이 각각 $\overline{AC}$, $\overline{CB}$의 중점일 때, $\overline{MN}$의 길이

10 cm
A M C N B

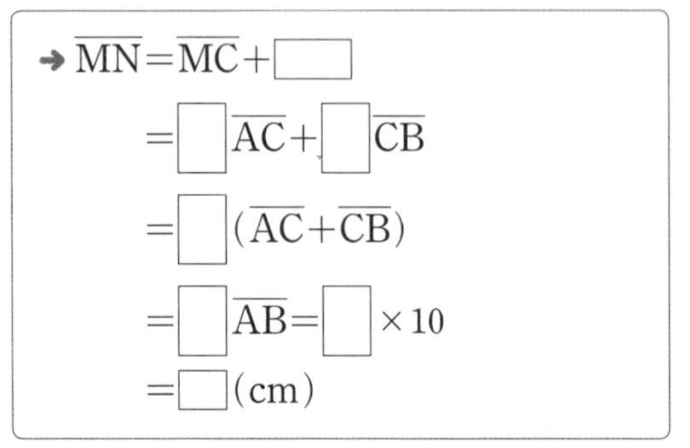

➜ $\overline{MN}=\overline{MC}+\square$
$=\square\overline{AC}+\square\overline{CB}$
$=\square(\overline{AC}+\overline{CB})$
$=\square\overline{AB}=\square\times10$
$=\square(\text{cm})$

(4) 두 점 M, Q가 각각 $\overline{AP}$, $\overline{PB}$의 중점일 때, $\overline{AB}$의 길이

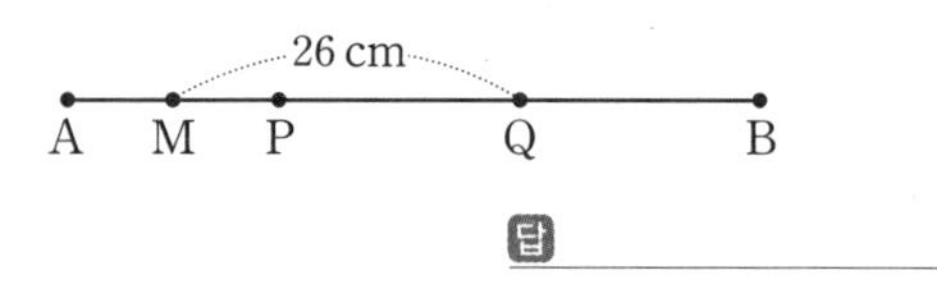

답

(5) 점 M이 $\overline{AB}$의 중점이고 $\overline{MC}=\dfrac{1}{3}\overline{MB}$일 때, $\overline{MC}$의 길이

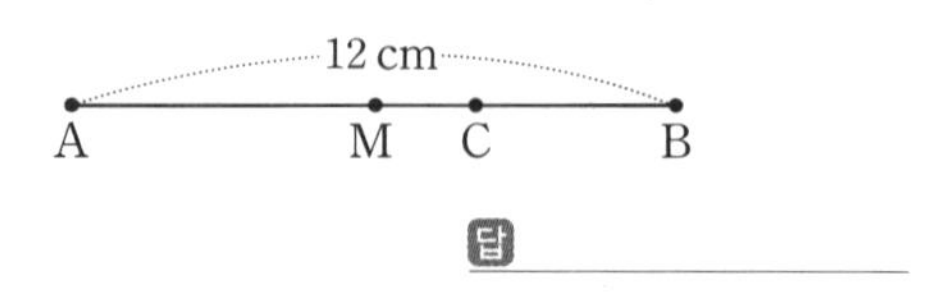

답

(6) 점 M이 $\overline{PB}$의 중점이고 $\overline{AB}=5\overline{AP}$일 때, $\overline{AM}$의 길이

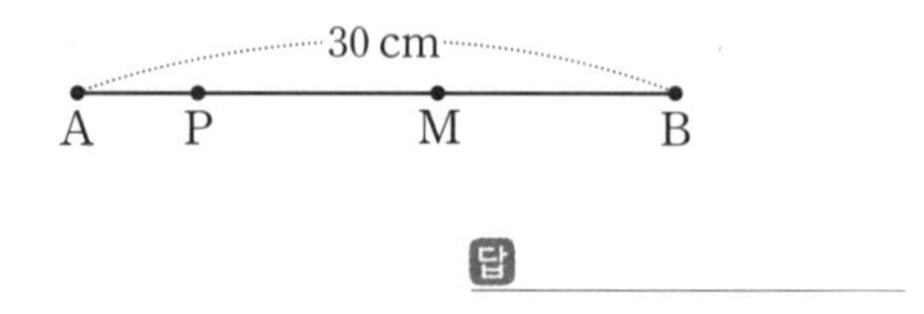

답

6 풍쌤의 point

(1) 선분 AB 위에 있으면서 선분 AB의 길이를 이등분하는 점을 선분 AB의 (　　　　)이라고 한다.

(2) 점 M이 $\overline{AB}$의 중점이면
$\overline{AM}=\overline{BM}=\square\overline{AB}$

(3) 두 점 M, N이 $\overline{AB}$를 삼등분하는 점이면
$\overline{AM}=\overline{MN}=\overline{NB}=\square\overline{AB}$

A M N B

오답노트 작성 ______ 쪽

정답과 해설 3쪽

01-05 · 스스로 점검 문제

맞힌 개수 개 / 6개

▶학습 날짜 월 일 ▶걸린 시간 분 / 목표 시간 20분

1 ☐☐ 교점과 교선 2

오른쪽 그림의 사각뿔에서 교점의 개수가 a개, 교선의 개수가 b개일 때, $a+b$의 값은?

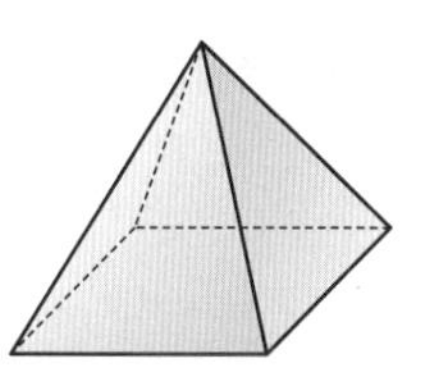

① 10 ② 11 ③ 12 ④ 13 ⑤ 14

2 ☐☐ 교점과 교선 1, 직선, 반직선, 선분 3

다음 설명 중 옳은 것을 모두 고르면? (정답 2개)

① 입체도형에서 교선의 개수는 꼭짓점의 개수와 같다.
② 교점은 선과 선이 만날 때에만 생긴다.
③ 서로 다른 두 점을 지나는 직선은 오직 하나뿐이다.
④ 양 끝 점이 같은 두 선분은 서로 같다.
⑤ 뻗은 방향이 같은 두 반직선은 서로 같다.

3 ☐☐ 직선, 반직선, 선분 3~5

오른쪽 그림과 같이 직선 l 위에 세 점 A, B, C가 있다. 다음 중 옳지 않은 것을 모두 고르면? (정답 2개)

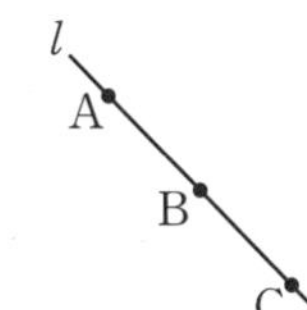

① $\overleftrightarrow{AB}=\overleftrightarrow{BC}$ ② $\overrightarrow{AB}=\overrightarrow{BA}$ ③ $\overleftrightarrow{AC}=\overleftrightarrow{BA}$ ④ $\overrightarrow{AB}=\overrightarrow{AC}$ ⑤ $\overleftarrow{CA}=\overleftarrow{CB}$

4 ☐☐ 직선, 반직선, 선분 6, 7

오른쪽 그림과 같이 어느 세 점도 한 직선 위에 있지 않은 5개의 점 A~E 중에서 두 점을 이어서 만들 수 있는 서로 다른 선분의 개수는?

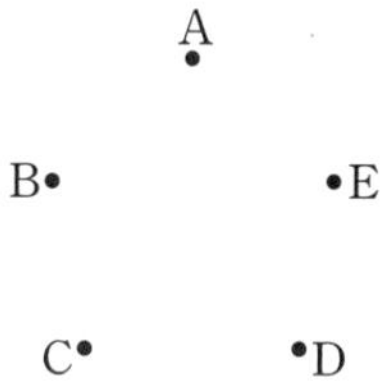

A
B• •E
C• •D

① 6개 ② 8개 ③ 10개 ④ 16개 ⑤ 20개

5 ☐☐ 선분의 중점 2

아래 그림에서 점 M은 $\overline{AB}$의 중점이고, 점 N은 $\overline{AM}$의 중점일 때, 다음 중 옳지 않은 것은?

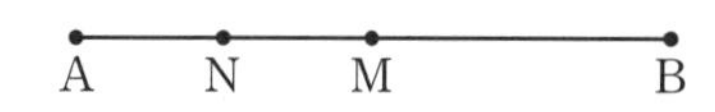

① $\overline{AB}=2\overline{AM}$ ② $\overline{AB}=4\overline{AN}$ ③ $\overline{AM}=2\overline{NM}$ ④ $\overline{NM}=\frac{1}{3}\overline{AB}$ ⑤ $\overline{NB}=3\overline{NM}$

6 ☐☐ 선분의 중점 5

다음 그림에서 점 M은 $\overline{AB}$의 중점이고, 점 N은 $\overline{MB}$의 중점이다. $\overline{MN}=3$ cm일 때, $\overline{AB}$의 길이를 구하여라.

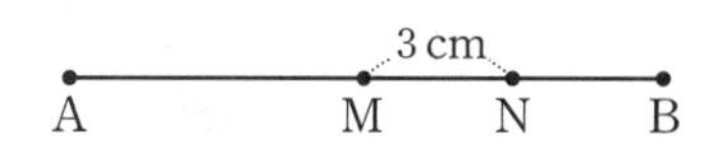

오답노트 작성 ____쪽

06 각

핵심개념

1. 각 AOB: 한 점 O에서 시작하는 **두 반직선 OA, OB로 이루어진 도형** ← 각의 꼭짓점은 항상 가운데에 나타낸다.

→ ∠AOB, ∠BOA, ∠O, ∠a

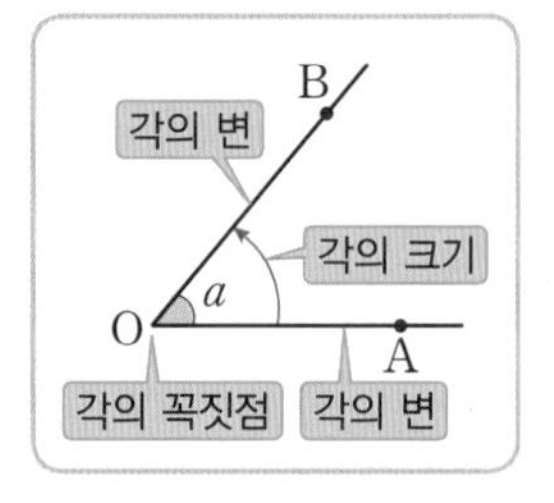

참고 ① 일반적으로 ∠AOB는 크기가 작거나 같은 쪽의 각을 말한다.
② ∠AOB는 도형으로서 각 AOB를 나타내기도 하고, 그 각의 크기를 나타내기도 한다.

2. 각 AOB의 크기: 꼭짓점 O를 중심으로 **변 OA가 변 OB까지 회전한 양**

3. 각의 분류

평각	직각	예각	둔각
크기가 180°인 각	크기가 90°인 각	0°보다 크고 90°보다 작은 각	90°보다 크고 180°보다 작은 각

주의 0°를 예각으로 착각하거나, 둔각을 90°보다 큰 각으로 착각하지 않도록 주의한다.

▶학습 날짜 월 일 ▶걸린 시간 분 / 목표 시간 20분

1 다음 □ 안에 알맞은 것을 써넣어라.

(1) 평각: 크기가 □°인 각

(2) □: 크기가 90°인 각

(3) 예각: 크기가 □°보다 크고, □°보다 작은 각

(4) 둔각: 크기가 □°보다 크고, □°보다 작은 각

2 다음 각이 예각이면 '예', 둔각이면 '둔', 직각이면 '직', 평각이면 '평'을 써넣어라.

(1) 56° ( ) (2) 178° ( )

(3) 105° ( ) (4) 90° ( )

(5) 17° ( ) (6) 180° ( )

3 다음 각을 오른쪽 그림에서 모두 찾아 기호로 나타내어라.

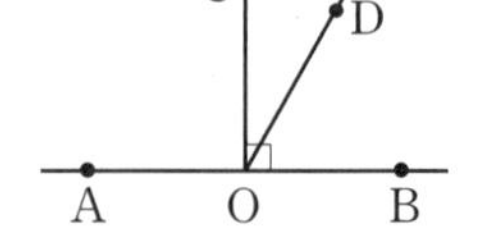

(1) 평각 → □

(2) 둔각 → □

(3) 예각 → ∠BOD, □

(4) 직각 → ∠AOC, □

4 오른쪽 그림에서 다음 각이 예각이면 '예', 둔각이면 '둔', 직각이면 '직', 평각이면 '평'을 써넣어라.

(1) ∠AOB ( )

(2) ∠AOC ( )

(3) ∠AOD ( )

(4) ∠AOE ( )

오답노트 작성 ____쪽

5 다음 그림에서 $\angle x$의 크기를 구하여라.

(1)

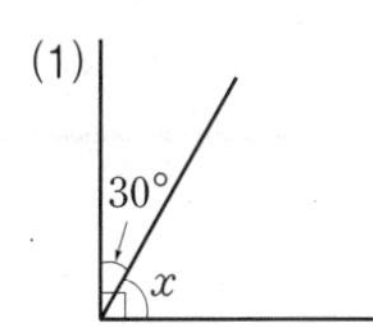

➜ $\square^\circ + \angle x = 90^\circ$

$\therefore \angle x = \square^\circ$

(2)

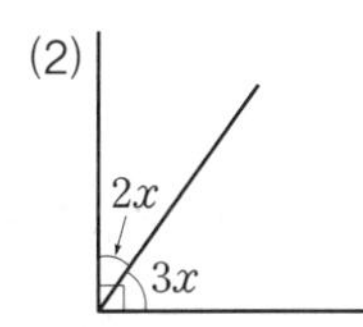

➜ $2\angle x + \square \angle x = \square^\circ$

$\therefore \angle x = \square^\circ$

(3)

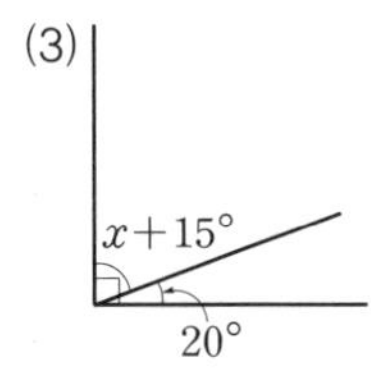

답 ______

6 다음 그림에서 $\angle x$의 크기를 구하여라.

(1)

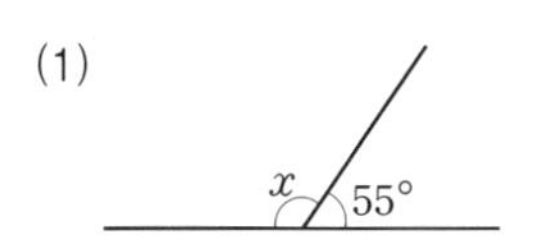

➜ $\angle x + \square^\circ = 180^\circ$

$\therefore \angle x = \square^\circ$

(2)

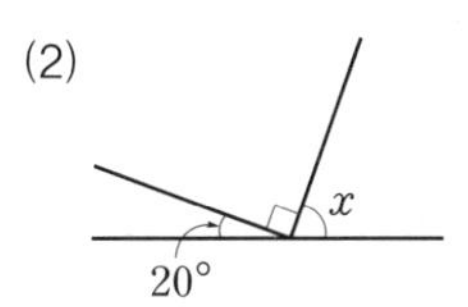

➜ $\angle x + \square^\circ + 20^\circ$

$= \square^\circ$

$\therefore \angle x = \square^\circ$

(3)

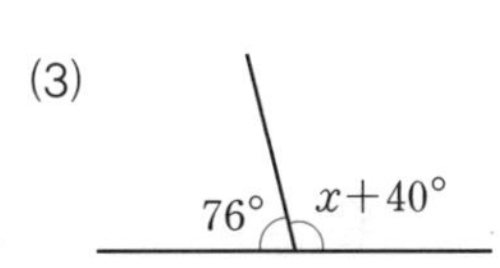

답 ______

(4)

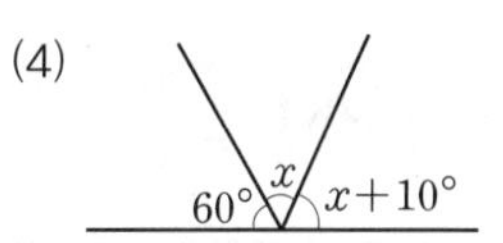

답 ______

(5)

x, 2x+30°

답 ______

7 다음 그림에서 $\angle x$, $\angle y$의 크기를 각각 구하여라.

(1)

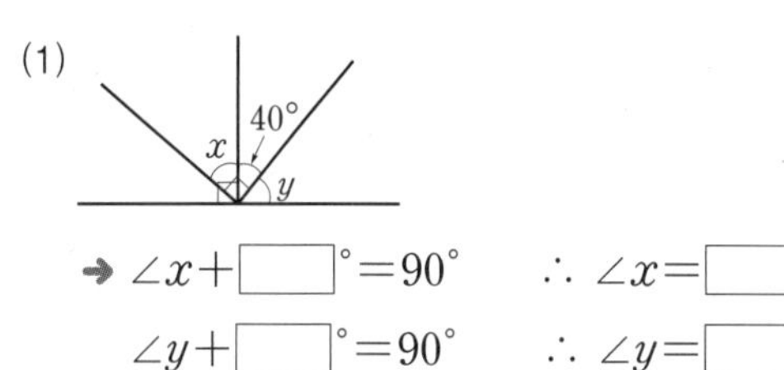

➜ $\angle x + \square^\circ = 90^\circ$ $\therefore \angle x = \square^\circ$

$\angle y + \square^\circ = 90^\circ$ $\therefore \angle y = \square^\circ$

(2)

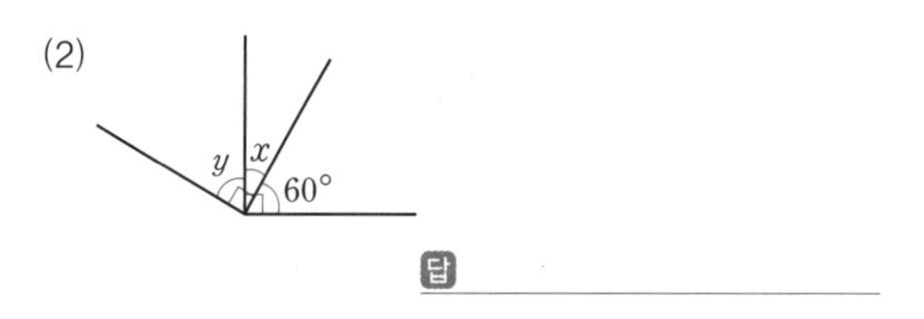

답 ______

(3)

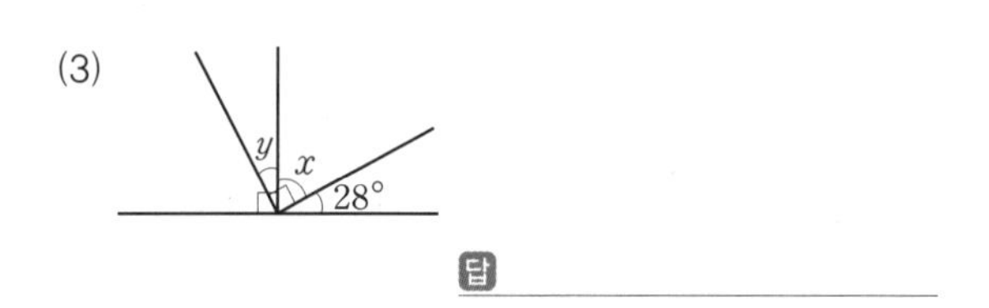

답 ______

8 풍쌤의 point

(1) (직각)$=\square^\circ$

(2) ($\square$)$=180^\circ$

(3) $0^\circ <$ ($\square$) $< 90^\circ$

(4) $\square^\circ <$ (둔각) $< \square^\circ$

오답노트 작성 ______쪽

07 맞꼭지각

핵심개념

1. **교각:** 두 직선이 한 점에서 만날 때 생기는 4개의 각
   ➜ $\angle a$, $\angle b$, $\angle c$, $\angle d$
2. **맞꼭지각:** 두 직선이 한 점에서 만날 때 생기는 교각 중에서 서로 마주 보는 각 ➜ $\angle a$와 $\angle c$, $\angle b$와 $\angle d$
3. **맞꼭지각의 성질:** 맞꼭지각의 크기는 서로 같다.
   ➜ $\angle a=\angle c$, $\angle b=\angle d$

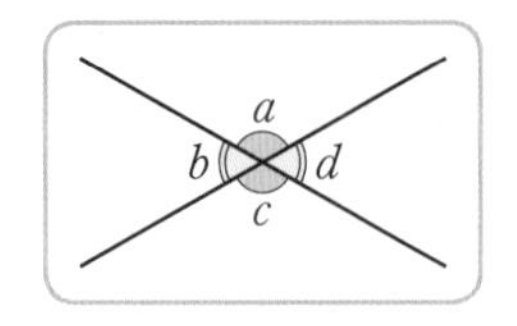

▶학습 날짜 월 일 ▶걸린 시간 분 / 목표 시간 20분

1 다음은 맞꼭지각의 크기가 같음을 설명하는 과정이다. □ 안에 알맞은 것을 써넣어라.

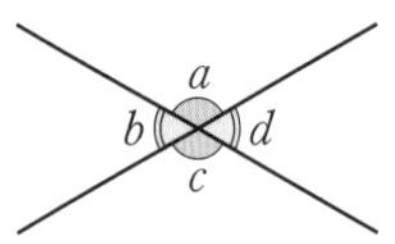

$\angle a+\angle b=$□$°$ ……㉠
$\angle b+\angle c=$□$°$ ……㉡
㉠, ㉡에서
$\angle a+\angle b=\angle b+$□
$\therefore \angle a=$□
같은 방법으로 하면 $\angle b=$□

2 오른쪽 그림과 같이 세 직선이 한 점 O에서 만날 때, 다음 각의 맞꼭지각을 구하여라.

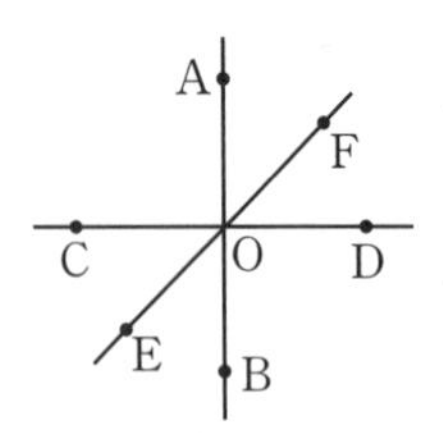

(1) $\angle \mathrm{AOC}$ 답 ______

(2) $\angle \mathrm{COE}$ 답 ______

(3) $\angle \mathrm{AOE}$ 답 ______

(4) $\angle \mathrm{AOF}$ 답 ______

3 다음 그림에서 $\angle x$의 크기를 구하여라.

(1)

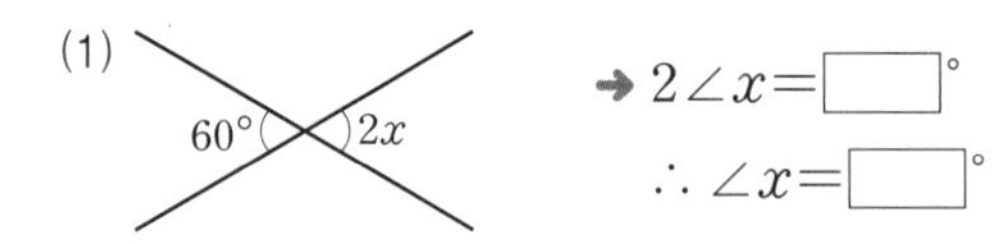

➜ $2\angle x=$□$°$
$\therefore \angle x=$□$°$

(2)

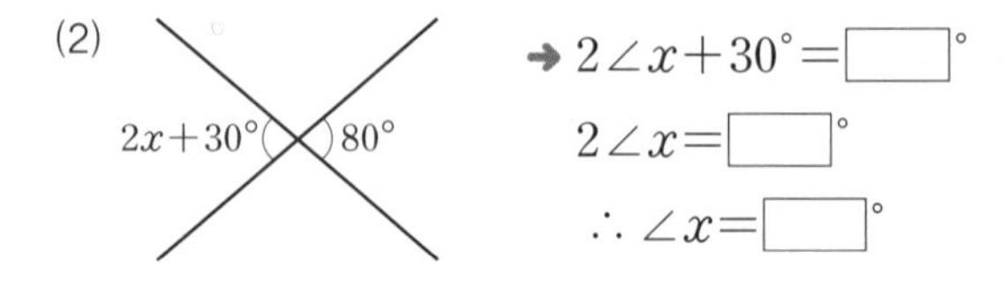

➜ $2\angle x+30°=$□$°$
$2\angle x=$□$°$
$\therefore \angle x=$□$°$

(3) 120°, $4x+20°$

답 ______

(4) x, 145°

답 ______

오답노트 작성 ______쪽

(5)

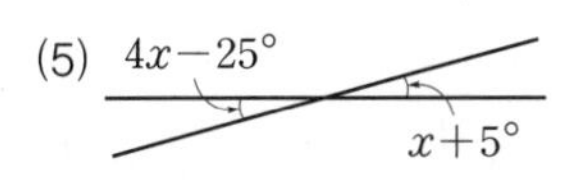

답 ______

(6)

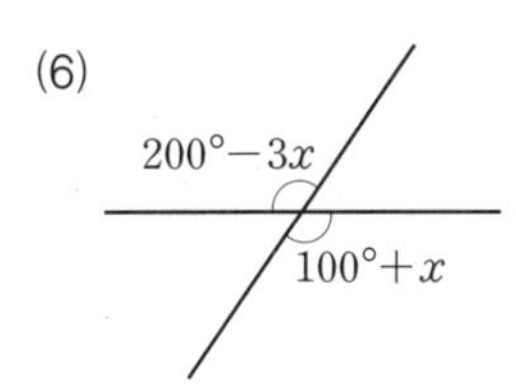

답 ______

4 다음 그림에서 $\angle x$의 크기를 구하여라.

(1)

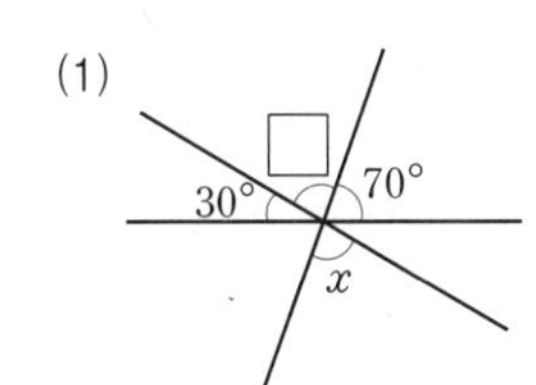

➜ $30°+\angle x+70°$
$=\square°$
$\therefore \angle x=\square°$

(2)

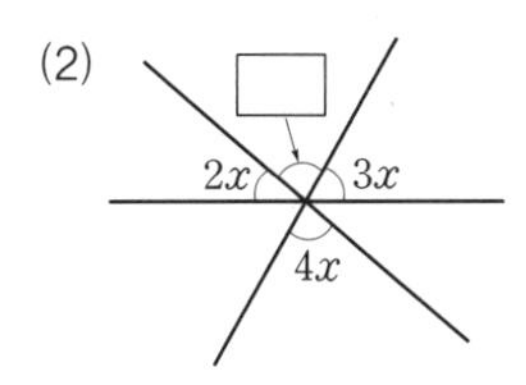

답 ______

(3)

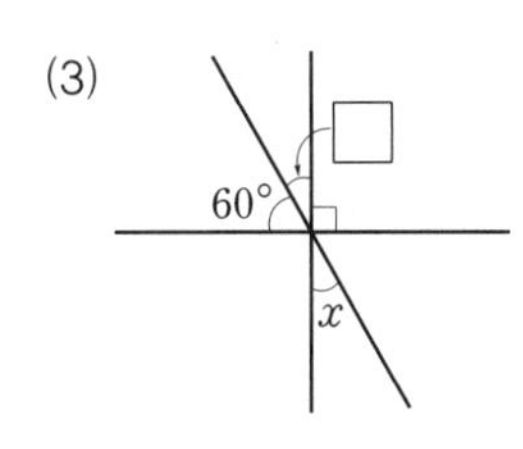

답 ______

(4)

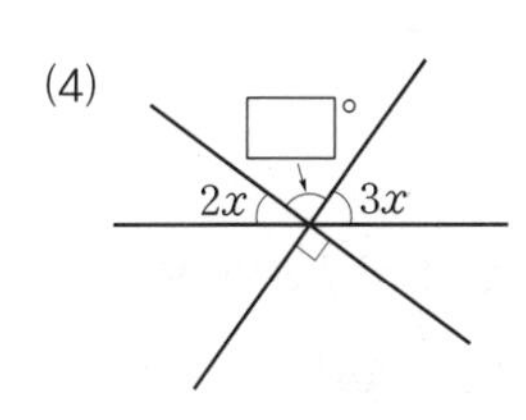

답 ______

5 다음 그림에서 $\angle x$, $\angle y$의 크기를 각각 구하여라.

(1)

60° 45° x y

답 ______

(2)

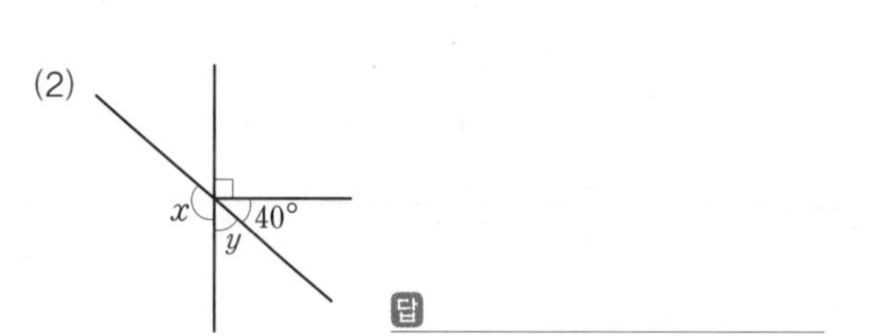

답 ______

(3)

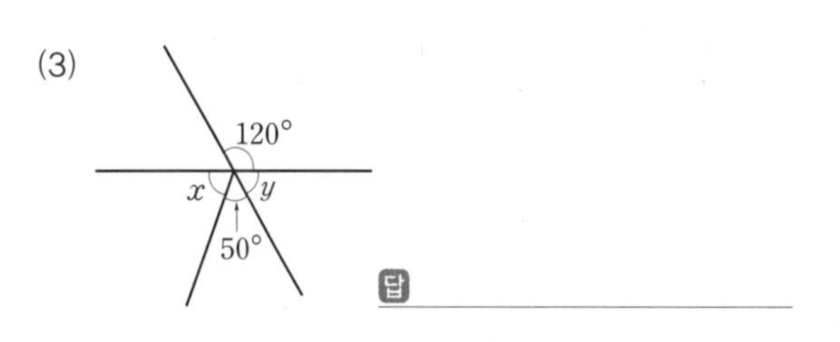

답 ______

(4)

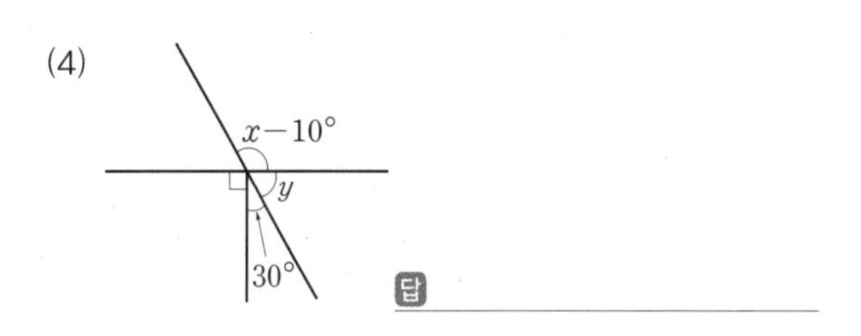

답 ______

6 풍쌤의 point

(1) 두 직선이 한 점에서 만날 때 생기는 교각 중에서 서로 마주 보는 각을 (　　　　　)이라고 한다.

(2) 두 직선이 한 점에서 만날 때 생기는 맞꼭지각의 크기는 서로 (같다, 다르다).

(3) 오른쪽 그림에서
$\angle a=\angle\square$, $\angle b=\angle\square$

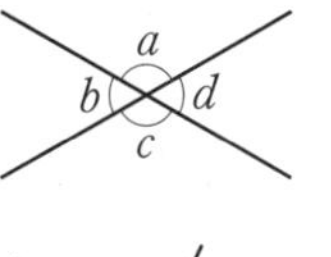

(4) 오른쪽 그림에서
$\angle d=\angle a+\angle\square$

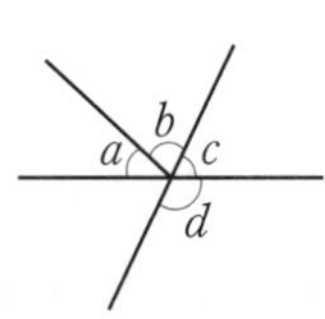

오답노트 작성 ______쪽

08 수직과 수선

핵심개념

1. **직교:** 두 직선 AB와 CD의 교각이 직각일 때, 두 직선은 서로 직교한다 또는 수직이라고 한다.
   기호 $\overleftrightarrow{AB} \perp \overleftrightarrow{CD}$

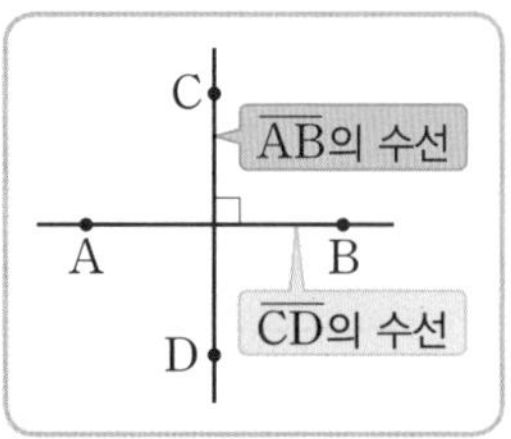

2. **수선:** 두 직선이 서로 수직일 때, 한 직선을 다른 직선의 수선이라고 한다.

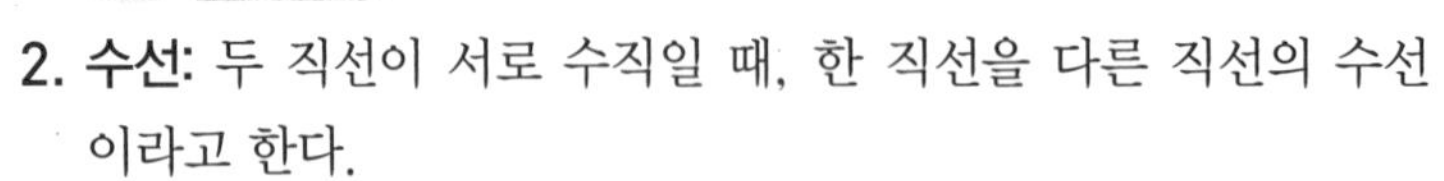

3. **수선의 발:** 직선 l 위에 있지 않은 점 P에서 직선 l에 그은 수선과 직선 l의 교점 H를 수선의 발이라고 한다.
4. **점과 직선 사이의 거리:** 직선 l 위에 있지 않은 점 P에서 직선 l에 내린 수선의 발 H까지의 거리 즉, $\overline{PH}$의 길이
   참고 점과 직선 사이의 거리는 점과 직선 위의 점을 잇는 선분 중 길이가 가장 짧은 선분의 길이이다.

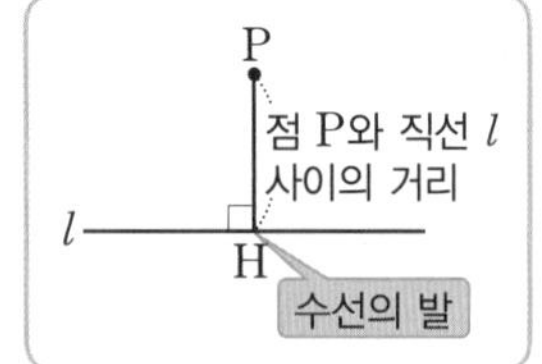

▶학습 날짜 월 일 ▶걸린 시간 분 / 목표 시간 20분

1 오른쪽 그림과 같은 사각형 ABCD에 대하여 □ 안에 알맞은 것을 써넣어라.

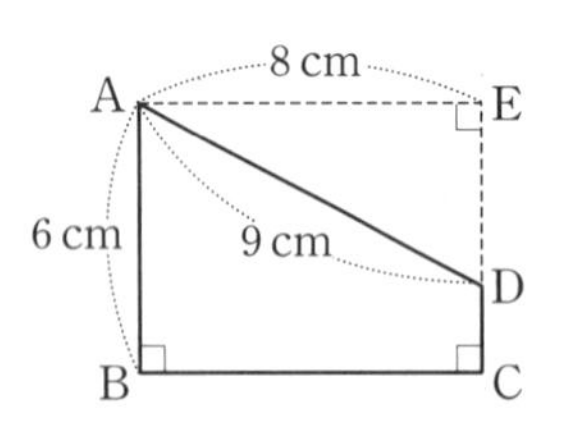

(1) $\overline{BC}$의 수선은 $\overline{AB}$, □이고, 기호로 나타내면 $\overline{AB}$ □ $\overline{BC}$, $\overline{BC} \perp$ □이다.

(2) (점 A와 $\overline{BC}$ 사이의 거리)=(□의 길이)
=□ cm

(3) (점 A와 $\overleftrightarrow{CD}$ 사이의 거리)=(□의 길이)
=□ cm

(4) 점 C는 점 D에서 $\overline{BC}$에 내린 □이다.

(5) 점 A에서 $\overline{BC}$에 내린 수선의 발은 점 □이다.

2 다음 그림의 네 점 A, B, C, D에서 직선 l에 내린 수선의 발을 각각 A′, B′, C′, D′이라고 할 때, A′, B′, C′, D′을 각각 그림 위에 나타내고, 물음에 답하여라.
(단, 모눈 한 칸의 길이는 모두 1이다.)

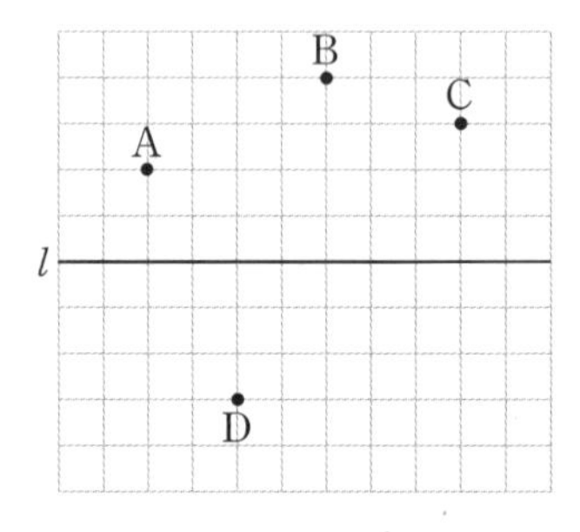

(1) 네 점 A, B, C, D와 직선 l 사이의 거리를 차례로 구하여라.
답 ______

(2) 네 점 A, B, C, D 중 직선 l과의 거리가 같은 두 점을 구하여라.
답 ______

(3) 네 점 A, B, C, D 중 직선 l과의 거리가 가장 가까운 점을 구하여라.
답 ______

오답노트 작성 ______쪽

3 오른쪽 그림에 대하여 다음을 구하여라.

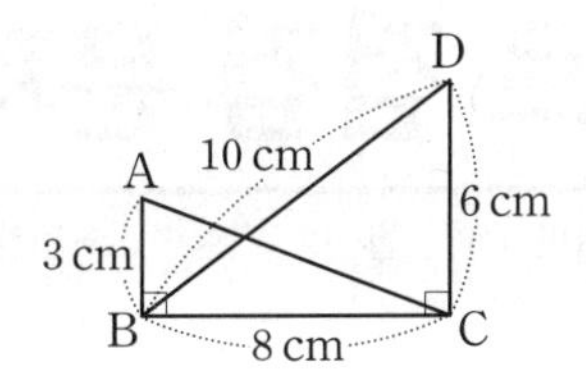

(1) 점 A에서 $\overline{BC}$에 내린 수선의 발

답 ______

(2) 변 BC와 수직인 변 답 ______

(3) 점 A와 $\overline{BC}$ 사이의 거리

답 ______

(4) 점 B와 $\overline{CD}$ 사이의 거리

답 ______

4 오른쪽 그림과 같은 직육면체에 대하여 다음을 구하여라.

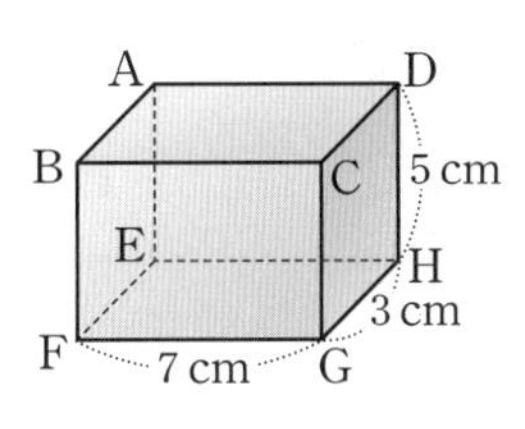

(1) 점 D에서 $\overline{BC}$에 내린 수선의 발

답 ______

(2) 점 E에서 $\overline{BF}$에 내린 수선의 발

답 ______

(3) 점 H와 $\overline{AD}$ 사이의 거리

답 ______

(4) 점 E와 $\overline{GH}$ 사이의 거리

답 ______

(5) 점 F와 $\overline{EH}$ 사이의 거리

답 ______

5 아래 그림에 대하여 다음을 구하여라.

tip 점과 직선 사이의 거리는? 그 점에서 직선에 내린 수선의 발까지의 거리!

(1) 점 P와 직선 l 사이의 거리

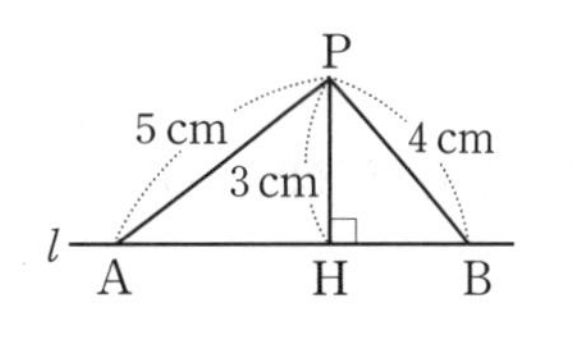

답 ______

(2) 점 D와 $\overline{AB}$ 사이의 거리

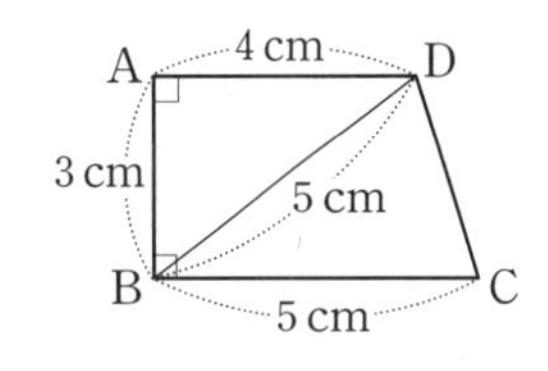

답 ______

(3) 점 B와 $\overline{AC}$ 사이의 거리

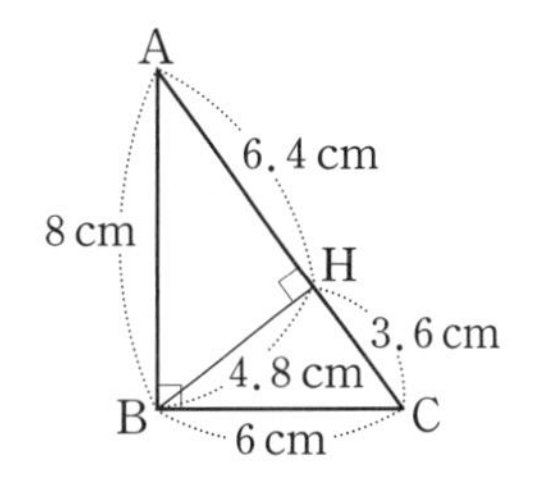

답 ______

6 풍쌤의 point

오른쪽 그림에서

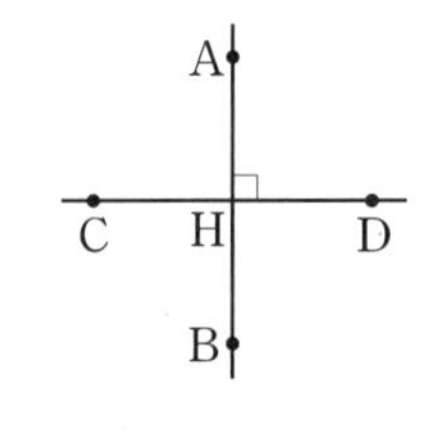

(1) $\overleftrightarrow{AB}$ □ $\overleftrightarrow{CD}$

(2) $\overleftrightarrow{AB}$의 수선은 (   ) 이다.

(3) 점 A에서 $\overleftrightarrow{CD}$에 내린 수선의 발은 점 (   ) 이다.

(4) 점 C와 $\overleftrightarrow{AB}$ 사이의 거리는 (   )의 길이와 같다.

오답노트 작성 ______쪽

정답과 해설 4~5쪽

06-08 스스로 점검 문제

맞힌 개수 개 / 7개

▶학습 날짜 월 일 ▶걸린 시간 분 / 목표 시간 20분

1 ◯ 각 1, 2

다음 중 예각인 것을 모두 고르면? (정답 2개)

① $75°$ ② $120°$ ③ $90°$
④ $116°$ ⑤ $33°$

2 ◯ 각 6

오른쪽 그림에서 $\angle x$의 크기를 구하여라.

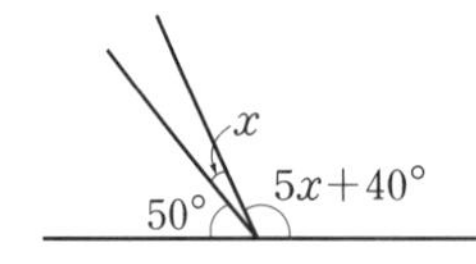

3 ◯ 맞꼭지각 2, 4

오른쪽 그림에 대하여 다음 중 옳지 않은 것은?

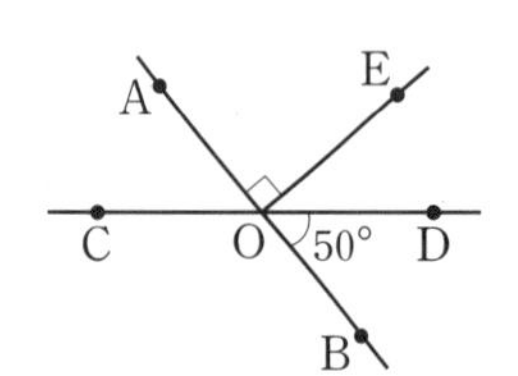

① $\angle \mathrm{DOE}=40°$
② $\angle \mathrm{AOC}=50°$
③ $\angle \mathrm{BOE}=90°$
④ $\angle \mathrm{BOC}=130°$
⑤ $\angle \mathrm{COE}=130°$

4 ◯ 맞꼭지각 3

오른쪽 그림에서 $\angle x$의 크기는?

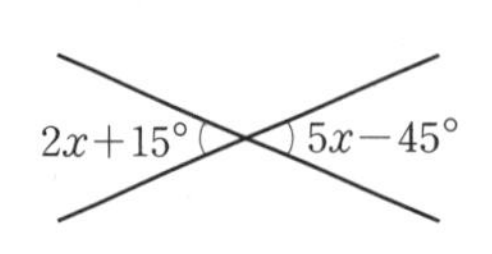

① $15°$ ② $20°$
③ $25°$ ④ $30°$
⑤ $35°$

5 ◯ 맞꼭지각 5

오른쪽 그림에서 $\angle x-\angle y$의 크기를 구하여라.

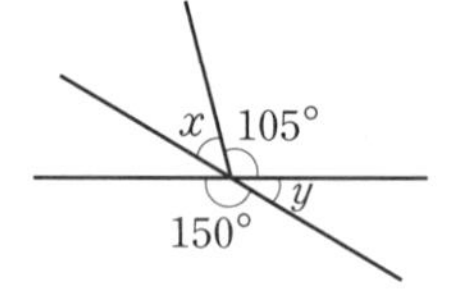

6 ◯ 수직과 수선 2

오른쪽 그림에서 점 P와 직선 l 사이의 거리를 나타내는 것은?

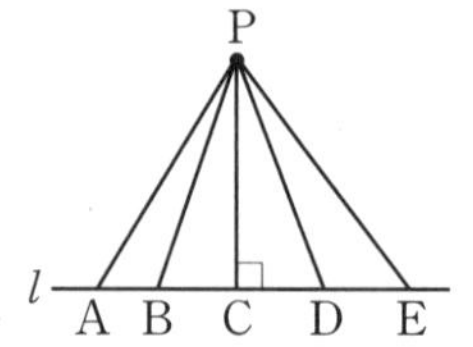

① $\overline{\mathrm{PA}}$ ② $\overline{\mathrm{PB}}$
③ $\overline{\mathrm{PC}}$ ④ $\overline{\mathrm{PD}}$
⑤ $\overline{\mathrm{PE}}$

7 ◯ 수직과 수선 1, 3

오른쪽 그림과 같은 사각형 ABCD에 대하여 다음 설명 중 옳지 않은 것을 모두 고르면? (정답 2개)

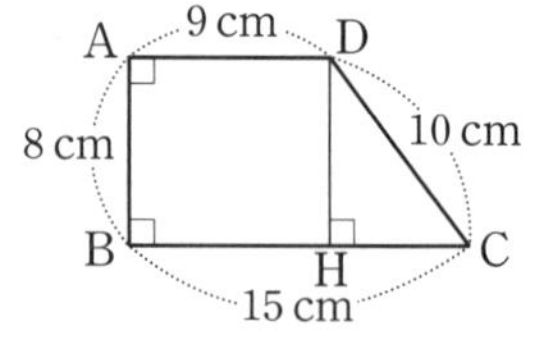

① $\overline{\mathrm{AB}}$는 $\overline{\mathrm{AD}}$의 수선이다.
② 점 B에서 $\overline{\mathrm{AD}}$까지의 거리는 8 cm이다.
③ 점 D에서 $\overline{\mathrm{BC}}$에 내린 수선의 발은 점 C이다.
④ 점 C와 $\overline{\mathrm{AB}}$ 사이의 거리는 15 cm이다.
⑤ $\overline{\mathrm{AD}}$와 $\overline{\mathrm{CD}}$는 서로 직교한다.

오답노트 작성 ______쪽

09 점과 직선, 점과 평면의 위치 관계

핵심개념

1. 점과 직선의 위치 관계

(1) 점 A는 **직선 l 위에 있다**. (직선 l이 점 A를 지난다.)

(2) 점 B는 **직선 l 위에 있지 않다**. (점 B는 직선 l 밖에 있다.)

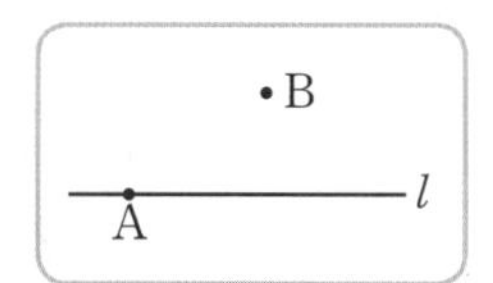

2. 점과 평면의 위치 관계

(1) 점 A는 **평면 P 위에 있다**.

(2) 점 B는 **평면 P 위에 있지 않다**. (점 B가 평면 P 밖에 있다.)

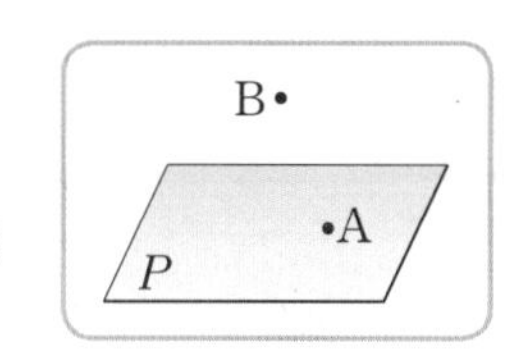

참고 점이 직선 또는 평면 위에 있다는 것은 점이 직선 또는 평면에 포함된다는 것을 뜻한다.

▶학습 날짜 월 일 ▶걸린 시간 분 / 목표 시간 10분

정답과 해설 5쪽

1 오른쪽 그림과 같은 두 직선 l, m과 네 점 A, B, C, D에 대하여 다음을 완성하여라.

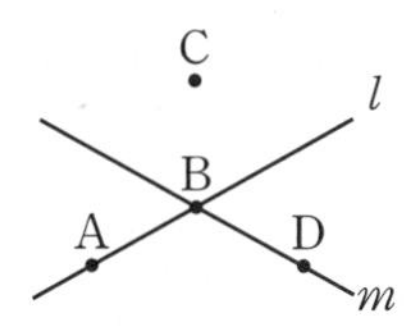

(1) 직선 l이 지나는 점: ______________

➔ 점 A는 직선 l 위에 (있다, 있지 않다).
점 D는 직선 l 위에 (있다, 있지 않다).

(2) 직선 m이 지나는 점: ______________

➔ 점 B는 직선 m 위에 (있다, 있지 않다).
점 C는 직선 m 위에 (있다, 있지 않다).

2 오른쪽 그림과 같은 평면 P와 세 점 A, B, C에 대하여 다음을 완성하여라.

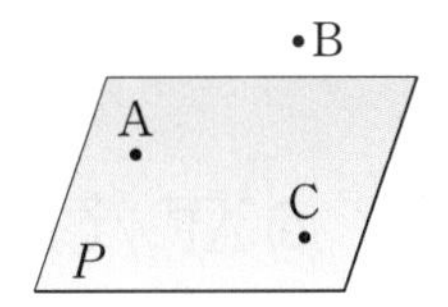

(1) 평면 P에 포함되는 점: ______________

➔ 점 A는 평면 P 위에 (있다, 있지 않다).

(2) 평면 P에 포함되지 않은 점: ____________

➔ 점 B는 평면 P 위에 (있다, 있지 않다).

3 오른쪽 그림의 직육면체에 대하여 다음을 구하여라.

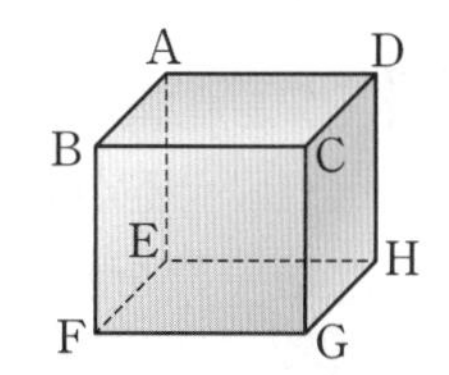

(1) 모서리 CG 위에 있는 꼭짓점

 ______________

(2) 모서리 EF 밖에 있는 꼭짓점

 ______________

(3) 면 BFGC 위에 있는 꼭짓점

 ______________

(4) 면 ABCD 위에 있지 않은 꼭짓점

답 ______________

오답노트 작성 ______쪽

10 평면에서 두 직선의 위치 관계

핵심개념

1. **평행선:** 한 평면 위에 있는 두 직선 l, m이 만나지 않을 때, 두 직선 l, m은 평행하다고 한다. 이때 평행한 두 직선을 평행선이라고 한다.
   기호 $l /\!/ m$
2. **평면에서 직선과 직선의 위치 관계:** 한 평면 위에 있는 두 직선 l, m의 위치 관계는 다음과 같다.

(1) 한 점에서 만난다.

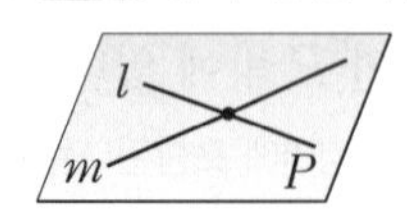

→ 교점이 1개이다.

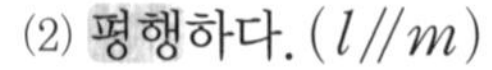
(2) 평행하다. $(l /\!/ m)$

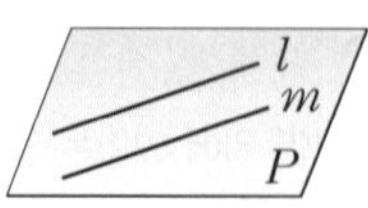

→ 교점이 없다.

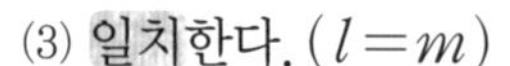
(3) 일치한다. $(l = m)$

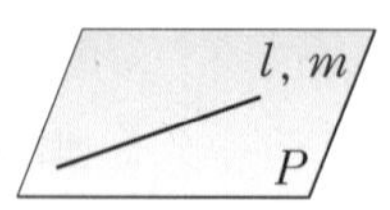

→ 교점이 무수히 많다.

▶학습 날짜 월 일 ▶걸린 시간 분 / 목표 시간 10분

정답과 해설 5쪽

1 오른쪽 그림의 정육각형에서 각 변의 연장선을 그었을 때, 다음을 구하여라.

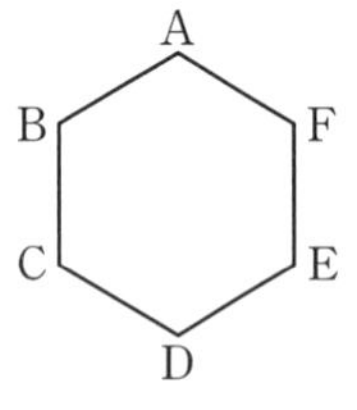

tip 도형에서 두 직선의 위치 관계를 따질 때는 변의 연장선을 그어서 알아봐야 해.

(1) $\overleftrightarrow{AB}$와 평행한 직선 답

(2) $\overleftrightarrow{AB}$와 한 점에서 만나는 직선

답

tip 한 평면에 있는 서로 다른 두 직선은 평행한 경우를 제외하면 모두 한 점에서 만나.

(3) $\overleftrightarrow{BC}$와 $\overleftrightarrow{CD}$의 교점 답

2 오른쪽 그림의 사각형 ABCD에서 주어진 두 직선의 위치 관계로 알맞은 것을 다음 〈보기〉에서 골라라.

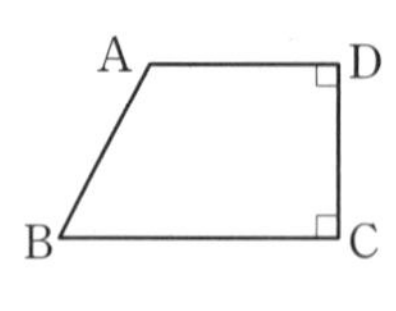

보기
ㄱ. 한 점에서 만난다.
ㄴ. 평행하다.
ㄷ. 일치한다.

(1) $\overleftrightarrow{AB}$와 $\overleftrightarrow{CD}$ 답

(2) $\overleftrightarrow{AD}$와 $\overleftrightarrow{BC}$ 답

(3) $\overleftrightarrow{BC}$와 $\overleftrightarrow{CD}$ 답

3 오른쪽 그림에 대하여 다음 중 옳은 것에는 ○표, 옳지 않은 것에는 ×표를 하여라.

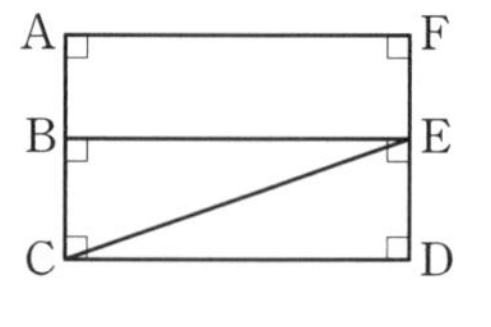

(1) $\overleftrightarrow{AB} /\!/ \overleftrightarrow{FE}$ ( )

(2) $\overleftrightarrow{AC} \perp \overleftrightarrow{BE}$ ( )

(3) $\overleftrightarrow{AF} /\!/ \overleftrightarrow{CD}$ ( )

(4) $\overleftrightarrow{CE} \perp \overleftrightarrow{FD}$ ( )

(5) $\overleftrightarrow{AF} /\!/ \overleftrightarrow{CE}$ ( )

오답노트 작성 ____ 쪽

11 공간에서 두 직선의 위치 관계

핵심개념

공간에서 직선과 직선의 위치 관계: 공간에 두 직선 l, m의 위치 관계는 다음과 같다.

(1) 한 점에서 만난다. (2) 평행하다. ($l // m$) (3) 꼬인 위치에 있다.

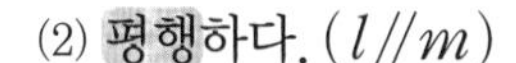

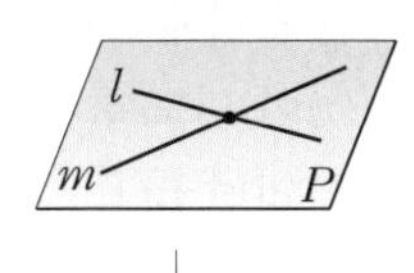

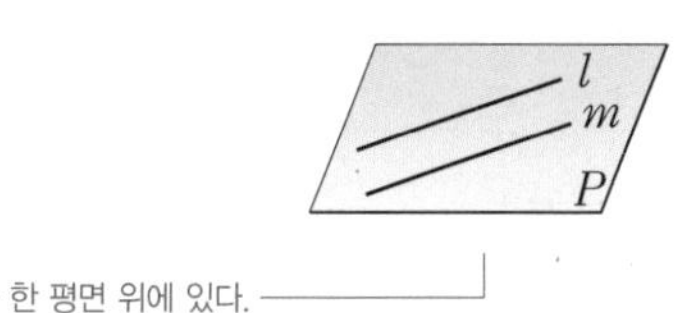

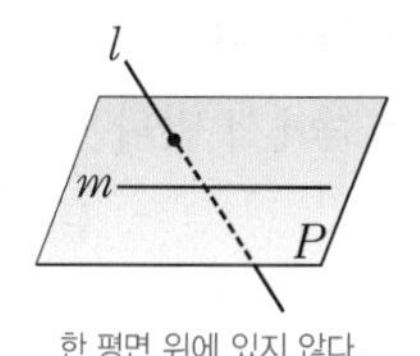

참고 공간에서 두 직선이 만나지도 않고 평행하지도 않을 때, 이 두 직선은 꼬인 위치에 있다고 한다.

주의 꼬인 위치는 공간에서 두 직선의 위치 관계에서만 존재한다.

▶학습 날짜 월 일 ▶걸린 시간 분 / 목표 시간 20분

정답과 해설 5쪽

1 오른쪽 그림의 직육면체에 대하여 다음을 완성하여라.

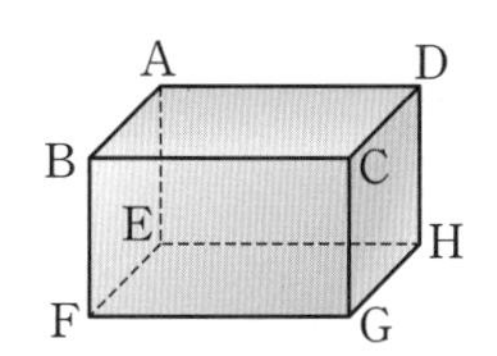

(1) 모서리 AD와 한 점에서 만나는 모서리

→ $\overline{AB}$, ______

(2) 모서리 AD와 평행한 모서리

→ $\overline{BC}$, ______

(3) 모서리 AD와 꼬인 위치에 있는 모서리

→ 꼬인 위치에 있는 두 모서리는 한 평면 위에 (있다, 있지 않다).

→ 꼬인 위치에 있는 두 모서리는 (만난다, 만나지 않는다).

→ 꼬인 위치에 있는 두 모서리는 (평행하다, 평행하지 않다).

→ $\overline{BF}$, ______

tip 입체도형에서 꼬인 위치의 모서리를 찾는 방법
❶ 한 점에서 만나는 모서리를 모두 지워.
❷ 평행한 모서리도 모두 지워.
❸ 남은 모서리가 바로 꼬인 위치에 있는 모서리야!

2 오른쪽 그림의 삼각기둥에 대하여 다음을 구하여라.

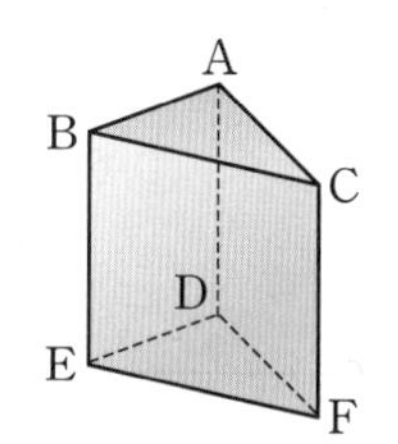

(1) 모서리 AB와

① 한 점에서 만나는 모서리

답 ______

② 평행한 모서리 답 ______

③ 꼬인 위치에 있는 모서리

답 ______

(2) 모서리 EF와

① 한 점에서 만나는 모서리

답 ______

② 평행한 모서리 답 ______

③ 꼬인 위치에 있는 모서리

답 ______

오답노트 작성 ______쪽

3 오른쪽 그림의 사각뿔에 대하여 다음을 구하여라.

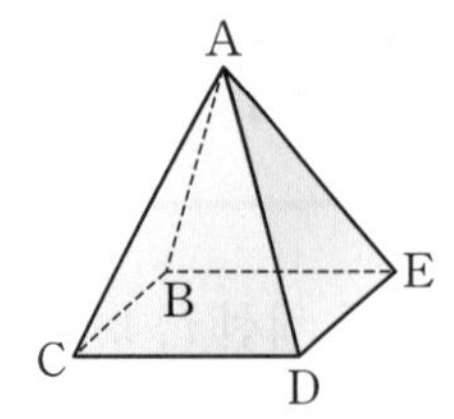

(1) 모서리 BC와

① 한 점에서 만나는 모서리

답 ____________

② 평행한 모서리 답 ____________

③ 꼬인 위치에 있는 모서리

답 ____________

(2) 모서리 AB와

① 한 점에서 만나는 모서리

답 ____________

② 꼬인 위치에 있는 모서리

답 ____________

4 다음 중 공간에서 두 직선의 위치 관계에 대한 설명으로 옳은 것에는 ○표, 옳지 않은 것에는 ×표를 하여라.

(1) 꼬인 위치에 있는 두 직선은 만나지 않는다. ( )

(2) 꼬인 위치에 있는 두 직선은 한 평면 위에 있다. ( )

(3) 서로 다른 두 직선은 만나지도 않고 평행하지도 않을 수 있다. ( )

(4) 서로 다른 두 직선이 한 평면에 포함되면 두 직선은 항상 만난다. ( )

5 다음은 공간에서 서로 다른 세 직선 l, m, n의 위치 관계를 직육면체를 이용하여 판별한 것이다. 옳은 것에는 ○표, 옳지 않은 것에는 ×표를 하여라.

(1) $l//m$, $l//n$이면 $m//n$이다. ( )

➜ 오른쪽 그림과 같이 직육면체 위에 $l//m$, $l//n$이 되도록 세 직선을 그리면 m ☐ n

(2) $l\perp m$, $l\perp n$이면 m, n은 꼬인 위치에 있다. ( )

(3) $l//m$, $l\perp n$이면 $m//n$이다. ( )

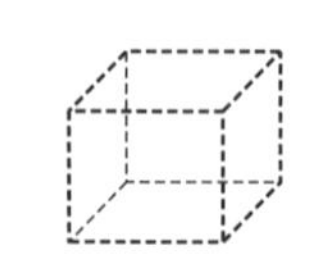

(4) $l\perp m$, $m\perp n$이면 $l//n$이다. ( )

6 풍쌤의 point

(1) 공간에서 두 직선의 위치 관계는 한 점에서 만나거나 평행하거나 (   )에 있다.

(2) 공간에서 두 직선이 만나지도 않고 평행하지도 않으면 (   )에 있다고 한다.

오답노트 작성 _____쪽

12 공간에서 직선과 평면의 위치 관계

핵심개념

1. 공간에서 직선과 평면의 위치 관계: 공간에서 직선 l과 평면 P의 위치 관계는 다음과 같다.

(1) 직선이 평면에 포함된다. (2) 한 점에서 만난다. (3) 평행하다. ($l /\!/ P$)

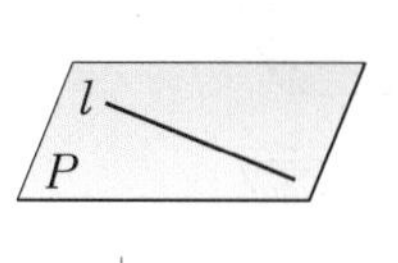

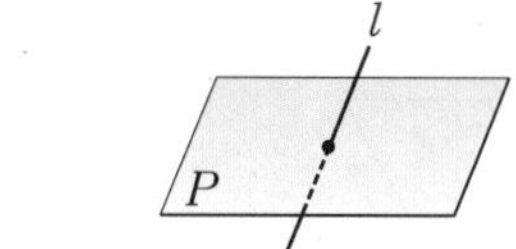

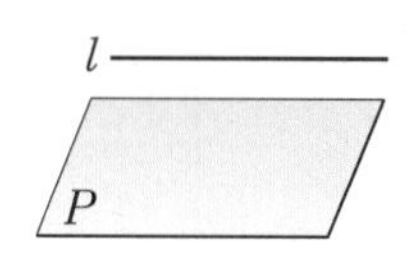

만난다. 만나지 않는다.

2. 직선과 평면의 수직: 직선 l이 평면 P와 한 점 O에서 만나고 직선 l이 점 O를 지나는 평면 P 위의 모든 직선과 수직일 때, 직선 l과 평면 P는 수직이라고 한다.

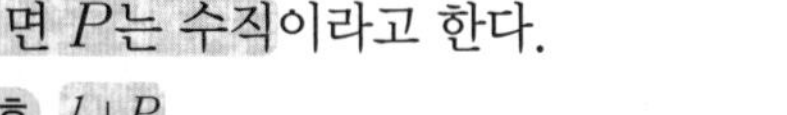
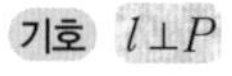
기호 $l \perp P$

참고 점 A와 평면 P 사이의 거리는 $\overline{AO}$의 길이이다.

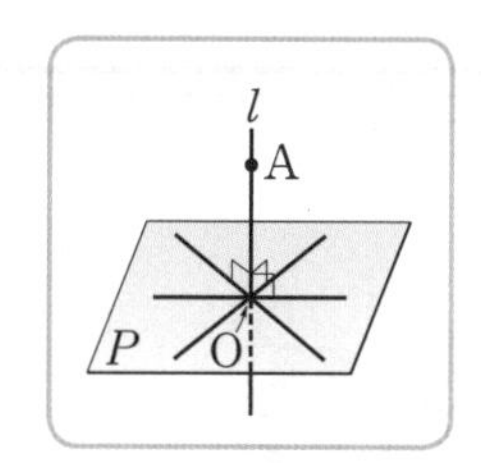

▶학습 날짜 월 일 ▶걸린 시간 분 / 목표 시간 10분

정답과 해설 5쪽

1 오른쪽 그림의 직육면체에 대하여 빈칸에 알맞은 것을 써넣어라.

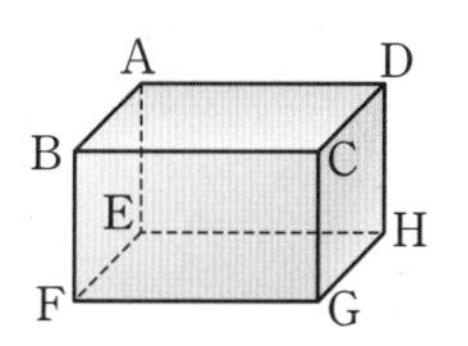

(1) 면 ABCD와 한 점에서 만나는 모서리
→ $\overline{AE}$, $\overline{BF}$, ________

(2) 면 ABFE와 평행한 모서리
→ $\overline{CD}$, ________

(3) 모서리 AB를 포함하는 면
→ 면 ABCD, ________

(4) 모서리 AD와 평행한 면
→ 면 BFGC, ________

(5) 모서리 CG와 수직인 면
→ 면 ABCD, ________

2 오른쪽 그림의 삼각기둥에 대하여 다음을 구하여라.

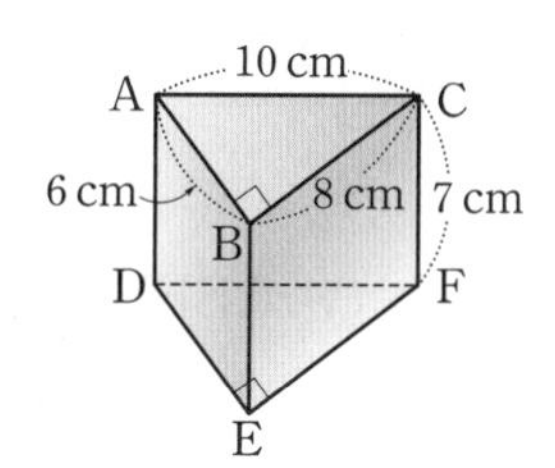

(1) 면 DEF에 포함된 모서리의 개수

답 ________

(2) 면 DEF와 평행한 모서리의 개수

답 ________

(3) 모서리 AD와 한 점에서 만나는 면의 개수

답 ________

(4) 점 A와 면 BEFC 사이의 거리

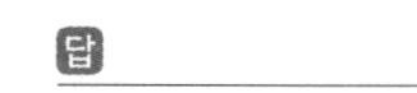
답 ________

오답노트 작성 ____쪽

13 두 평면의 위치 관계

핵심개념

1. 공간에서 평면과 평면의 위치 관계: 공간에서 두 평면 P, Q의 위치 관계는 다음과 같다.

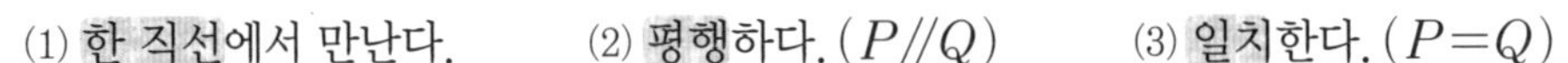

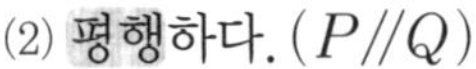

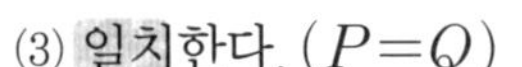

(1) 한 직선에서 만난다. (2) 평행하다. $(P /\!/ Q)$ (3) 일치한다. $(P=Q)$

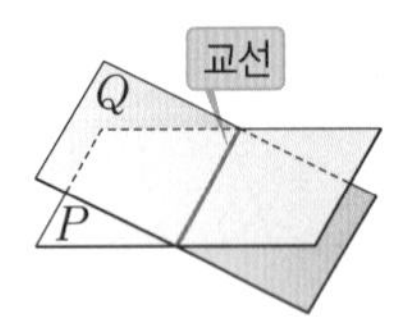

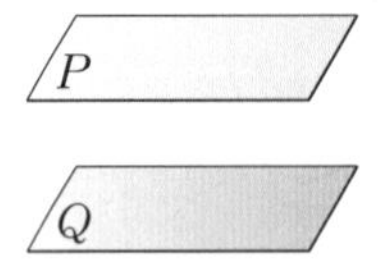

2. 두 평면의 수직: 평면 P가 평면 Q에 수직인 직선 l을 포함할 때, 평면 P는 평면 Q에 수직이라고 한다.

기호 $P \perp Q$

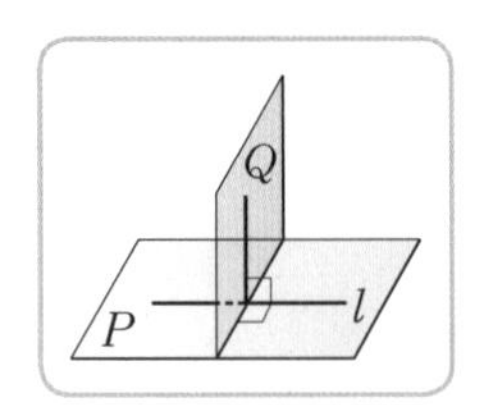

▶학습 날짜 월 일 ▶걸린 시간 분 / 목표 시간 10분

정답과 해설 6쪽

1 오른쪽 그림의 직육면체에 대하여 빈칸에 알맞은 것을 써넣어라.

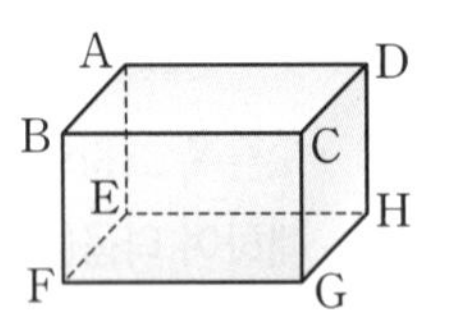

(1) 면 ABFE와 한 모서리에서 만나는 면

➜ 면 ABCD, ________

(2) 면 ABFE와 평행한 면

➜ ________

(3) 면 ABFE와 수직인 면

➜ 면 ABCD, ________

(4) 면 ABCD와 수직인 면

➜ ________

(5) 면 BFGC와 면 CGHD의 교선

➜ ________

2 오른쪽 그림의 삼각기둥에 대하여 다음을 구하여라.

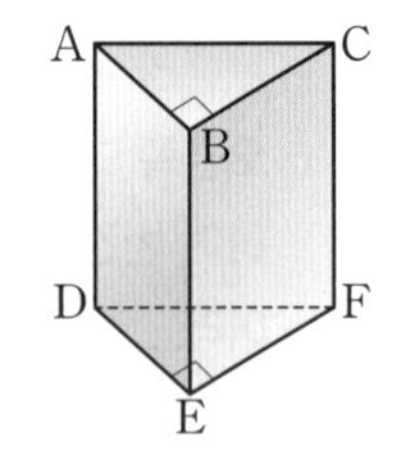

(1) 면 ABC와 평행한 면 답 ________

(2) 면 DEF와 수직인 면

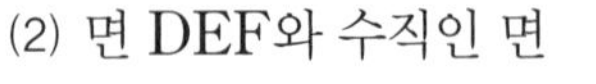

답 ________

(3) 면 BEFC와 수직인 면

답 ________

(4) 면 ADEB와 한 모서리에서 만나는 면

답 ________

(5) 면 ADEB와 면 BEFC의 교선

답 ________

오답노트 작성 ____ 쪽

▌정답과 해설 6쪽

09-13 · 스스로 점검 문제

맞힌 개수 개 / 7개

▶학습 날짜 월 일 ▶걸린 시간 분 / 목표 시간 20분

1 ☐☐ 점과 직선, 점과 평면의 위치 관계 1

오른쪽 그림의 사각형 ABCD에서 변 AB 위에 있지 않은 점을 모두 고른 것은?

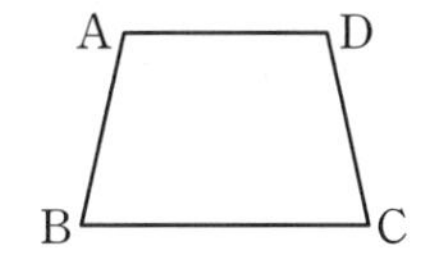

① 점 A, 점 B ② 점 A, 점 C
③ 점 B, 점 C ④ 점 B, 점 D
⑤ 점 C, 점 D

2 ☐☐ 평면에서 두 직선의 위치 관계 1

오른쪽 그림의 정팔각형에서 각 변을 연장한 직선 중 $\overleftrightarrow{CD}$와 만나는 직선의 개수가 a개, 평행한 직선의 개수가 b개일 때, $a-b$의 값은?

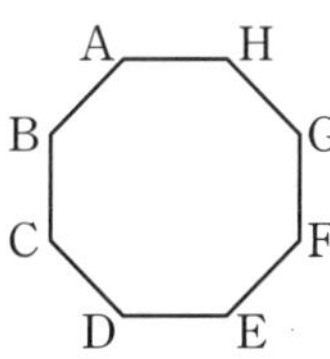

① 1 ② 2 ③ 3
④ 4 ⑤ 5

3 ☐☐ 공간에서 두 직선의 위치 관계 2

오른쪽 그림의 삼각기둥에서 모서리 AB와 수직으로 만나는 모서리의 개수가 x개, 꼬인 위치에 있는 모서리의 개수가 y개일 때, $x+y$의 값을 구하여라.

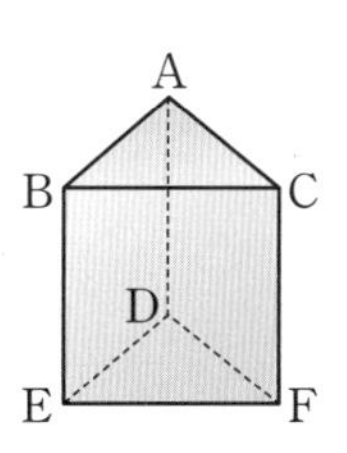

4 ☐☐ 공간에서 두 직선의 위치 관계 5

공간에서 서로 다른 세 직선 l, m, n에 대하여 $l // m$, $m // n$일 때, 두 직선 l, n의 위치 관계는?

① 일치한다. ② 수직이다.
③ 평행하다. ④ 한 점에서 만난다.
⑤ 꼬인 위치에 있다.

[5~6] 오른쪽 그림과 같은 직육면체에 대하여 다음 물음에 답하여라.

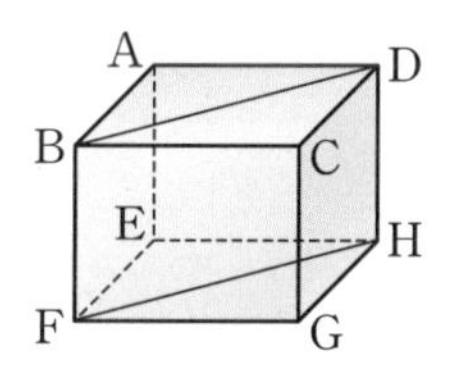

5 ☐☐ 공간에서 직선과 평면의 위치 관계 1, 2

면 BFHD와 평행한 모서리를 모두 고르면? (정답 2개)

① $\overline{AB}$ ② $\overline{AE}$ ③ $\overline{CD}$
④ $\overline{CG}$ ⑤ $\overline{EH}$

6 ☐☐ 두 평면의 위치 관계 1, 2

면 BFHD와 수직인 면을 모두 고르면? (정답 2개)

① 면 ABCD ② 면 ABFE ③ 면 BFGC
④ 면 EFGH ⑤ 면 CGHD

7 ☐☐ 두 평면의 위치 관계 1, 2

오른쪽 그림과 같이 밑면이 사다리꼴인 사각기둥에서 면 ABCD와 평행한 면의 개수가 a개, 수직인 모서리의 개수가 b개일 때, $b-a$의 값은?

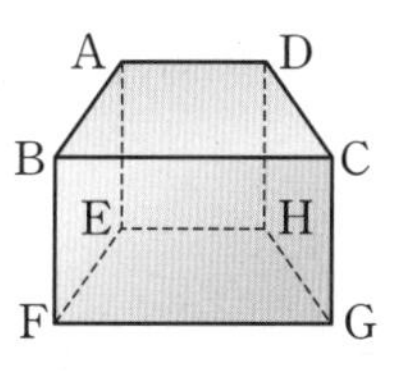

① 1 ② 2 ③ 3
④ 4 ⑤ 5

오답노트 작성 ____쪽

14 동위각과 엇각

핵심개념 서로 다른 두 직선 l, m이 다른 한 직선 n과 만나서 생기는 8개의 각 중에서

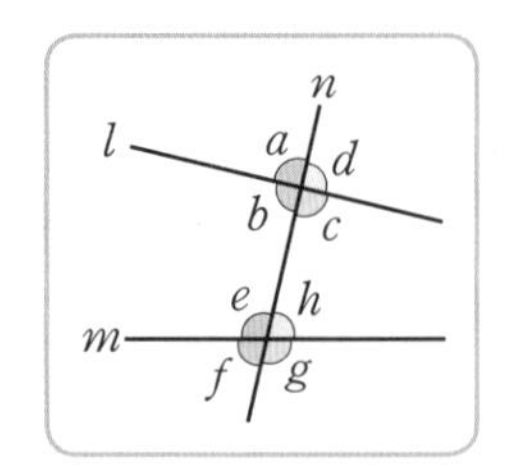

1. 동위각: 서로 같은 위치에 있는 두 각

➜ $\angle a$와 $\angle e$, $\angle b$와 $\angle f$, $\angle c$와 $\angle g$, $\angle d$와 $\angle h$

2. 엇각: 서로 엇갈린 위치에 있는 두 각

➜ $\angle b$와 $\angle h$, $\angle c$와 $\angle e$

주의 $\angle a$와 $\angle g$, $\angle d$와 $\angle f$를 엇각으로 착각하지 않도록 주의한다.

참고 동위각과 엇각은 각의 크기와 상관없이 같은 위치에 있으면 동위각, 엇갈린 위치에 있으면 엇각이다.

▶학습 날짜 월 일 ▶걸린 시간 분 / 목표 시간 30분

1 오른쪽 그림과 같이 두 직선 l, m이 다른 한 직선 n과 만날 때, 다음을 완성하여라.

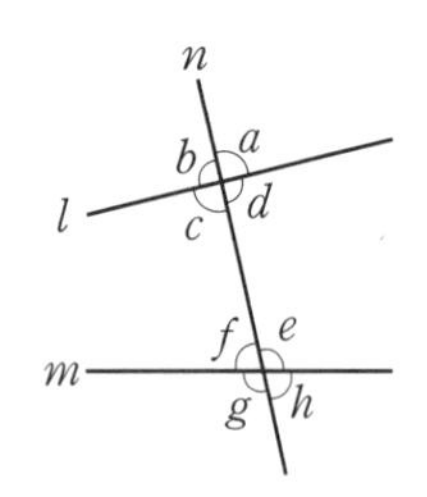

(1) 서로 같은 위치에 있는 두 각

➜ $\angle a$와 ☐, $\angle b$와 ☐,

$\angle c$와 ☐, $\angle d$와 ☐

➜ (동위각, 엇각)

(2) 서로 엇갈린 위치에 있는 두 각

➜ $\angle c$와 ☐,

$\angle d$와 ☐

➜ (동위각, 엇각)

tip 엇각을 찾을 땐 'Z'자를 그려 봐.

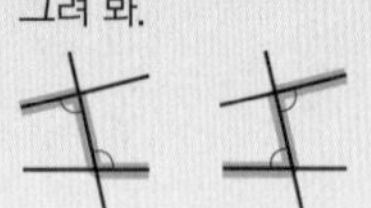

(3) 위 그림에서 동위각은 ☐쌍, 엇각은 ☐쌍이다.

(4) 동위각과 엇각은 각의 (크기, 위치)와 관계가 있다.

2 오른쪽 그림에 대하여 다음을 구하여라.

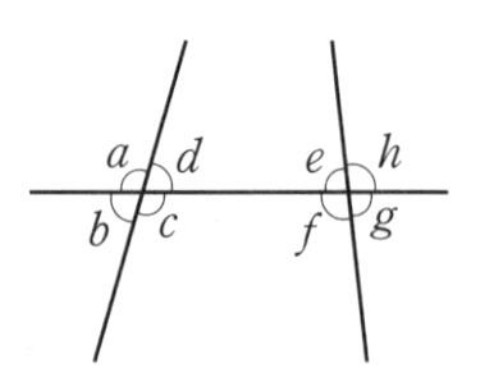

(1) $\angle a$의 동위각 답 ______

(2) $\angle b$의 동위각 답 ______

(3) $\angle h$의 동위각 답 ______

(4) $\angle g$의 동위각 답 ______

(5) $\angle c$의 엇각 답 ______

(6) $\angle d$의 엇각 답 ______

오답노트 작성 ______쪽

3 다음 그림에서 주어진 각의 크기를 구하여라.

(1)

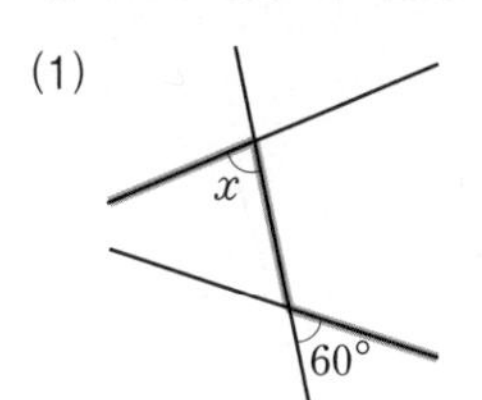

➔ $\angle x$의 엇각의 크기: ____________

(2)

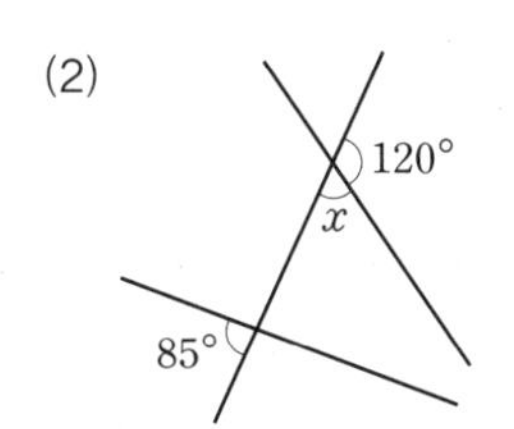

➔ $\angle x$의 동위각의 크기: ____________

(3)

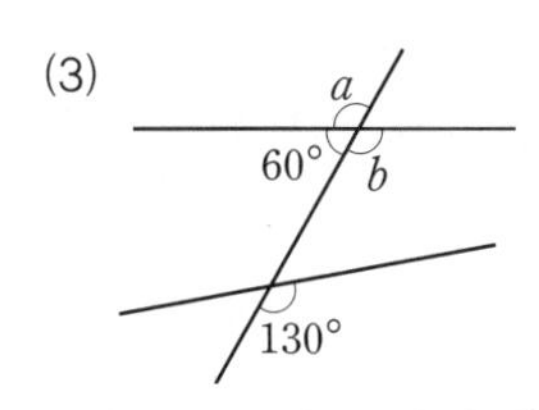

① $\angle a$의 동위각의 크기: ____________

② $\angle b$의 엇각의 크기: ____________

(4)

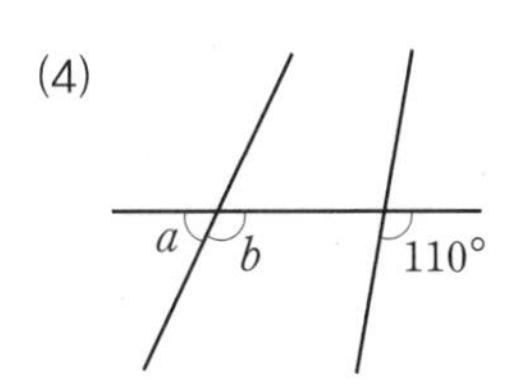

① $\angle a$의 동위각의 크기: ____________

② $\angle b$의 엇각의 크기: ____________

(5)

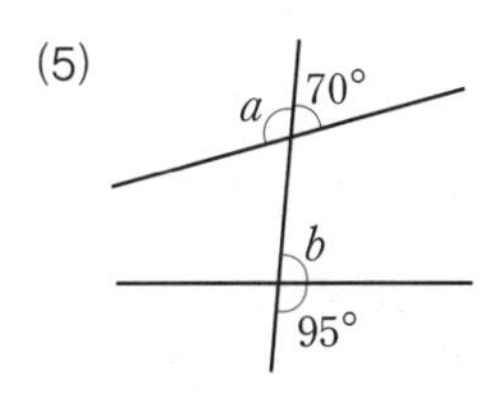

① $\angle a$의 동위각의 크기: ____________

② $\angle b$의 엇각의 크기: ____________

4 다음 그림에 대하여 표를 완성하여라.

(1)

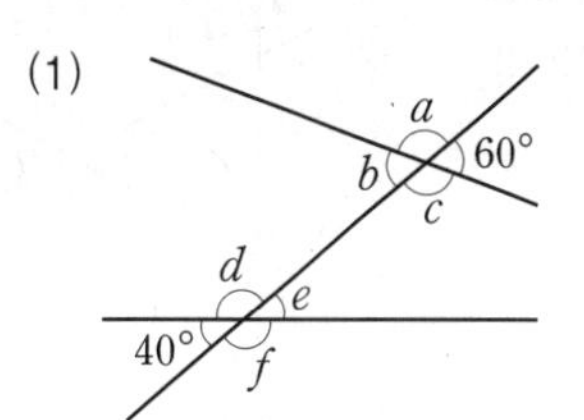

각	기호	각의 크기
$\angle a$의 동위각	$\angle d$	140°
$\angle b$의 엇각		
$\angle c$의 동위각		
$\angle d$의 엇각		

(2)

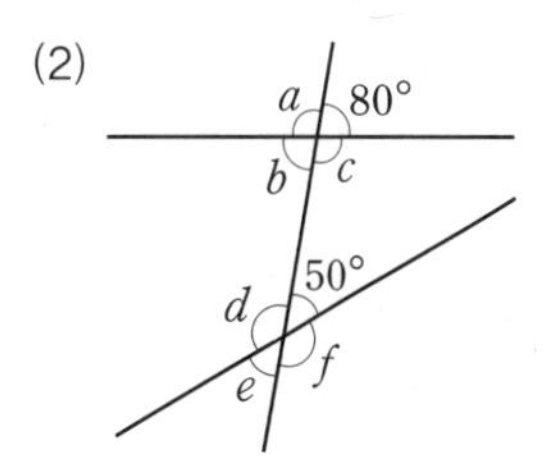

각	기호	각의 크기
$\angle b$의 동위각		
$\angle c$의 엇각		
$\angle d$의 동위각		
$\angle f$의 동위각		

(3)

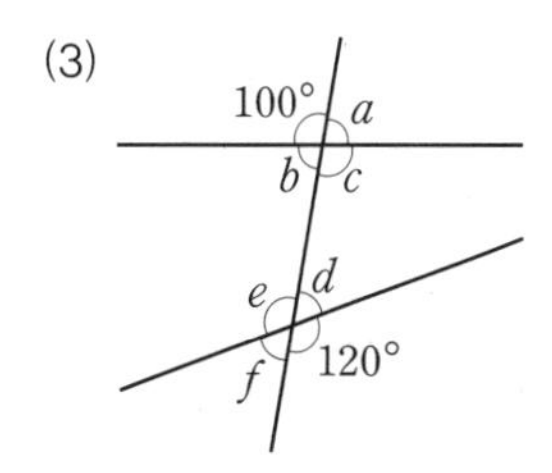

각	기호	각의 크기
$\angle a$의 동위각		
$\angle c$의 엇각		
$\angle d$의 엇각		
$\angle f$의 동위각		

오답노트 작성 ______쪽

5 오른쪽 그림에 대하여 빈칸에 알맞은 것을 써넣어라.

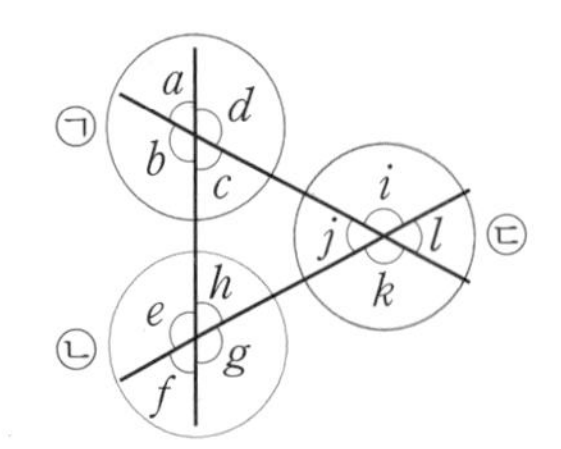

tip 세 직선이 만나는 점이 3개일 때는 세 교점 중 1개를 가린 다음 동위각이나 엇각을 찾으면 헷갈리지 않아.

(1) $\angle b$의 동위각
→ ㉡에서 $\angle f$, ㉢에서 ______

(2) $\angle d$의 엇각
→ ㉢에서 ______

tip 엇각은 안쪽에 있는 각에서만 찾아야 해.

(3) $\angle h$의 동위각
→ ㉠에서 ______, ㉢에서 ______

(4) $\angle c$의 엇각
→ ㉡에서 ______, ㉢에서 ______

6 아래 그림에 대하여 다음을 구하여라.

(1) $\angle x$의 모든 동위각의 크기의 합

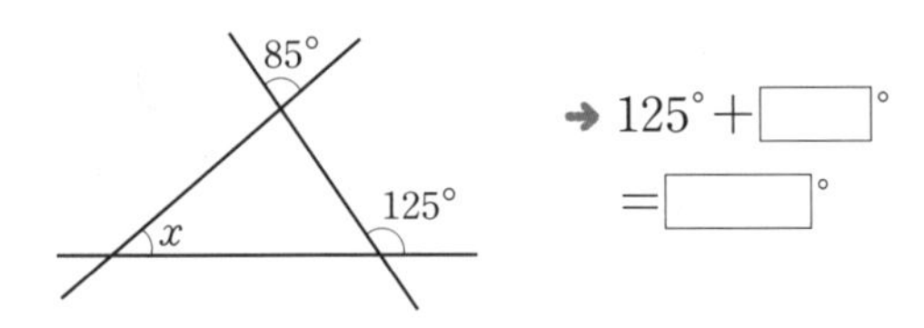

→ $125^\circ + \square^\circ = \square^\circ$

(2) $\angle x$의 모든 동위각의 크기의 합

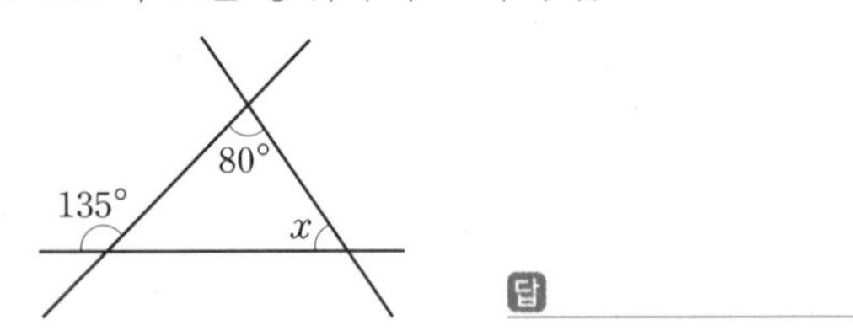

답 ______

(3) $\angle x$의 모든 엇각의 크기의 합

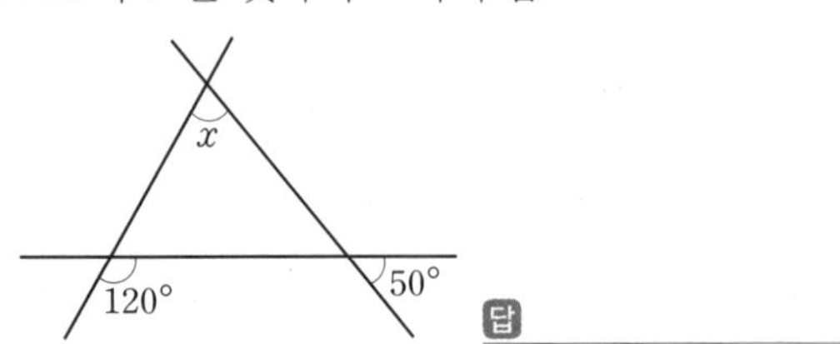

답 ______

7 다음 그림에 대한 설명 중 옳은 것에는 ○표, 옳지 않은 것에는 ×표를 하여라.

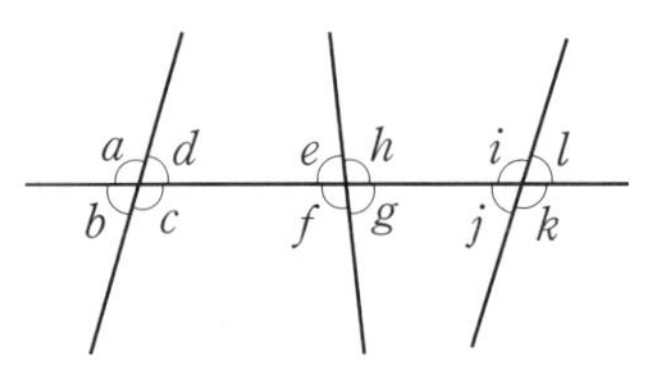

(1) $\angle a$의 동위각은 $\angle e$, $\angle i$이다. ( )

(2) $\angle c$의 동위각은 $\angle f$, $\angle k$이다. ( )

(3) $\angle c$의 엇각은 $\angle e$, $\angle i$이다. ( )

(4) $\angle d$의 엇각은 $\angle f$뿐이다. ( )

8 다음 설명 중 옳은 것에는 ○표, 옳지 않은 것에는 ×표를 하여라.

(1) 서로 다른 두 직선이 다른 한 직선과 만나서 생기는 엇각의 크기는 서로 같다. ( )

(2) 동위각과 엇각은 각의 위치와 관계가 있다. ( )

(3) 동위각과 엇각은 각의 크기와 관계가 있다. ( )

9 풍쌤의 point

(1) 서로 다른 두 직선이 다른 한 직선과 만나서 생기는 각 중에서 서로 같은 위치에 있는 두 각을 ( ), 서로 엇갈린 위치에 있는 두 각을 ( )이라고 한다.

(2) 동위각과 엇각은 각의 크기와는 관계가 없고, 각의 ( )와 관계가 있다.

오답노트 작성 ______쪽

15 평행선의 성질

핵심개념

평행선의 성질: 평행한 두 직선이 다른 한 직선과 만날 때

(1) 동위각의 크기는 서로 같다.

(2) 엇각의 크기는 서로 같다.

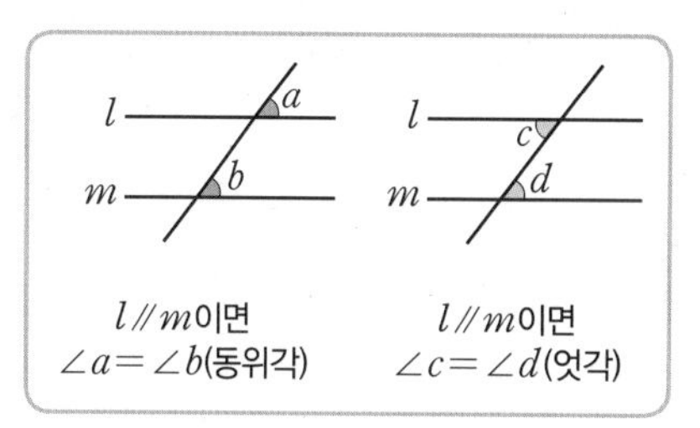

주의 맞꼭지각의 크기는 항상 같지만 동위각과 엇각의 크기는 두 직선이 평행할 때만 같다.

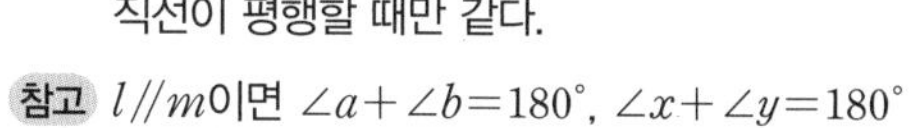
참고 $l // m$이면 $\angle a + \angle b = 180^\circ$, $\angle x + \angle y = 180^\circ$

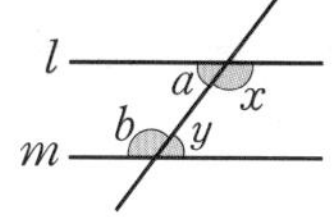

▶학습 날짜 　　월 　　일 ▶걸린 시간 　　분 / 목표 시간 30분

정답과 해설 7~8쪽

1 오른쪽 그림에서 $l // m$일 때, 다음을 완성하여라.

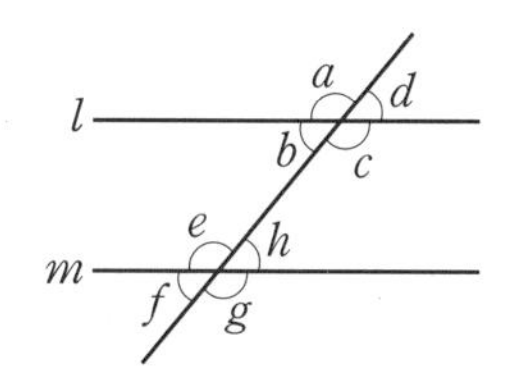

(1) 동위각의 크기는 서로 (같다, 다르다).

➜ $\angle a =$ ☐, $\angle b =$ ☐, $\angle c =$ ☐, $\angle d =$ ☐

(2) 엇각의 크기는 서로 (같다, 다르다).

➜ $\angle b =$ ☐, $\angle c =$ ☐

2 오른쪽 그림에서 $l // m$일 때, 다음 중 옳은 것에는 ○표, 옳지 않은 것에는 ×표를 하여라.

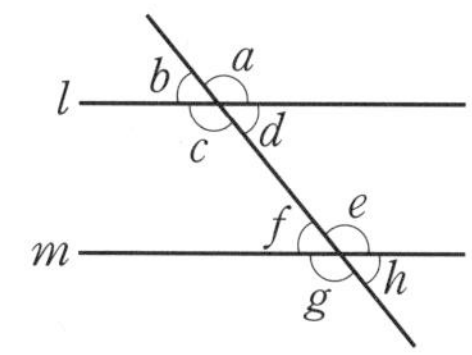
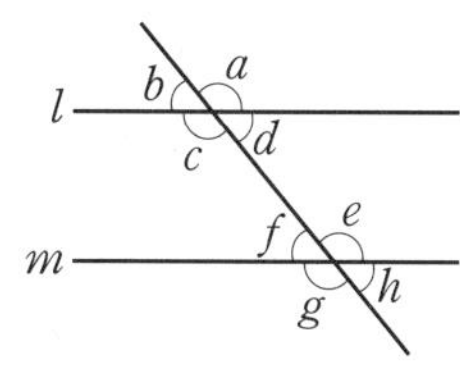

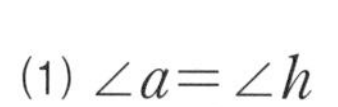
(1) $\angle a = \angle h$ (　　)

(2) $\angle c = \angle e$ (　　)

(3) $\angle d + \angle e = 180^\circ$ (　　)

3 다음 그림에서 $l // m$일 때, $\angle x$의 크기를 구하여라.

(1)

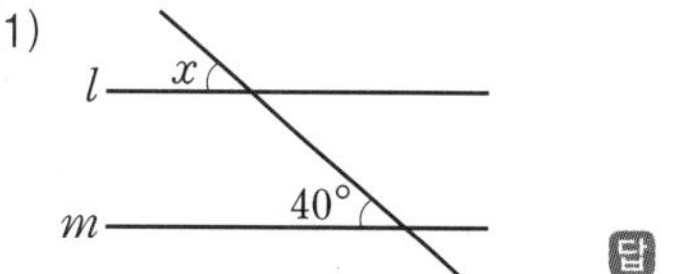

답 ________

(2)

l, m, 75°, x

답 ________

(3)

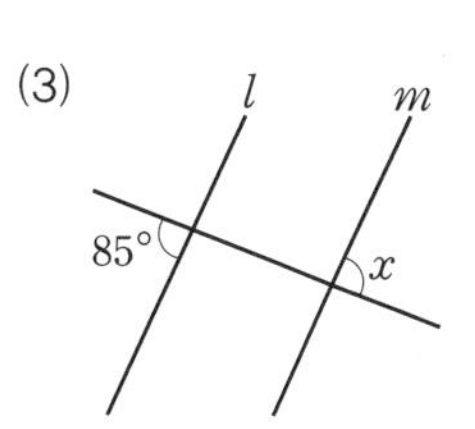

답 ________

(4)

l, m, x, 114°

답 ________

오답노트 작성 ____쪽

4 다음 그림에서 $l /\!/ m$일 때, $\angle x$의 크기를 구하여라.

(1)

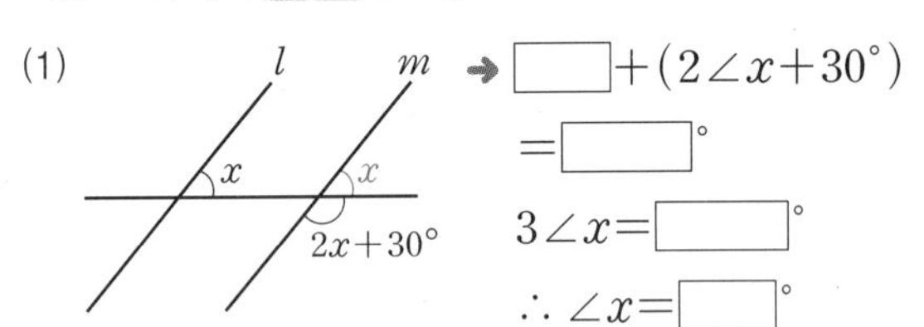

➔ $\square + (2\angle x + 30°)$
$= \square°$
$3\angle x = \square°$
$\therefore \angle x = \square°$

(2)

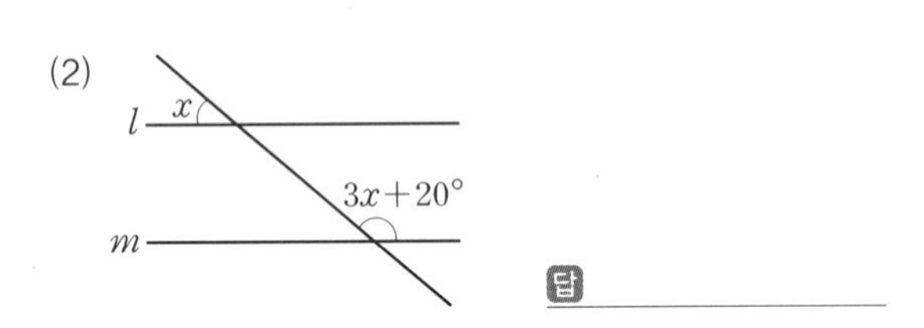

답 ______

(3)

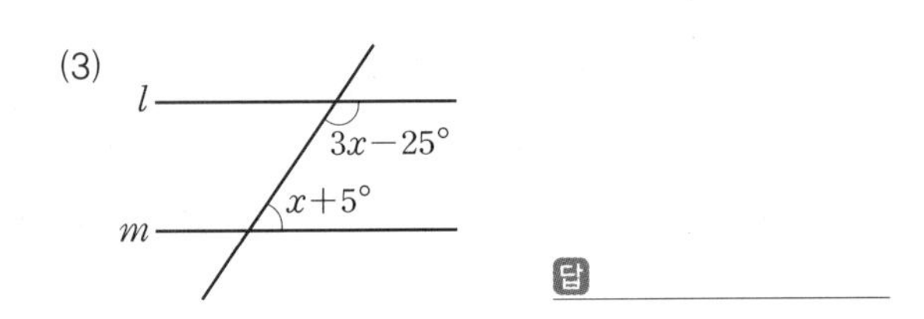

답 ______

5 다음 그림에서 $l /\!/ m$일 때, $\angle x$, $\angle y$의 크기를 각각 구하여라.

(1)

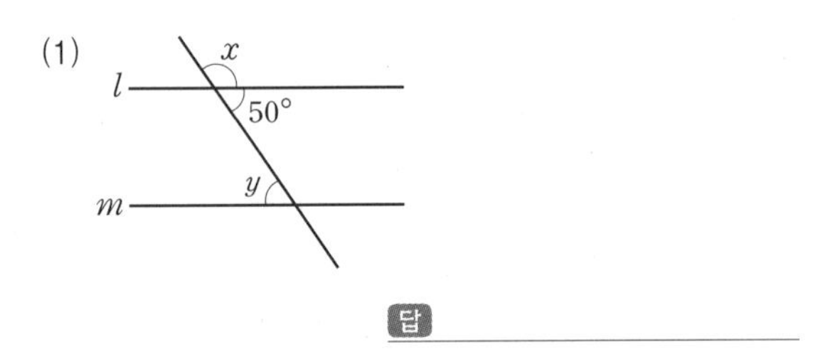

답 ______

(2)

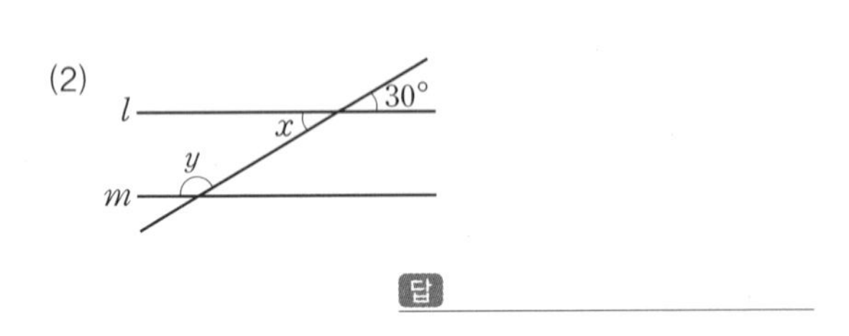

답 ______

(3)

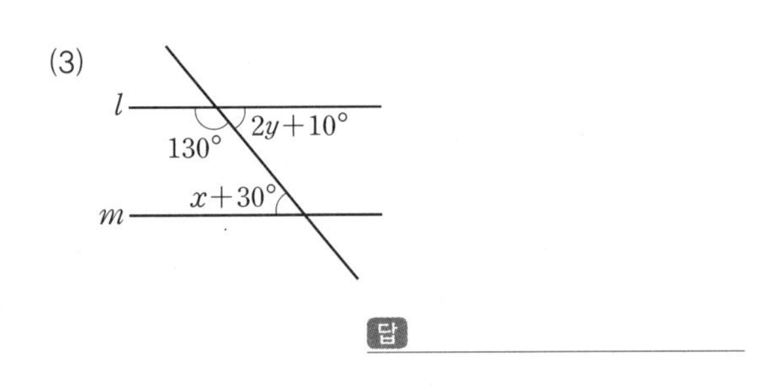

답 ______

6 다음 그림에서 $l /\!/ m$일 때, $\angle x$, $\angle y$의 크기를 각각 구하여라.

(1)

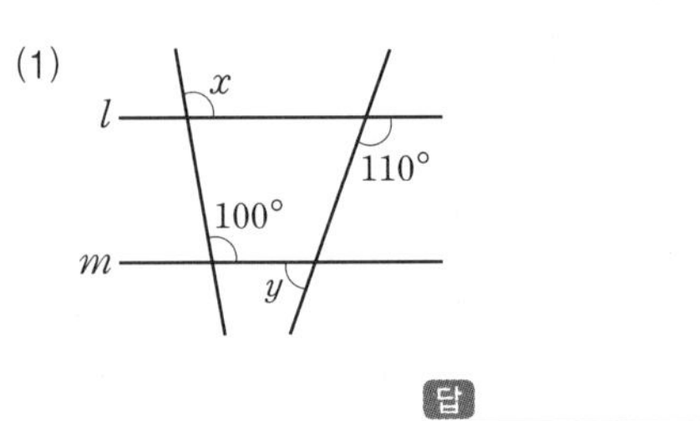

답 ______

(2)

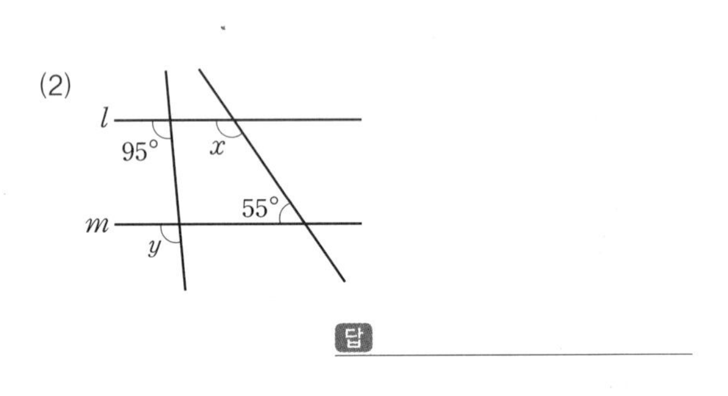

답 ______

(3)

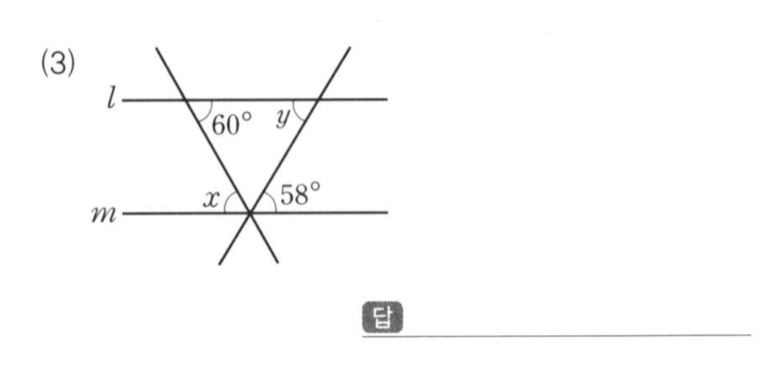

답 ______

(4)

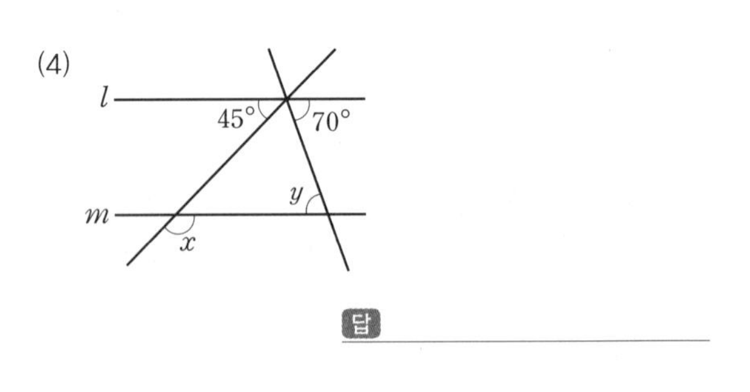

답 ______

(5)

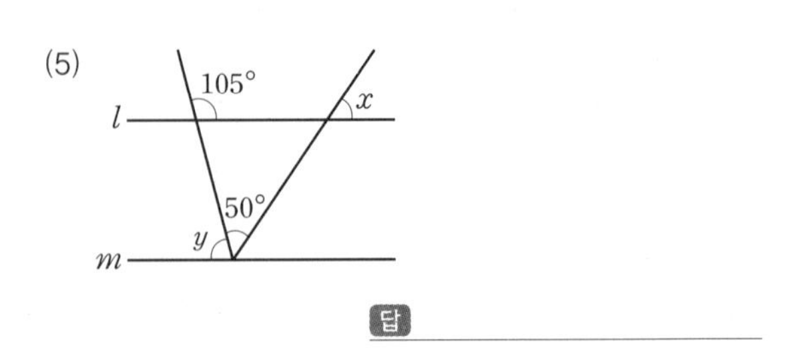

답 ______

오답노트 작성 ______쪽

7 다음 그림에서 $l /\!/ m$일 때, $\angle x$의 크기를 구하여라.

tip 평행한 사이에 꺾인 부분이 있을 때는 꺾인 점을 지나고 다른 두 직선과 평행한 직선을 그어서 생각하면 쉬워.

(1)

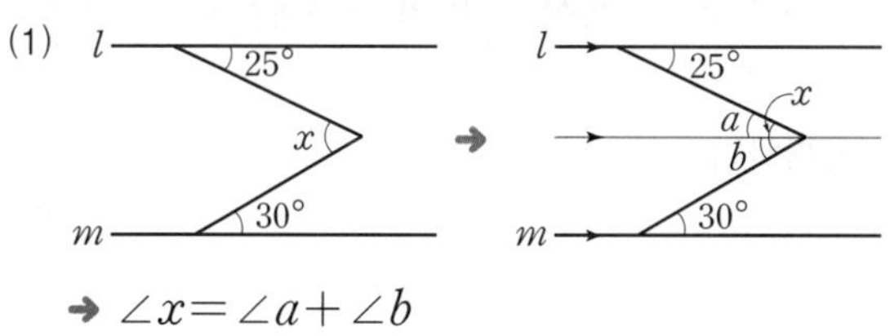

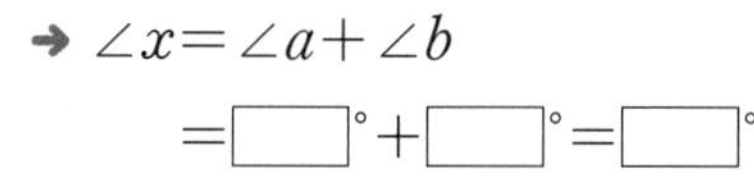

→ $\angle x = \angle a + \angle b$

$= \square° + \square° = \square°$

(2)

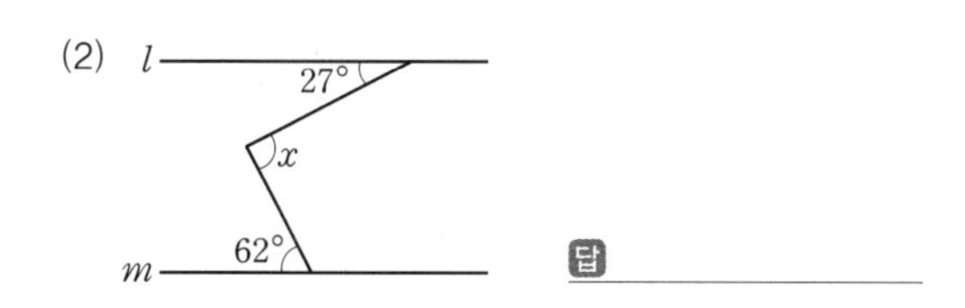

(3)

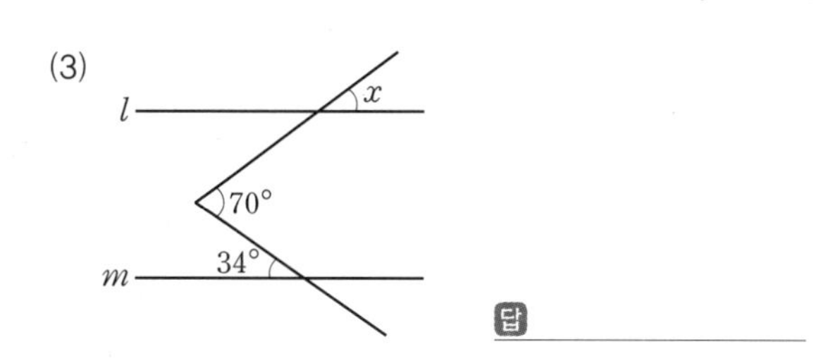

(4)

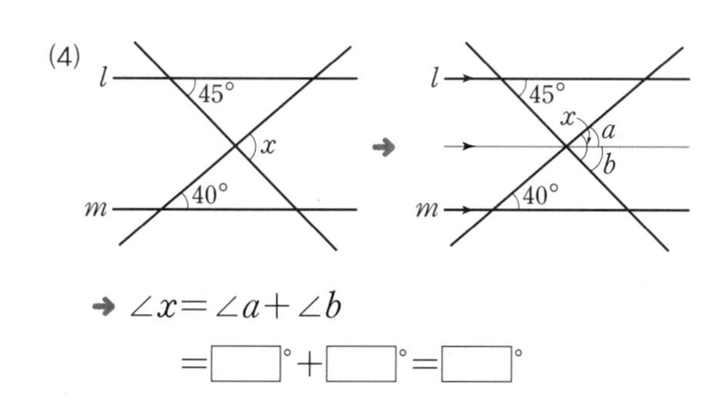

→ $\angle x = \angle a + \angle b$

$= \square° + \square° = \square°$

(5)

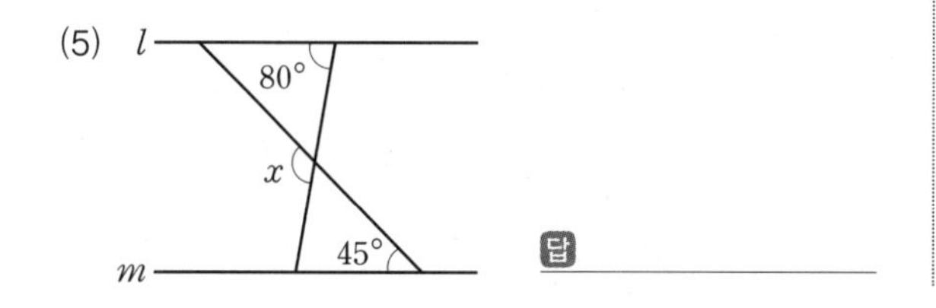

8 다음 그림과 같이 직사각형 모양의 종이를 접었을 때, $\angle x$의 크기를 구하여라.

(1)

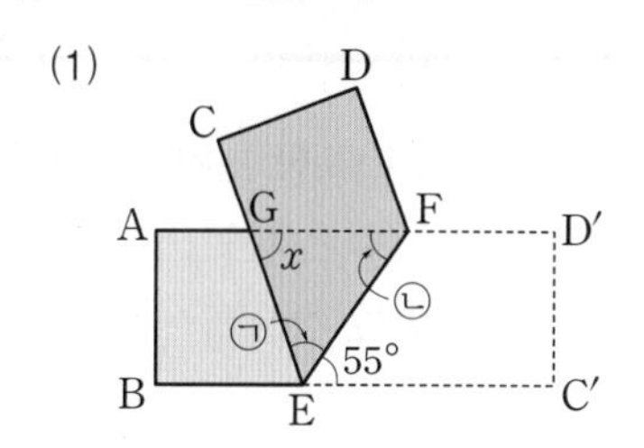

→ 접은 각의 크기는 같으므로

㉠$= \square°$

$\overline{AD'} /\!/ \overline{BC'}$에서 엇각의 크기가 같으므로

㉡$= \square°$

따라서 삼각형 EFG에서

$\angle x + \square° + \square° = 180°$

$\therefore \angle x = \square°$

tip 직사각형 모양의 종이를 접는 문제의 포인트는 다음과 같이 2가지야.
① 접은 각의 크기는 같다.
② 평행선에서 동위각과 엇각의 크기는 각각 같다.

(2)

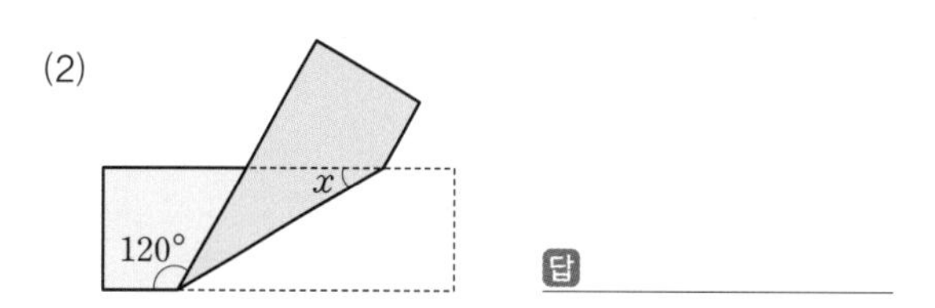

답

(3)

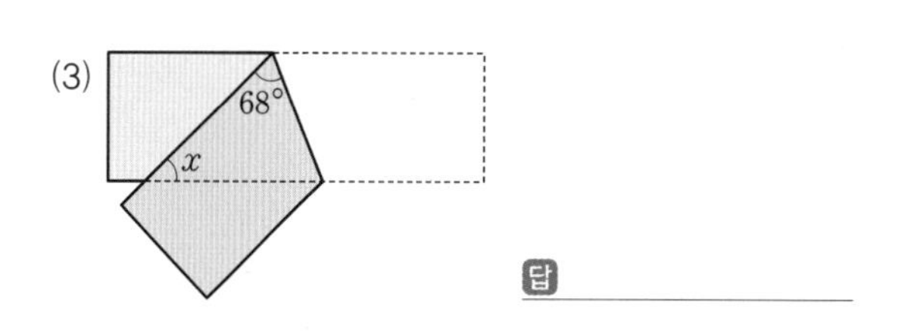

답

(4)

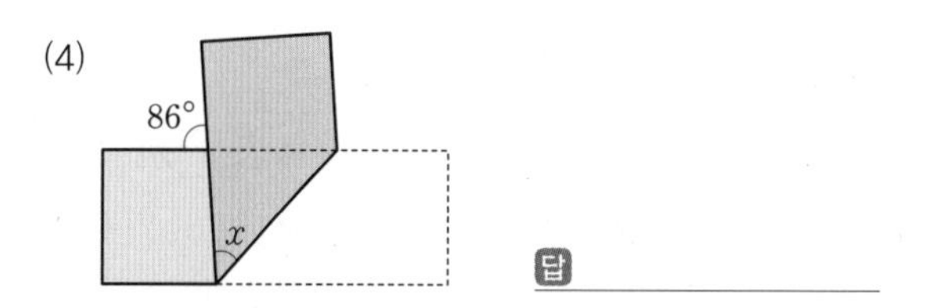

답

오답노트 작성 ______쪽

16 두 직선이 평행할 조건

핵심개념 **두 직선이 평행할 조건:** 한 평면 위에 있는 서로 다른 두 직선 l, m이 다른 한 직선과 만날 때

(1) 동위각의 크기가 같으면 두 직선은 서로 평행하다.

(2) 엇각의 크기가 같으면 두 직선은 서로 평행하다.

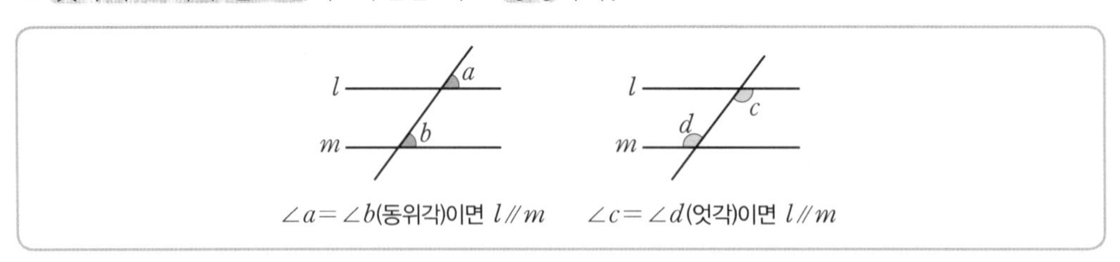

▶학습 날짜 월 일 ▶걸린 시간 분 / 목표 시간 20분

1 다음 그림에서 □ 안에 알맞은 수를 써넣고, 두 직선 l, m이 평행하면 '$/\!/$'를, 평행하지 않으면 '$\not/\!/$'을 써넣어라.

tip 동위각 또는 엇각의 크기가 같은지 다른지를 알아보면 돼.

(1)

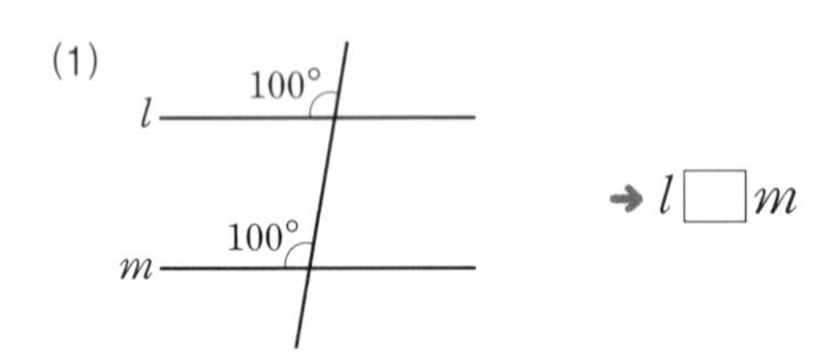

➔ l □ m

(2)

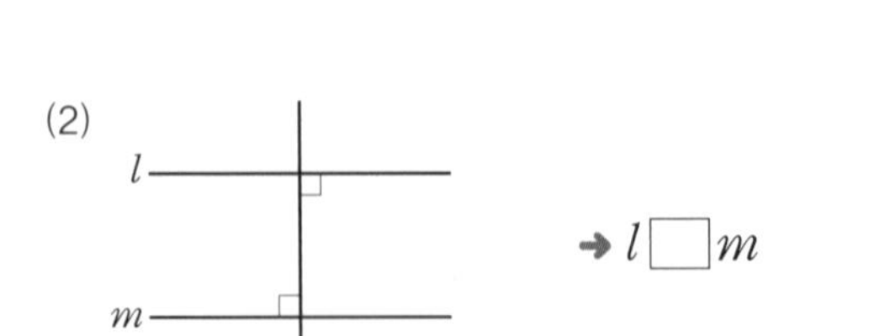

➔ l □ m

(3)

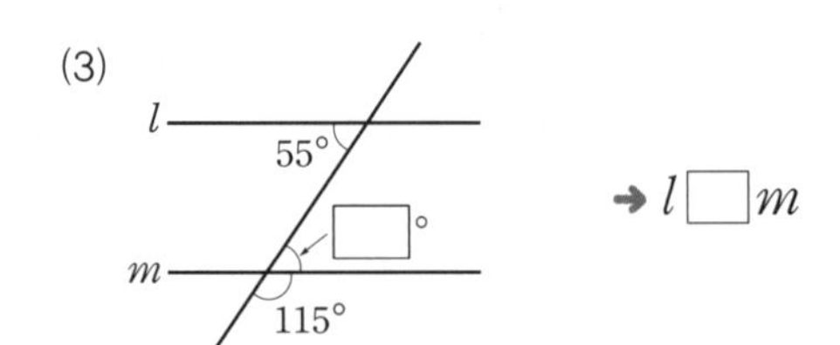

➔ l □ m

(4)

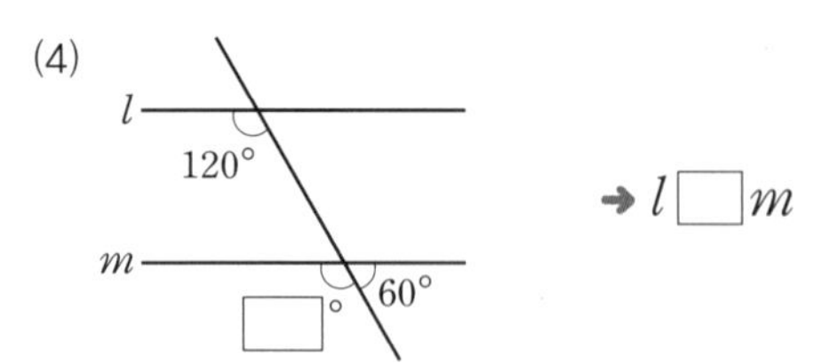

➔ l □ m

(5)

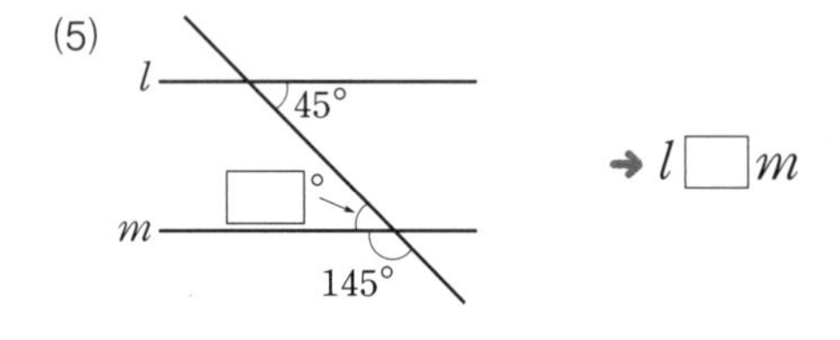

➔ l □ m

(6)

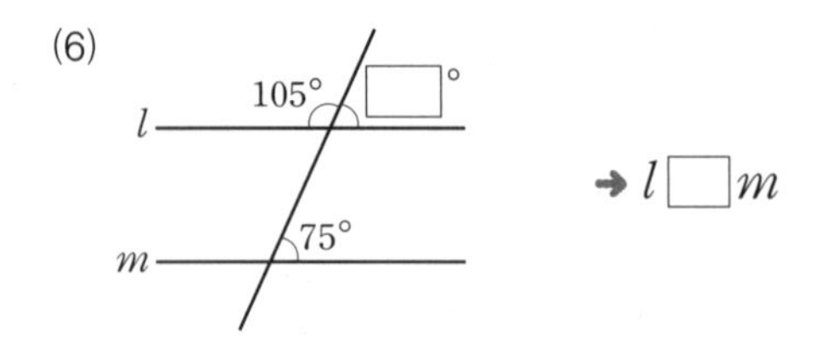

➔ l □ m

(7)

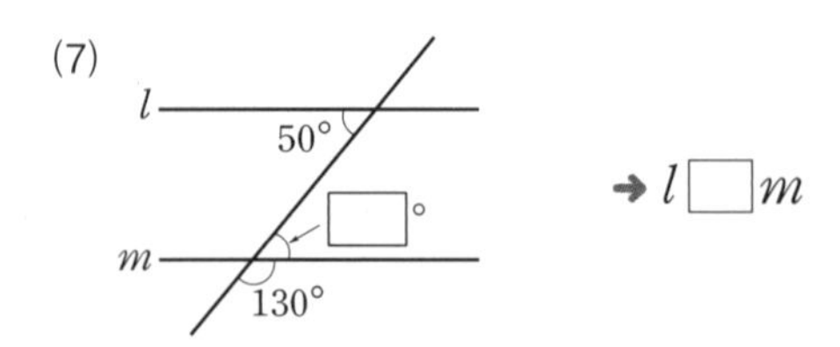

➔ l □ m

오답노트 작성 ______쪽

2 다음 그림에서 □ 안에 알맞은 수를 써넣고, 두 직선 l, m이 평행하기 위한 $\angle x$의 크기를 구하여라.

tip 동위각 또는 엇각의 크기가 같아지도록 $\angle x$의 크기를 정해 봐.

(1)

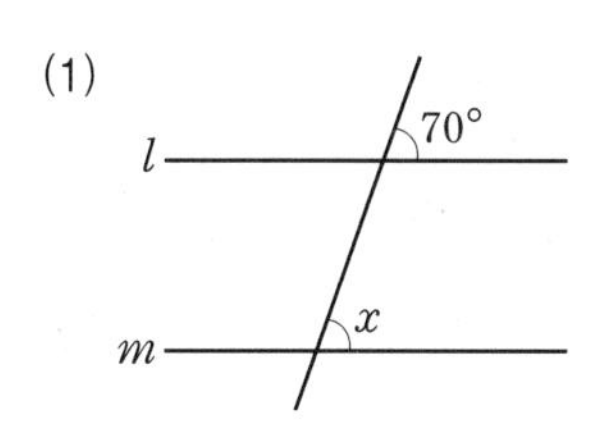

답 ________

(2)

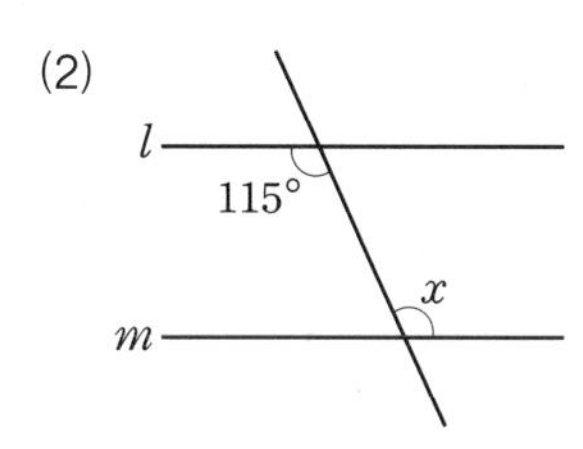

답 ________

(3)

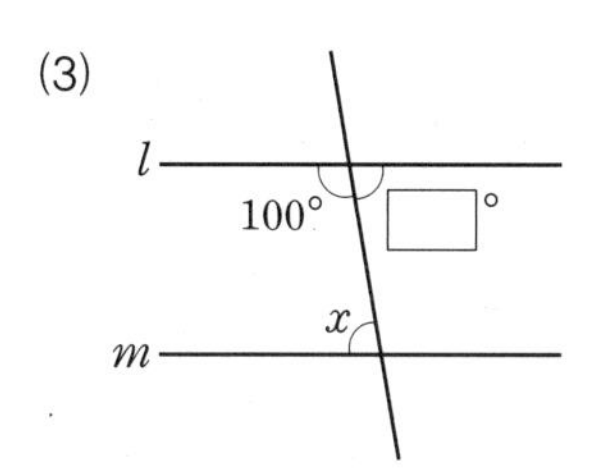

답 ________

(4)

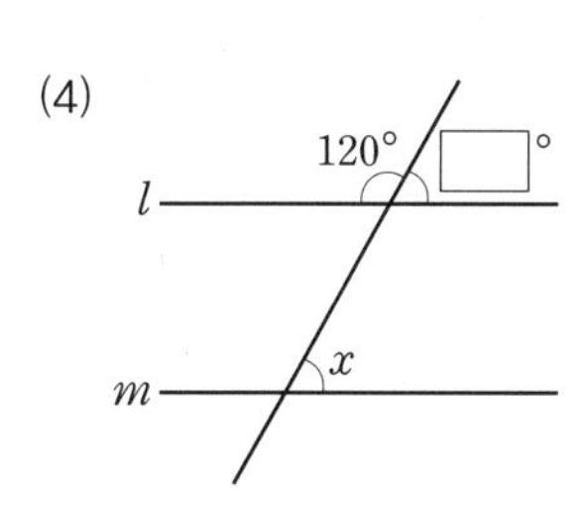

답 ________

(5)

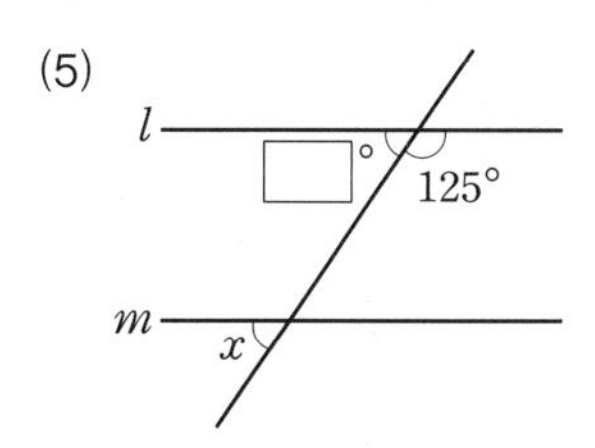

답 ________

3 다음 그림에서 □ 안에 알맞은 수를 써넣고, 평행한 두 직선을 찾아 기호로 나타내어라.

(1)

답 ________

(2)

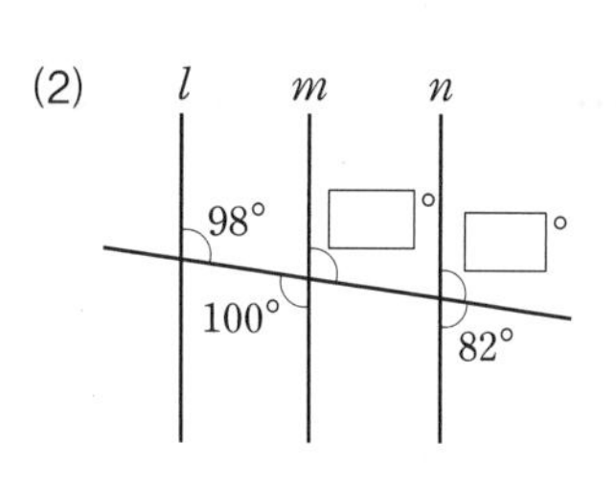

답 ________

(3)

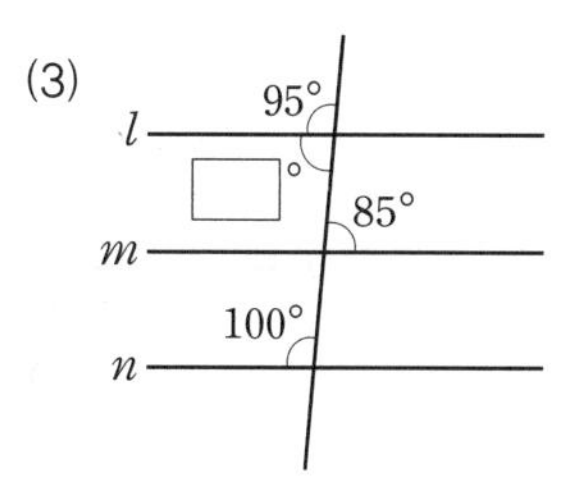

답 ________

4 다음 그림에서 □ 안에 알맞은 기호 또는 수를 써넣고, $\angle x$의 크기를 구하여라.

(1)

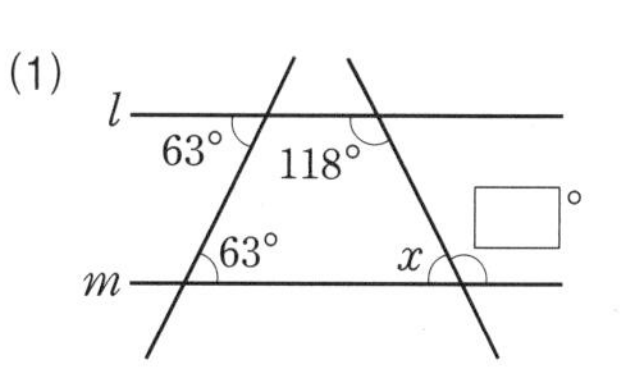

➜ 엇각이 $63°$로 같으므로 l □ m
$\angle x = 180° -$ □$° =$ □$°$

(2)

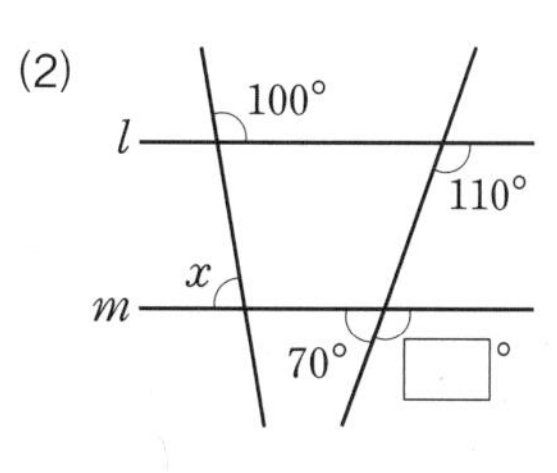

답 ________

오답노트 작성 ______쪽

▌정답과 해설 9쪽

14-16 · 스스로 점검 문제

맞힌 개수 개 / 7개

▶학습 날짜 월 일 ▶걸린 시간 분 / 목표 시간 20분

1 □□ 동위각과 엇각 3

오른쪽 그림에서 $\angle x$의 동위각의 크기와 $\angle y$의 엇각의 크기의 합은?

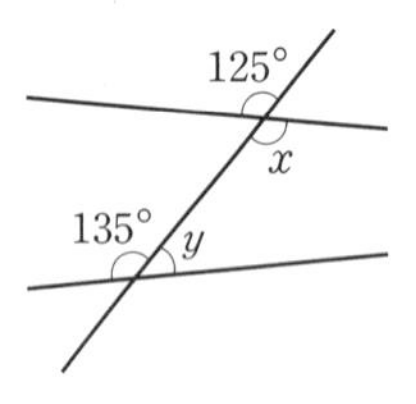

① 180° ② 190°
③ 200° ④ 210°
⑤ 220°

2 □□ 평행선의 성질 6

오른쪽 그림에서 $l /\!/ m$일 때, $\angle a+\angle b$의 크기는?

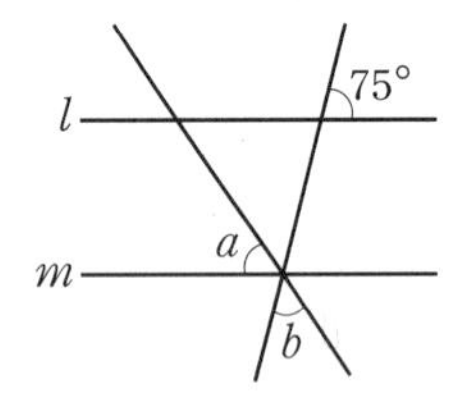

① 95° ② 100°
③ 105° ④ 110°
⑤ 115°

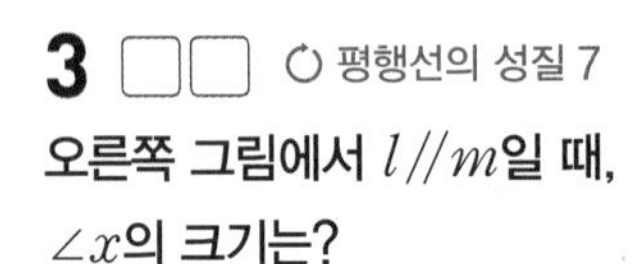

3 □□ 평행선의 성질 7

오른쪽 그림에서 $l /\!/ m$일 때, $\angle x$의 크기는?

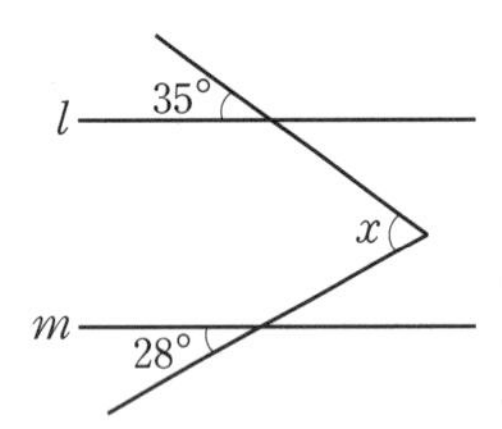

① 42° ② 56°
③ 63° ④ 70°
⑤ 72°

4 □□ 평행선의 성질 8

오른쪽 그림과 같이 직사각형 모양의 종이를 접었을 때, $\angle x$의 크기는?

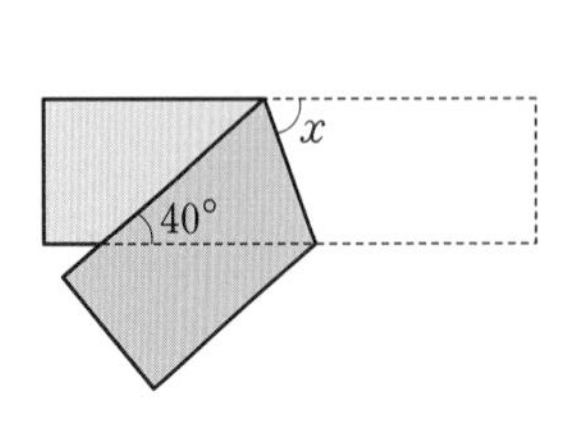

① 50° ② 55°
③ 60° ④ 65°
⑤ 70°

5 □□ 두 직선이 평행할 조건 1

다음 중 두 직선 l, m이 평행한 것을 모두 고르면? (정답 2개)

①
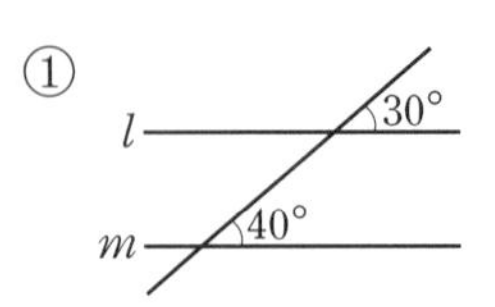

②
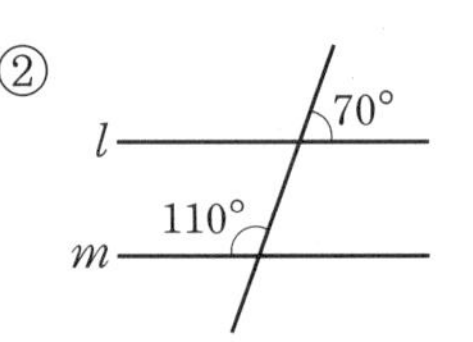

③
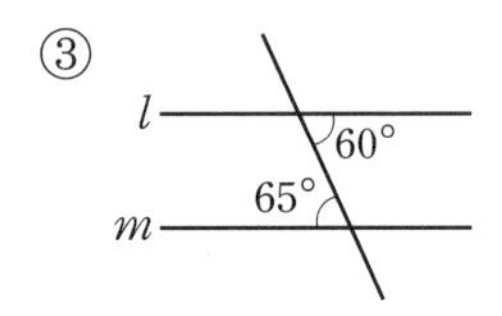

④
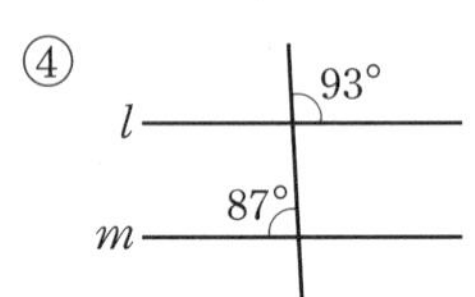

⑤
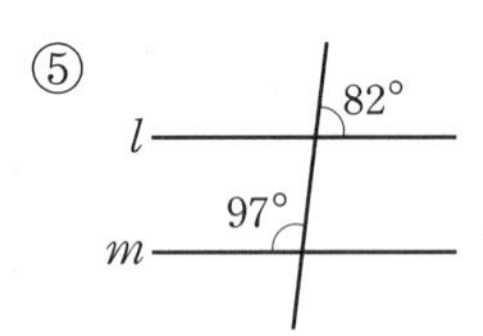

6 □□ 두 직선이 평행할 조건 1

오른쪽 그림과 같이 두 직선 l, m이 다른 한 직선과 만날 때, 〈보기〉에서 옳은 것을 모두 골라라.

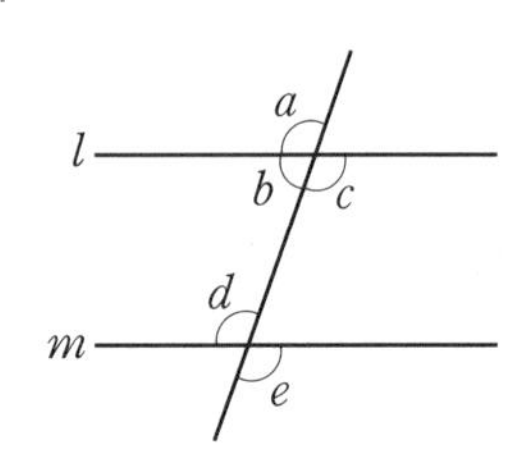

보기

ㄱ. $l /\!/ m$이면 $\angle a=\angle d$이다.
ㄴ. $l /\!/ m$이면 $\angle b+\angle d=180^{\circ}$이다.
ㄷ. $\angle c+\angle e=180^{\circ}$이면 $l /\!/ m$이다.
ㄹ. $\angle c=\angle d$이면 $l /\!/ m$이다.

7 □□ 두 직선이 평행할 조건 4

오른쪽 그림에서 $\angle x$의 크기는?

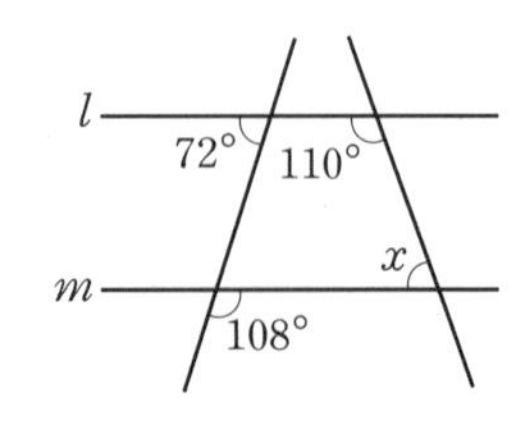

① 64° ② 66°
③ 68° ④ 70°
⑤ 72°

오답노트 작성 ______쪽

17 길이가 같은 선분의 작도

핵심개념

1. **작도:** 눈금 없는 자와 컴퍼스만을 사용하여 도형을 그리는 것
   (1) 눈금 없는 자: 두 점을 지나는 선분을 긋거나 선분을 연장할 때 사용
   (2) 컴퍼스: 원을 그리거나 주어진 선분의 길이를 다른 직선 위로 옮길 때 사용
2. **길이가 같은 선분의 작도 순서**
   ❶ 눈금 없는 자를 사용하여 직선 l을 그리고, 직선 l 위에 점 P를 잡는다.
   ❷ 컴퍼스를 이용하여 $\overline{AB}$의 길이를 잰다.
   ❸ 점 P를 중심으로 하고 반지름의 길이가 $\overline{AB}$인 원을 그려 직선 l과의 교점을 Q라고 하면 $\overline{PQ}$가 $\overline{AB}$와 길이가 같은 선분이다.

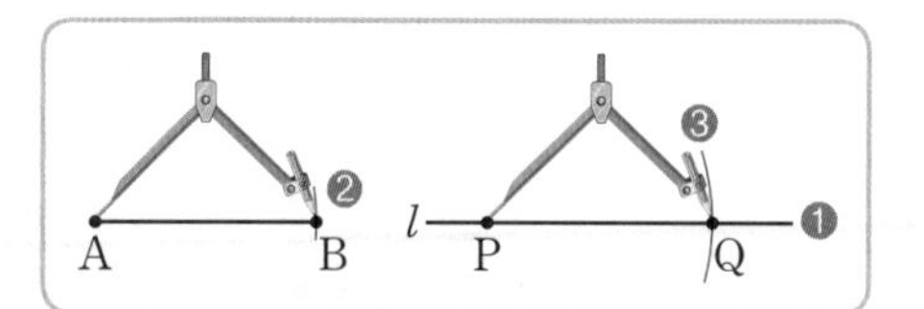

▶학습 날짜 월 일 ▶걸린 시간 분 / 목표 시간 10분

정답과 해설 10쪽

1 아래 그림에서 $\overline{AB}$와 길이가 같은 $\overline{CD}$를 작도하려고 한다. 다음 문장을 완성하여라.

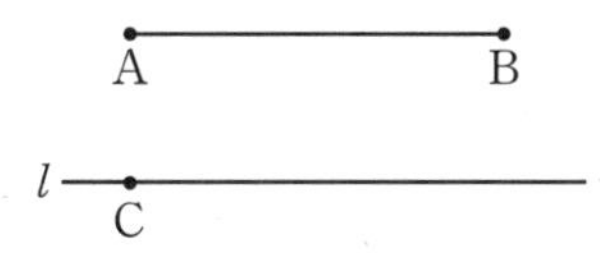

(1) 직선 l을 그릴 때 필요한 도구는 (눈금 없는 자, 컴퍼스)이다.

(2) (1)에서 그린 직선 l 위에 $\overline{AB}$와 같은 길이를 옮길 때 필요한 도구는 (눈금 없는 자, 컴퍼스)이다.

2 아래 그림은 $\overline{AB}$와 길이가 같은 $\overline{PQ}$를 작도한 것이다. 다음을 완성하여라.

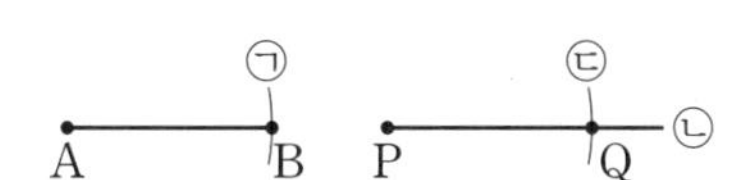

(1) 작도 순서 ➜ ㉡ → ☐ → ☐

(2) 작도 과정에서 사용한 도구는
➜ ㉠: (눈금 없는 자, 컴퍼스)
㉡: (눈금 없는 자, 컴퍼스)
㉢: (눈금 없는 자, 컴퍼스)

3 다음은 선분 AB에 대하여 $\overline{CD}=2\overline{AB}$인 점 D를 직선 l 위에 작도하는 과정이다. ☐ 안에 알맞은 것을 써넣어라.

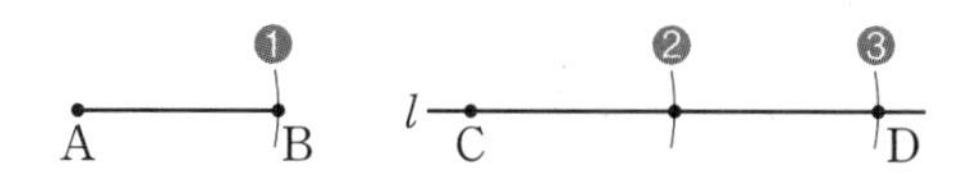

❶ ☐로 $\overline{AB}$의 길이를 잰다.
❷ 점 C를 중심으로 하고 반지름의 길이가 ☐인 원을 그린다.
❸ 직선 l과 ❷에서 그린 원이 만나는 점을 중심으로 하고 반지름의 길이가 ☐인 원을 그려 직선 l과의 교점을 D라고 하면 $\overline{CD}=$☐$\overline{AB}$이다.

4 풍쌤의 point

(1) 눈금 없는 자와 컴퍼스만을 사용하여 도형을 그리는 것을 (   )라고 한다.

(2) 작도 과정에서 사용하는 도구는
① 두 점을 지나는 선분을 그릴 때 ➜ (   )
② 선분의 길이를 옮길 때 ➜ (   )
③ 원을 그릴 때 ➜ (   )
이다.

오답노트 작성 ____쪽

18 크기가 같은 각의 작도

핵심개념

크기가 같은 각의 작도 순서

❶ 점 O를 중심으로 하는 원을 그려 $\overrightarrow{OX}$, $\overrightarrow{OY}$와의 교점을 각각 A, B라고 한다.

❷ 점 P를 중심으로 하고 반지름의 길이가 $\overline{OA}$인 원을 그려 $\overrightarrow{PQ}$와의 교점을 C라고 한다.

❸ 컴퍼스로 $\overline{AB}$의 길이를 잰다.

❹ 점 C를 중심으로 하고 반지름의 길이가 $\overline{AB}$인 원을 그려 ❷에서 그린 원과의 교점을 D라고 한다.

❺ 두 점 P, D를 지나는 반직선 $\overrightarrow{PD}$를 그으면 ∠DPC가 ∠XOY와 크기가 같은 각이다.

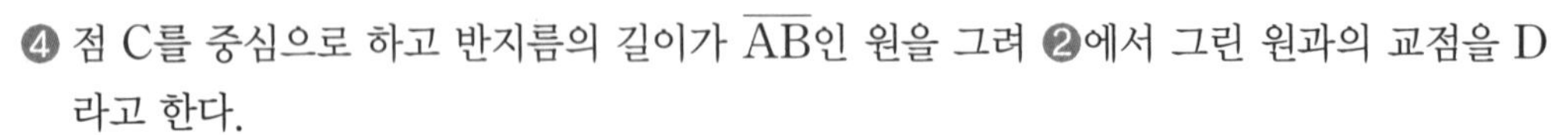

▶학습 날짜 월 일 ▶걸린 시간 분 / 목표 시간 10분

정답과 해설 10쪽

1 다음 그림은 ∠XOY와 크기가 같은 각을 반직선 PQ를 한 변으로 하여 작도한 것이다. □ 안에 알맞은 것을 써넣어라.

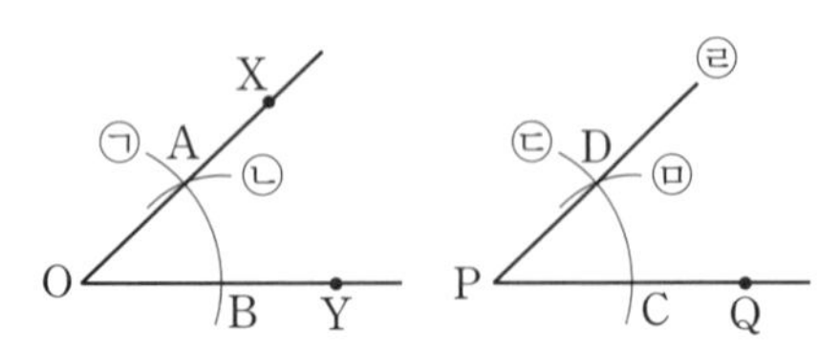

(1) 작도 순서 ➔ □ → □ → □ → □ → ㉣

(2) 길이가 같은 선분
➔ $\overline{OA}$=□=$\overline{PC}$=□, $\overline{AB}$=□

(3) 크기가 같은 각 ➔ ∠XOY=∠□

2 다음 그림은 ∠XOY와 크기가 같은 각을 반직선 PQ를 한 변으로 하여 작도한 것이다. 작도 순서에 맞게 □ 안에 번호 ①~⑤를 써넣어라.

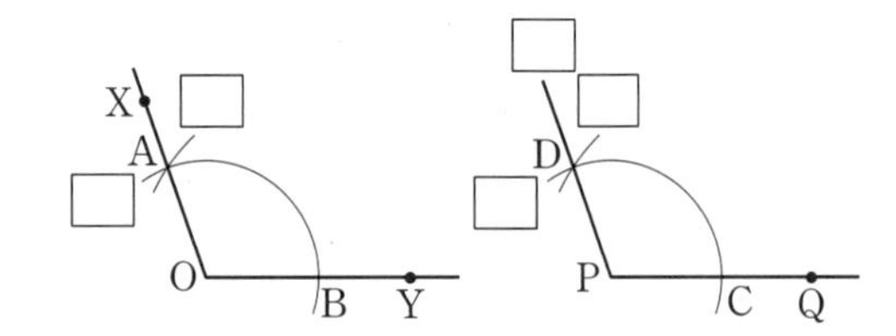

3 아래 그림은 ∠XOY와 크기가 같은 ∠DPC를 작도한 것이다. 다음 중 옳은 것에는 ○표, 옳지 않은 것에는 ×표를 하여라.

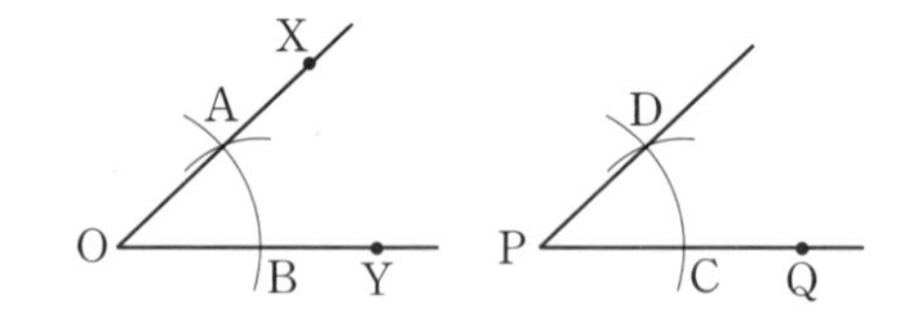

(1) $\overline{PC}=\overline{PD}$ ( )

(2) $\overline{PC}=\overline{CD}$ ( )

(3) $\overline{OB}=\overline{PD}$ ( )

(4) $\overline{AB}=\overline{CD}$ ( )

4 풍쌤의 point

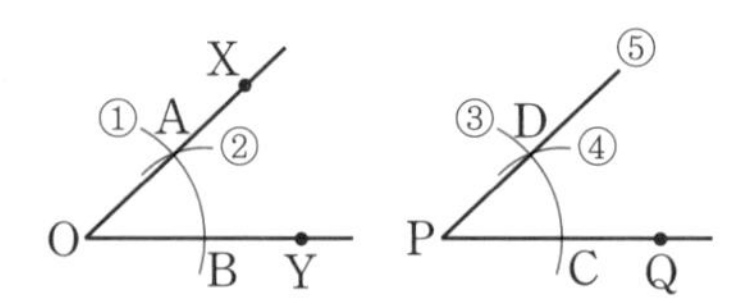

(1) 위 그림은 ( )을 작도한 것이다.

(2) 작도 순서는 ① → □ → □ → □ → □이다.

(3) ∠□=∠DPC이고,
□=$\overline{OB}$=□=$\overline{PD}$, □=$\overline{CD}$이다.

오답노트 작성 ____쪽

19 삼각형 ABC

핵심개념

1. 삼각형 ABC: 한 직선 위에 있지 않은 세 점 A, B, C를 연결한 세 선분 AB, BC, CA로 이루어진 도형 **기호** △ABC

(1) 대변: 한 각과 마주 보는 변

(2) 대각: 한 변과 마주 보는 각

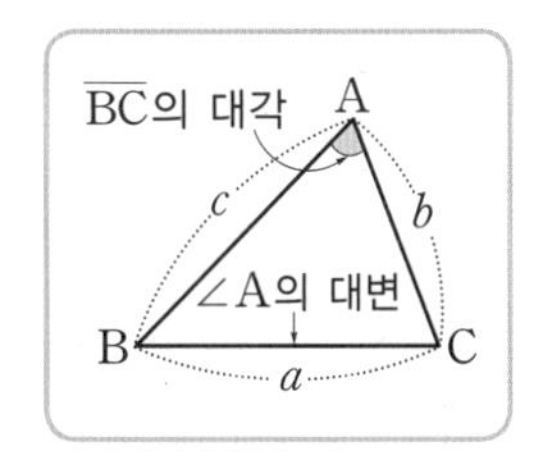

참고 ∠A ⇄(대변/대각) $\overline{BC}$, ∠B ⇄(대변/대각) $\overline{AC}$, ∠C ⇄(대변/대각) $\overline{AB}$

2. 삼각형의 세 변의 길이 사이의 관계: 삼각형의 두 변의 길이의 합은 나머지 한 변의 길이보다 크다.

즉, (두 변의 길이의 합)>(나머지 한 변의 길이)

참고 세 변의 길이가 주어질 때, 삼각형을 만들 수 있는 조건

→ (가장 긴 변의 길이)<(다른 두 변의 길이의 합)

▶학습 날짜 월 일 ▶걸린 시간 분 / 목표 시간 20분

정답과 해설 10쪽

1 오른쪽 그림의 삼각형 ABC에서 다음을 구하여라.

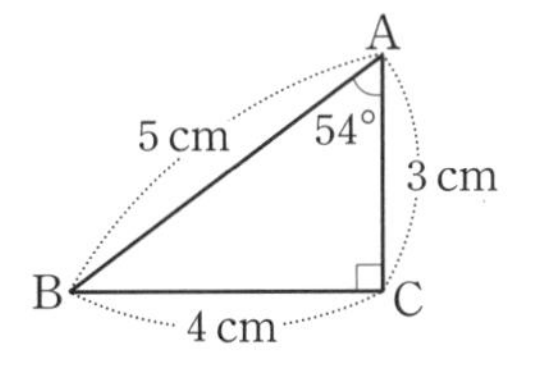

(1) ∠A의 대변과 그 길이 답 ________

(2) ∠B의 대변과 그 길이 답 ________

(3) ∠C의 대변과 그 길이 답 ________

(4) $\overline{AB}$의 대각과 그 크기 답 ________

(5) $\overline{BC}$의 대각과 그 크기 답 ________

(6) $\overline{CA}$의 대각과 그 크기 답 ________

2 다음 그림과 같은 세 변의 길이가 주어질 때, ◯ 안에 알맞은 부등호를 써넣고, 문장을 완성하여라.

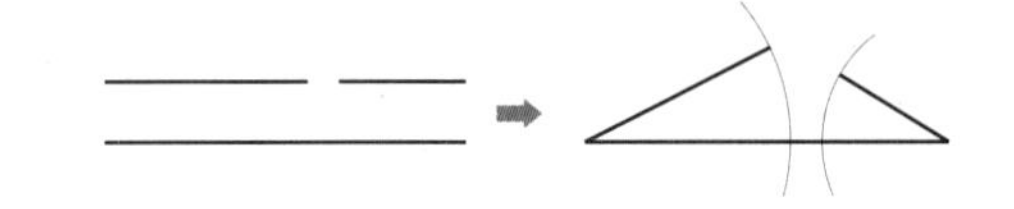

(1) (가장 긴 변의 길이)◯(다른 두 변의 길이의 합)

→ 삼각형을 만들 수 (있다, 없다).

(2) 삼각형을 만들려면 가장 긴 변의 길이가 다른 두 변의 길이의 합보다 (커야, 작아야) 한다.

3 삼각형의 서로 다른 세 변의 길이가 다음과 같고 a가 가장 긴 변의 길이일 때, ◯ 안에는 알맞은 부등호를, □ 안에는 알맞은 수를 써넣어라.

tip 삼각형을 만들려면 (가장 긴 변의 길이)<(다른 두 변의 길이의 합)이어야 해!

(1) 3, 8, a → $8<a<3+$□, 즉 $8<a$ ◯ □

(2) 4, 9, a → $9<a$ ◯ □

(3) 5, 13, a → $13<a$ ◯ □

오답노트 작성 ______쪽

4 다음과 같이 세 변의 길이가 주어졌을 때, 삼각형을 만들 수 있으면 ○표, 만들 수 없으면 ×표를 하여라.

(1) 2 cm, 3 cm, 5 cm ( )

➔ 가장 긴 변의 길이는 ☐ cm이고
5 ◯ 2+3
따라서 삼각형을 만들 수 (있다, 없다).

(2) 3 cm, 3 cm, 5 cm ( )

(3) 4 cm, 7 cm, 12 cm ( )

(4) 4 cm, 5 cm, 8 cm ( )

(5) 6 cm, 8 cm, 14 cm ( )

5 다음은 삼각형의 세 변의 길이가 4, 10, x일 때, x의 값이 될 수 있는 가장 작은 자연수를 구하는 과정이다. ☐ 안에 알맞은 수를 써넣어라.

tip 삼각형의 길이 문제의 핵심은 가장 긴 변을 찾는 것이야. 일단 4는 10보다 짧으므로 제외하고 10, x가 각각 가장 긴 변일 때로 경우를 나누어 생각해야 해.

➔ (i) 가장 긴 변의 길이가 x일 때
$x<4+$☐, 즉 $x<$☐
(ii) 가장 긴 변의 길이가 10일 때
☐$<x+$☐, 즉 $x>$☐
(i), (ii)에서 ☐$<x<$☐
따라서 x의 값이 될 수 있는 가장 작은 자연수는 ☐이다.

6 삼각형의 세 변의 길이가 다음과 같을 때, 자연수 x의 값의 개수를 구하여라.

(1) 5, x, 2 답 ________

(2) 3, 7, x 답 ________

(3) 6, x, 13 답 ________

(4) 5, 8, x 답 ________

7 풍쌤의 point

(1) 오른쪽 그림의 △ABC에서

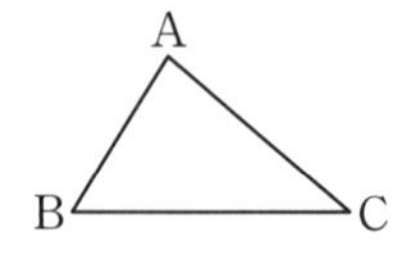

① ∠A ⇄(☐ / 대각) $\overline{BC}$

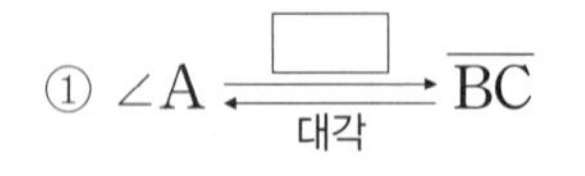

② ∠B ⇄(대변) ☐ / ☐

③ ☐ ⇄(대변 / 대각) $\overline{AB}$

(2) 삼각형에서 가장 긴 변의 길이는 다른 두 변의 길이의 합보다 (크다, 작다).

오답노트 작성 ______쪽

20 삼각형의 작도

핵심개념 **삼각형의 작도:** 다음과 같은 세 가지 경우에 삼각형을 하나로 작도할 수 있다.

(1) 세 변의 길이가 주어질 때	(2) 두 변의 길이와 그 끼인각의 크기가 주어질 때	(3) 한 변의 길이와 그 양 끝 각의 크기가 주어질 때

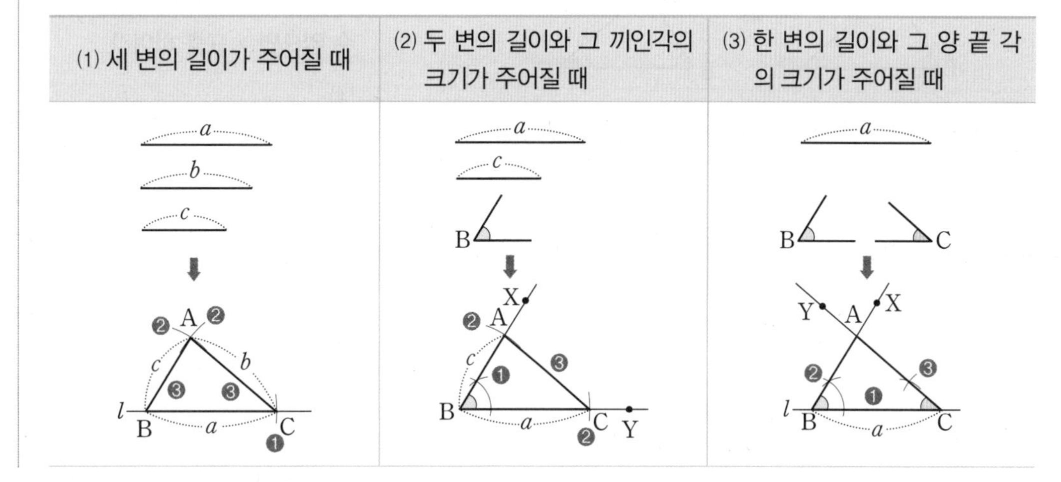

▶학습 날짜 월 일 ▶걸린 시간 분 / **목표 시간** 20분

정답과 해설 11쪽

1 다음 그림은 세 변의 길이 a, b, c가 주어졌을 때, △ABC를 작도하는 과정이다. □ 안에 알맞은 것을 써넣어라.

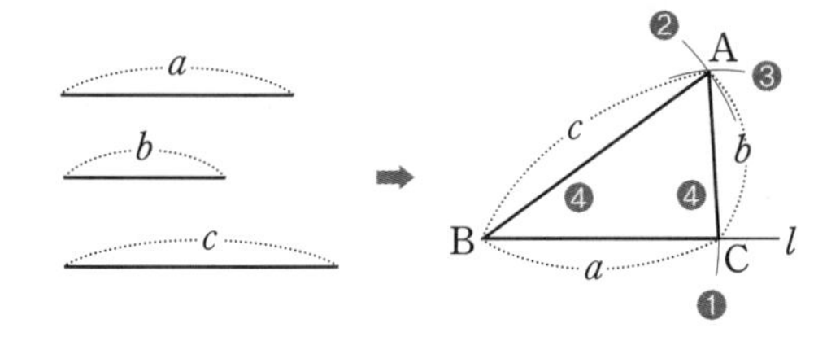

❶ 직선 l 위에 점 B를 잡고 길이가 a가 되도록 점 □를 잡는다.
❷ 점 B를 중심으로 하고 반지름의 길이가 □인 원을 그린다.
❸ 점 C를 중심으로 하고 반지름의 길이가 □인 원을 그린다.
❹ ❷, ❸에서 그린 두 원의 교점을 □라 하고 $\overline{AB}$, □를 그으면 △ABC가 작도된다.

tip 세 변의 길이가 주어진 경우에는 길이가 같은 선분의 작도를 이용해서 △ABC를 작도해.

2 다음 그림은 두 변 AB, BC의 길이와 그 끼인각인 ∠B의 크기가 주어질 때, △ABC를 작도하는 과정이다. □ 안에 알맞은 것을 써넣어라.

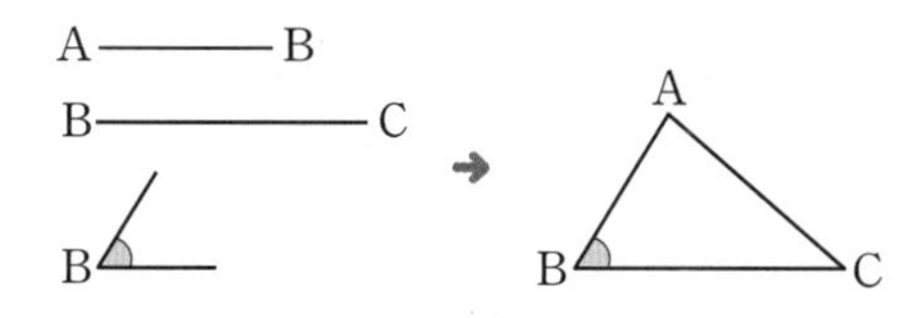

tip 두 변의 길이와 그 끼인각의 크기가 주어진 경우에는 마지막 과정이 변을 작도하는 것임을 기억해.

(1) 각 → 변 → 변의 순서로 작도하기

➜ □ → $\overline{AB}$ → □ → $\overline{AC}$ 또는 □ → $\overline{BC}$ → □ → □

(2) 변 → 각 → 변의 순서로 작도하기

➜ $\overline{AB}$ → □ → □ → $\overline{AC}$ 또는 $\overline{BC}$ → □ → □ → □

오답노트 작성 ______쪽

3 다음 그림은 한 변 BC의 길이와 그 양 끝 각인 ∠B, ∠C의 크기가 주어질 때, △ABC를 작도하는 과정이다. □ 안에 알맞은 것을 써넣어라.

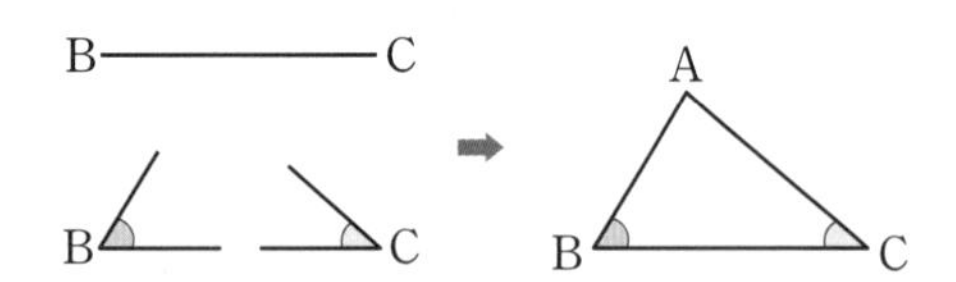

tip 한 변의 길이와 그 양 끝 각의 크기가 주어진 경우에는 마지막 과정이 각을 작도하는 것임을 기억해.

(1) 변 → 각 → 각의 순서로 작도하기

➜ □ → ∠B → □ 또는

□ → ∠C → □

(2) 각 → 변 → 각의 순서로 작도하기

➜ ∠B → □ → □ 또는

∠C → □ → □

4 오른쪽 그림의 △ABC에 대하여 두 변의 길이 b, c와 다음과 같은 한 각의 크기가 주어질 때, 삼각형을 하나로 작도할 수 있으면 ○표, 하나로 작도할 수 없으면 ×표를 하여라.

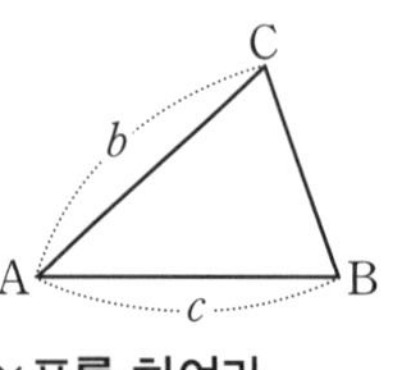

tip 두 변의 길이와 한 각의 크기가 주어진 경우 삼각형을 하나로 작도할 수 있으려면 그 각은 반드시 두 변의 끼인각이어야 해.

(1) 

( )

(2) B ( )

(3) 

( )

5 오른쪽 그림의 △ABC에 대하여 변의 길이와 각의 크기의 일부가 다음과 같이 주어질 때, 빈칸에 알맞은 것을 써넣고, 삼각형을 하나로 작도할 수 있으면 ○표, 하나로 작도할 수 없으면 ×표를 하여라.

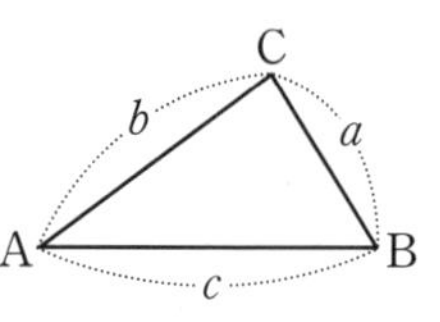

(1) 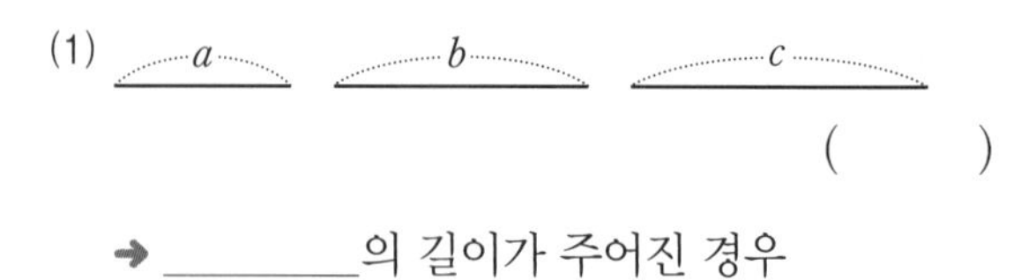

( )

➜ ________의 길이가 주어진 경우

(2) 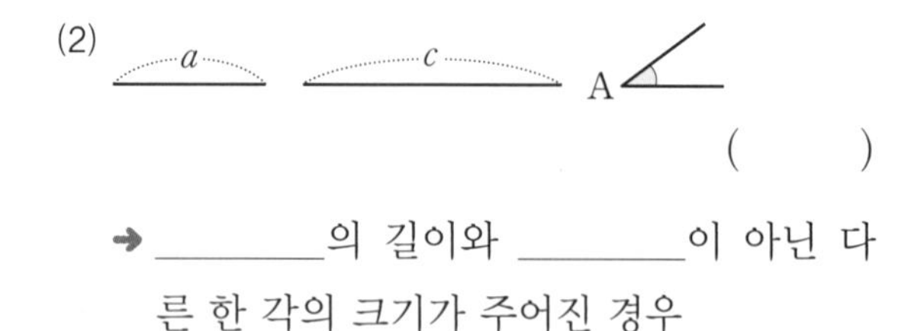

( )

➜ ________의 길이와 ________이 아닌 다른 한 각의 크기가 주어진 경우

(3) 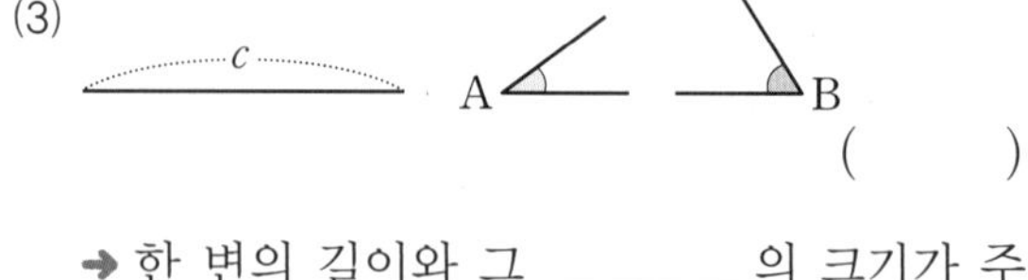

( )

➜ 한 변의 길이와 그 ________의 크기가 주어진 경우

(4) 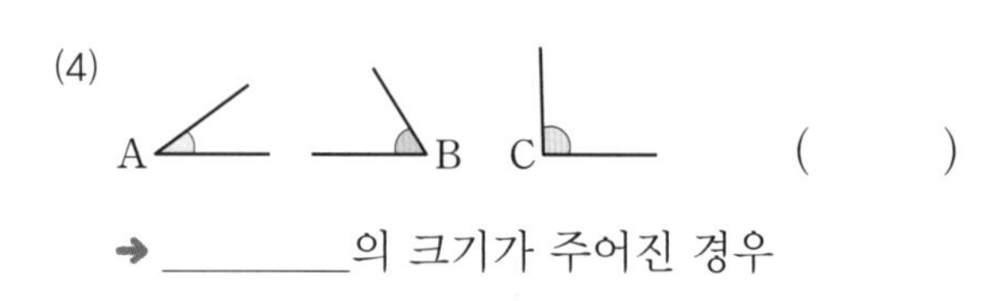

( )

➜ ________의 크기가 주어진 경우

6 풍쌤의 point

다음의 세 가지 경우에 삼각형을 하나로 작도할 수 있다.

(1) (   )의 길이가 주어진 경우

(2) 두 변의 길이와 그 (   )의 크기가 주어진 경우

(3) 한 변의 길이와 그 (   )의 크기가 주어진 경우

오답노트 작성 ____쪽

21 삼각형이 하나로 정해지는 조건

핵심개념

1. 삼각형이 하나로 정해지는 경우: 삼각형은 다음 세 가지 경우에 모양과 크기가 하나로 정해진다.

(1) 세 변의 길이가 주어질 때

(2) 두 변의 길이와 그 끼인각의 크기가 주어질 때

(3) 한 변의 길이와 그 양 끝 각의 크기가 주어질 때

2. 삼각형이 하나로 정해지지 않는 경우

(1) 두 변의 길이의 합이 나머지 한 변의 길이보다 작거나 같을 때

(2) 두 변의 길이와 그 끼인각이 아닌 다른 한 각의 크기가 주어질 때

(3) 세 각의 크기가 주어질 때

참고 삼각형이 하나로 정해지지 않는 경우의 예는 다음과 같다.

(1)의 경우

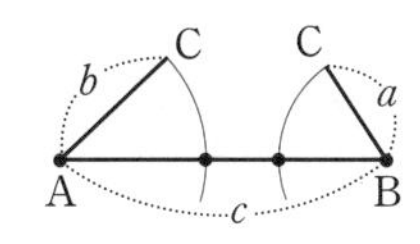

→ 삼각형이 만들어지지 않는다.

(2)의 경우

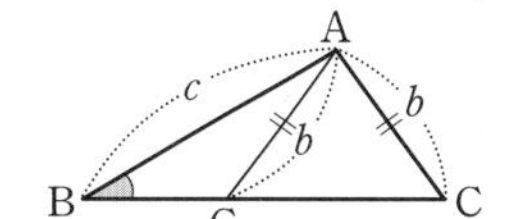

→ 삼각형이 2개 만들어진다.

(3)의 경우

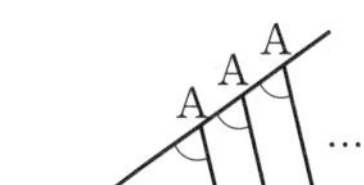

→ 삼각형이 무수히 많이 만들어진다.

▶학습 날짜 월 일 ▶걸린 시간 분 / 목표 시간 20분

정답과 해설 11쪽

1 오른쪽 그림의 $\triangle ABC$에 대하여 변의 길이와 각의 크기의 일부가 다음과 같이 주어질 때, 빈칸에 알맞은 것을 써넣고, 삼각형이 하나로 정해지면 ○표, 하나로 정해지지 않으면 ×표를 하여라.

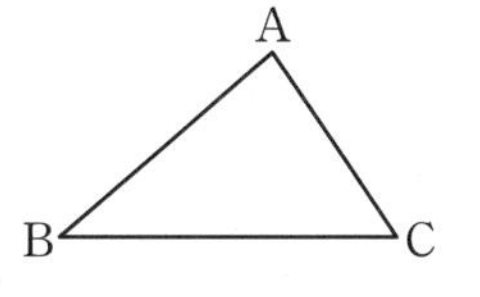

(1) $\overline{AB}=5\text{ cm}$, $\overline{BC}=6\text{ cm}$, $\overline{CA}=4\text{ cm}$ ( )

➜ ________의 길이가 주어진 경우

(2) $\angle A=85°$, $\angle B=40°$, $\angle C=55°$ ( )

➜ ________의 크기가 주어진 경우

(3) $\overline{AB}=5\text{ cm}$, $\angle A=85°$, $\angle B=40°$ ( )

➜ ________의 길이와 그 ________의 크기가 주어진 경우

(4) $\overline{AB}=5\text{ cm}$, $\overline{AC}=4\text{ cm}$, $\angle A=85°$ ( )

➜ ________의 길이와 그 ________의 크기가 주어진 경우

(5) $\overline{AC}=4\text{ cm}$, $\overline{BC}=6\text{ cm}$, $\angle A=85°$ ( )

➜ ________의 길이와 그 끼인각이 아닌 다른 ________의 크기가 주어진 경우

(6) $\overline{AB}=5\text{ cm}$, $\angle B=40°$, $\angle C=55°$ ( )

➜ ________의 길이와 두 각의 크기가 주어진 경우

➜ $\angle A=180°-(40°+\square°)=\square°$

➜ ________의 길이와 그 ________의 크기가 주어진 경우와 같다.

오답노트 작성 ______쪽

2 오른쪽 그림의 삼각형 ABC에 대하여 다음과 같은 조건이 주어질 때, △ABC가 하나로 정해지기 위해 추가로 필요한 조건을 〈보기〉에서 골라 쓰고, 그때의 조건을 각각 설명하여라.

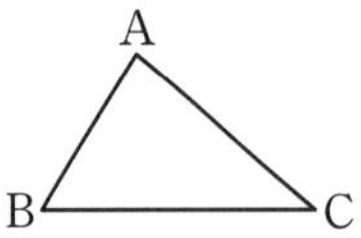

보기

ㄱ. $\overline{AB}$의 길이　　ㄴ. $\overline{BC}$의 길이
ㄷ. $\overline{CA}$의 길이　　ㄹ. ∠A의 크기
ㅁ. ∠B의 크기　　ㅂ. ∠C의 크기

(1) $\overline{AB}$, $\overline{BC}$의 길이

추가로 필요한 조건	삼각형이 하나로 정해질 조건
ㄷ	

(2) $\overline{AC}$의 길이, ∠C의 크기

추가로 필요한 조건	삼각형이 하나로 정해질 조건
ㄴ	
ㄹ	

3 오른쪽 그림과 같이 $\overline{BC}$의 길이와 다음과 같은 변의 길이 또는 각의 크기가 주어질 때, △ABC가 하나로 정해지면 ○표, 하나로 정해지지 않으면 ×표를 하여라.

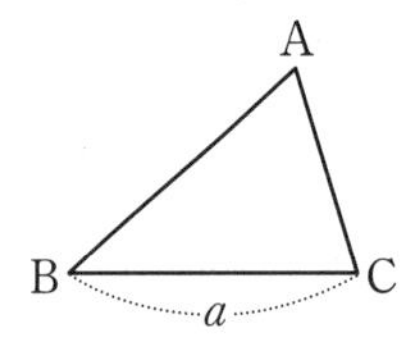

(1) $\overline{AB}$, $\overline{AC}$　(　　)

(2) ∠B, ∠C　(　　)

(3) $\overline{AC}$, ∠A　(　　)

(4) ∠B, $\overline{AB}$　(　　)

(5) ∠C, $\overline{AB}$　(　　)

(6) ∠A, ∠C　(　　)

4 다음과 같은 조건이 주어질 때, △ABC가 하나로 정해지면 〈보기〉에서 해당하는 조건을 찾아 기호를 쓰고, 하나로 정해지지 않으면 ×표를 하여라.

보기

ㄱ. 세 변의 길이가 주어진 경우
ㄴ. 두 변의 길이와 그 끼인각의 크기가 주어진 경우
ㄷ. 한 변의 길이와 그 양 끝 각의 크기가 주어진 경우

(1) $\angle A=30^\circ$, $\angle B=70^\circ$, $\angle C=80^\circ$　(　　)

(2) $\overline{BC}=7$ cm, $\angle B=50^\circ$, $\angle C=60^\circ$　(　　)

(3) $\overline{AB}=8$ cm, $\overline{AC}=7$ cm, $\angle B=60^\circ$　(　　)

(4) $\overline{AB}=6$ cm, $\overline{CA}=6$ cm, $\angle A=45^\circ$　(　　)

(5) $\overline{AB}=4$ cm, $\overline{BC}=5$ cm, $\overline{CA}=6$ cm　(　　)

(6) $\overline{AB}=3$ cm, $\overline{BC}=4$ cm, $\overline{CA}=8$ cm　(　　)

tip
세 변의 길이가 주어졌다고 해서 무조건 삼각형이 하나로 정해지는 것은 아니야.
(가장 긴 변의 길이)<(다른 두 변의 길이의 합)인지 반드시 확인해야 해!

5 풍쌤의 point

삼각형은 다음 세 가지 경우에 모양과 크기가 하나로 정해진다.

(1) (　　　　)의 길이가 주어진 경우

(2) 두 변의 길이와 그 (　　　　)의 크기가 주어진 경우

(3) 한 변의 길이와 그 (　　　　)의 크기가 주어진 경우

오답노트 작성 ______쪽

정답과 해설 11~12쪽

17-21 · 스스로 점검 문제

맞힌 개수 개 / 7개

▶학습 날짜 월 일 ▶걸린 시간 분 / 목표 시간 20분

1 ☐☐ 길이가 같은 선분의 작도 1

오른쪽 그림과 같이 반직선 AB 위에 $\overline{AB}$와 길이가 같은 선분 $\overline{BC}$를 작도하는 과정에서 점 C를 정할 때 필요한 도구는?

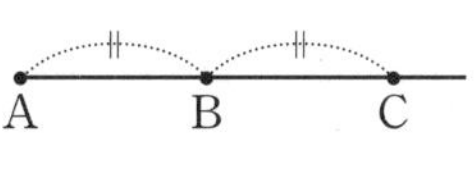

① 각도기 ② 컴퍼스
③ 삼각자 ④ 눈금 있는 자
⑤ 눈금 없는 자

2 ☐☐ 크기가 같은 각의 작도 1, 2

다음 그림은 $\angle XOY$와 크기가 같은 각을 작도하는 과정이다. 작도 순서 중에서 세 번째 과정에 해당하는 것의 기호를 써라.

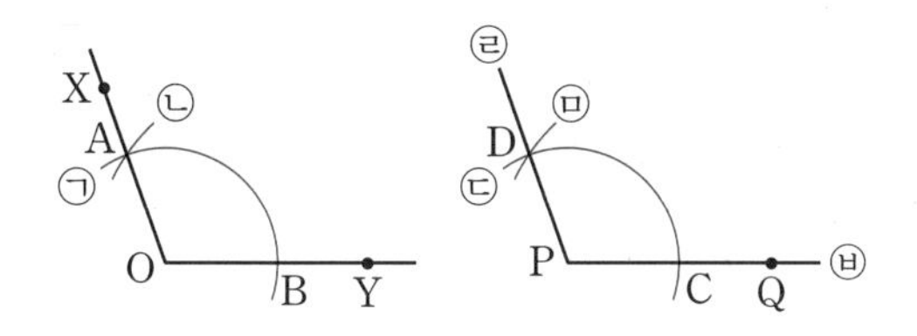

3 ☐☐ 삼각형 ABC 4

다음과 같이 세 변의 길이가 주어졌을 때, 삼각형이 만들어지지 않는 것은?

① 2, 3, 4 ② 3, 4, 5 ③ 4, 5, 9
④ 2, 6, 7 ⑤ 7, 8, 10

4 ☐☐ 삼각형 ABC 5

삼각형의 세 변의 길이가 3 cm, 6 cm, x cm일 때, 다음 중 x의 값이 될 수 없는 것을 모두 고르면? (정답 2개)

① 3 ② 5 ③ 7
④ 8 ⑤ 9

5 ☐☐ 삼각형의 작도 2

다음 그림과 같이 $\overline{AB}$, $\overline{BC}$의 길이와 $\angle B$의 크기가 주어졌을 때, $\triangle ABC$의 작도 순서 중에서 가장 마지막 과정에 해당하는 것은?

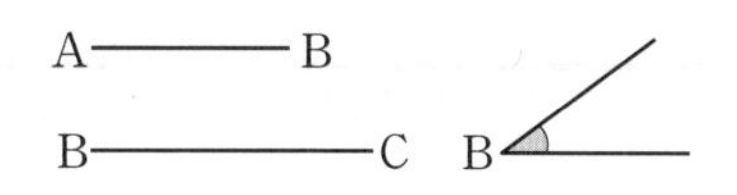

① $\overline{AB}$를 그린다. ② $\overline{BC}$를 그린다.
③ $\overline{AC}$를 그린다. ④ $\angle A$를 작도한다.
⑤ $\angle B$를 작도한다.

6 ☐☐ 삼각형의 작도 4, 5

다음 〈보기〉에 주어진 변의 길이 또는 각의 크기의 조건을 이용하여 오른쪽 그림과 같은 삼각형을 하나로 작도할 수 없는 것을 모두 골라라.

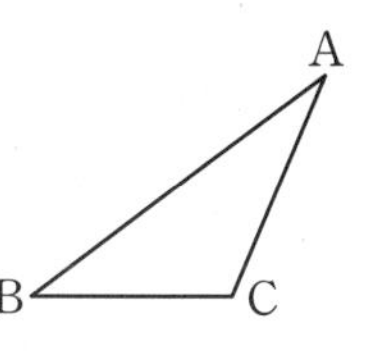

보기

ㄱ. $\overline{AB}$, $\overline{BC}$, $\angle B$　ㄴ. $\angle A$, $\angle B$, $\angle C$
ㄷ. $\overline{AB}$, $\overline{AC}$, $\overline{BC}$　ㄹ. $\overline{AC}$, $\angle A$, $\angle C$
ㅁ. $\overline{BC}$, $\overline{AC}$, $\angle A$

7 ☐☐ 삼각형의 하나로 정해지는 조건 1, 4

$\overline{AB}=5$ cm와 다음과 같은 조건이 주어질 때, $\triangle ABC$가 하나로 정해지지 않는 것은?

① $\angle A=30°$, $\angle B=70°$
② $\overline{AC}=9$ cm, $\overline{BC}=6$ cm
③ $\overline{AC}=10$ cm, $\angle C=45°$
④ $\angle A=50°$, $\overline{CA}=8$ cm
⑤ $\angle A=35°$, $\angle C=55°$

오답노트 작성 ______쪽

22 도형의 합동, 합동인 도형의 성질

핵심개념

1. **도형의 합동:** 어떤 도형을 크기와 모양을 바꾸지 않고 다른 도형에 완전히 포갤 수 있을 때, 이 두 도형을 서로 합동이라고 한다.
   △ABC와 △DEF가 합동일 때, 기호 ≡를 써서 △ABC≡△DEF와 같이 나타낸다.
   참고 △ABC≡△DEF와 같이 두 도형의 합동을 기호 ≡를 써서 나타낼 때, 대응하는 꼭짓점을 같은 순서로 쓴다.
2. **대응:** 합동인 두 도형에서 서로 포개어지는 꼭짓점, 변, 각을 서로 대응한다고 한다.
   (1) 대응점: 서로 대응하는 꼭짓점
   (2) 대응변: 서로 대응하는 변
   (3) 대응각: 서로 대응하는 각

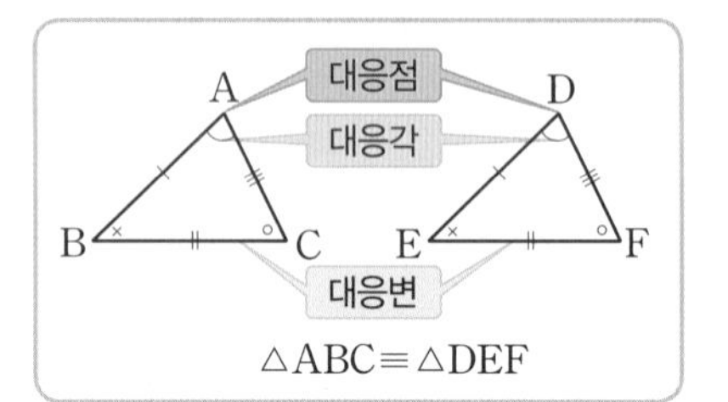

3. **합동인 도형의 성질:** 두 도형이 서로 합동이면
   (1) 대응하는 변의 길이는 서로 같다.
   (2) 대응하는 각의 크기는 서로 같다.
   주의 합동인 두 도형의 넓이는 항상 같지만 두 도형의 넓이가 같다고 해서 합동인 것은 아니다.

▶학습 날짜 월 일 ▶걸린 시간 분 / 목표 시간 20분

1 다음 그림에서 △ABC와 △DEF가 합동일 때, 빈칸을 완성하여라.

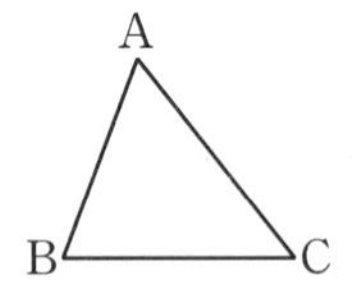

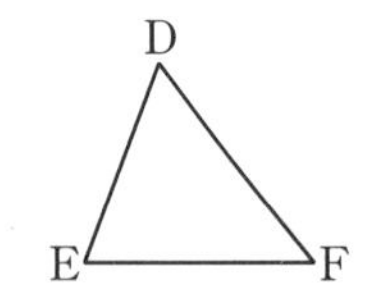

(1)

① 대응각		② 대응변	
∠A의 대응각		$\overline{AB}$의 대응변	
∠B의 대응각		$\overline{BC}$의 대응변	
∠C의 대응각		$\overline{CA}$의 대응변	

(2) 기호로 나타내면 △ABC ☐ △DEF이다.

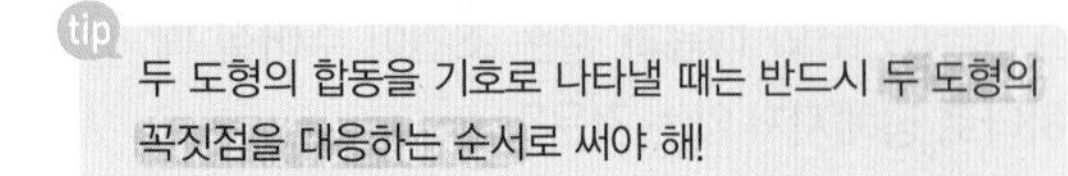

(3) 합동인 두 도형은 대응하는 변의 길이가 서로 (같고, 다르고), 대응하는 각의 크기가 서로 (같다, 다르다).

2 아래 그림에서 △ABC와 △DEF가 합동일 때, 다음 물음에 답하여라.

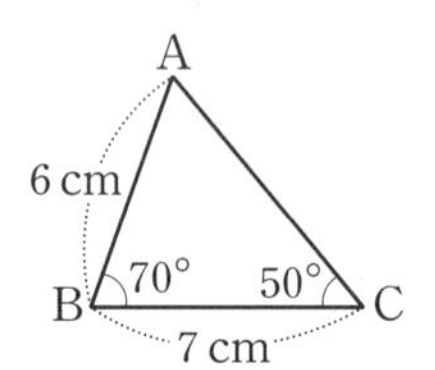

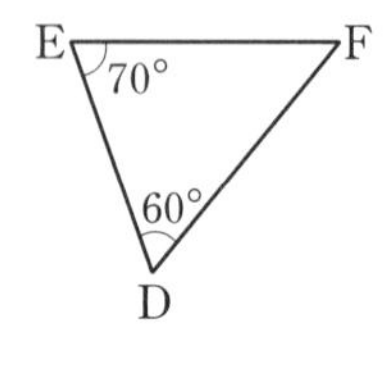

(1) 두 삼각형이 합동임을 기호로 나타내어라.

답

(2) $\overline{DE}$의 길이를 구하여라.

답

(3) ∠A의 대응각의 크기를 구하여라.

답

(4) ∠F의 대응각의 크기를 구하여라.

답

오답노트 작성 _____쪽

3 아래 그림에서 $\triangle ABC \equiv \triangle DEF$일 때, 다음을 구하여라.

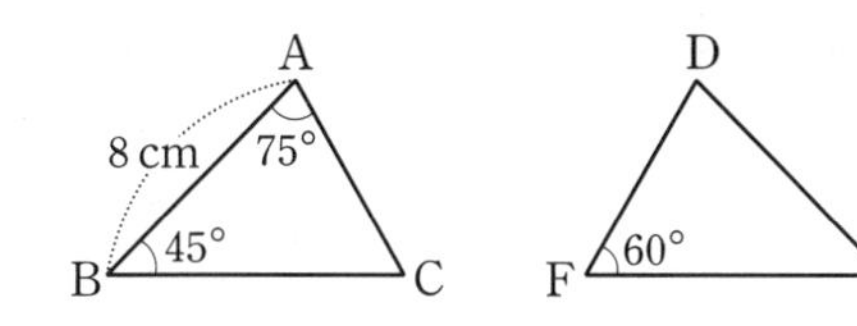

(1) $\overline{DE}$의 길이 답 ______

(2) $\angle D$의 크기 답 ______

(3) $\angle C$의 크기 답 ______

4 아래 그림에서

(사각형 ABCD)$\equiv$(사각형 EFGH)

일 때, 다음을 구하여라.

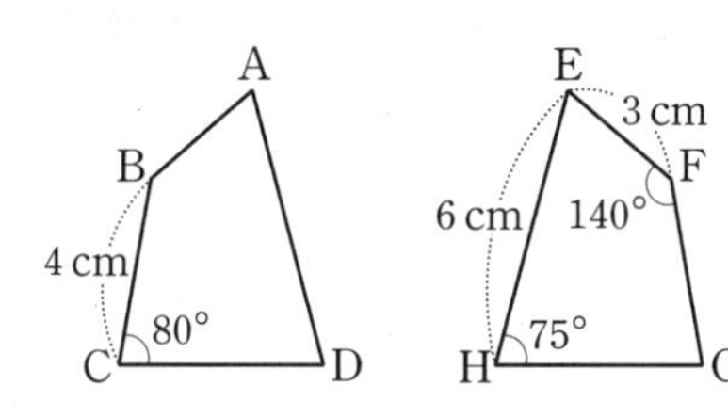

(1) $\overline{AB}$의 길이 답 ______

(2) $\overline{FG}$의 길이 답 ______

(3) $\angle B$의 크기 답 ______

(4) $\angle D$의 크기 답 ______

(5) $\angle E$의 크기 답 ______

5 다음 중 합동인 두 도형에 대한 설명으로 옳은 것에는 ○표, 옳지 않은 것에는 ×표를 하여라.

(1) 합동인 두 도형의 모양은 서로 같다. (　　)

(2) 합동인 두 도형은 넓이가 서로 같다. (　　)

(3) 세 각의 크기가 각각 같은 두 삼각형은 합동이다. (　　)

(4) 반지름의 길이가 같은 두 원은 합동이다. (　　)

(5) 두 정삼각형은 합동이다. (　　)

(6) 둘레의 길이가 같은 두 삼각형은 합동이다. (　　)

(7) 둘레의 길이가 같은 두 정오각형은 합동이다. (　　)

(8) 넓이가 같은 두 직사각형은 합동이다. (　　)

6 풍쌤의 point

(1) 크기와 모양을 바꾸지 않고 다른 도형에 완전히 포개어지는 두 도형을 서로 (　　　)이라고 한다.

(2) 두 도형의 합동은 기호 (　　)를 써서 나타낸다.

오답노트 작성 ______쪽

23 삼각형의 합동 조건

핵심개념

삼각형의 합동 조건: 다음의 각 경우에 두 삼각형은 서로 합동이다.

(1) 대응하는 세 변의 길이가 각각 같을 때
→ $\overline{AB}=\overline{DE}$, $\overline{BC}=\overline{EF}$, $\overline{CA}=\overline{FD}$이면
$\triangle ABC \equiv \triangle DEF$ (SSS 합동)

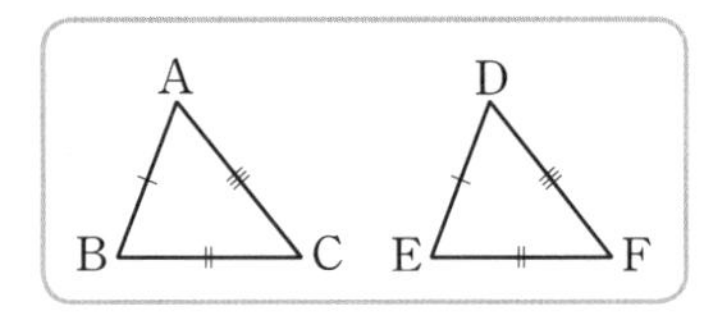

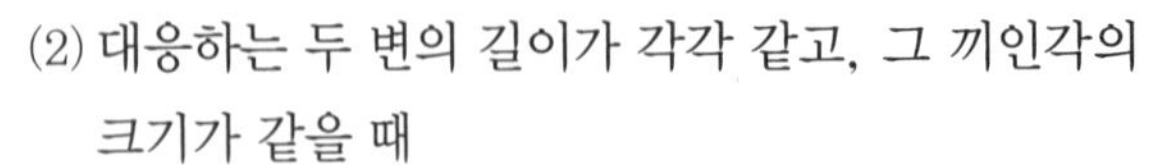

(2) 대응하는 두 변의 길이가 각각 같고, 그 끼인각의 크기가 같을 때
→ $\overline{AB}=\overline{DE}$, $\overline{BC}=\overline{EF}$, $\angle B=\angle E$이면
$\triangle ABC \equiv \triangle DEF$ (SAS 합동)

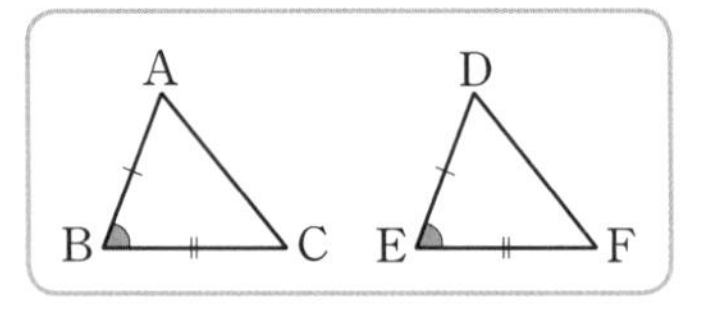

(3) 대응하는 한 변의 길이가 같고, 그 양 끝 각의 크기가 각각 같을 때
→ $\overline{BC}=\overline{EF}$, $\angle B=\angle E$, $\angle C=\angle F$이면
$\triangle ABC \equiv \triangle DEF$ (ASA 합동)

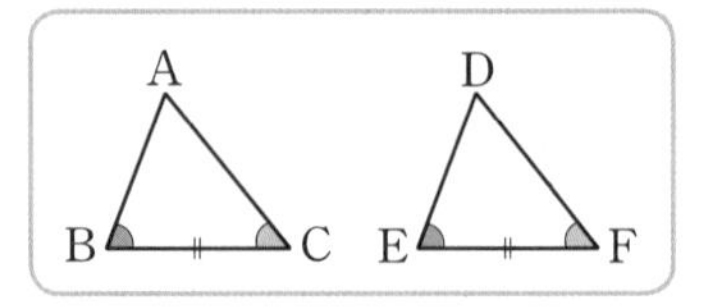

참고 SSS 합동, SAS 합동, ASA 합동에서 S는 변(side), A는 각(angle)의 첫 글자이다.

▶학습 날짜 월 일 ▶걸린 시간 분 / 목표 시간 20분

1 아래 그림의 두 삼각형은 각각 합동이다. 다음 □ 안에 알맞은 것을 써넣어라.

(1)

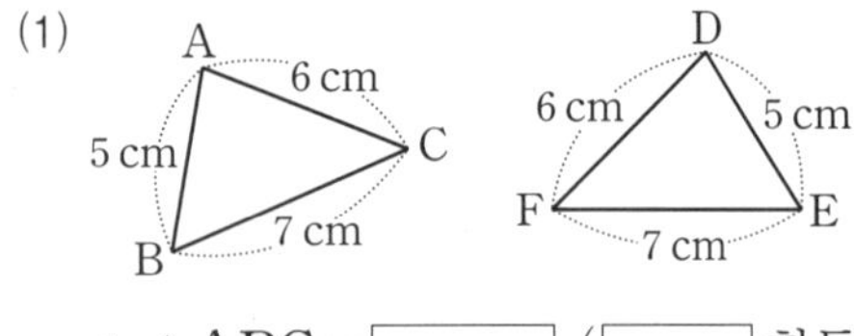
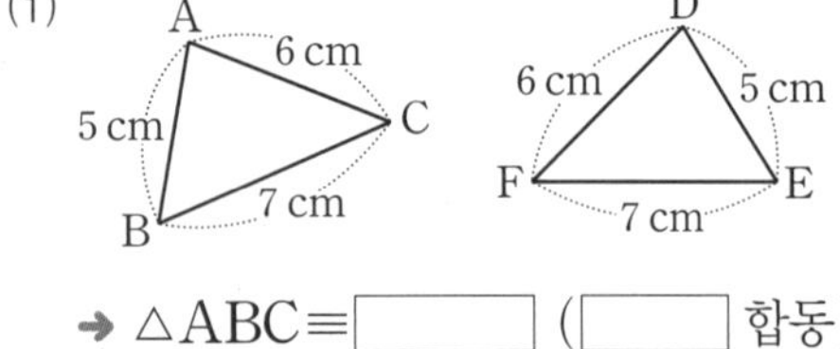

→ $\triangle ABC \equiv$ □ (□ 합동)

(2)

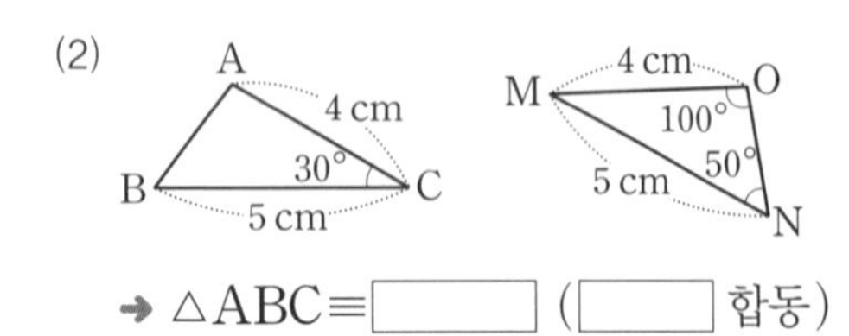

→ $\triangle ABC \equiv$ □ (□ 합동)

(3)

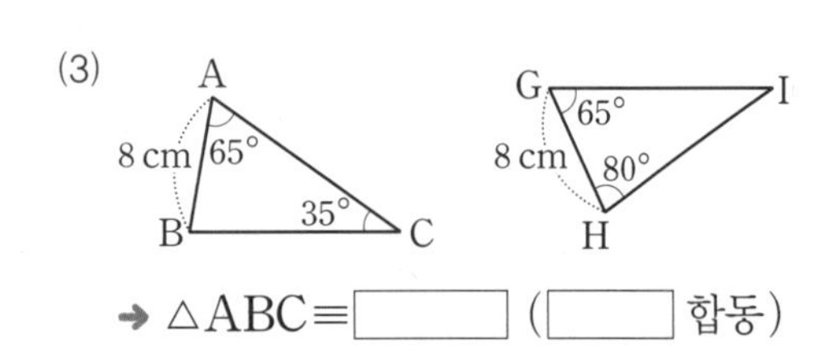

→ $\triangle ABC \equiv$ □ (□ 합동)

2 다음 두 삼각형 ABC와 DEF가 주어진 조건에서 합동인 경우에는 그때의 합동 조건을 쓰고, 합동이 아닌 경우에는 ×표를 하여라.

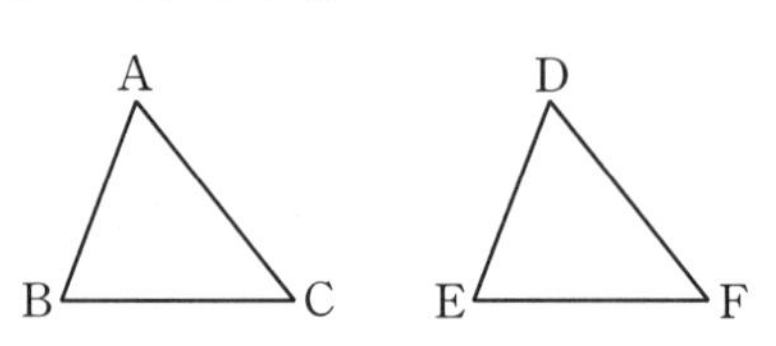

(1) $\overline{AB}=\overline{DE}$, $\overline{BC}=\overline{EF}$, $\overline{CA}=\overline{FD}$ (　　)

(2) $\overline{AB}=\overline{DE}$, $\overline{BC}=\overline{EF}$, $\angle C=\angle F$ (　　)

(3) $\overline{AB}=\overline{DE}$, $\angle A=\angle D$, $\angle B=\angle E$ (　　)

(4) $\overline{BC}=\overline{EF}$, $\overline{CA}=\overline{FD}$, $\angle C=\angle F$ (　　)

(5) $\angle A=\angle D$, $\angle B=\angle E$, $\angle C=\angle F$ (　　)

오답노트 작성 ______ 쪽

3 다음 그림에서 합동인 삼각형을 찾아 □ 안에 알맞은 것을 써넣어라.

(1) 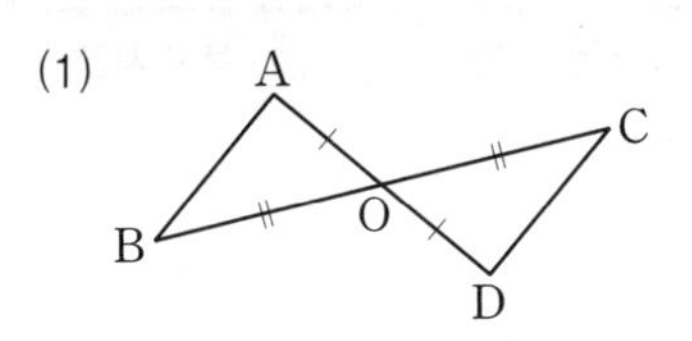

$\overline{OA}=\overline{OD}$, $\overline{OB}=\overline{OC}$

→ △AOB와 △DOC에서
$\overline{OA}=\overline{OD}$, $\overline{OB}=$□,
∠AOB=□(맞꼭지각)
∴ △AOB≡△DOC (□ 합동)

(2) 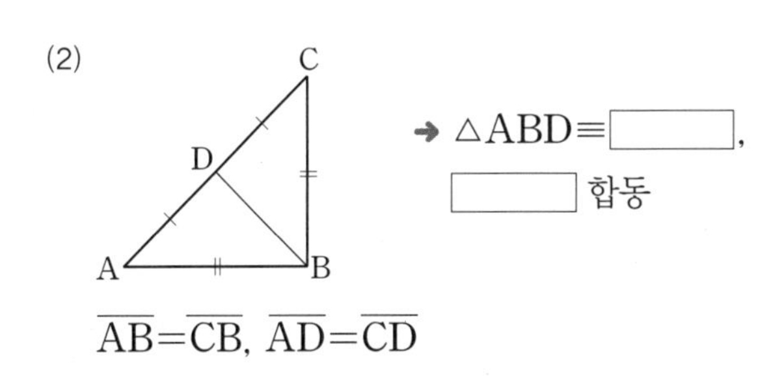

$\overline{AB}=\overline{CB}$, $\overline{AD}=\overline{CD}$

→ △ABD≡□,
□ 합동

(3) 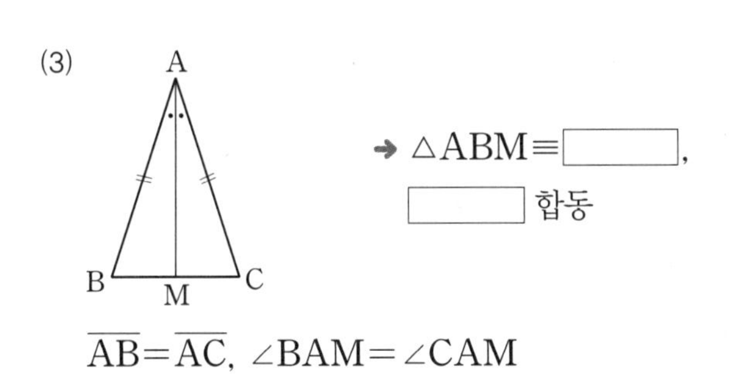

$\overline{AB}=\overline{AC}$, ∠BAM=∠CAM

→ △ABM≡□,
□ 합동

(4) 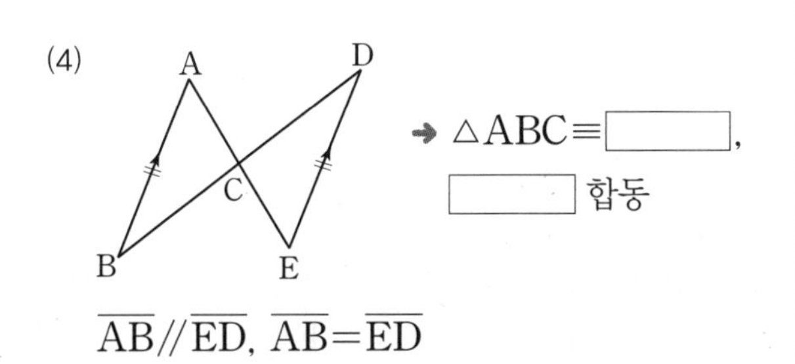

$\overline{AB}//\overline{ED}$, $\overline{AB}=\overline{ED}$

→ △ABC≡□,
□ 합동

4 다음의 각 경우 한 가지 조건을 추가하여 △ABC≡△DEF가 되도록 □ 안에 알맞은 것을 써 넣어라.

(1) $\overline{AB}=\overline{DE}$, $\overline{BC}=\overline{EF}$일 때

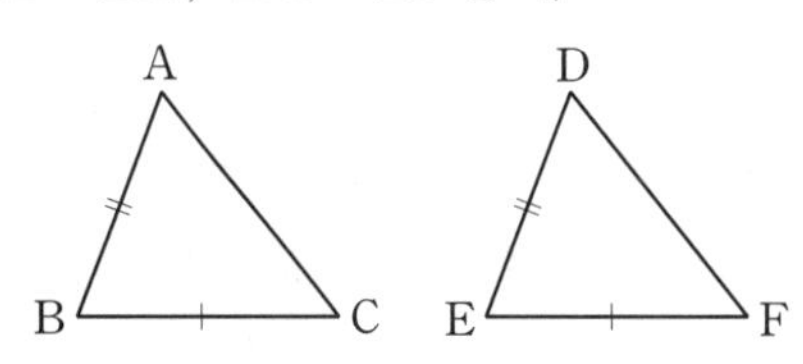

추가할 조건	합동 조건
$\overline{AC}=$□	□ 합동
∠B=□	□ 합동

(2) $\overline{AB}=\overline{DE}$, ∠A=∠D일 때

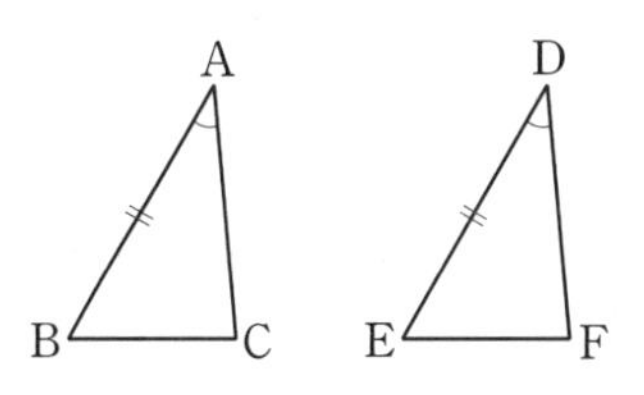

추가할 조건	합동 조건
$\overline{AC}=$□	□ 합동
∠B=□	□ 합동
∠C=□	□ 합동

tip 두 삼각형에서 두 각의 크기가 각각 같으면 나머지 한 각의 크기도 같아.
즉, 한 변의 길이가 같고 두 각의 크기가 각각 같다는 조건은 한 변의 길이가 같고 그 양 끝 각의 크기가 같다는 조건으로 생각할 수 있지.

5 풍쌤의 point

다음의 각 경우에 두 삼각형은 서로 합동이다.

(1) 대응하는 (　　　)의 길이가 각각 같을 때
→ SSS 합동

(2) 대응하는 두 변의 길이가 각각 같고, 그 (　　　　　)의 크기가 같을 때
→ (　　　　　) 합동

(3) 대응하는 한 변의 길이가 같고, 그 (　　　　　)의 크기가 각각 같을 때
→ (　　　　　) 합동

오답노트 작성 ＿＿＿쪽

▌정답과 해설 13쪽

22-23 • 스스로 점검 문제

맞힌 개수 개 / 6개

▶학습 날짜 월 일 ▶걸린 시간 분 / 목표 시간 20분

1 □□ ⟳ 도형의 합동, 합동인 도형의 성질 1, 5

다음 중 합동인 도형에 대한 설명으로 옳지 않은 것을 모두 고르면? (정답 2개)

① 대응하는 변의 길이가 각각 같고, 대응하는 각의 크기가 각각 같다.

② 반지름의 길이가 같은 두 원은 합동이다.

③ 두 도형 P, Q가 합동인 것을 기호 P=Q로 나타낸다.

④ 넓이가 같은 두 삼각형은 합동이다.

⑤ 합동인 두 도형은 넓이가 같다.

2 □□ ⟳ 도형의 합동, 합동인 도형의 성질 2, 3

다음 그림에서 $\triangle ABC \equiv \triangle DEF$일 때, $x-y$의 값을 구하여라.

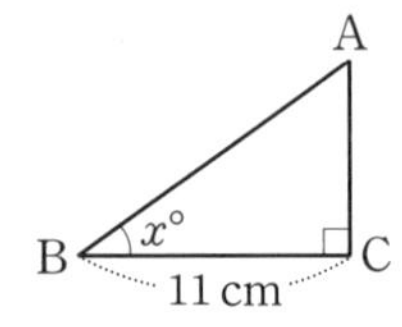

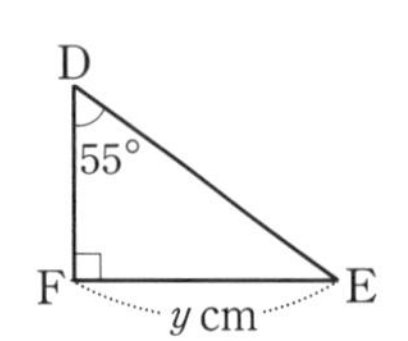

3 □□ ⟳ 도형의 합동, 합동인 도형의 성질 4

아래 그림에서 (사각형 ABCD)≡(사각형 EFGH)일 때, 다음 중 옳은 것은?

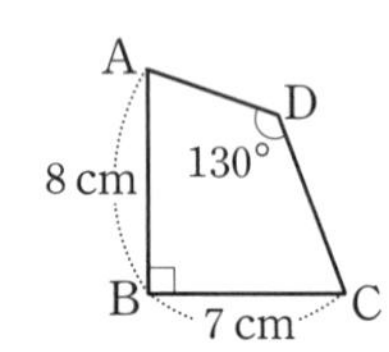

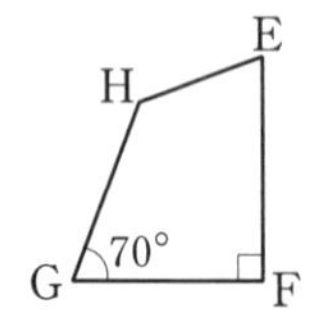

① $\angle A$의 대응각은 $\angle H$이다.

② $\overline{CD}$의 대응변은 $\overline{EF}$이다.

③ $\overline{FG}=8$ cm

④ $\angle C=70°$

⑤ $\angle E=60°$

4 □□ ⟳ 삼각형의 합동 조건 1

다음 중 오른쪽 〈보기〉의 삼각형과 합동인 삼각형은?

보기

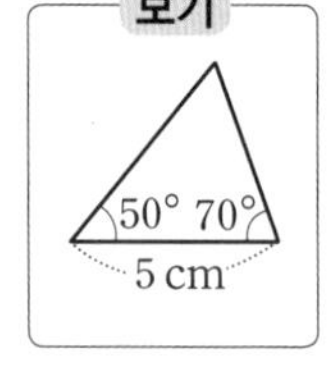

①

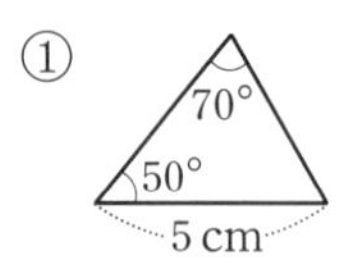

②

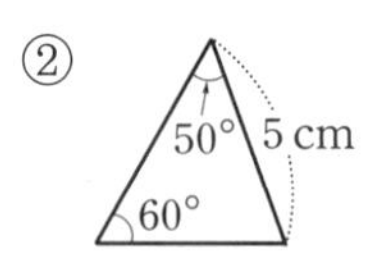

③

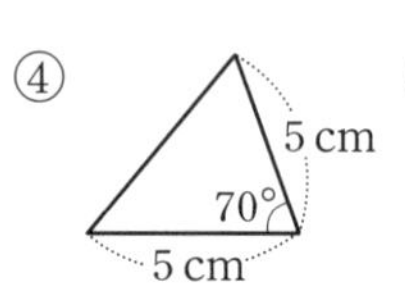

④

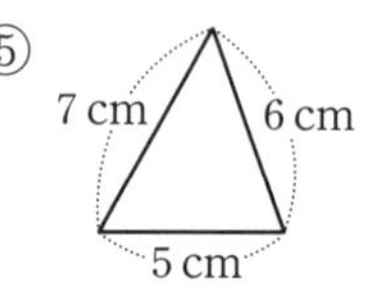

⑤ 7 cm, 6 cm, 5 cm

5 □□ ⟳ 삼각형의 합동 조건 3

오른쪽 그림에서 $\triangle ABD \equiv \triangle CDB$이다. 이때의 합동 조건을 말하여라.

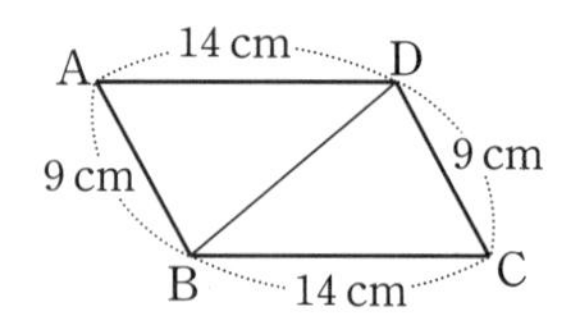

6 □□ ⟳ 삼각형의 합동 조건 4

다음 그림의 두 삼각형 ABC와 DEF에서 $\angle A=\angle D$이고 $\overline{AB}=\overline{DE}$일 때, 두 삼각형이 SAS 합동이기 위해 더 필요한 한 가지 조건은?

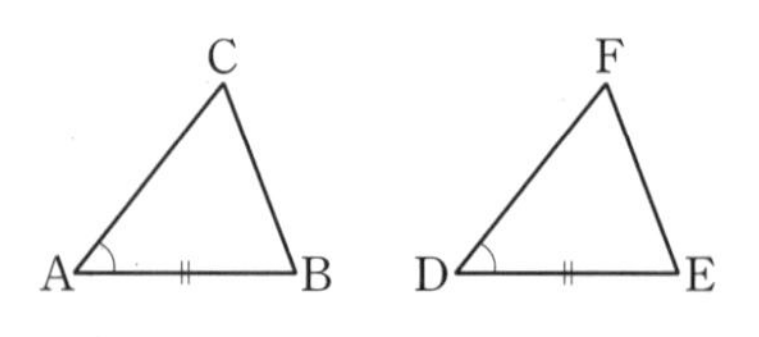

① $\overline{AC}=\overline{DE}$
② $\overline{AC}=\overline{DF}$
③ $\overline{BC}=\overline{EF}$
④ $\angle B=\angle E$
⑤ $\angle C=\angle F$

오답노트 작성 ______쪽

평면도형과 입체도형

01 다각형

핵심개념

1. **다각형:** 3개 이상의 선분만으로 둘러싸인 평면도형
2. **내각과 외각**
   (1) 내각: 다각형에서 이웃하는 두 변으로 이루어진 내부의 각
   (2) 외각: 다각형의 각 꼭짓점에서 한 변과 그 변에 이웃하는 변의 연장선이 이루는 각

참고 (한 내각의 크기)+(그와 이웃하는 한 외각의 크기)=180°

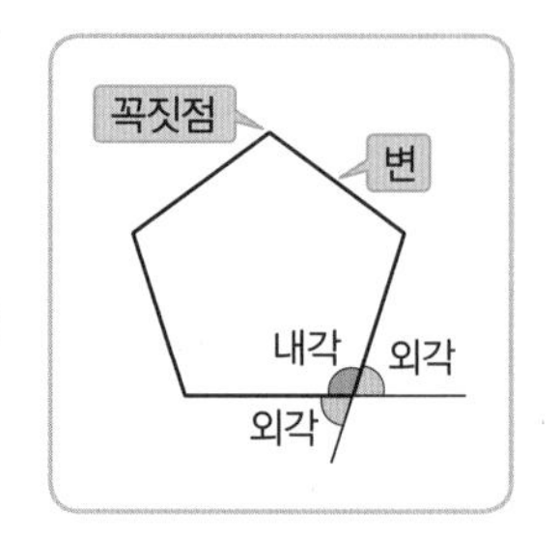

▶학습 날짜 　월 　일 ▶걸린 시간 　분 / 목표 시간 15분

1 다음 문장을 완성하고, 주어진 도형이 다각형이면 ○표, 다각형이 아니면 ×표를 하여라.

> 다각형은 3개 이상의 ________만으로 둘러싸인 (평면도형 , 입체도형)이다.

(1) 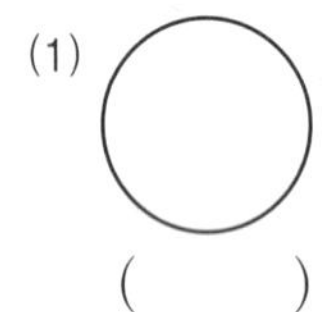
(　　)

(2) 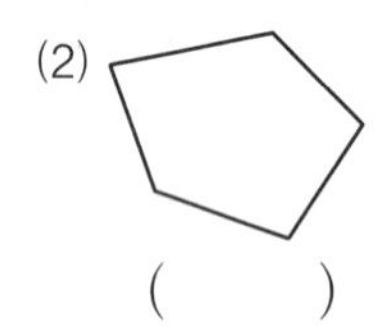
(　　)

(3) 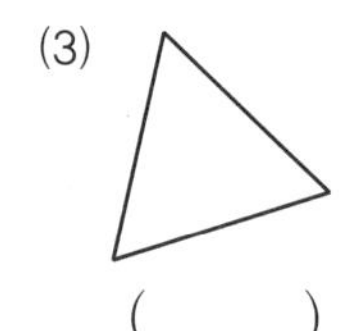
(　　)

(4) 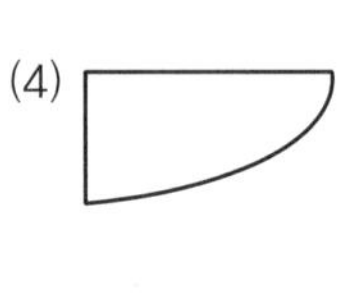
(　　)

tip 곡선이 일부라도 있으면 다각형이 아니야~

(5) 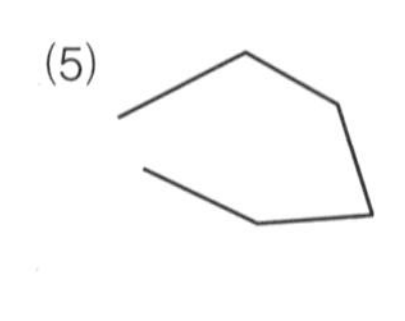
(　　)

(6) 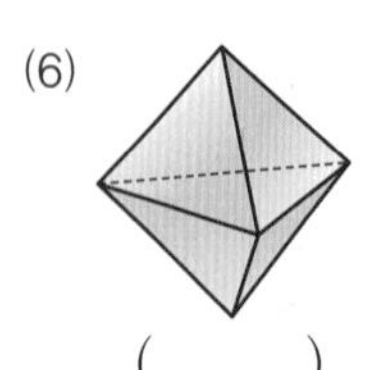
(　　)

tip 뚫린 부분이 없이 선분으로 둘러싸여 있어야 해!

tip 다각형은 입체도형이 아니라 평면도형이야!

(7) 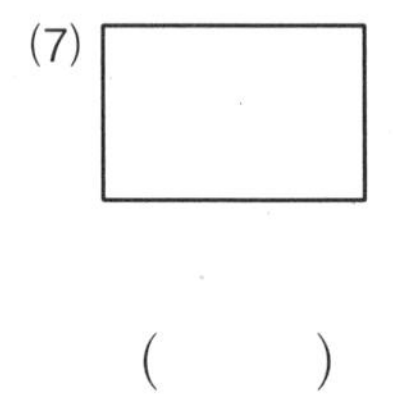
(　　)

(8) 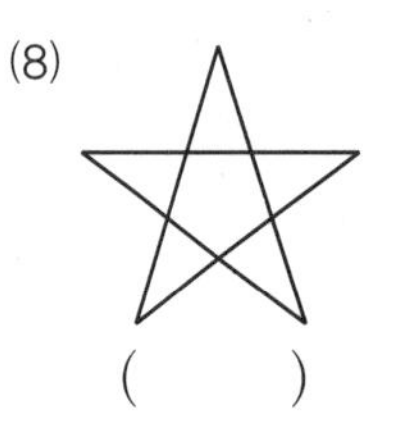
(　　)

2 다음 다각형의 내각을 모두 표시하고, 다각형의 이름을 써라. 또, 표를 완성하여라.

(1) 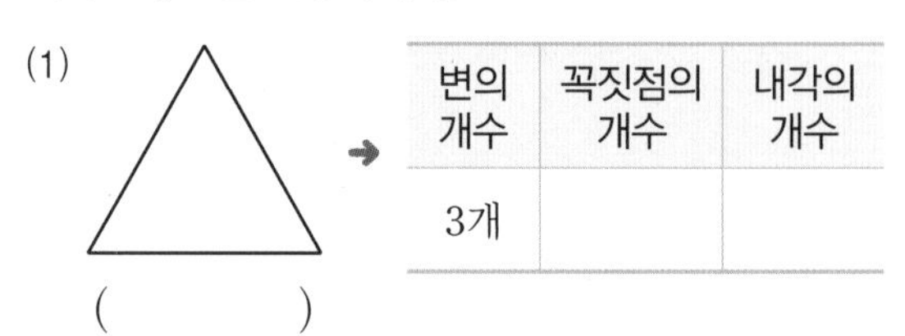
(　　　　)

변의 개수	꼭짓점의 개수	내각의 개수
3개		

(2) 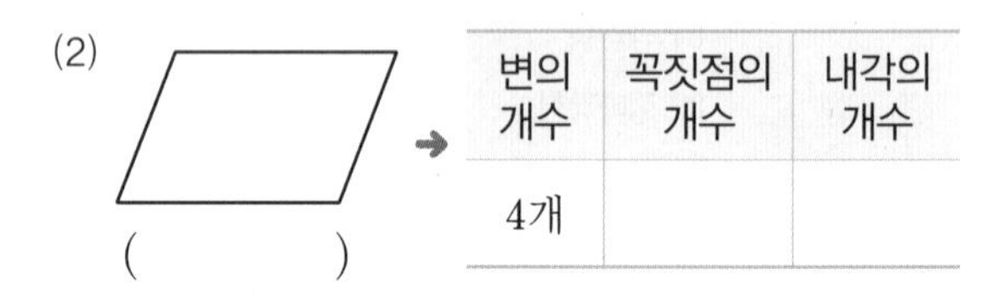
(　　　　)

변의 개수	꼭짓점의 개수	내각의 개수
4개		

(3) 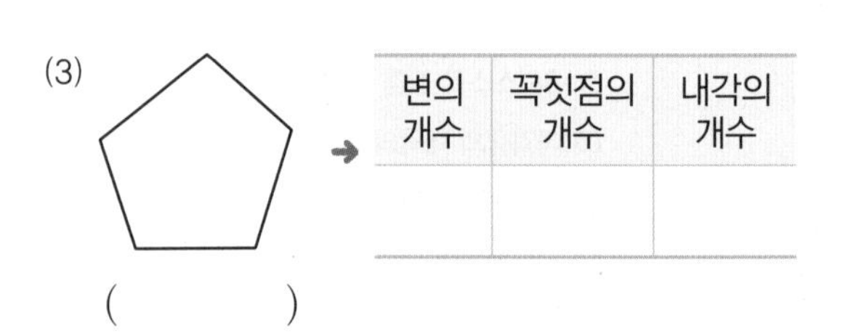
(　　　　)

변의 개수	꼭짓점의 개수	내각의 개수

(4) 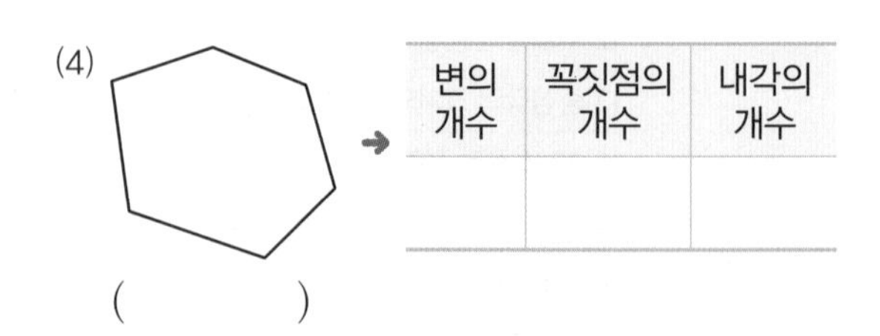
(　　　　)

변의 개수	꼭짓점의 개수	내각의 개수

tip 한 다각형에서 변의 개수, 꼭짓점의 개수, 내각의 개수는 모두 같음을 알 수 있어.

오답노트 작성 ______쪽

3 오른쪽 그림과 같은 오각형 ABCDE에서 다음을 구하여라.

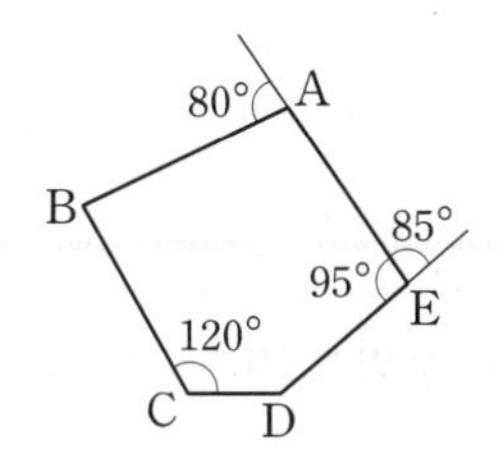

(1) $\angle C$의 내각의 크기 답 ________

(2) $\angle E$의 내각의 크기 답 ________

(3) $\angle A$의 외각의 크기 답 ________

(4) $\angle E$의 외각의 크기 답 ________

(5) $\{(\angle E$의 내각$)+(\angle E$의 외각$)\}$의 크기

답 ________

tip $\{$(한 내각의 크기)$+$(그와 이웃하는 한 외각의 크기)$\}$는 $180°$가 돼.

4 다음 그림과 같은 다각형에서 주어진 각의 크기를 구하는 과정을 완성하여라.

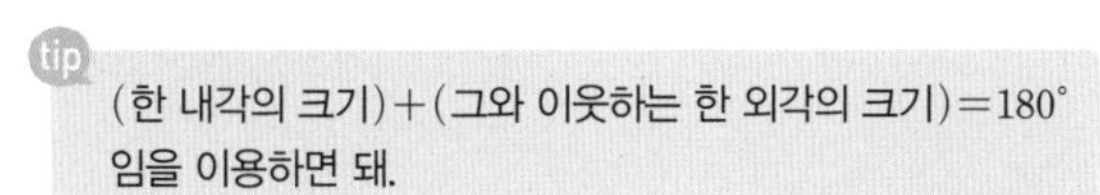
tip (한 내각의 크기)$+$(그와 이웃하는 한 외각의 크기)$=180°$임을 이용하면 돼.

(1) $\angle A$의 외각의 크기

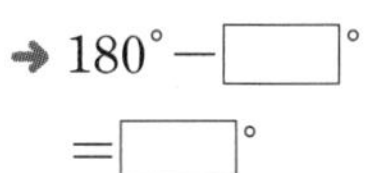

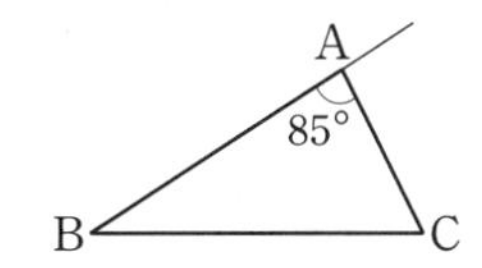

(2) $\angle A$의 내각의 크기

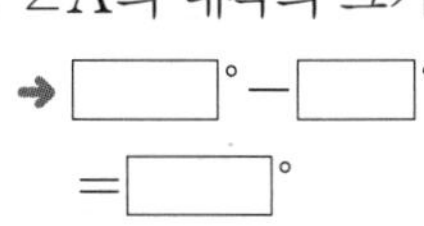

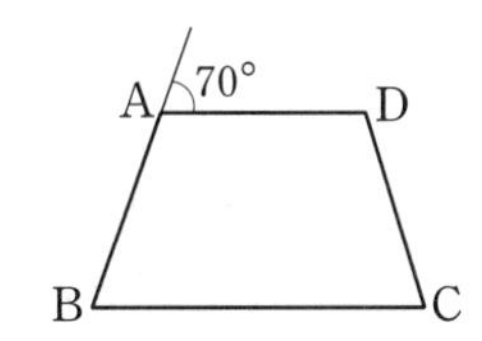

5 다음 다각형의 꼭짓점 A에서의 내각과 외각의 크기를 각각 구하여라.

(1)

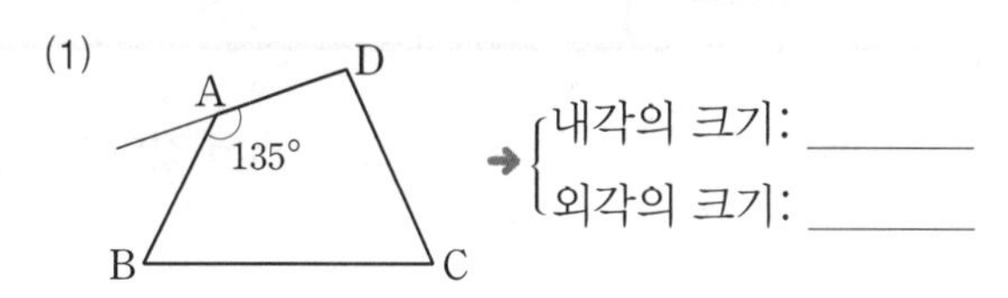

(2)

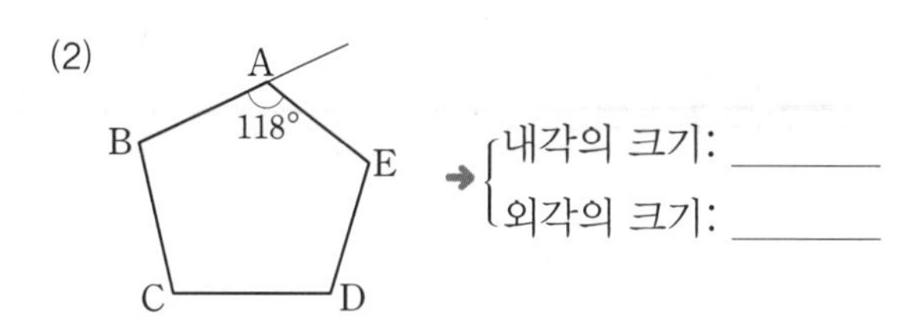

(3)

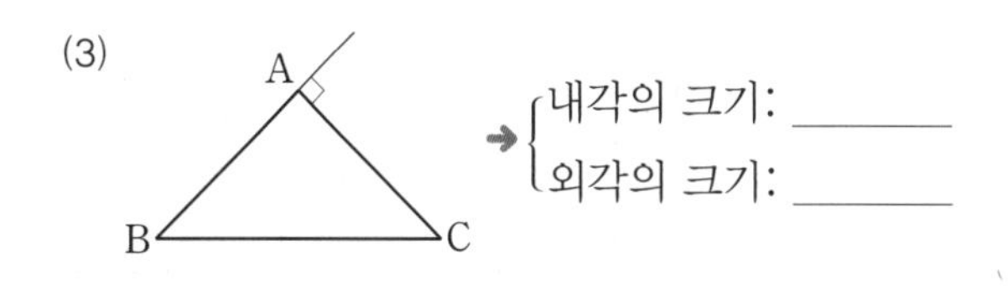

(4)

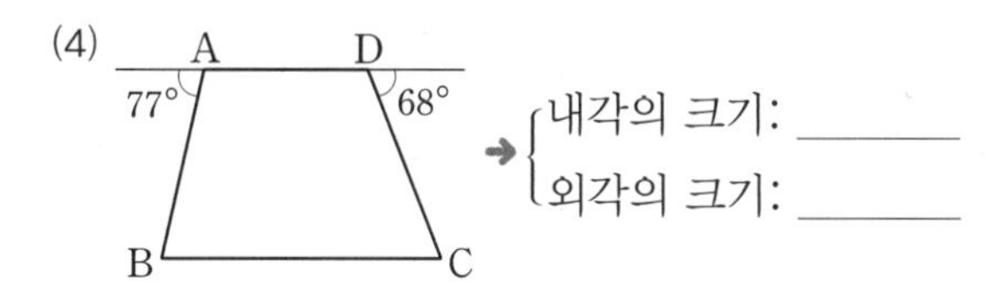

6 풍쌤의 point

(1) 다각형은 (　　)개 이상의 (　　　)만으로 둘러싸인 평면도형이다.

(2) 다각형에서

(한 내각의 크기)

$+$(그와 이웃하는 한 외각의 크기)$=$□$°$

(한 내각의 크기)

$=180°-$(한 □의 크기)

(한 외각의 크기)

$=$□$°-$(한 내각의 크기)

오답노트 작성 ______쪽

02 정다각형

핵심개념

정다각형: 모든 변의 길이가 같고 모든 내각의 크기가 같은 다각형

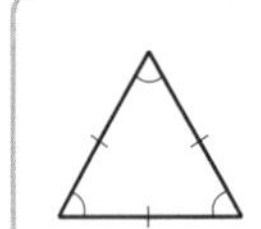
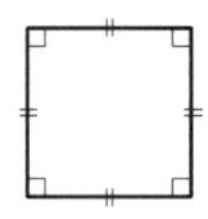
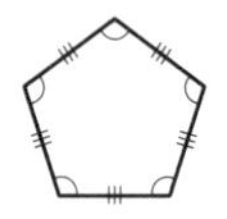
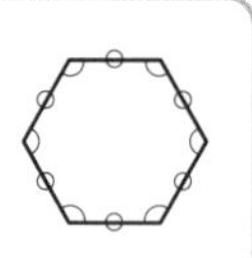

참고 정다각형은 변의 개수에 따라 정삼각형, 정사각형, 정오각형, ⋯, 정n각형이라고 한다.

▶학습 날짜 월 일 ▶걸린 시간 분 / 목표 시간 10분

정답과 해설 14쪽

1 다음 다각형에 대하여 문장을 완성하고, 정다각형이면 ○표, 정다각형이 아니면 ×표를 하여라.

(1)
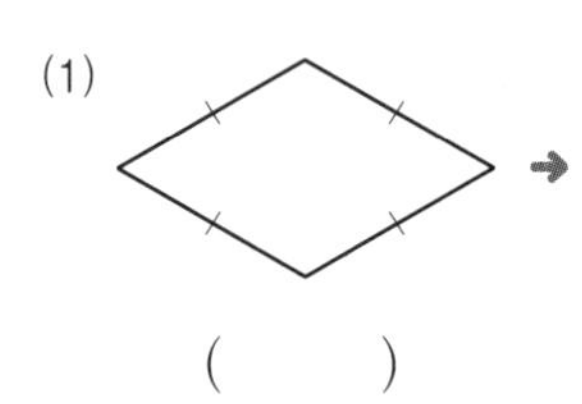

( )

→ 네 변의 길이는 (같고, 같지 않고), 네 내각의 크기는 (같다, 같지 않다).

(2)
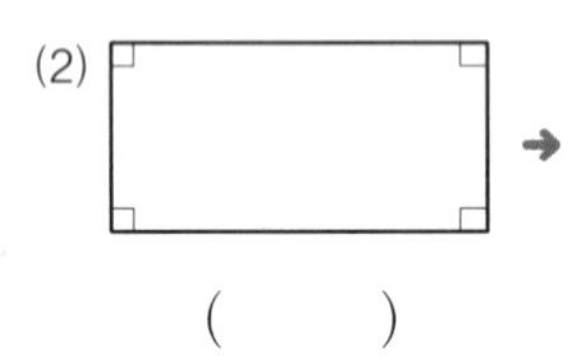

( )

→ 네 변의 길이는 (같고, 같지 않고), 네 내각의 크기는 (같다, 같지 않다).

2 다음 설명 중 옳은 것에는 ○표, 옳지 않은 것에는 ×표를 하여라.

(1) 정다각형의 모든 변의 길이는 같다. ( )

(2) 모든 변의 길이가 같은 다각형은 정다각형이다. ( )

tip 1번의 (1)과 같은 경우야.

(3) 정다각형의 모든 내각의 크기는 같다. ( )

(4) 모든 내각의 크기가 같은 다각형은 정다각형이다. ( )

tip 1번의 (2)와 같은 경우야.

3 다음 조건을 모두 만족시키는 다각형의 이름을 써라.

(가) 7개의 선분으로 둘러싸여 있다.
(나) 모든 변의 길이가 같다.
(다) 모든 내각의 크기가 같다.

답 ______

4 다음은 정십각형이 되는 조건이다. 빈칸을 완성하여라.

(가) ______개의 선분으로 둘러싸여 있다.
(나) 모든 ______의 길이가 같다.
(다) 모든 ______의 크기가 같다.

5 풍쌤의 point

(1) 정다각형은 모든 ( )의 길이가 같고 모든 ( )의 크기가 같은 다각형이다.

(2) 내각의 크기는 모두 같고 변의 길이는 다른 다각형은 정다각형(이다, 이 아니다).

(3) 변의 길이는 모두 같고 내각의 크기는 다른 다각형은 정다각형(이다, 이 아니다).

오답노트 작성 ______쪽

03 다각형의 대각선

핵심개념

1. **대각선:** 다각형에서 이웃하지 않는 두 꼭짓점을 이은 선분
2. **n각형의 한 꼭짓점에서 그을 수 있는 대각선의 개수:** $(n-3)$개
3. **n각형의 대각선의 총 개수:** $\frac{n\times(n-3)}{2}$개

▶학습 날짜 월 일 ▶걸린 시간 분 / 목표 시간 20분

정답과 해설 14~15쪽

1 다음 다각형의 한 꼭짓점에서 그을 수 있는 대각선을 모두 긋고, 그 개수를 구하여라.

(1)   삼각형: ______개

(2) 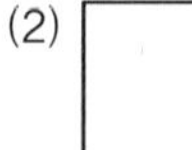 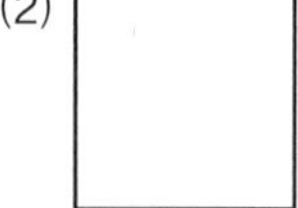 사각형: ______개

(3) 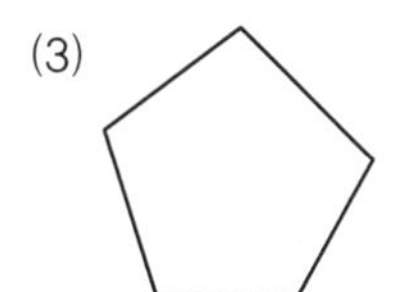 오각형: ______개

(4) 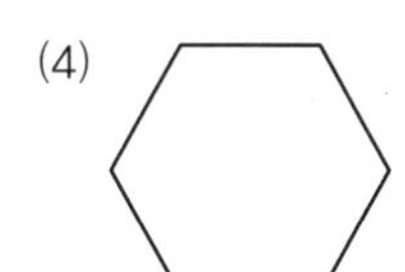 육각형: ______개

(5) 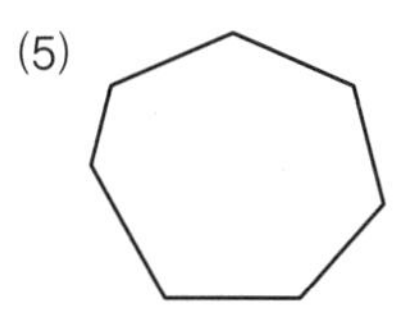 칠각형: ______개

(6) n각형의 한 꼭짓점에서 그을 수 있는 대각선의 개수 ➔ $(n-\square)$개

2 다음 다각형의 한 꼭짓점에서 그을 수 있는 대각선의 개수를 구하여라.

(1) 팔각형 ➔ $8-\square=\square$(개)

(2) 구각형 답 ______

(3) 십이각형 답 ______

3 한 꼭짓점에서 그을 수 있는 대각선의 개수가 다음과 같은 다각형의 이름을 써라.

(1) 3개 답 ______

➔ 구하는 다각형을 n각형이라 하면
$n-\square=3$이므로 $n=\square$

tip 한 꼭짓점에서 그을 수 있는 대각선의 개수에 3을 더해 주면 돼.

(2) 7개 답 ______

(3) 11개 답 ______

오답노트 작성 ______쪽

4 다음은 오른쪽 그림과 같은 칠각형의 대각선의 총 개수를 구하는 과정이다. □ 안에 알맞은 수를 써넣어라.

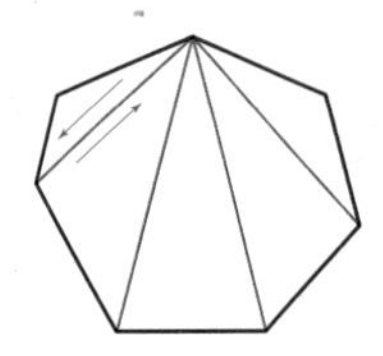

㉠ 꼭짓점의 개수 ➔ □개

㉡ 한 꼭짓점에서 그을 수 있는 대각선의 개수
➔ $7-\square=\square$(개)

㉢ 모든 꼭짓점에서 그을 수 있는 대각선의 개수
➔ $\square\times(\square-3)$(개) ← ㉠×㉡

㉣ 같은 대각선이 중복되는 횟수 ➔ □번

따라서 칠각형의 대각선의 총 개수는

$$\frac{㉢}{㉣}=\frac{\square\times(\square-3)}{\square}=\square(\text{개})$$

5 다음 다각형의 대각선의 총 개수를 구하여라.

(1)

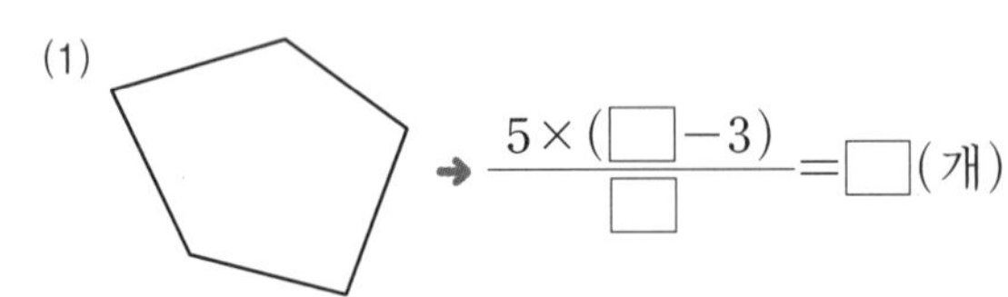

➔ $\frac{5\times(\square-3)}{\square}=\square$(개)

(2)

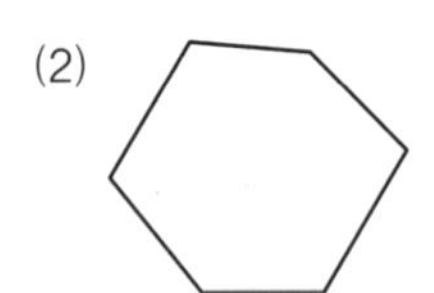

답 ________

(3) 팔각형 답 ________

(4) 십각형 답 ________

(5) 십이각형 답 ________

6 한 꼭짓점에서 그을 수 있는 대각선의 개수가 다음과 같은 다각형의 대각선의 총 개수를 구하여라.

tip 한 꼭짓점에서 그을 수 있는 대각선의 개수가 n개이면
➔ $(n+3)$각형!

(1) 6개 답 ________

(2) 8개 답 ________

(3) 10개 답 ________

7 대각선의 총 개수가 다음과 같은 다각형의 이름을 써라.

(1) 5개 답 ________

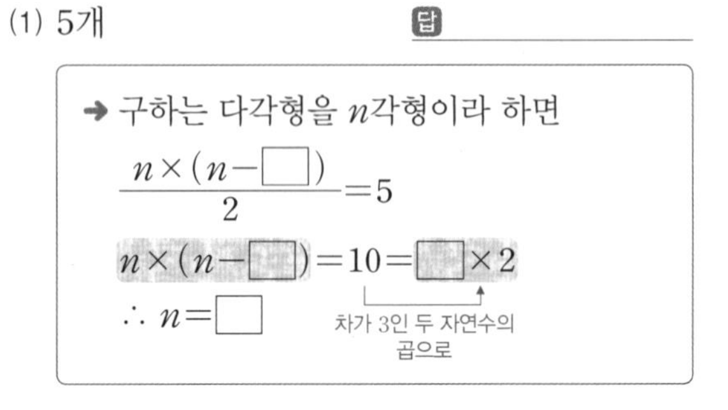

➔ 구하는 다각형을 n각형이라 하면

$\frac{n\times(n-\square)}{2}=5$

$n\times(n-\square)=10=\square\times2$ (차가 3인 두 자연수의 곱으로)

$\therefore n=\square$

(2) 27개 답 ________

(3) 54개 답 ________

8 풍쌤의 point

(1) n각형의 한 꼭짓점에서 그을 수 있는 대각선의 개수는 $(n-\square)$개이다.

(2) n각형의 대각선의 총 개수는

$\frac{\square\times(n-\square)}{\square}$개이다.

오답노트 작성 ______쪽

정답과 해설 15쪽

01-03 · 스스로 점검 문제

맞힌 개수 개 / 6개

▶학습 날짜 월 일 ▶걸린 시간 분 / 목표 시간 20분

1 ⬜⬜ 다각형 1

다음 중 다각형인 것을 모두 고르면? (정답 2개)

① 
② 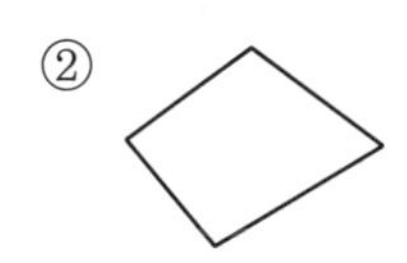
③ 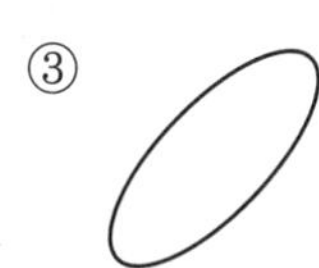
④ 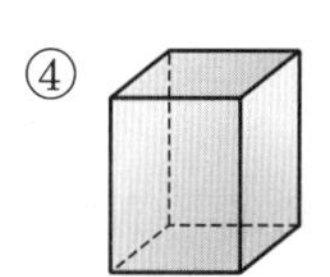
⑤

2 ⬜⬜ 다각형 3~5

오른쪽 그림의 사각형 ABCD에서 ∠A의 내각의 크기와 ∠C의 외각의 크기의 합은?

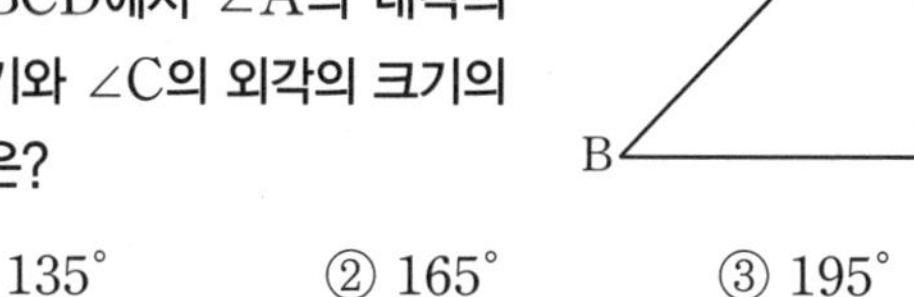

① 135° ② 165° ③ 195°
④ 225° ⑤ 265°

3 ⬜⬜ 다각형 2, 6, 정다각형 2

다음 설명 중 옳지 않은 것은?

① 한 꼭짓점에서의 내각과 외각의 크기의 합은 항상 180°이다.
② 내각의 크기가 모두 같은 삼각형은 정삼각형이다.
③ 변의 길이가 모두 같은 다각형은 정다각형이다.
④ 한 다각형에서 변의 개수와 꼭짓점의 개수는 같다.
⑤ 다각형의 각 꼭짓점에서 한 변과 그 변에 이웃하는 변의 연장선이 이루는 각을 그 꼭짓점에서의 외각이라고 한다.

4 ⬜⬜ 다각형의 대각선 6

어떤 다각형의 한 꼭짓점에서 그을 수 있는 대각선의 개수가 12개일 때, 이 다각형의 대각선의 총 개수는?

① 54개 ② 65개 ③ 77개
④ 90개 ⑤ 104개

5 ⬜⬜ 다각형의 대각선 7

대각선의 총 개수가 44개인 다각형의 변의 개수는?

① 8개 ② 9개 ③ 10개
④ 11개 ⑤ 12개

6 ⬜⬜ 정다각형 3, 4, 다각형의 대각선 7

다음 조건을 모두 만족시키는 다각형의 이름을 써라.

(가) 모든 변의 길이가 같다.
(나) 모든 내각의 크기가 같다.
(다) 대각선의 총 개수가 20개이다.

오답노트 작성 ____쪽

04 삼각형의 세 내각의 크기의 합

핵심개념

1. 삼각형 ABC에서 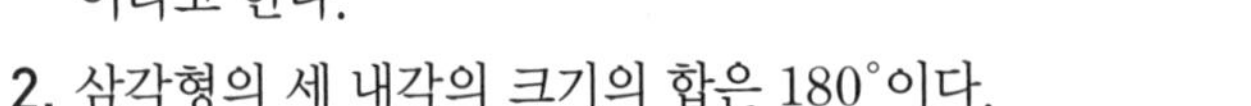∠A, ∠B, ∠C를 삼각형 ABC의 세 내각이라고 한다.
2. 삼각형의 세 내각의 크기의 합은 180°이다.
   → ∠A+∠B+∠C=180°

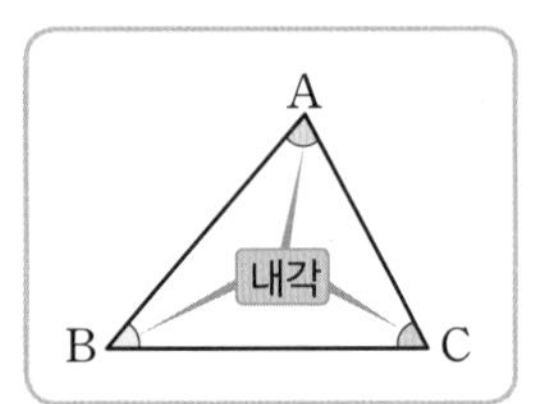

▶학습 날짜 월 일 ▶걸린 시간 분 / 목표 시간 20분

1 다음은 오른쪽 그림에서 삼각형 ABC의 세 내각의 크기의 합이 180°임을 보이고, ∠x의 크기를 구하는 과정이다. ☐ 안에 알맞은 것을 써넣어라.

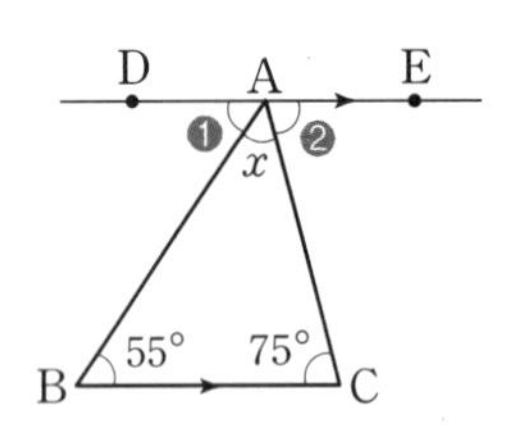

(1) ❶ $\overleftrightarrow{DE}$ // $\overline{BC}$이므로 ∠DAB=∠☐

tip ∠DAB와 ∠B의 크기는 같아.
왜냐하면 평행선에서 엇각의 크기는 같으니까!

❷ $\overleftrightarrow{DE}$ // $\overline{BC}$이므로 ∠EAC=∠☐

tip ∠EAC와 ∠C의 크기는 같아.
왜냐하면 평행선에서 엇각의 크기는 같으니까!

(2) 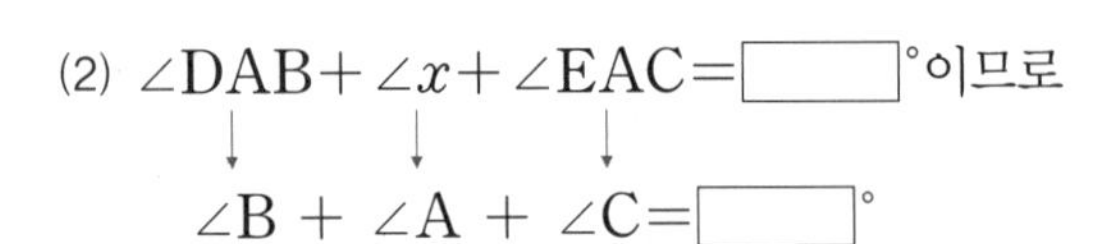
∠DAB+∠x+∠EAC=☐°이므로
↓ ↓ ↓
∠B + ∠A + ∠C=☐°

(3) 삼각형 ABC의 세 내각의 크기의 합은 ☐°이다.

(4) 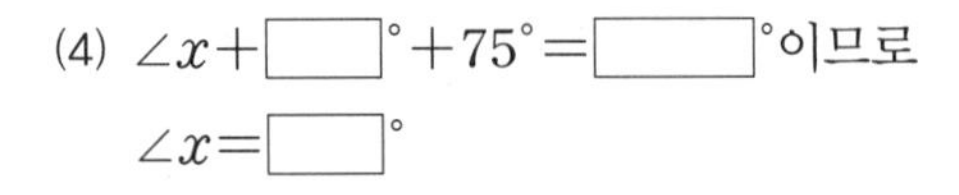
∠x+☐°+75°=☐°이므로
∠x=☐°

2 다음 그림과 같은 삼각형 ABC에서 ∠x의 크기를 구하여라.

(1)

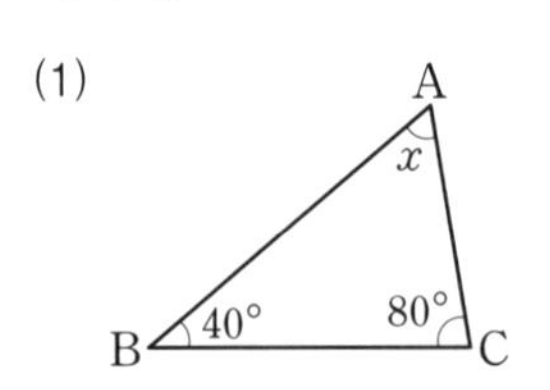

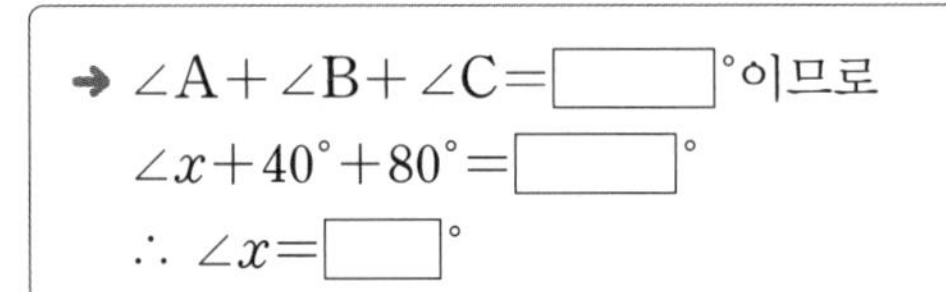
→ ∠A+∠B+∠C=☐°이므로
∠x+40°+80°=☐°
∴ ∠x=☐°

(2)

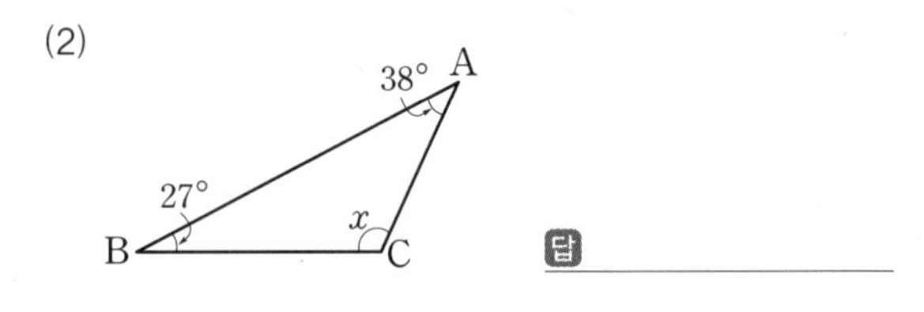

답 ____________

(3)

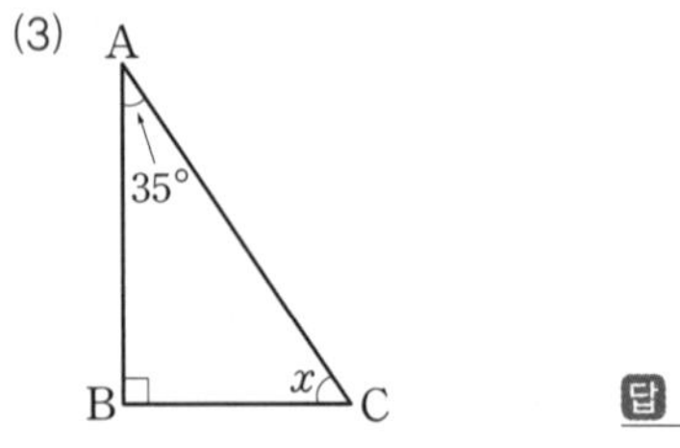

답 ____________

오답노트 작성 ______쪽

3 다음 그림과 같은 삼각형 ABC에서 $\angle x$의 크기를 구하여라.

(1)

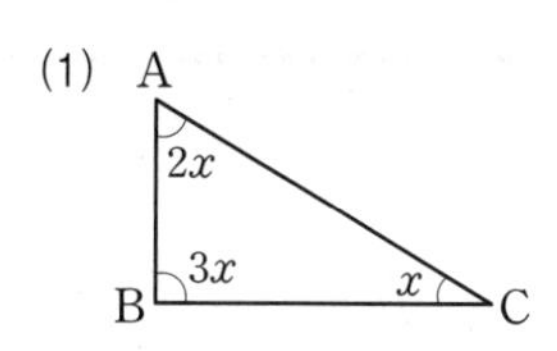

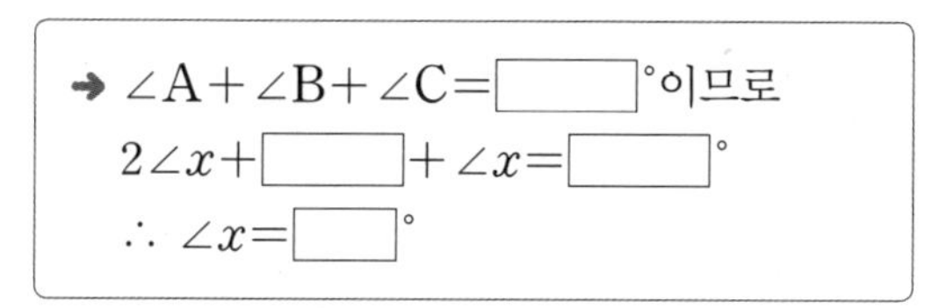
➜ $\angle A + \angle B + \angle C = \square°$이므로
$2\angle x + \square + \angle x = \square°$
$\therefore \angle x = \square°$

(2)

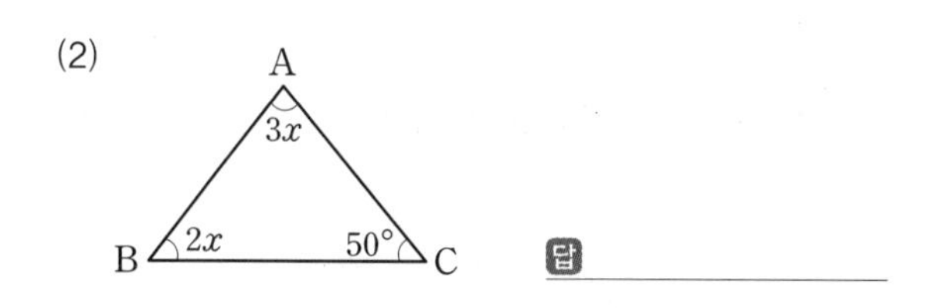

(3)

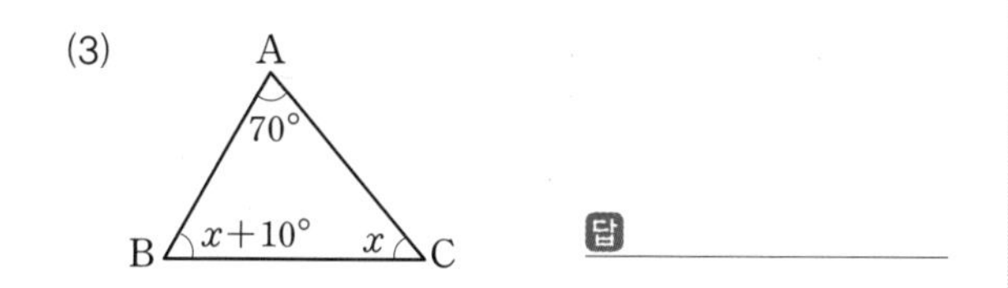

4 다음 그림에서 □ 안에 알맞은 수를 써넣고, $\angle x$의 크기를 구하여라.

(1)

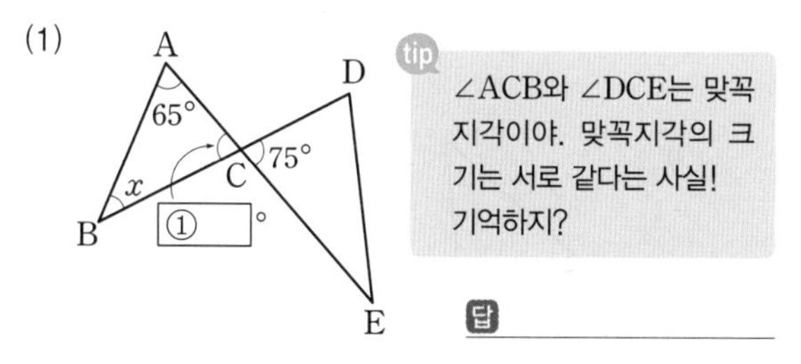

tip $\angle ACB$와 $\angle DCE$는 맞꼭지각이야. 맞꼭지각의 크기는 서로 같다는 사실! 기억하지?

(2)

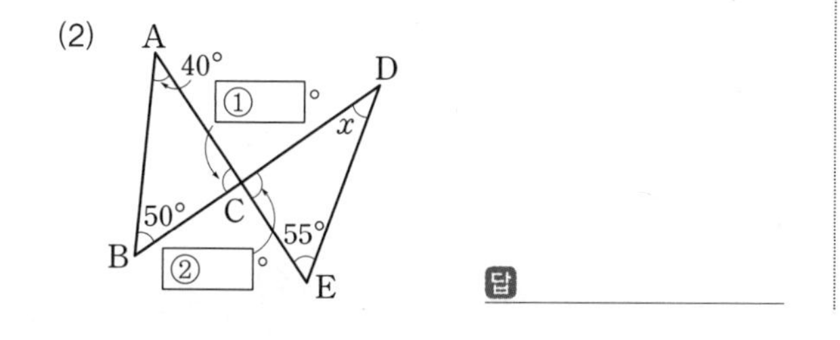

(3) A, x, D, 85°, ①°, B, 50°, C

답

(4)

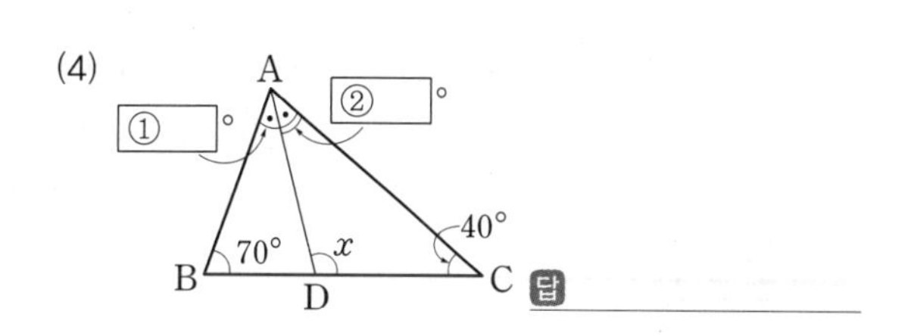

5 삼각형의 세 내각의 크기의 비가 다음과 같을 때, 세 내각의 크기를 각각 구하여라.

(1) $2:3:4$

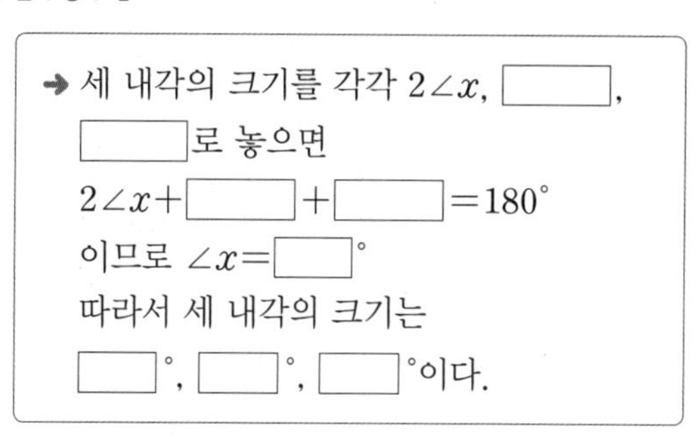
➜ 세 내각의 크기를 각각 $2\angle x$, $\square$, $\square$로 놓으면
$2\angle x + \square + \square = 180°$
이므로 $\angle x = \square°$
따라서 세 내각의 크기는
$\square°$, $\square°$, $\square°$이다.

(2) $1:2:3$ 답

(3) $3:5:7$ 답

6 풍쌤의 point

(1) 삼각형의 세 내각의 크기의 합은 (   )이다.

(2) 삼각형의 세 내각의 크기의 비가 $3:4:5$이면 세 내각의 크기를 각각 $3\angle x$, (   ), (   )로 놓을 수 있다.

오답노트 작성 ______쪽

05 삼각형의 외각과 내각의 크기의 관계

핵심개념 삼각형에서 한 외각의 크기는 그와 이웃하지 않는 두 내각의 크기의 합과 같다.

➜ 삼각형 ABC에서 $\angle ACD = \angle A + \angle B$

참고 오른쪽 그림에서 $\overline{AB} // \overrightarrow{CE}$이므로

$\angle ACE = \angle A$ (엇각), $\angle ECD = \angle B$ (동위각)

$\therefore \angle ACD = \angle ACE + \angle ECD = \angle A + \angle B$

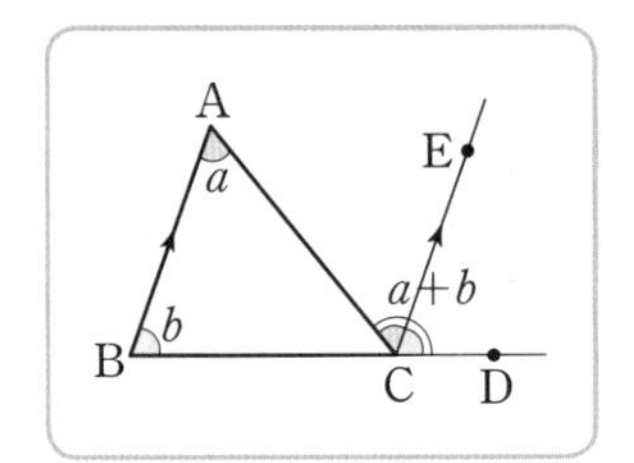

▶학습 날짜 월 일 ▶걸린 시간 분 / 목표 시간 20분

1 다음은 오른쪽 그림과 같은 삼각형 ABC에서 ∠A의 외각인 $\angle x$의 크기를 구하는 과정이다. 빈칸을 완성하여라.

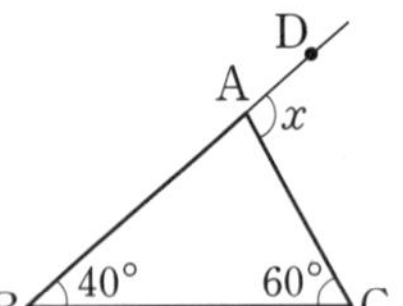

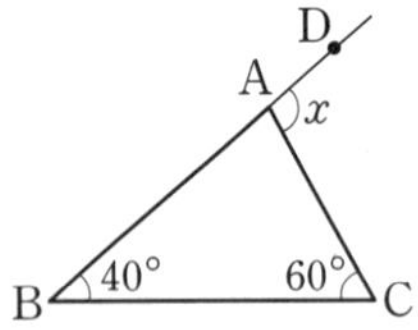

(1) ∠CAD와 이웃하지 않는 두 내각: ∠B, ____

(2) 삼각형에서 한 외각의 크기는 그와 이웃하지 않는 ________의 크기의 합과 같다.

➜ $\angle x = 40° + \square° = \square°$

2 다음 그림과 같은 삼각형에서 $\angle x$의 크기를 구하여라.

(1)

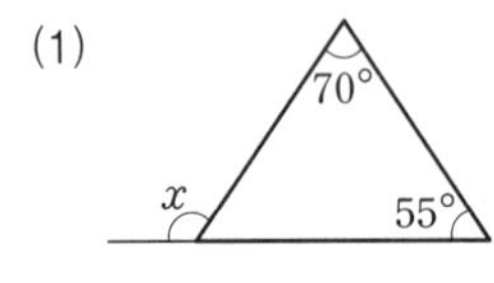

답 ____________

(2)

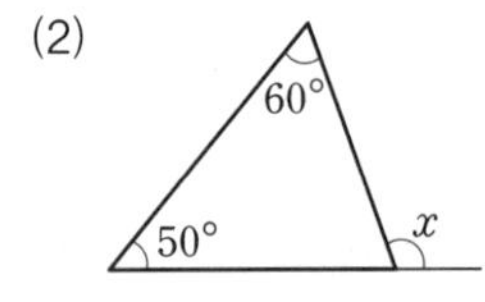

답 ____________

3 다음 그림과 같은 삼각형에서 $\angle x$의 크기를 구하여라.

(1)

135° 62° x

➜ $\angle x + 62° = \square°$

$\therefore \angle x = \square°$

(2)

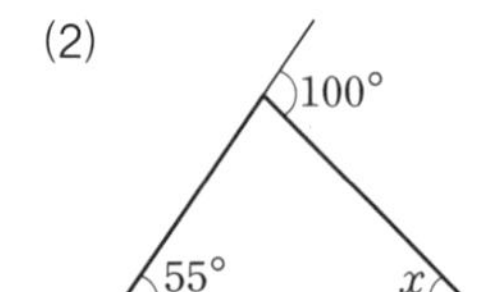

답 ____________

(3)

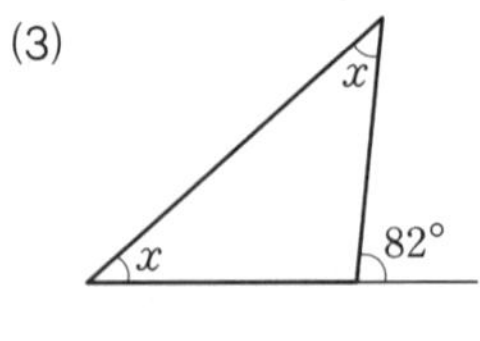

답 ____________

(4)

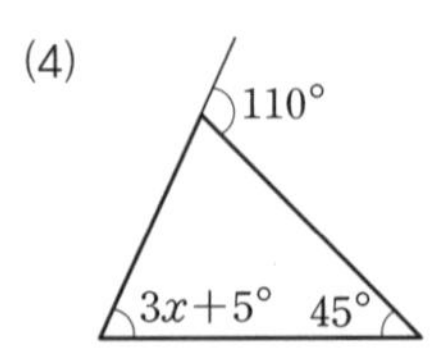

답 ____________

오답노트 작성 ______ 쪽

4 다음 그림에서 □ 안에 알맞은 수를 써넣고, $\angle x$의 크기를 구하여라.

(1)

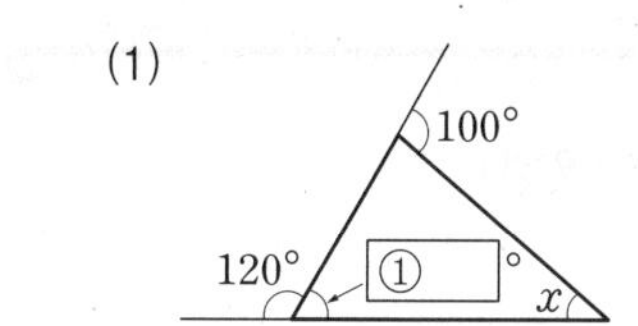

답 ________

(2)

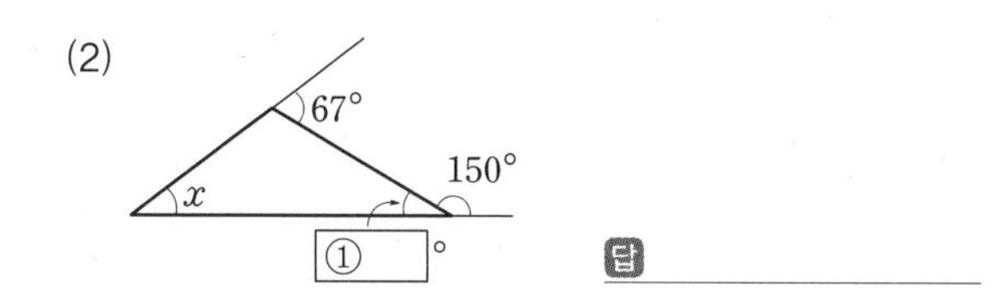

답 ________

(3)

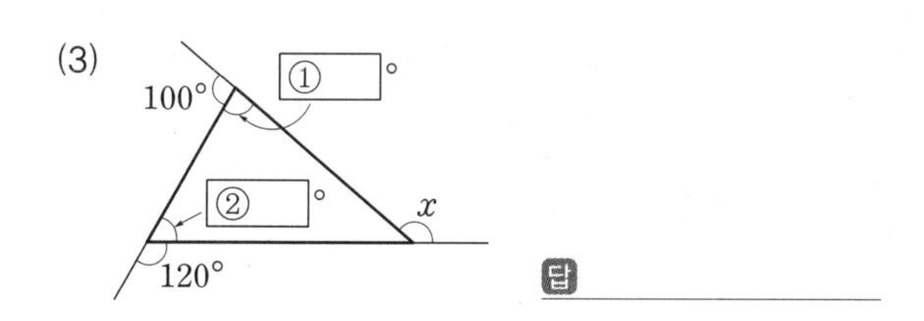

답 ________

(4)

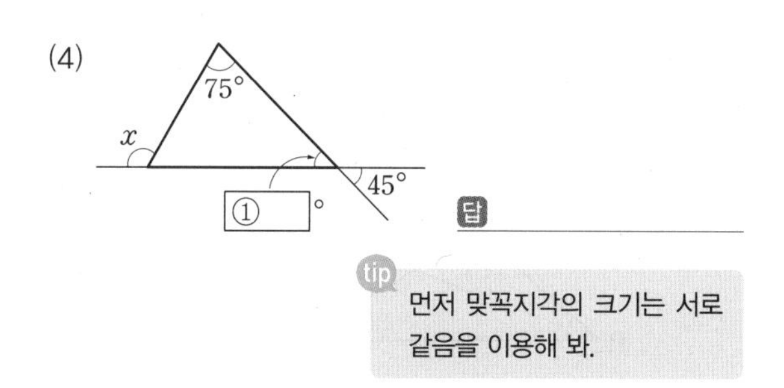

답 ________

tip 먼저 맞꼭지각의 크기는 서로 같음을 이용해 봐.

(5)

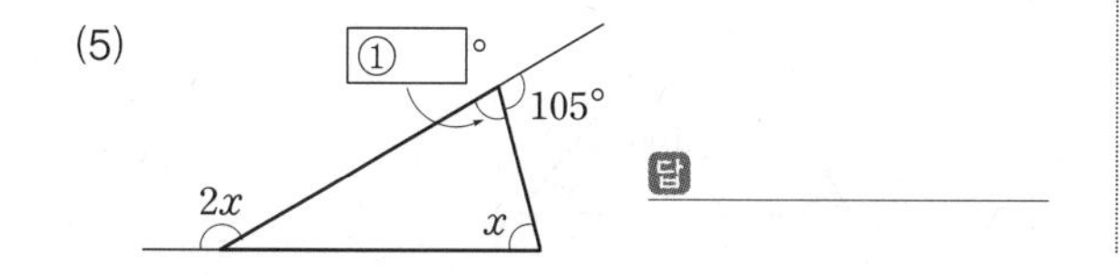

답 ________

5 다음 그림에서 $\angle x$, $\angle y$의 크기를 각각 구하여라.

(1)

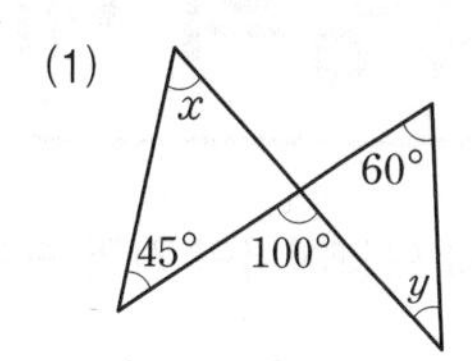

tip 삼각형 두 개를 하나씩 떼어서 생각하면 쉬워~

답 ________

(2)

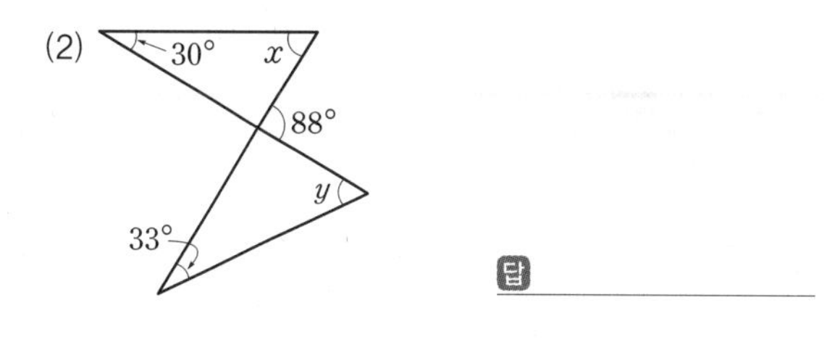

답 ________

(3)

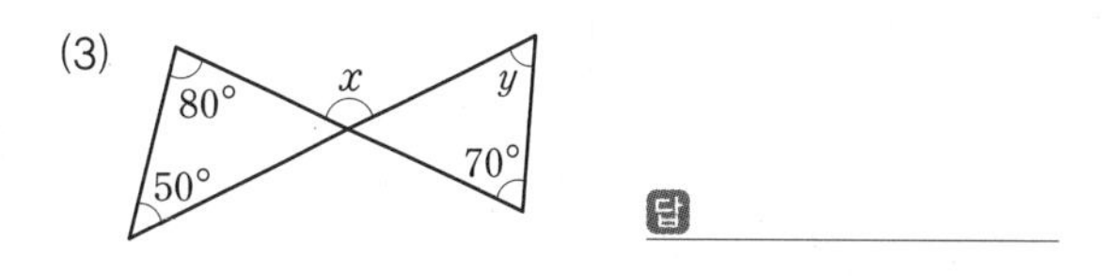

답 ________

(4)

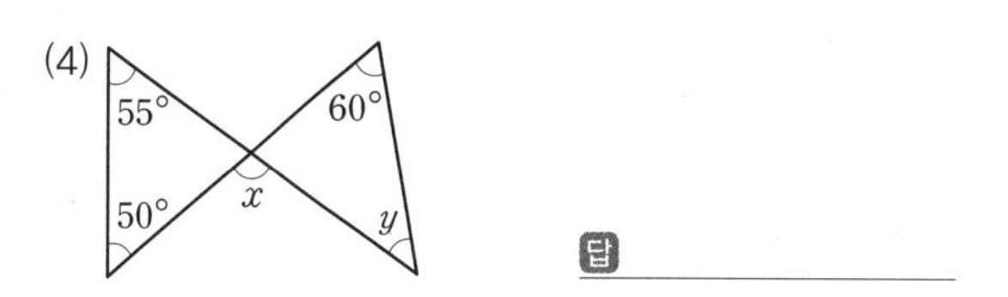

답 ________

6 풍쌤의 point

(1) 삼각형에서 한 외각의 크기는 그와 이웃하지 않는 (　　　)의 크기의 합과 같다.

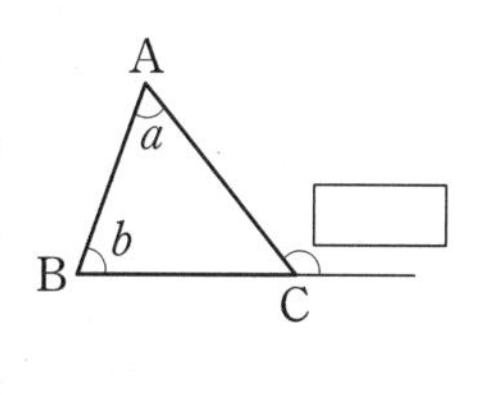

(2) 삼각형에서 한 외각의 크기는 그와 (　　　　　　　) 두 내각의 크기의 (　　)과 같다.

06 삼각형의 내각과 외각의 활용

핵심개념 여러 가지 모양에서의 각의 크기: 삼각형의 내각과 외각의 성질을 이용한다.

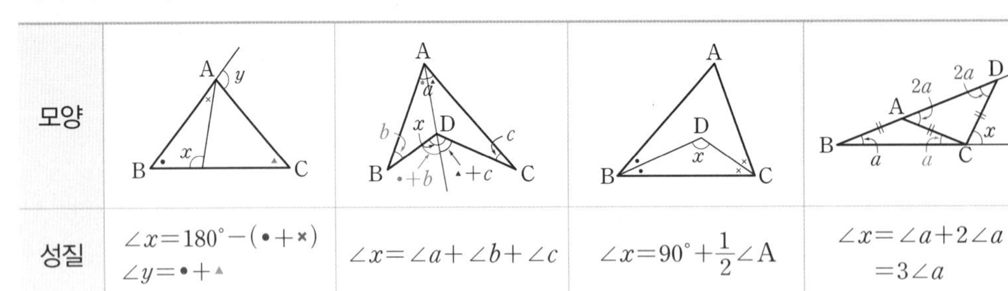

모양	(그림)	(그림)	(그림)	(그림)
성질	$\angle x=180^\circ-(\bullet+\times)$ $\angle y=\bullet+\blacktriangle$	$\angle x=\angle a+\angle b+\angle c$	$\angle x=90^\circ+\frac{1}{2}\angle A$	$\angle x=\angle a+2\angle a$ $=3\angle a$

▶학습 날짜 월 일 ▶걸린 시간 분 / 목표 시간 30분

1 다음 그림에서 $\angle x$, $\angle y$의 크기를 각각 구하여라.

(1)

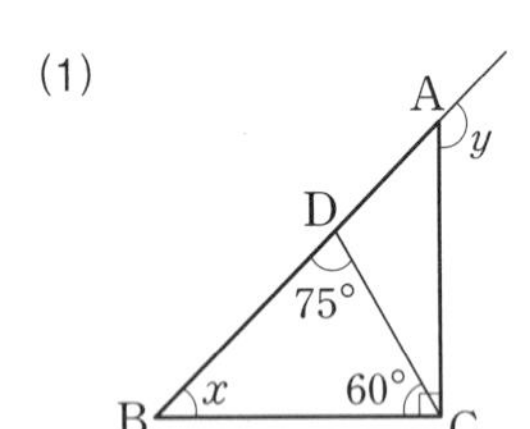

➔ 삼각형 DBC에서
$\angle x+75^\circ+\square^\circ=180^\circ$이므로
$\angle x=\square^\circ$
삼각형 ABC에서
$\angle y=\square^\circ+90^\circ=\square^\circ$

tip
삼각형에서 각의 크기를 구할 때 가장 많이 사용하는 성질은 다음의 두 가지야.
① 삼각형의 세 내각의 크기의 합은 180°이다!
② 삼각형에서 한 외각의 크기는 그와 이웃하지 않는 두 내각의 크기의 합과 같다!

(2)

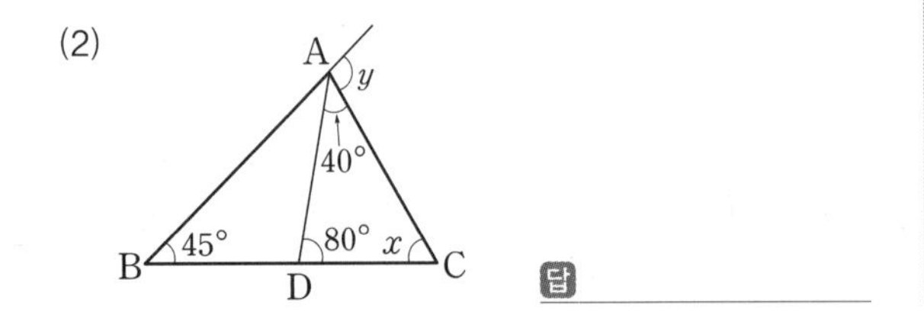

답 ______

2 다음 그림에서 $\angle x$, $\angle y$의 크기를 각각 구하여라.

(1)

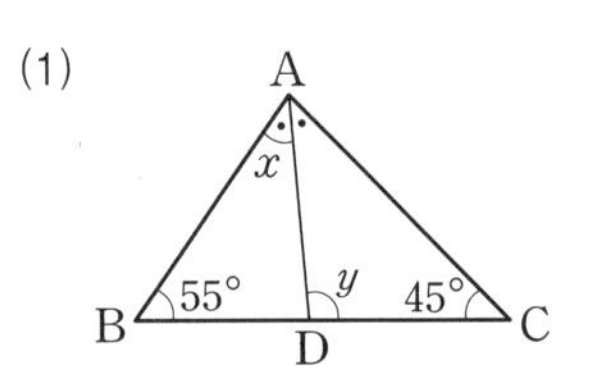

➔ 삼각형 ABC에서
$\angle A+55^\circ+45^\circ=\square^\circ$이므로
$\angle A=\square^\circ$
$\angle x=\frac{1}{\square}\angle A=\square^\circ$
삼각형 ABD에서
$\angle y=\square^\circ+55^\circ=\square^\circ$

(2)

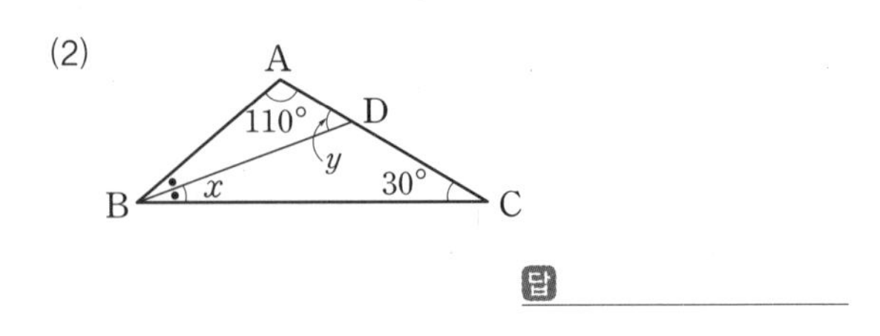

답 ______

(3)

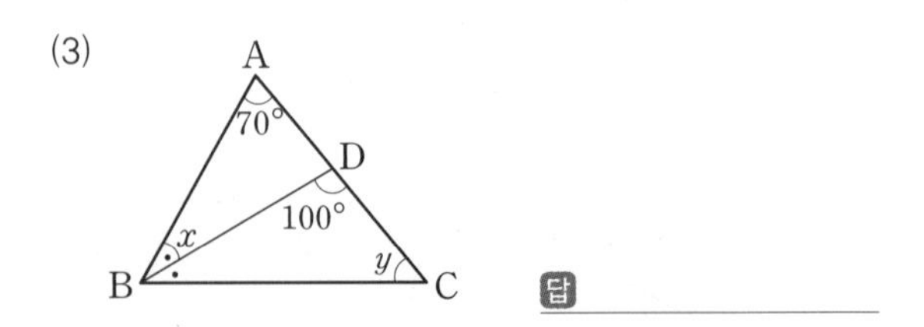

답 ______

오답노트 작성 ______쪽

3 다음 그림에서 $\angle x$의 크기를 구하여라.

(1)

보조선 긋기

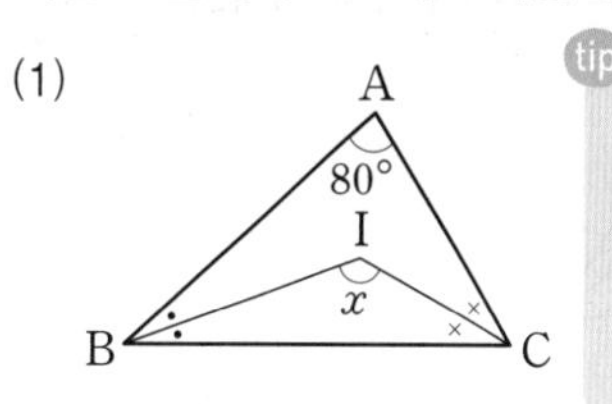

➜ 삼각형 ABD에서 $\angle BDE = \bullet + \square°$
삼각형 ACD에서 $\angle CDE = \blacktriangle + \square°$
이때 $\bullet + \blacktriangle = \square°$이므로
$\angle x = 70° + \square° + \square° = \square°$

tip 오른쪽 그림과 같이 보조선 AD를 그어 보면
$\angle x = (\bullet + \blacktriangle) + \angle b + \angle c$
$= \angle a + \angle b + \angle c$
임을 알 수 있어.

(2)

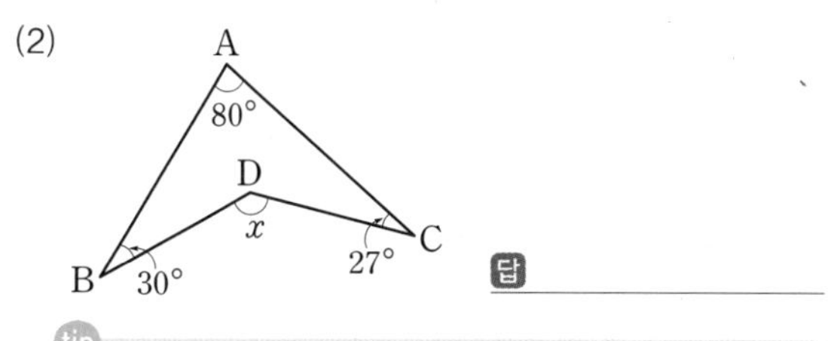

답 ______

tip 삼각형의 내각과 외각의 성질을 이용할 수 있게 보조선 AD를 그어 삼각형을 만들어 봐.

(3)

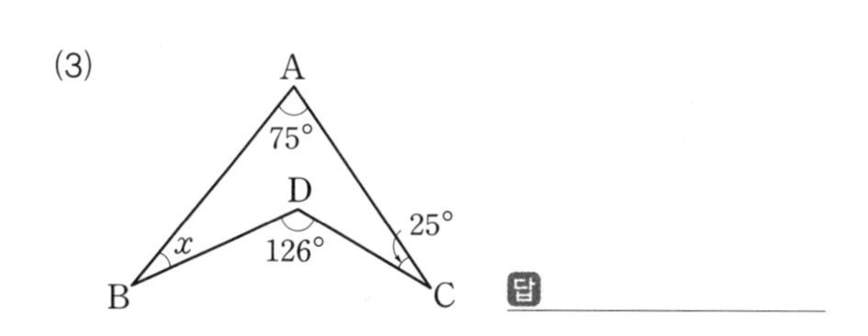

답 ______

(4)

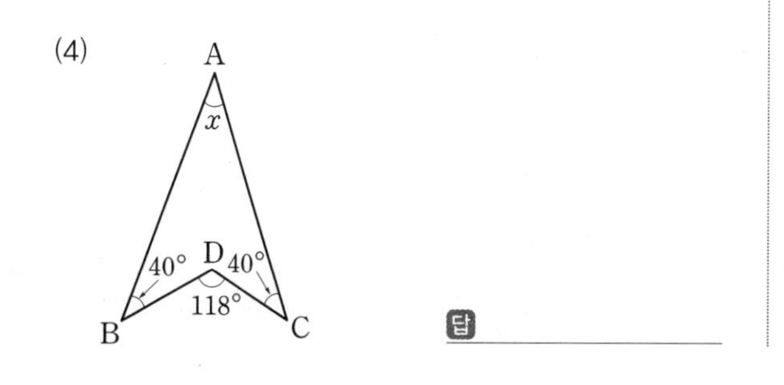

답 ______

4 다음 그림에서 $\angle x$의 크기를 구하여라.

(1)

tip 두 삼각형 ABC, IBC의 내각의 크기의 합이 각각 180°임을 식으로 나타내고, 이로부터 $\angle x$의 크기를 계산하면 돼.

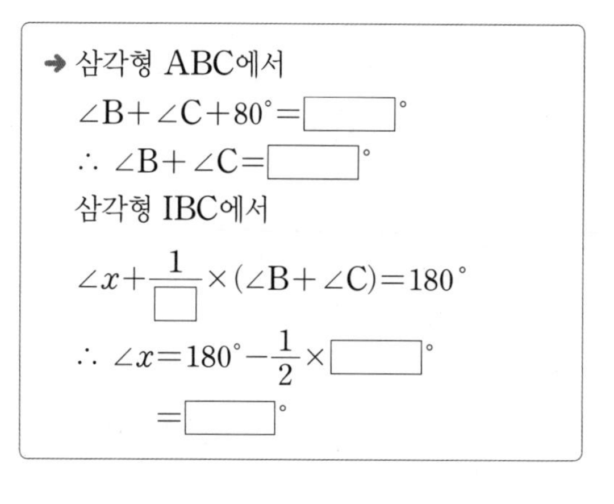

➜ 삼각형 ABC에서
$\angle B + \angle C + 80° = \square°$
$\therefore \angle B + \angle C = \square°$
삼각형 IBC에서
$\angle x + \frac{1}{\square} \times (\angle B + \angle C) = 180°$
$\therefore \angle x = 180° - \frac{1}{2} \times \square°$
$= \square°$

(2)

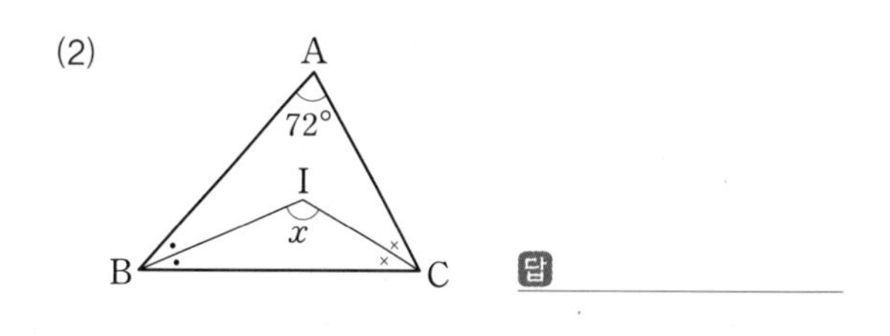

답 ______

(3)

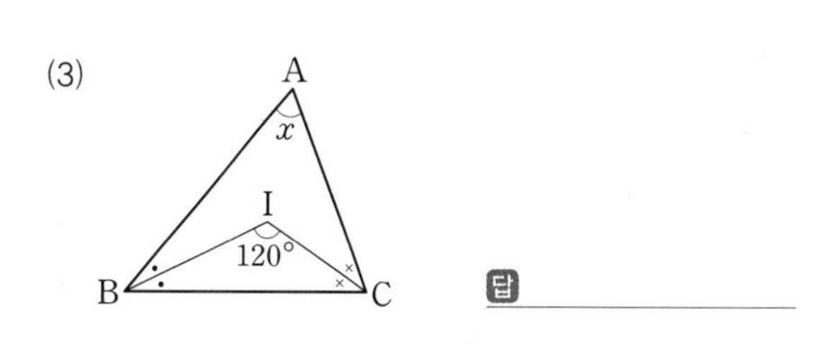

답 ______

(4)

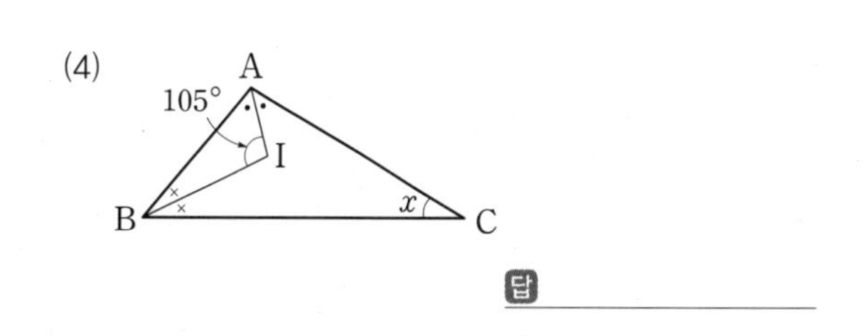

답 ______

오답노트 작성 ______쪽

5 다음 그림에서 $\angle x$의 크기를 구하여라.

(1)

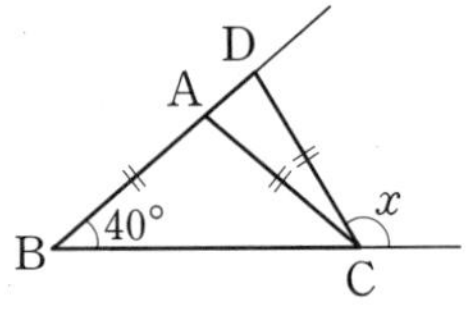

➔ ① $\angle ACB=\square^\circ$

② $\angle DAC=40^\circ+\square^\circ=\square^\circ$

③ $\angle ADC=\square^\circ$

④ $\angle x=40^\circ+\square^\circ=\square^\circ$

tip 다음 두 가지 성질을 이용하면 돼. 아주 중요하니까 꼭 알아두도록 해!
(1) 이등변삼각형의 성질: 두 내각의 크기가 같다.
(2) 삼각형의 내각과 외각의 크기의 관계: 삼각형에서 한 외각의 크기는 그와 이웃하지 않는 두 내각의 크기의 합과 같다.

(2)

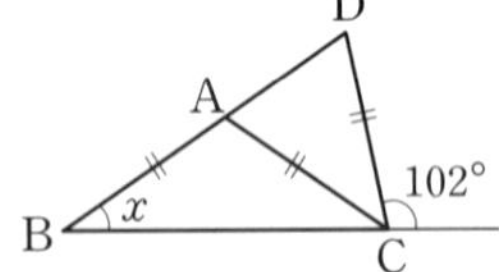

답 ________

(3)

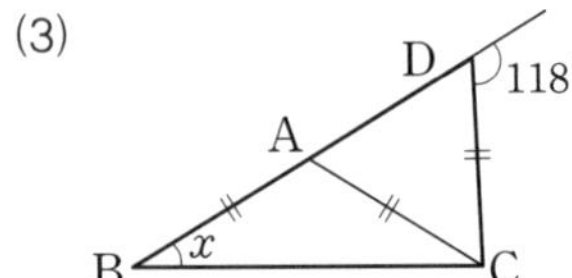

답 ________

(4)

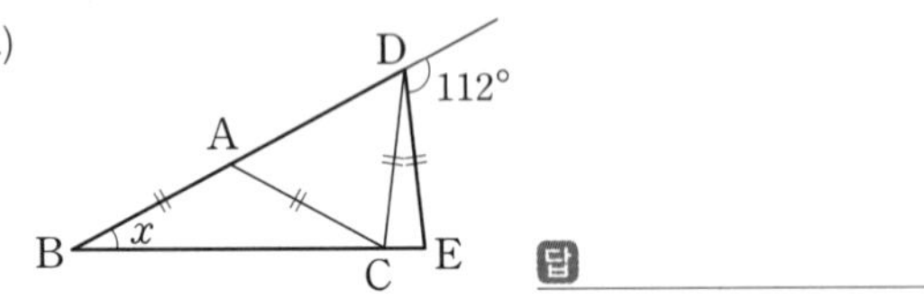

답 ________

(5)

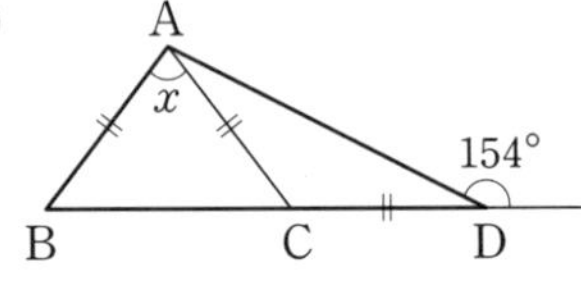

답 ________

6 다음 그림을 보고 □ 안에 알맞은 것을 써넣어라.

(1)

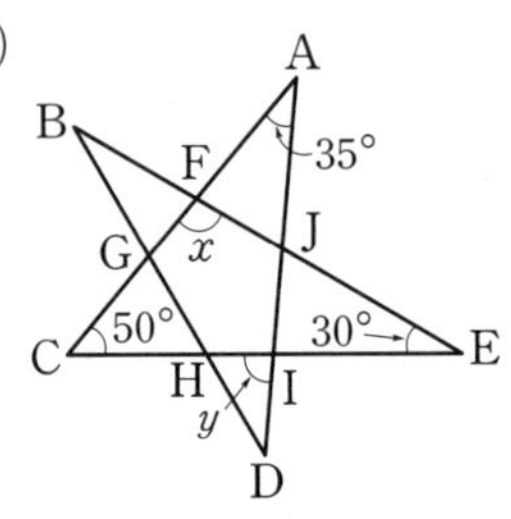

➔ 삼각형 FCE에서

$\angle x=\square^\circ-(50^\circ+30^\circ)=\square^\circ$

삼각형 ACI에서

$\angle y=\square^\circ+50^\circ=\square^\circ$

(2)

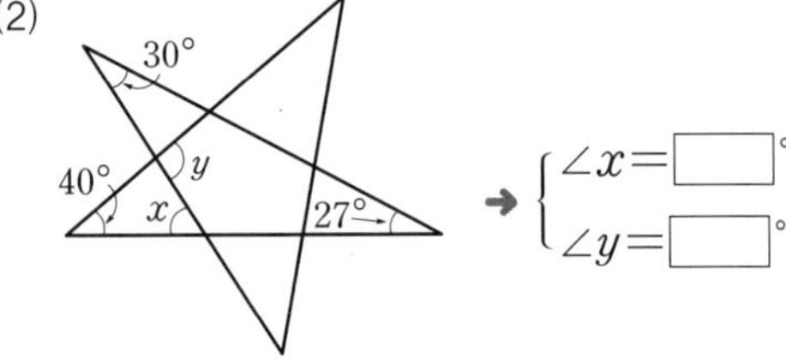

➔ $\begin{cases}\angle x=\square^\circ \\ \angle y=\square^\circ\end{cases}$

(3)

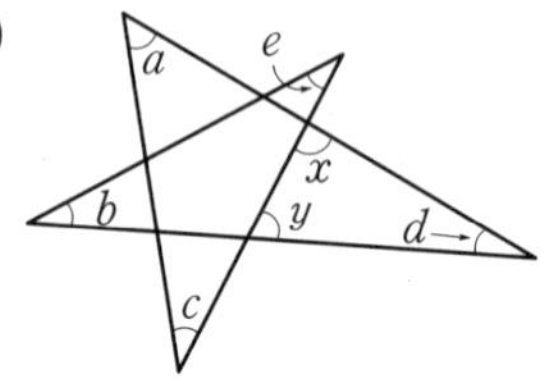

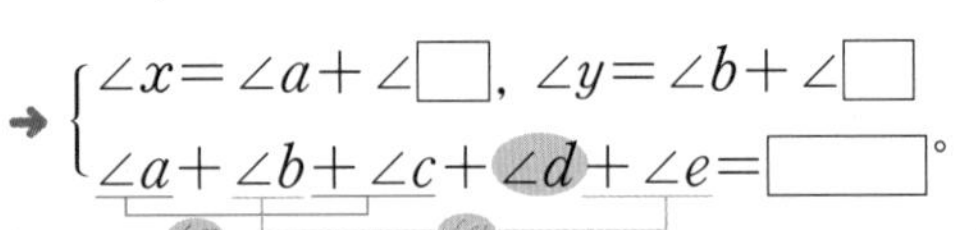

➔ $\begin{cases}\angle x=\angle a+\angle\square, \ \angle y=\angle b+\angle\square \\ \angle a+\angle b+\angle c+\angle d+\angle e=\square^\circ\end{cases}$ … ㉠

tip 별 모양의 그림에서 알아낼 수 있는 중요한 성질이 있어. 바로 ㉠의 식, 즉 별 모양 도형에서 모든 끝 각의 합은 180°라는 거야. 꼭 기억하도록 해~

(4)

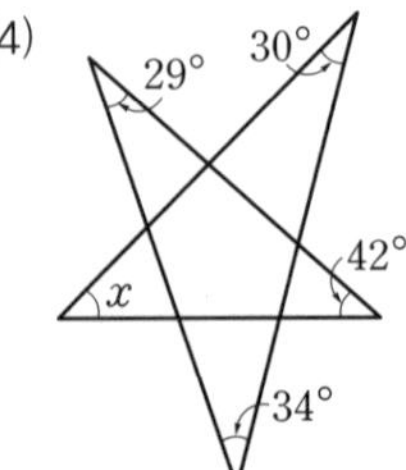

➔ $\angle x=\square^\circ$

tip ㉠의 성질을 이용하면 $\angle x$의 크기를 간편하게 구할 수 있어.

오답노트 작성 ______쪽

정답과 해설 17~18쪽

04-06 · 스스로 점검 문제

맞힌 개수 개 / 7개

▶학습 날짜 월 일 ▶걸린 시간 분 / 목표 시간 20분

1 ☐☐ 삼각형의 세 내각의 크기의 합 3

오른쪽 그림과 같은 삼각형 ABC에서 $\angle x$의 크기는?

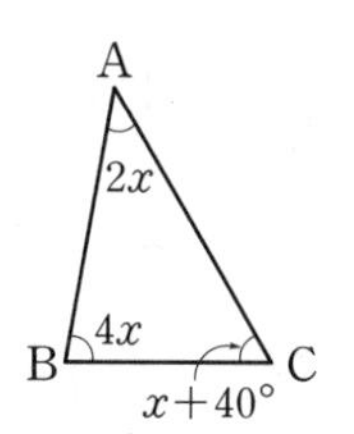

① 10° ② 15° ③ 20° ④ 25° ⑤ 30°

2 ☐☐ 삼각형의 세 내각의 크기의 합 5

삼각형의 세 내각의 크기의 비가 $4:3:5$일 때, 가장 작은 내각의 크기는?

① 25° ② 30° ③ 35° ④ 40° ⑤ 45°

3 ☐☐ 삼각형의 외각과 내각의 크기의 관계 3

오른쪽 그림과 같은 삼각형 ABC에서 $\angle x$의 크기를 구하여라.

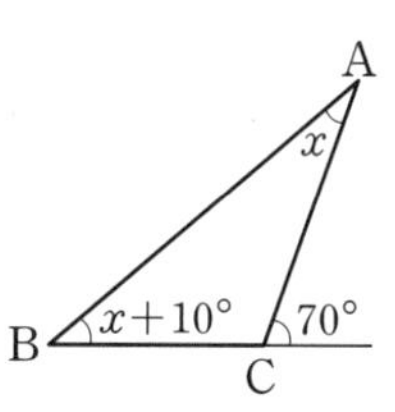

4 ☐☐ 삼각형의 외각과 내각의 크기의 관계 5

오른쪽 그림에서 $\angle x$의 크기는?

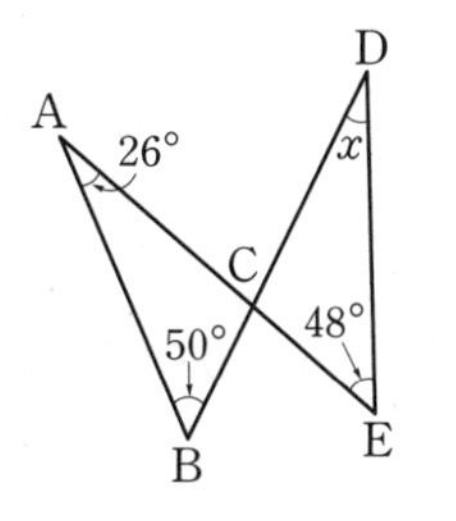

① 26° ② 28° ③ 30° ④ 32° ⑤ 34°

5 ☐☐ 삼각형의 내각과 외각의 활용 4

오른쪽 그림과 같은 삼각형 ABC에서 $\angle B$와 $\angle C$의 이등분선의 교점이 D이고 $\angle A=68°$일 때, $\angle x$의 크기는?

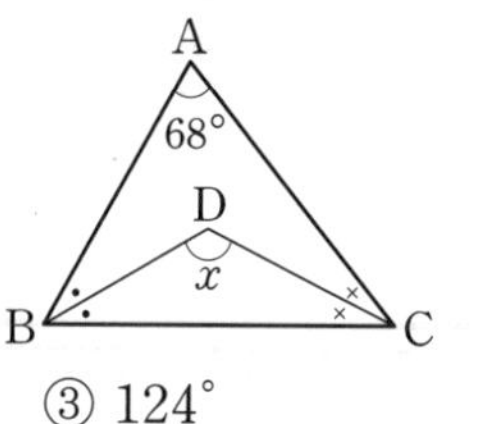

① 100° ② 112° ③ 124° ④ 130° ⑤ 132°

6 ☐☐ 삼각형의 내각과 외각의 활용 5

오른쪽 그림에서 $\angle x$의 크기는?

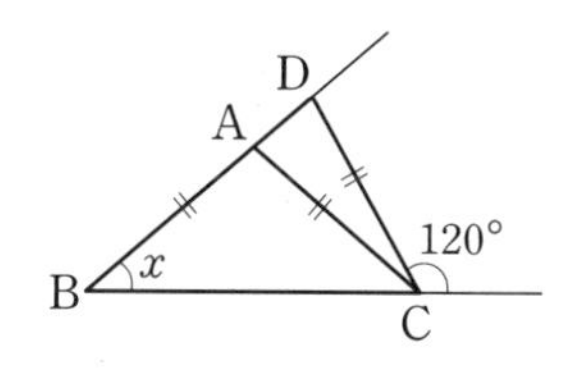

① 35° ② 40° ③ 45° ④ 50° ⑤ 55°

7 ☐☐ 삼각형의 내각과 외각의 활용 6

오른쪽 그림에서 $\angle a+\angle b$의 크기는?

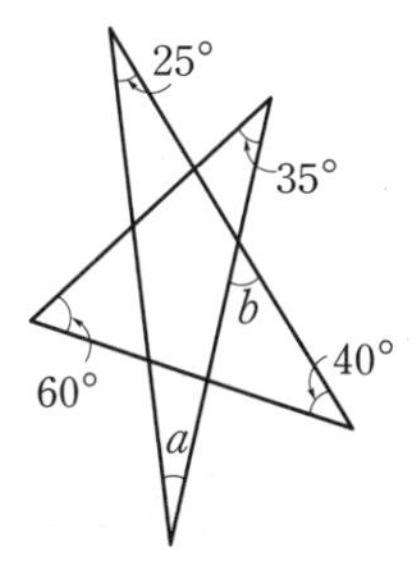

① 50° ② 55° ③ 60° ④ 65° ⑤ 70°

오답노트 작성 _____쪽

07 다각형의 내각의 크기의 합

핵심개념 
1. n각형의 한 꼭짓점에서 대각선을 모두 그을 때 생기는 삼각형의 개수: $(n-2)$개
2. n각형의 내각의 크기의 합: $180^\circ \times (n-2)$

▶학습 날짜 월 일 ▶걸린 시간 분 / 목표 시간 10분

정답과 해설 18쪽

1 다음 다각형의 한 꼭짓점에서 그을 수 있는 대각선을 모두 긋고, 빈칸을 완성하여라.

다각형	꼭짓점의 개수	만들어지는 삼각형의 개수	내각의 크기의 합
(1) 사각형 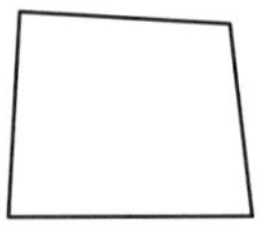	4개	$4-2$ $=\square$(개)	$180^\circ \times \square$ $=\square^\circ$
(2) 오각형 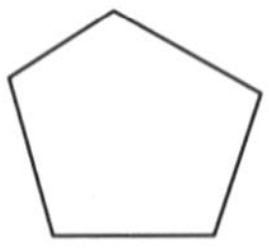	5개	$5-\square$ $=\square$(개)	$180^\circ \times \square$ $=\square^\circ$
(3) 육각형 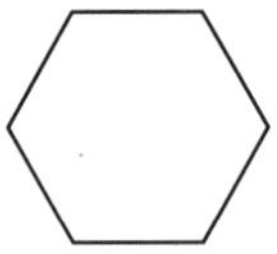		$\square-2$ $=\square$(개)	

➜ (n각형의 내각의 크기의 합)
$=180^\circ \times$ (만들어지는 ______ 의 개수)
$=\square^\circ \times (\square)$

2 다음 다각형의 내각의 크기의 합을 구하여라.

(1) 칠각형 ➜ $180^\circ \times (7-\square)=\square^\circ$

(2) 십각형 답 ______

(3) 십이각형 답 ______

3 다음 그림에서 $\angle x$의 크기를 구하여라.

tip 먼저 다각형의 내각의 크기의 합을 알아야 돼.

(1)
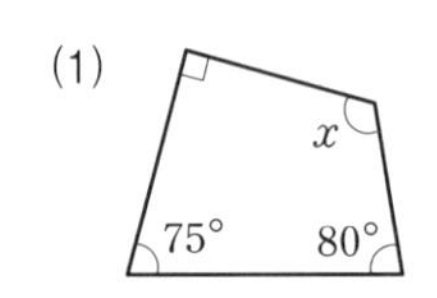

답 ______

(2)
x, 112°, 110°, 110°, 108°

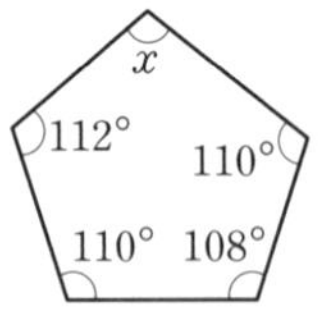

답 ______

(3)
115°, $2x$, 100°, 110°, 130°, 135°

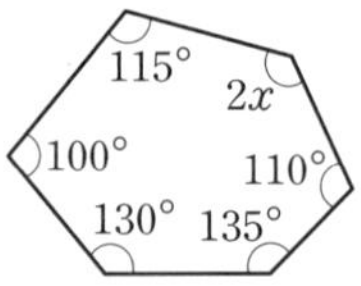

답 ______

4 풍쌤의 point

(1) n각형의 한 꼭짓점에서 대각선을 모두 그을 때 생기는 삼각형의 개수는 $(\square)$개이다.

(2) n각형의 내각의 크기의 합은 $\square^\circ \times (\square)$이다.

오답노트 작성 ______쪽

08 다각형의 외각의 크기의 합

핵심개념 다각형의 외각의 크기의 합은 항상 360°이다.

참고

다각형	삼각형	사각형	오각형	⋯	n각형
(1) {(내각)+(외각)}의 크기의 합	$180^\circ \times 3$	$180^\circ \times 4$	$180^\circ \times 5$	⋯	$180^\circ \times n$
(2) 내각의 크기의 합	$180^\circ \times 1$	$180^\circ \times 2$	$180^\circ \times 3$	⋯	$180^\circ \times (n-2)$
(3) {(1)−(2)}의 크기	$180^\circ \times 2$	$180^\circ \times 2$	$180^\circ \times 2$	⋯	$180^\circ \times 2$

▶학습 날짜 월 일 ▶걸린 시간 분 / 목표 시간 10분

▮정답과 해설 18쪽

1 다음 그림에서 $\angle x$의 크기를 구하여라.

(1)

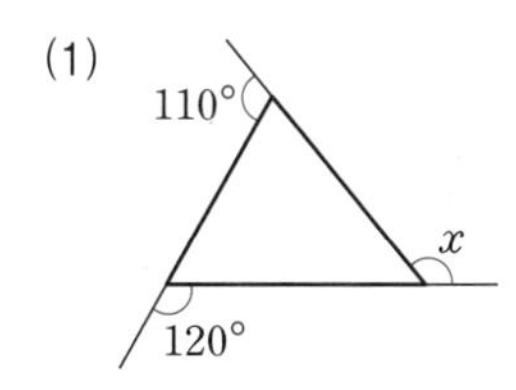

➜ 다각형의 외각의 크기의 합은 항상 ☐°이므로
$110^\circ + 120^\circ + \angle x =$ ☐°
$\therefore \angle x =$ ☐°

(2)

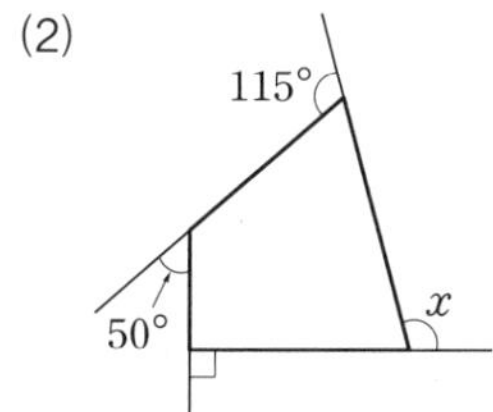

답 ________

(3)

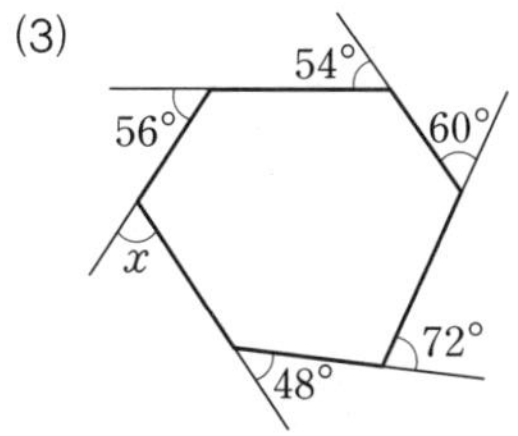

답 ________

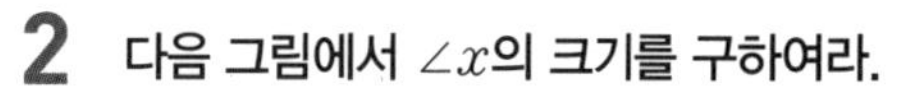

2 다음 그림에서 $\angle x$의 크기를 구하여라.

(1)

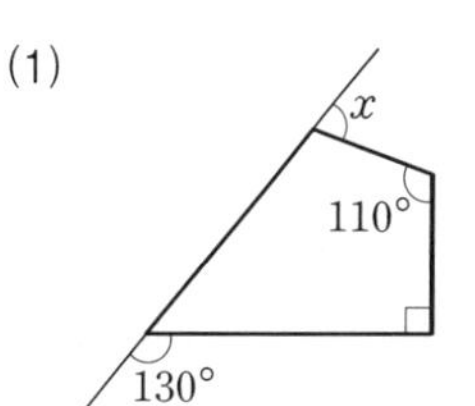

답 ________

tip (한 외각의 크기)$=180^\circ-$(그와 이웃하는 내각의 크기)임을 이용해 봐.

(2)

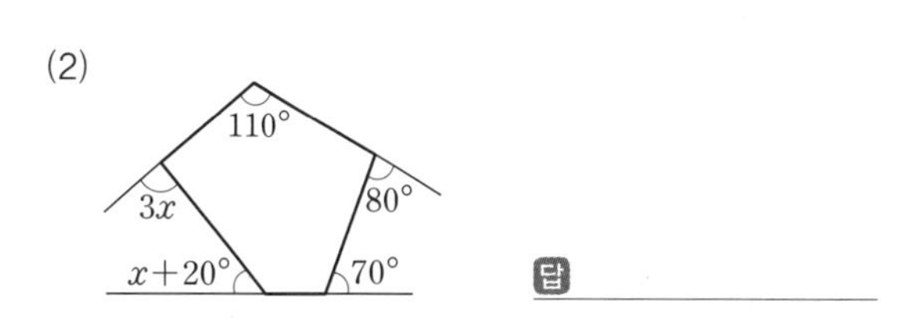

답 ________

(3)

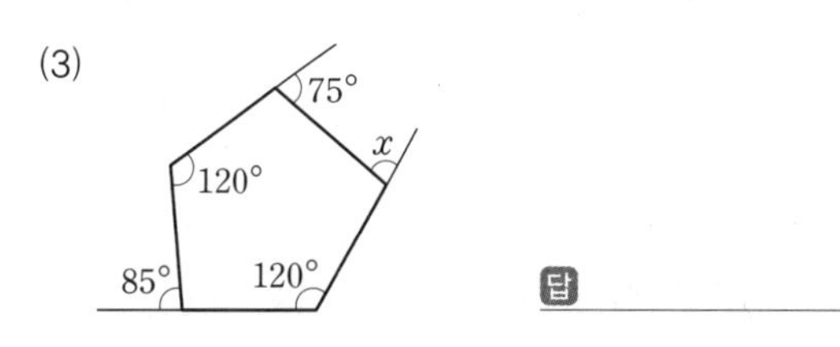

답 ________

오답노트 작성 ______쪽

09 정다각형의 내각과 외각

핵심개념 정n각형의

(1) 한 내각의 크기: $\dfrac{180^\circ\times(n-2)}{n}$ (2) 한 외각의 크기: $\dfrac{360^\circ}{n}$

▶학습 날짜 월 일 ▶걸린 시간 분 / 목표 시간 20분

1 다음은 정n각형의 내각과 외각의 크기에 대한 설명이다. 문장을 완성하고, □ 안에 알맞은 것을 써넣어라.

(1) 정n각형은 내각이 모두 □개이고, 크기가 모두 (같다, 다르다).

➜ 정n각형의 한 내각의 크기는 $\dfrac{\square^\circ\times(n-\square)}{\square}$이다.

(2) 정n각형은 외각의 크기가 모두 (같다, 다르다).

➜ 정n각형의 한 외각의 크기는 $\dfrac{\square^\circ}{\square}$이다.

2 다음 정다각형의 한 내각의 크기를 구하여라.

(1) 정오각형 ➜ $\dfrac{\square^\circ\times(\square-2)}{5}=\square^\circ$

(2) 정육각형 답 ______

(3) 정팔각형 답 ______

(4) 정십이각형 답 ______

3 다음 정다각형의 한 외각의 크기를 구하여라.

(1) 정삼각형 ➜ $\dfrac{\square^\circ}{3}=\square^\circ$

(2) 정오각형 답 ______

(3) 정십각형 답 ______

(4) 정십팔각형 답 ______

4 한 외각의 크기가 다음과 같은 정다각형을 구하여라.

(1) 90° 답 ______

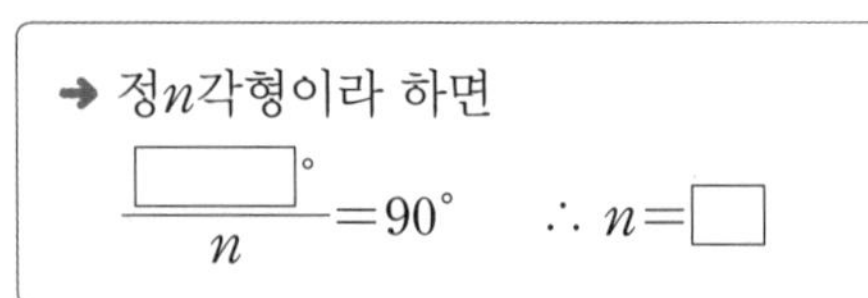
➜ 정n각형이라 하면

$\dfrac{\square^\circ}{n}=90^\circ$ $\therefore n=\square$

(2) 60° 답 ______

(3) 30° 답 ______

오답노트 작성 ______쪽

5 다음은 정구각형의 한 내각의 크기를 구하는 과정이다. □ 안에 알맞은 수를 써넣어라.

> 정구각형의 한 외각의 크기는
> $\dfrac{\square^\circ}{9}=\square^\circ$이고
> (한 내각의 크기)+(한 외각의 크기)$=\square^\circ$
> 이므로 정구각형의 한 내각의 크기는
> $180^\circ-$(한 외각의 크기)$=180^\circ-\square^\circ$
> $=\square^\circ$

tip 정다각형의 한 내각의 크기를 구할 때 ➜ 내각 공식을 이용하는 것보다 외각의 크기를 이용하면 더 편리해. 외각의 크기의 합은 항상 360°로 일정하기 때문이야.

6 다음 정다각형의 한 외각의 크기와 한 내각의 크기를 각각 구하여라.

(1) 정육각형 ➜ 한 외각의 크기: ______ / 한 내각의 크기: ______

(2) 정십각형 ➜ 한 외각의 크기: ______ / 한 내각의 크기: ______

7 한 내각의 크기가 다음과 같은 정다각형을 구하여라.

(1) 120° 답 ______

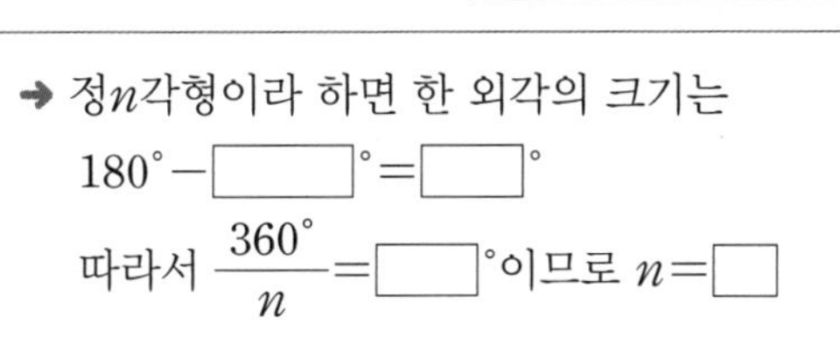

> ➜ 정n각형이라 하면 한 외각의 크기는
> $180^\circ-\square^\circ=\square^\circ$
> 따라서 $\dfrac{360^\circ}{n}=\square^\circ$이므로 $n=\square$

(2) 108° 답 ______

(3) 135° 답 ______

8 다음은 한 내각의 크기와 한 외각의 크기의 비가 $1:2$인 정다각형을 구하는 과정이다. 빈칸을 완성하여라.

> 정n각형이라 하면
> (한 외각의 크기)$=180^\circ\times\dfrac{\square}{1+2}=\square^\circ$
> 따라서 $\dfrac{360^\circ}{n}=\square^\circ$이므로 $n=\square$
> 즉, 구하는 정다각형은 ______ 이다.

tip 정다각형에서 한 내각의 크기와 한 외각의 크기의 비가 $a:b$이면 다음이 성립해.
➜ (한 내각의 크기)$=180^\circ\times\dfrac{a}{a+b}$,
(한 외각의 크기)$=180^\circ\times\dfrac{b}{a+b}$

9 한 내각의 크기와 한 외각의 크기의 비가 다음과 같은 정다각형을 구하여라.

(1) $3:2$ 답 ______

➜ (한 외각의 크기)$=180^\circ\times\dfrac{\square}{5}=\square^\circ$

(2) $2:1$ 답 ______

(3) $3:1$ 답 ______

10 풍쌤의 point

(1) 정n각형의 한 내각의 크기는

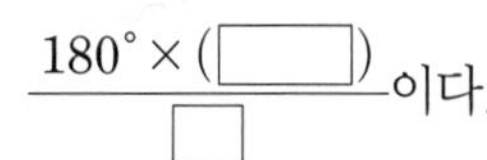

$\dfrac{180^\circ\times(\square)}{\square}$이다.

(2) 정n각형의 한 외각의 크기는 $\dfrac{\square^\circ}{\square}$이다.

▮ 정답과 해설 19~20쪽

07-09 ✦ 스스로 점검 문제

맞힌 개수 개 / 7개

▶학습 날짜 월 일 ▶걸린 시간 분 / 목표 시간 20분

1 □□ 다각형의 내각의 크기의 합 1

한 꼭짓점에서 그을 수 있는 대각선이 5개인 다각형의 내각의 크기의 합은?

① 720° ② 900° ③ 1080°
④ 1260° ⑤ 1440°

2 □□ 다각형의 내각의 크기의 합 2

내각의 크기의 합이 720°인 다각형은?

① 오각형 ② 육각형 ③ 칠각형
④ 팔각형 ⑤ 구각형

3 □□ 다각형의 내각의 크기의 합 3

오른쪽 그림에서 $\angle x$의 크기는?

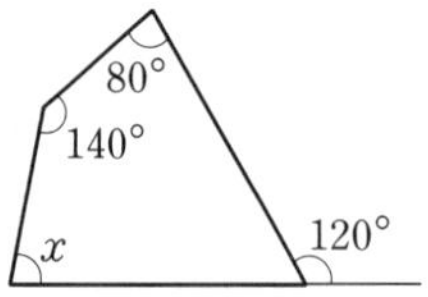

① 60° ② 65°
③ 70° ④ 75°
⑤ 80°

(그림: 80°, 140°, x, 120°)

4 □□ 다각형의 외각의 크기의 합 2

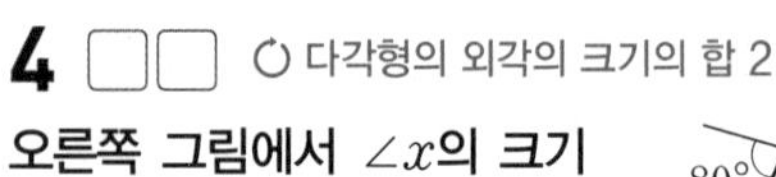

오른쪽 그림에서 $\angle x$의 크기는?

① 70° ② 75°
③ 80° ④ 85°
⑤ 90°

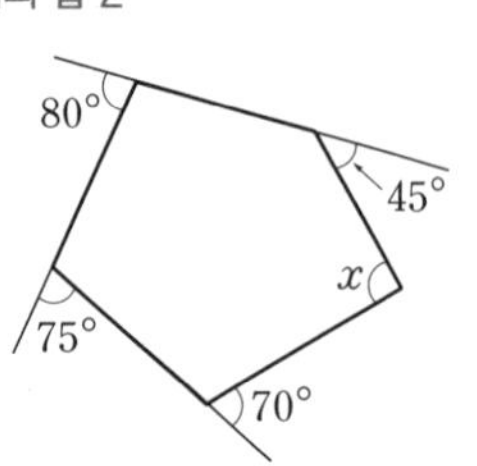

5 □□ 정다각형의 내각과 외각 4

한 외각의 크기가 45°인 정다각형의 변의 개수를 구하여라.

6 □□ 다각형의 내각의 크기의 합 2 / 정다각형의 내각과 외각 3

다음 조건을 모두 만족시키는 다각형의 한 외각의 크기를 구하여라.

> (가) 내각의 크기의 합이 3240°이다.
> (나) 모든 변의 길이가 같고 모든 내각의 크기가 같다.

① 15° ② 18° ③ 20°
④ 22.5° ⑤ 30°

7 □□ 정다각형의 내각과 외각 9

한 내각의 크기와 한 외각의 크기의 비가 7 : 2인 정다각형은?

① 정칠각형 ② 정팔각형 ③ 정구각형
④ 정십각형 ⑤ 정십일각형

오답노트 작성 ____쪽

10 원과 부채꼴

핵심개념

1. **원:** 평면 위의 한 점 O로부터 일정한 거리에 있는 점들로 이루어진 도형으로 원의 중심은 점 O이다.
   (1) 호 AB: 원 위의 두 점 A, B를 양 끝으로 하는 원의 일부분
   기호 $\overset{\frown}{AB}$
   (2) 현 CD: 원 위의 두 점 C, D를 이은 선분 기호 $\overline{CD}$
2. **부채꼴:** 원 O에서 두 반지름 OA, OB와 호 AB로 이루어진 도형
   (1) 중심각: 부채꼴에서 두 반지름이 이루는 각
   (2) 활꼴: 원 O에서 호 CD와 현 CD로 이루어진 도형

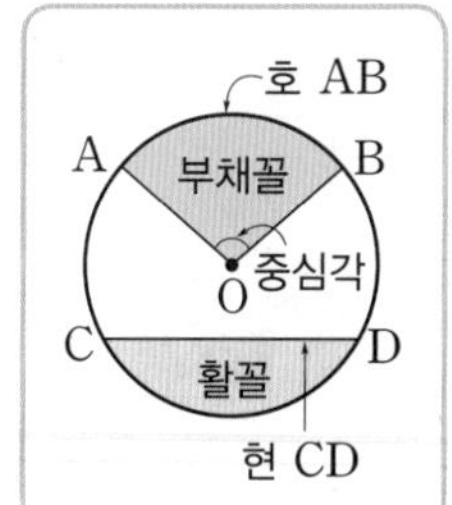

▶학습 날짜 월 일 ▶걸린 시간 분 / 목표 시간 10분

정답과 해설 20쪽

1 오른쪽 그림의 원 O에 대하여 빈칸에 알맞은 기호를 써넣어라.

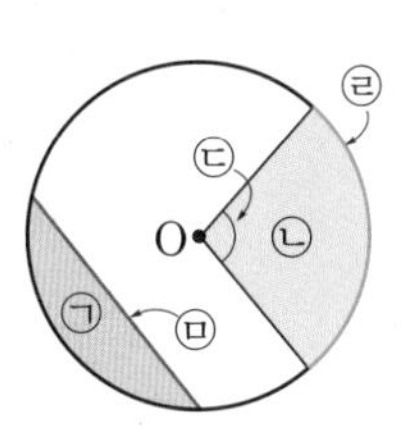

(1) 호는 ____이고, 현은 ____이다.

(2) 중심각은 ____이다.

(3) 부채꼴은 ____이고, 활꼴은 ____이다.

2 아래 그림의 원 O 위에 다음을 나타내어라.

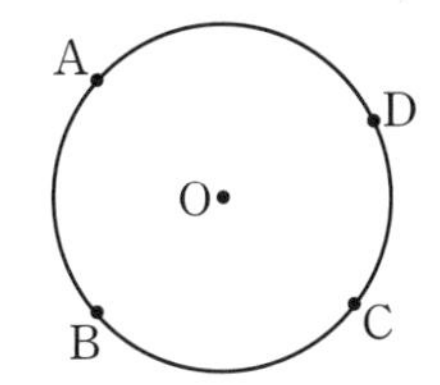

(1) $\overset{\frown}{AB}$

(2) $\overline{AB}$

(3) 부채꼴 COD

(4) $\overline{BC}$와 $\overset{\frown}{BC}$로 이루어진 활꼴

3 다음 설명 중 옳은 것에는 ○표, 옳지 않은 것에는 × 표를 하여라.

(1) 원 위의 두 점을 이은 선분을 호라고 한다. ( )

(2) 길이가 가장 긴 현은 원의 지름이다. ( )

(3) 한 원에서 부채꼴과 활꼴이 같을 때, 중심각의 크기는 180°이다. ( )

4 풍쌤의 point

(1)

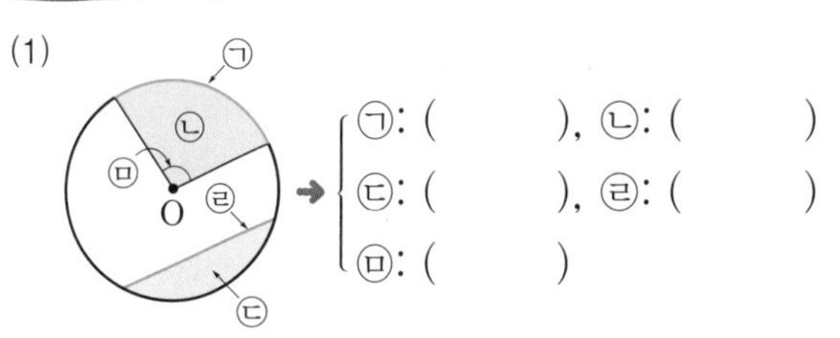

(2) 원의 중심을 지나는 현은 그 원의 ( ) 이다.

(3) 한 원에서 부채꼴과 활꼴이 같을 때, 중심각의 크기는 ( )이다.

오답노트 작성 ____쪽

11 중심각의 크기와 호의 길이

핵심개념 한 원 또는 합동인 두 원에서

1. 같은 크기의 중심각에 대한 호의 길이는 같다.
2. 같은 길이의 호에 대한 중심각의 크기는 같다.
3. 호의 길이는 중심각의 크기에 정비례한다.

참고 오른쪽 그림에서 $\overset{\frown}{AB}=\overset{\frown}{CD}$, $\overset{\frown}{CE}=2\overset{\frown}{AB}$, $\overset{\frown}{CF}=3\overset{\frown}{AB}$

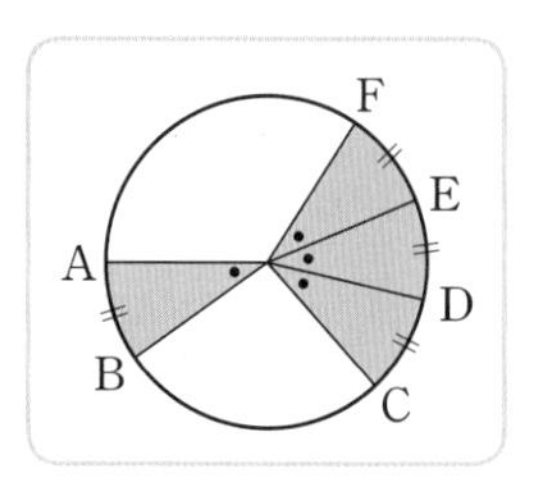

▶학습 날짜 월 일 ▶걸린 시간 분 / 목표 시간 20분

1 다음 그림에서 빈칸을 완성하여라.

(1)

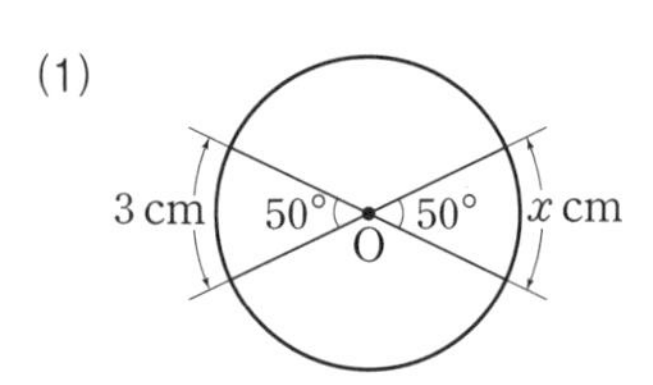

➔ 중심각의 크기가 같으면 호의 길이는 ______.

➔ $x=$ □

(2)

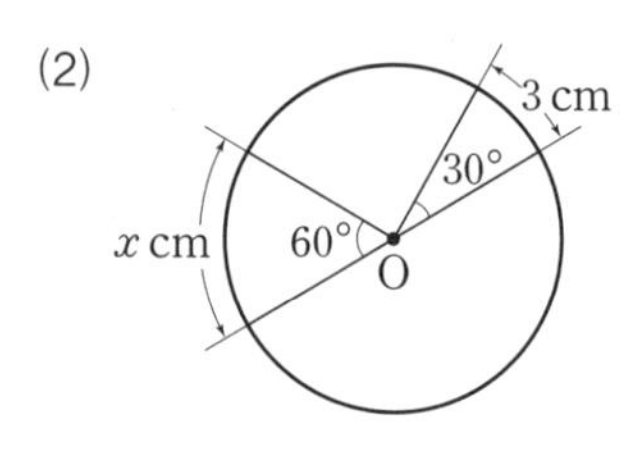

➔ 중심각의 크기의 비가 $60:$ □, 즉 $2:$ □이므로 호의 길이의 비는 $2:$ □이다.

➔ $x:3=$ □ $:1$ $\therefore x=$ □

(3)

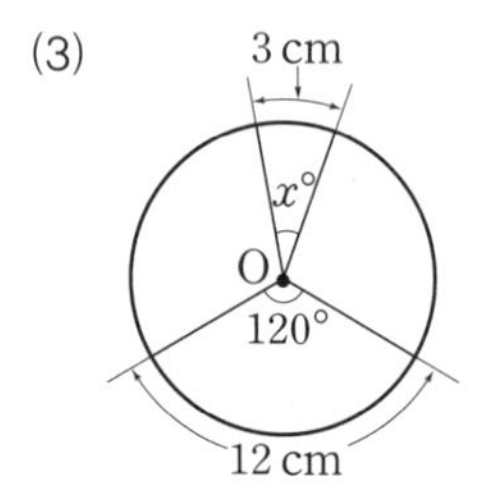

➔ 호의 길이의 비가 $3:$ □, 즉 $1:$ □이므로 중심각의 크기의 비는 $1:$ □이다.

➔ $x:120=1:$ □ $\therefore x=$ □

2 다음 그림에서 x의 값을 구하여라.

(1)

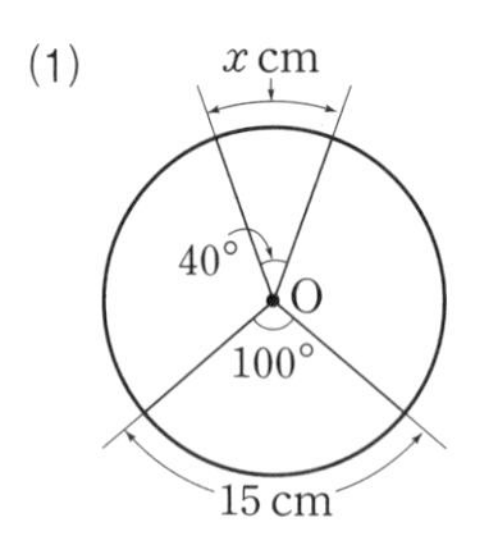

답 ______

(2)

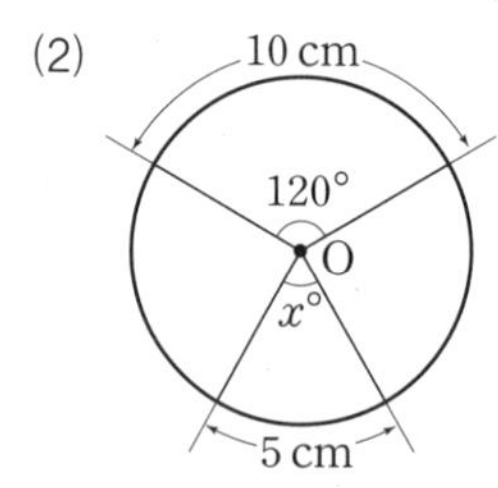

답 ______

(3)

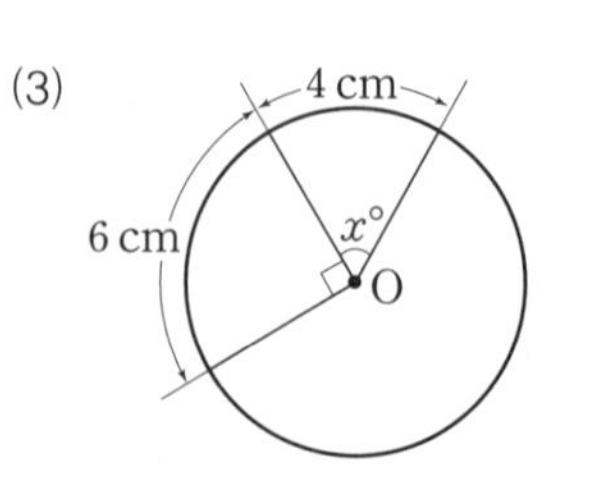

답 ______

오답노트 작성 ______쪽

3 다음 그림에서 x, y의 값을 각각 구하여라.

(1)

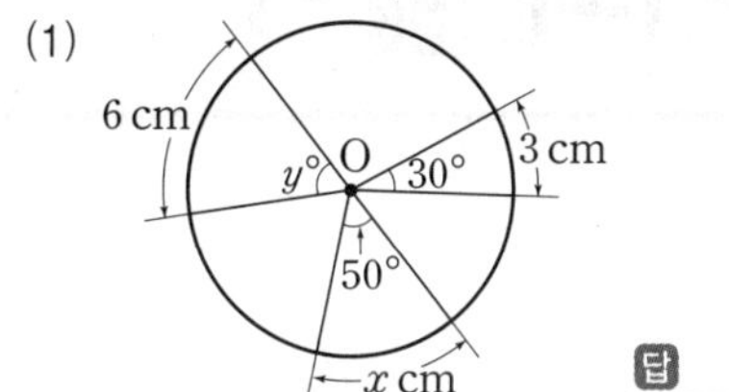

답 ____________

(2)

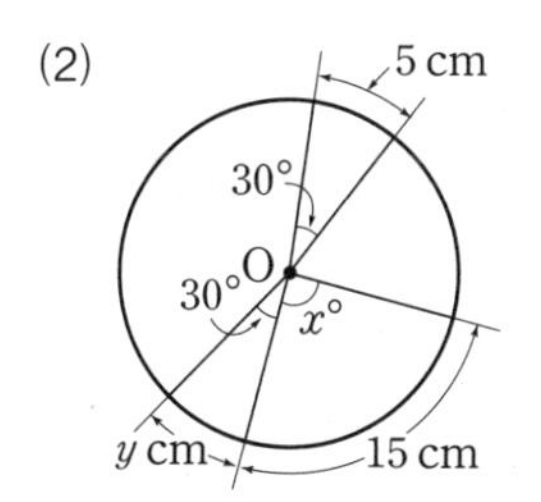

답 ____________

4 주어진 그림에서 호의 길이의 비가 다음과 같을 때, $\angle x$의 크기를 구하여라.

(1) $\overparen{AB}:\overparen{BC}=3:1$

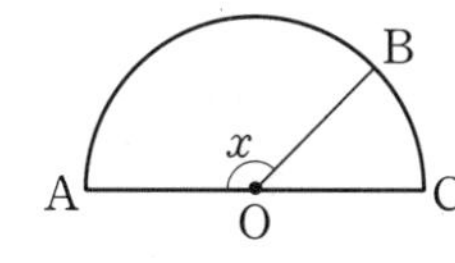

 ____________

➜ 중심각의 크기는 호의 길이에 ________ 하므로 $\angle AOB:\angle BOC=\square:\square$
이때 $\angle AOB+\angle BOC=\square°$이므로
$\angle x=\square° \times \dfrac{\square}{3+1}=\square°$

(2) $\overparen{AB}:\overparen{BC}=2:7$

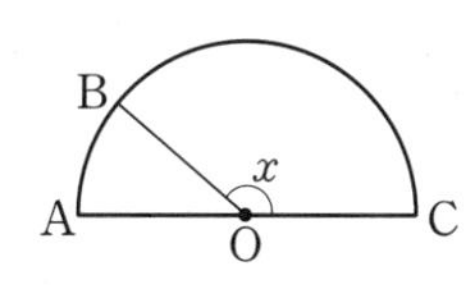

 ____________

(3) $\overparen{AB}:\overparen{BC}:\overparen{CA}=3:4:5$

tip 반원이 아니라 원으로 주어진 경우 360°를 기준으로 생각하면 돼.

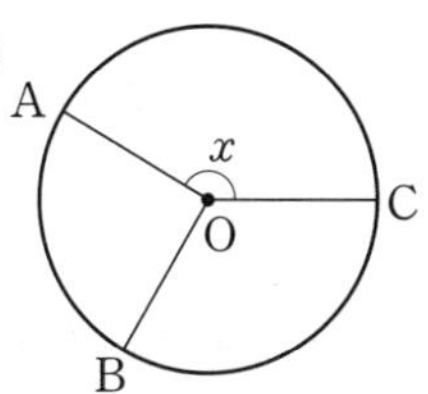

답 ____________

5 다음 그림에서 x의 값을 주어진 순서에 따라 구하여라.

(1)

tip 그림에서 알 수 있는 중요한 두 가지 사실!
① $\overline{AB}//\overline{CD}$ ➜ $\angle OCD=\angle AOC$
평행선에서 엇각의 크기는 같으니까!
② △OCD는 이등변삼각형 ➜ $\angle OCD=\angle ODC$
이등변삼각형의 두 내각의 크기는 같으니까!

❶ $\angle OCD=\square°$ ❷ $\angle ODC=\square°$

❸ $\angle COD=\square°$ ❹ $x=\square$

(2)

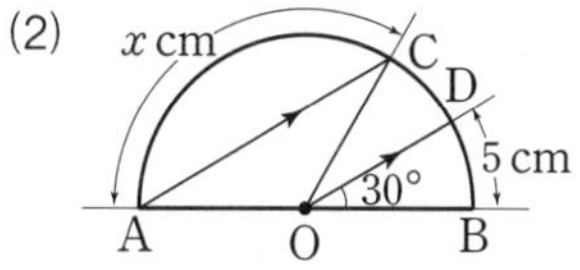

tip $\overline{AC}$ // $\overline{OD}$
➜ $\angle OAC=\angle BOD$
평행선에서 동위각의 크기는 같으니까!

❶ $\angle OAC=\square°$ ❷ $\angle ACO=\square°$

❸ $\angle AOC=\square°$ ❹ $x=\square$

(3)

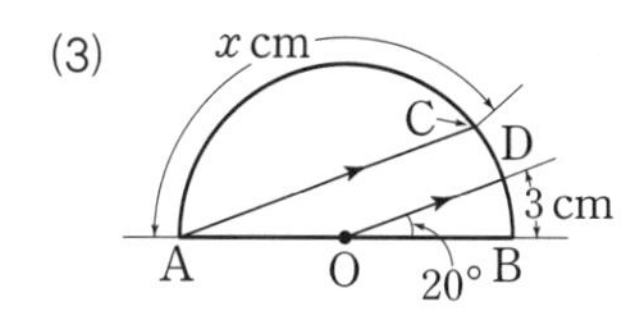

tip $\overline{OC}$를 그어 봐. 위의 문제와 같은 모양이 돼.

❶ $\angle OAC=\square°$ ❷ $\angle ACO=\square°$

❸ $\angle AOC=\square°$ ❹ $x=\square$

6 풍쌤의 point

한 원 또는 합동인 두 원에서

(1) 같은 크기의 중심각에 대한 호의 길이는 (같다, 다르다).

(2) 같은 길이의 호에 대한 중심각의 크기는 (같다, 다르다).

(3) 호의 길이는 중심각의 크기에 정비례(한다, 하지 않는다).

오답노트 작성 ______쪽

12 부채꼴의 중심각의 크기와 넓이

핵심개념

한 원 또는 합동인 두 원에서

1. 같은 크기의 중심각에 대한 부채꼴의 넓이는 같다.
2. 부채꼴의 넓이는 중심각의 크기에 정비례한다.
   ➜ (부채꼴 COE의 넓이)$=2\times$(부채꼴 AOB의 넓이)

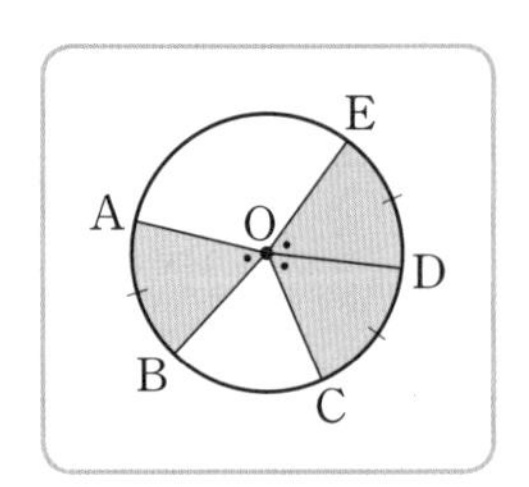

▶학습 날짜 월 일 ▶걸린 시간 분 / 목표 시간 10분

▌정답과 해설 21쪽

1 다음 그림에서 원 O의 두 부채꼴에 대하여 빈칸을 완성하여라.

(1)
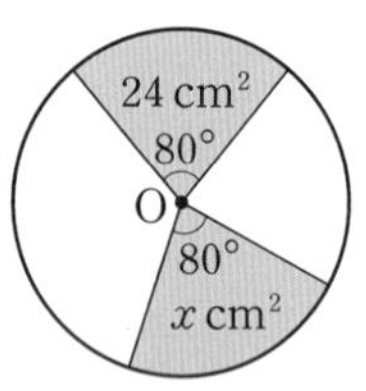

➜ 중심각의 크기가 같으면 부채꼴의 넓이는 ______.
➜ $x=$ □

(2)
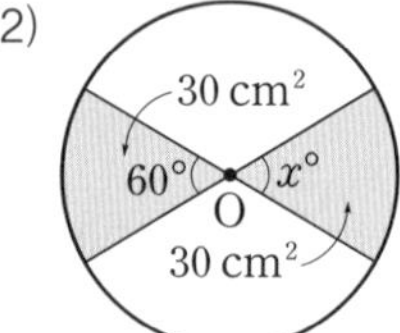

➜ 부채꼴의 넓이가 같으면 중심각의 크기는 ______.
➜ $x=$ □

(3)
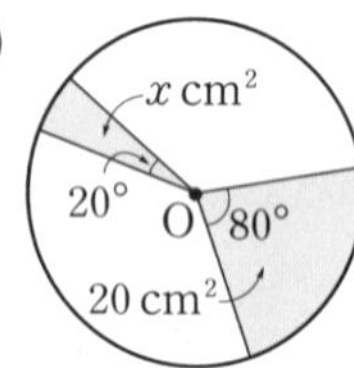

➜ 중심각의 크기의 비가 $20:$ □, 즉 $1:$ □이므로 넓이의 비는 $1:$ □이다.
➜ $x:20=1:$ □
$\therefore x=$ □

(4)
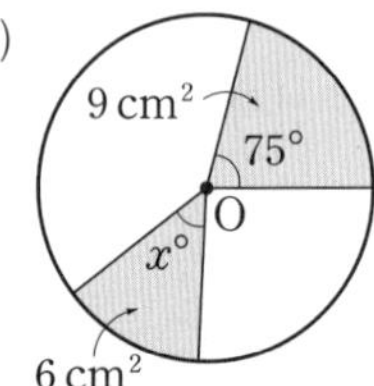

➜ 넓이의 비가 $6:$ □, 즉 $2:$ □이므로 중심각의 크기의 비는 $2:$ □이다.
➜ $x:75=2:$ □
$\therefore x=$ □

2 다음 그림에서 x의 값을 구하여라.

(1)
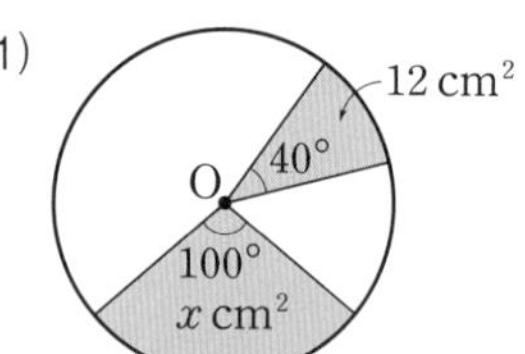

답 ______

(2)
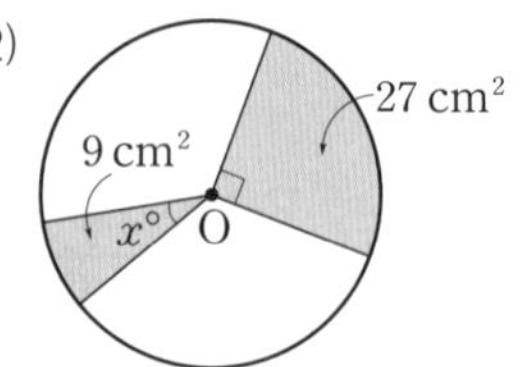

답 ______

(3)
9 cm
15 cm²
O
x cm²
3 cm

tip 부채꼴의 중심각의 크기, 호의 길이, 넓이는 모두 서로 정비례해.

답 ______

3 풍쌤의 point

한 원 또는 합동인 두 원에서

(1) 같은 크기의 중심각에 대한 부채꼴의 넓이는 (같다, 다르다).

(2) 부채꼴의 넓이는 중심각의 크기에 정비례(한다, 하지 않는다).

오답노트 작성 ______쪽

13 중심각의 크기와 현의 길이

핵심개념 한 원 또는 합동인 두 원에서

1. 같은 크기의 중심각에 대한 현의 길이는 같다.
2. 현의 길이는 중심각의 크기에 정비례하지 않는다.

주의 오른쪽 그림에서 $\angle AOC=2\angle AOB$이지만 $\overline{AC}<2\overline{AB}$이다.

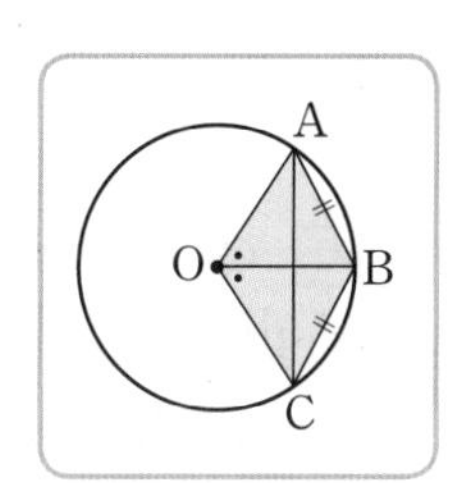

▶학습 날짜 월 일 ▶걸린 시간 분 / 목표 시간 10분

정답과 해설 21쪽

1 다음 그림에서 빈칸을 완성하여라.

(1)

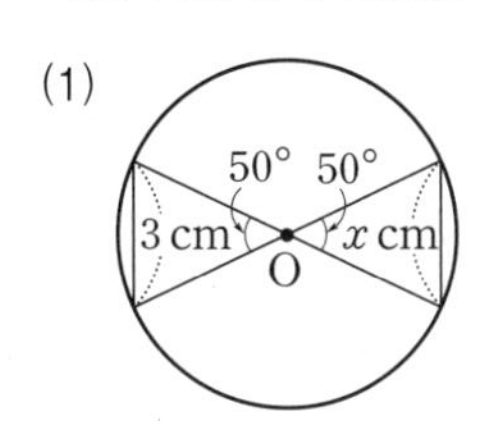

→ 중심각의 크기가 같으면 현의 길이는 ______.

→ $x=\square$

(2)

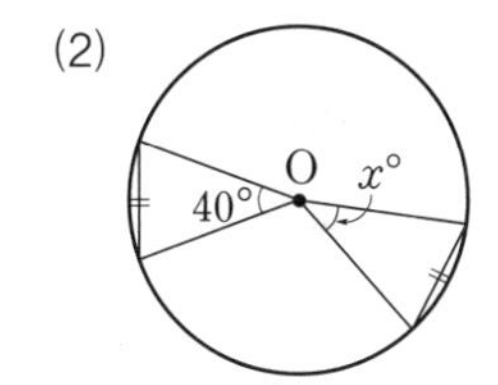

→ 현의 길이가 같으면 중심각의 크기는 ______.

→ $x=\square$

2 오른쪽 그림의 원 O에서 $\angle AOB=\angle BOC$일 때, 다음 중 옳은 것에는 ○표, 옳지 않은 것에는 ×표를 하여라.

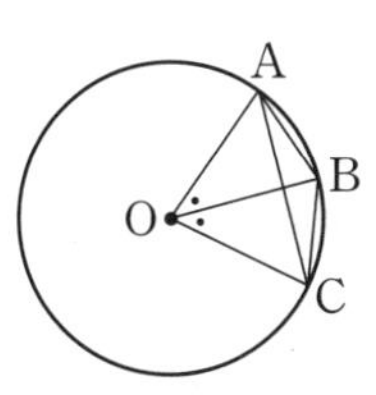

(1) $\widehat{AB}=\widehat{BC}$ ( )

(2) $\widehat{AC}\neq 2\widehat{AB}$ ( )

(3) $\overline{AB}=\overline{BC}$ ( )

(4) $\overline{AC}=2\overline{AB}$ ( )

3 오른쪽 그림의 원 O에 대하여 다음 중 옳은 것에는 ○표, 옳지 않은 것에는 ×표를 하여라.

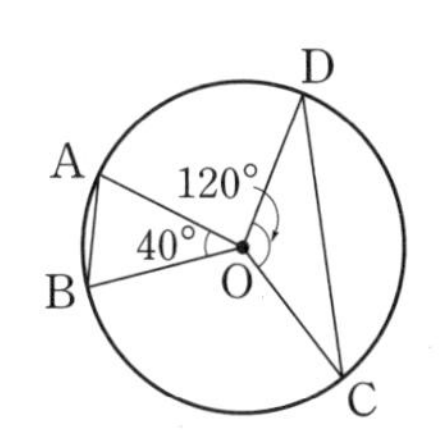

(1) $\widehat{CD}=3\widehat{AB}$ ( )

(2) $\overline{CD}=3\overline{AB}$ ( )

(3) ($\triangle COD$의 넓이)$=3\times$($\triangle AOB$의 넓이) ( )

(4) (부채꼴 COD의 넓이)
$=3\times$(부채꼴 AOB의 넓이) ( )

tip
중심각의 크기에 정비례하는 것과 정비례하지 않는 것은 꼭 외워 두어야 해.
→ 정비례하는 것: 호의 길이, 부채꼴의 넓이
정비례하지 않는 것: 현의 길이, 삼각형의 넓이

4 풍쌤의 point

한 원 또는 합동인 두 원에서

(1) 같은 크기의 중심각에 대한 현의 길이는 (같다, 다르다).

(2) 현의 길이는 중심각의 크기에 정비례 (한다, 하지 않는다).

(3) 호의 길이, 부채꼴의 넓이는 중심각의 크기에 정비례(한다, 하지 않는다).

오답노트 작성 ______쪽

▮ 정답과 해설 21~22쪽

10-13 · 스스로 점검 문제

맞힌 개수 개 / 7개

▶학습 날짜 월 일 ▶걸린 시간 분 / 목표 시간 20분

1 □□ 원과 부채꼴 1~4

오른쪽 그림의 원 O에 대한 다음 설명 중 옳지 않은 것은? (단, 세 점 A, O, B는 한 직선 위에 있다.)

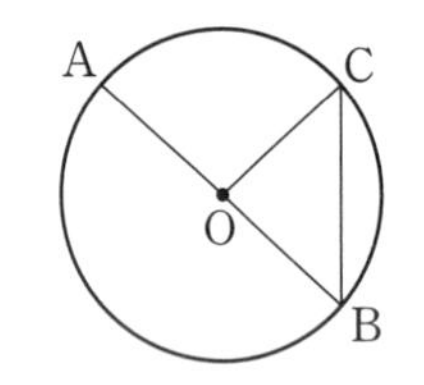

① $\overline{AB}$는 원 O의 지름이다.

② $\angle AOC$에 대한 호는 $\widehat{AC}$이다.

③ 현 BC와 호 BC로 이루어진 도형은 부채꼴이다.

④ 두 반지름 OB, OC와 호 BC로 이루어진 부채꼴에 대한 중심각은 $\angle BOC$이다.

⑤ 두 점 B, C를 이은 선분은 원 O의 현이다.

2 □□ 중심각의 크기와 호의 길이 3

오른쪽 그림과 같은 원 O에서 $x+y$의 값을 구하여라.

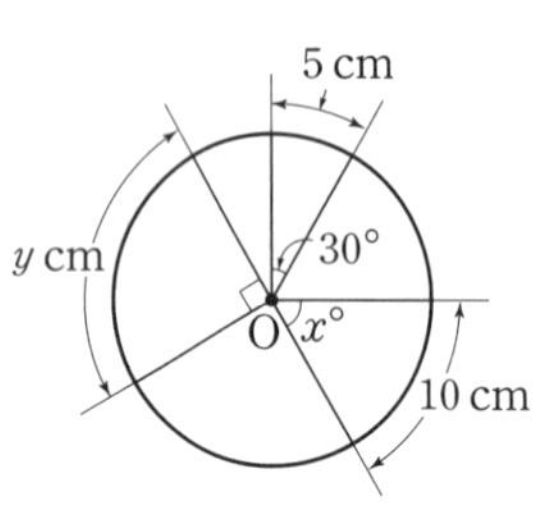

3 □□ 중심각의 크기와 호의 길이 4

오른쪽 그림의 원 O에서 $\overline{AC}$는 지름이고 $\widehat{AB}:\widehat{BC}=3:7$일 때, $\angle BOC$의 크기를 구하여라.

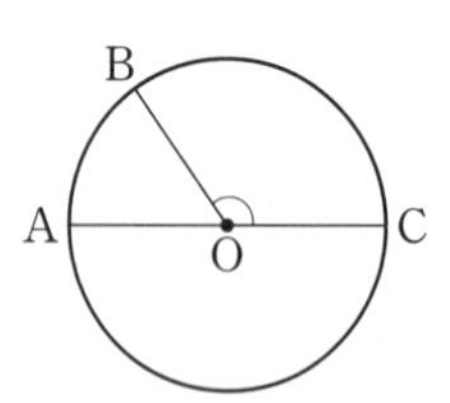

4 □□ 중심각의 크기와 호의 길이 5

오른쪽 그림과 같은 반원 O에서 $\widehat{BD}$의 길이는?

24 cm, C, D, 30°, A, O, B

① 3 cm ② 4 cm

③ 6 cm ④ 8 cm

⑤ 12 cm

5 □□ 부채꼴의 중심각의 크기와 넓이 2

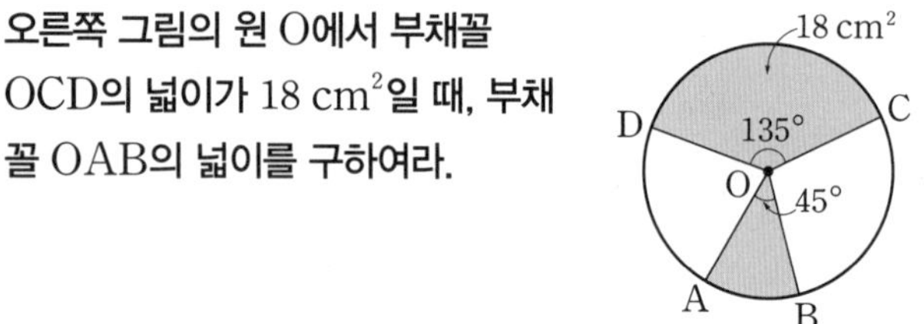

오른쪽 그림의 원 O에서 부채꼴 OCD의 넓이가 18 cm^2일 때, 부채꼴 OAB의 넓이를 구하여라.

6 □□ 원과 부채꼴 3, 중심각의 크기와 호의 길이 1, 부채꼴의 중심각의 크기와 넓이 1, 중심각의 크기와 현의 길이 1

한 원에 대하여 다음 설명 중 옳지 않은 것을 모두 고르면? (정답 2개)

① 길이가 가장 긴 현은 지름이다.

② 현의 길이는 중심각의 크기에 정비례한다.

③ 중심각의 크기가 같아도 현의 길이는 다르다.

④ 호의 길이는 중심각의 크기에 정비례한다.

⑤ 부채꼴의 넓이는 중심각의 크기에 정비례한다.

7 □□ 중심각의 크기와 현의 길이 3

오른쪽 그림의 원 O에서 $\angle COD=3\angle AOB$일 때, 다음 〈보기〉 중 옳은 것을 모두 골라라.

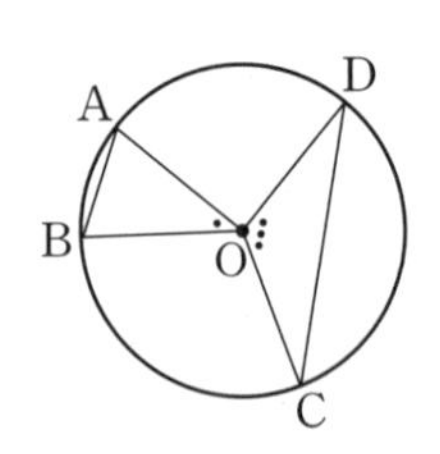

보기

ㄱ. $\overline{AB}=\frac{1}{3}\overline{CD}$

ㄴ. $3\widehat{AB}=\widehat{CD}$

ㄷ. ($\triangle OCD$의 넓이)$=3\times$($\triangle OAB$의 넓이)

ㄹ. (부채꼴 OCD의 넓이)$=3\times$(부채꼴 OAB의 넓이)

오답노트 작성 ______ 쪽

14 원의 둘레의 길이와 넓이

핵심개념

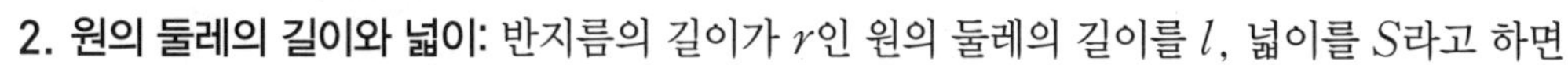

1. 원주율(π): 원의 지름의 길이에 대한 원의 둘레의 길이의 비 (→ 원주)

참고 원주율의 값은 실제 3.141592653⋯으로 소수점 아래가 불규칙하게 한없이 계속되는 소수이며, 특정한 수치로 주어지지 않는 한 문자 π(파이)를 사용하여 나타낸다.

2. 원의 둘레의 길이와 넓이: 반지름의 길이가 r인 원의 둘레의 길이를 l, 넓이를 S라고 하면

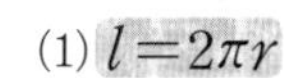

(1) $l=2\pi r$　　(2) $S=\pi r^2$

▶학습 날짜　　월　　일　▶걸린 시간　　분 / 목표 시간 20분

정답과 해설 22쪽

1 다음과 같은 원의 둘레의 길이와 넓이를 각각 구하여라.

(1)

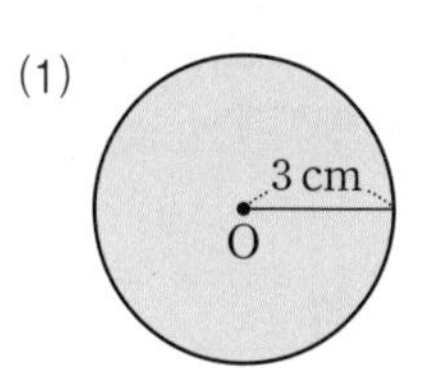

① (둘레의 길이)$=2\pi\times\square=\square$(cm)

② (넓이)$=\pi\times\square^2=\square$(cm^2)

(2)

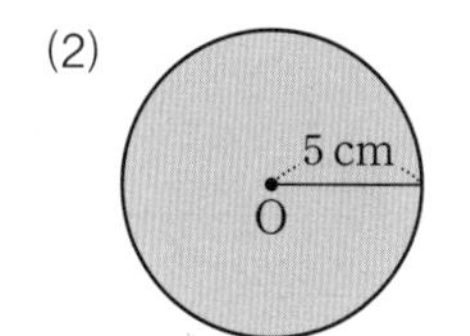

① 둘레의 길이　　답 ________

② 넓이　　답 ________

(3) 반지름의 길이가 10 cm인 원

① 둘레의 길이　　답 ________

② 넓이　　답 ________

2 다음과 같은 원의 둘레의 길이와 넓이를 각각 구하여라.

(1)

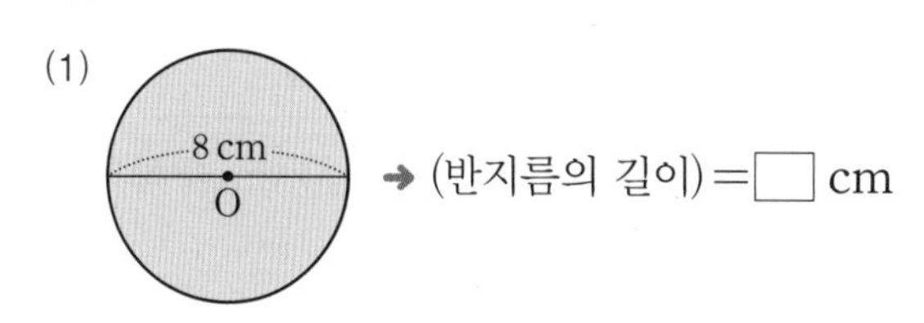

→ (반지름의 길이)$=\square$ cm

① 둘레의 길이　　답 ________

② 넓이　　답 ________

(2)

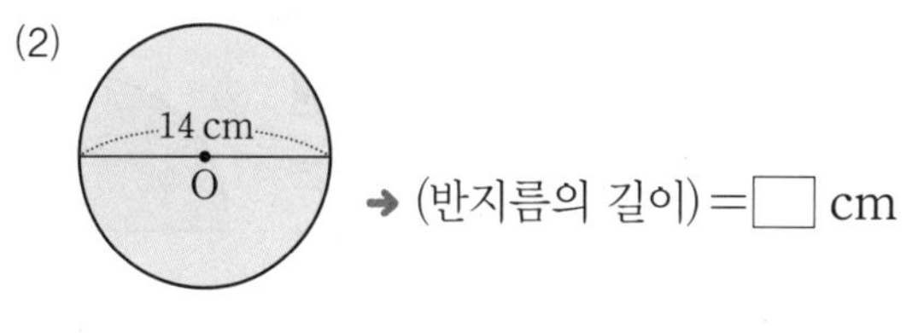

→ (반지름의 길이)$=\square$ cm

① 둘레의 길이　　답 ________

② 넓이　　답 ________

(3) 지름의 길이가 12 cm인 원

→ (반지름의 길이)$=\square$ cm

① 둘레의 길이　　답 ________

② 넓이　　답 ________

오답노트 작성 ______쪽

3 둘레의 길이가 다음과 같은 원의 반지름의 길이를 구하여라.

(1) 18π cm 답 ________

➜ 원의 반지름의 길이를 r cm라 하면
$2\pi r=\square\pi$ $\quad\therefore r=\square$

(2) 24π cm 답 ________

(3) 30π cm 답 ________

4 넓이가 다음과 같은 원의 반지름의 길이를 구하여라.

(1) 4π cm^2 답 ________

➜ 원의 반지름의 길이를 r cm라 하면
$\pi r^2=\square\pi$, $r^2=\square$
$\therefore r=\square$ $(\because r>0)$

(2) 25π cm^2 답 ________

(3) 49π cm^2 답 ________

5 다음은 오른쪽 그림과 같은 반원의 둘레의 길이와 넓이를 구하는 과정이다. □ 안에 알맞은 수를 써넣어라.

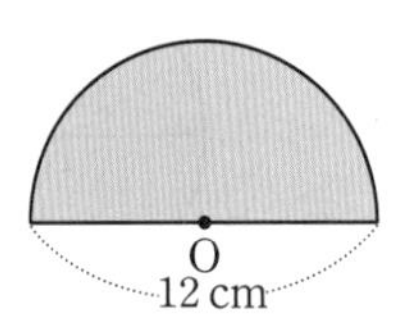

tip 둘레의 길이를 구할 때는 경계가 되는 부분의 길이를 모두 더해 주어야 해. 원의 지름의 길이를 더하는 것을 빠뜨리지 않도록 주의해!!

① (둘레의 길이)
$=$(반지름이 □ cm인 원의 둘레의 길이)$\times\frac{1}{2}$
$+$(원의 지름의 길이)
$=\square\pi+\square$(cm)
② (넓이)
$=$(반지름이 □ cm인 원의 넓이)$\times\square$
$=\square$(cm^2)

6 다음 그림에서 색칠한 부분의 둘레의 길이와 넓이를 각각 구하여라. (단, 세 점 O, A, B는 각각의 원 또는 반원의 중심이다.)

(1)

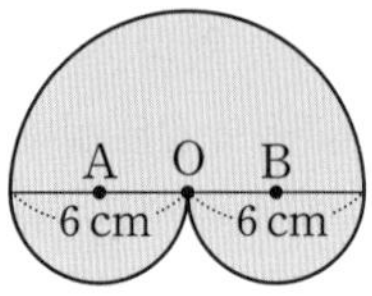

tip 도형의 둘레의 길이는 바깥쪽에 있는 모든 선들의 길이를 더해야 해.

① 둘레의 길이 답 ________

② 넓이 답 ________

(2)

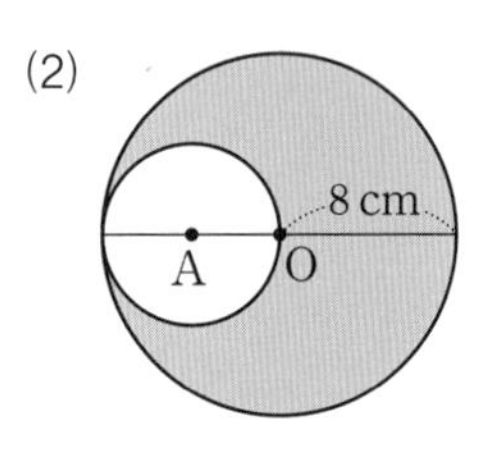

tip 색칠한 도형의 넓이는 큰 원의 넓이에서 작은 원의 넓이를 빼면 돼~

① 둘레의 길이 답 ________

② 넓이 답 ________

(3)

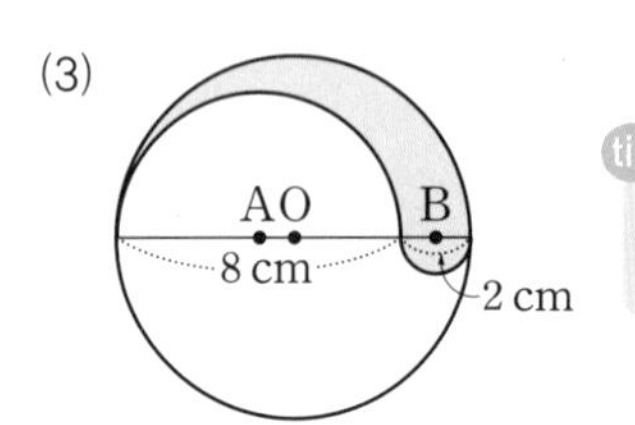

tip 큰 원과 작은 원을 이용해서 차근차근 구해 봐.

① 둘레의 길이 답 ________

② 넓이 답 ________

7 풍쌤의 point

(1) 원의 지름의 길이에 대한 원의 둘레의 길이의 비를 (   )이라 하고, 기호 (   )로 나타낸다.

(2) 반지름의 길이가 r인 원의 둘레의 길이는 (   ), 넓이는 (   )이다.

오답노트 작성 ______쪽

15 부채꼴의 호의 길이와 넓이

핵심개념 반지름의 길이가 r, 중심각의 크기가 $x°$인 부채꼴의 호의 길이를 l, 넓이를 S라고 하면

(1) $l=2\pi r\times\frac{x}{360}$ (2) $S=\pi r^2\times\frac{x}{360}$

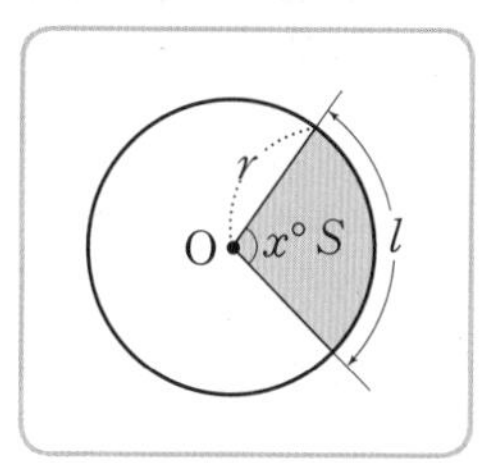

▶학습 날짜 월 일 ▶걸린 시간 분 / 목표 시간 30분

정답과 해설 23~24쪽

1 다음은 반지름의 길이가 r, 중심각의 크기가 $x°$인 부채꼴의 호의 길이 l과 넓이 S를 구하는 과정이다. 빈칸을 완성하여라.

(1) 부채꼴의 호의 길이는 중심각의 크기에 ______한다.

① (부채꼴의 호의 길이) : (원의 둘레의 길이) = (부채꼴의 중심각의 크기) : □°

② l : □ $= x$: □

➜ $l=$ □ $\times\frac{x}{□}$

(2) 부채꼴의 넓이는 중심각의 크기에 ______한다.

① (부채꼴의 넓이) : (원의 넓이) = (부채꼴의 중심각의 크기) : □°

② S : □ $= x$: □

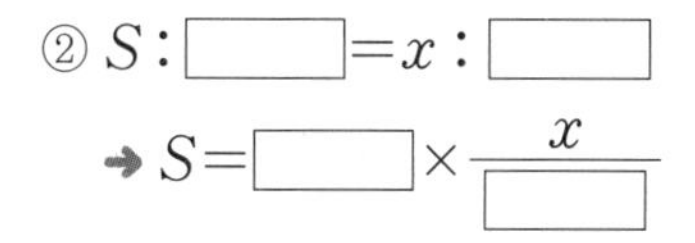

➜ $S=$ □ $\times\frac{x}{□}$

2 다음과 같은 부채꼴의 호의 길이와 넓이를 각각 구하여라.

(1)

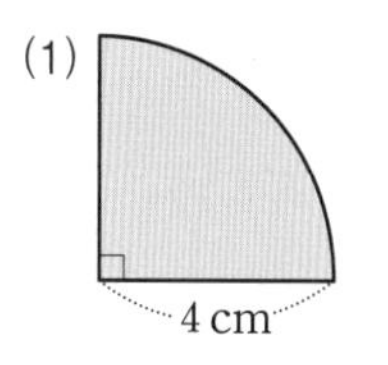

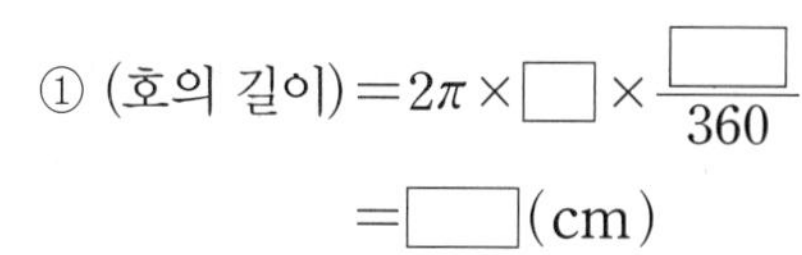

① (호의 길이) $=2\pi\times$ □ $\times\frac{□}{360}$ $=$ □(cm)

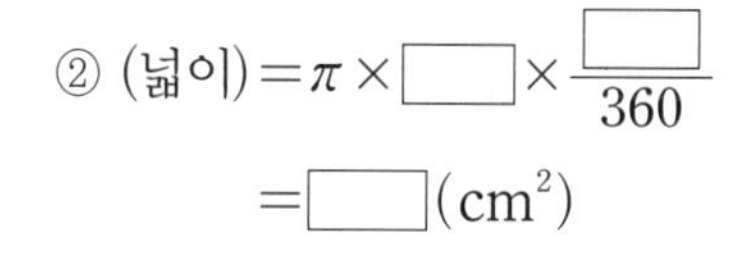

② (넓이) $=\pi\times$ □ $\times\frac{□}{360}$ $=$ □(cm²)

(2)

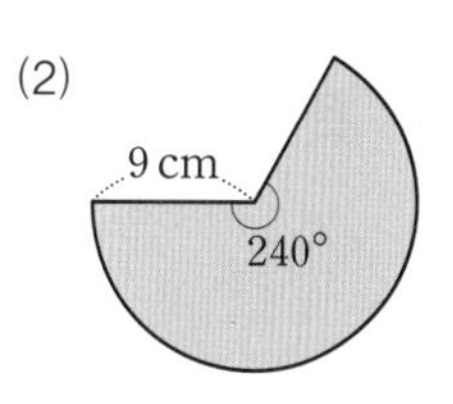

① 호의 길이 답 ______

② 넓이 답 ______

(3) 반지름의 길이가 3 cm, 중심각의 크기가 60°

① 호의 길이 답 ______

② 넓이 답 ______

오답노트 작성 ______쪽

3 중심각의 크기와 호의 길이가 다음과 같은 부채꼴의 반지름의 길이를 구하여라.

tip 부채꼴의 중심각의 크기와 호의 길이를 알면 반지름의 길이도 구할 수 있어.
공식 $l=2\pi r\times\frac{x}{360}$를 이용하면 돼.

(1)

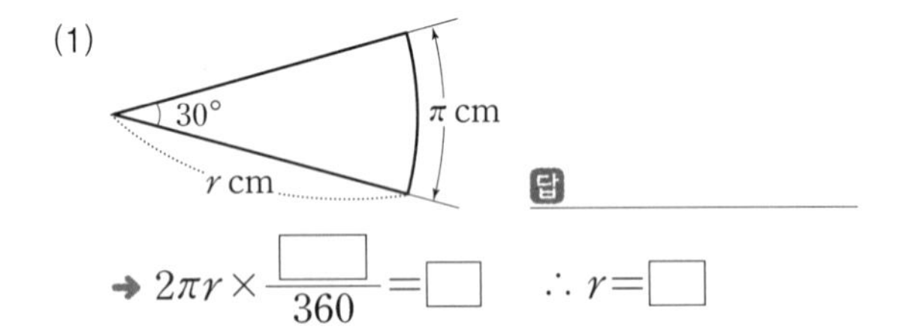

답 ______

➜ $2\pi r\times\frac{\square}{360}=\square$ $\quad\therefore r=\square$

(2)

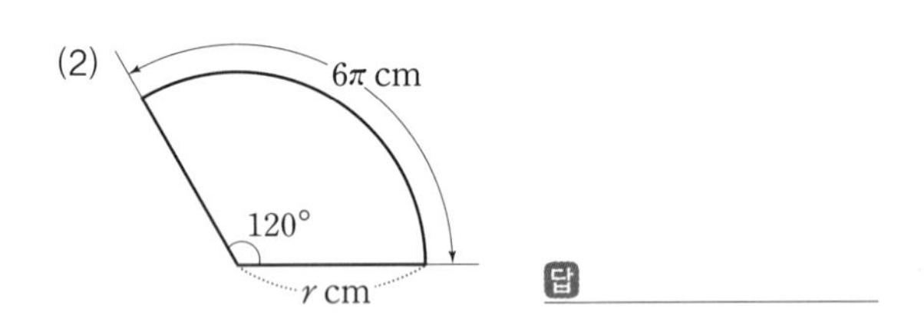

답 ______

(3)

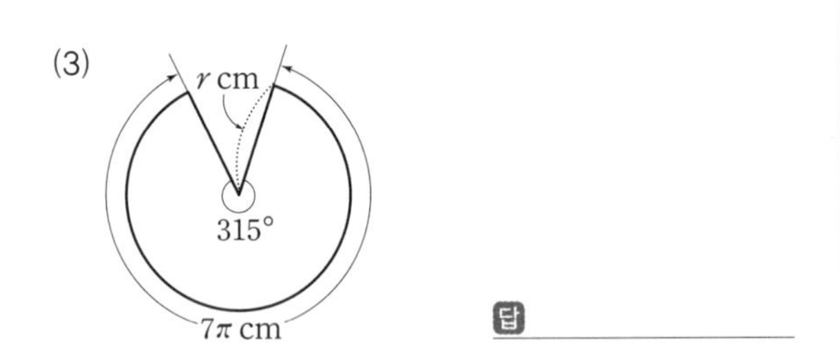

답 ______

(4) 중심각의 크기가 20°, 호의 길이가 2π cm

답 ______

(5) 중심각의 크기가 120°, 호의 길이가 10π cm

답 ______

4 반지름의 길이와 호의 길이가 다음과 같은 부채꼴의 중심각의 크기를 구하여라.

tip 부채꼴의 반지름의 길이와 호의 길이를 알 때 중심각의 크기를 구하는 문제야.
마찬가지로 공식 $l=2\pi r\times\frac{x}{360}$를 이용하면 돼.

(1)

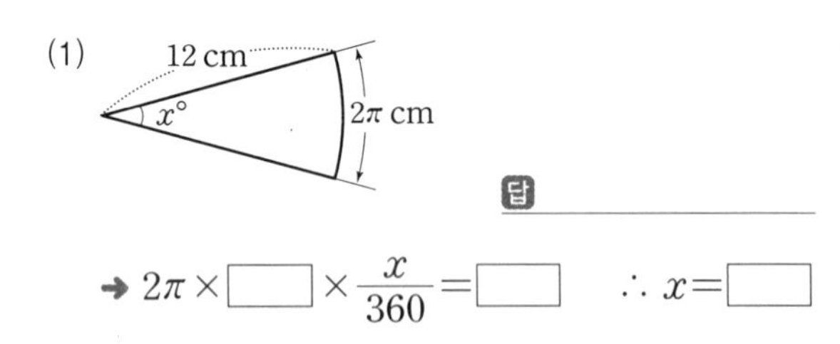

답 ______

➜ $2\pi\times\square\times\frac{x}{360}=\square$ $\quad\therefore x=\square$

(2)

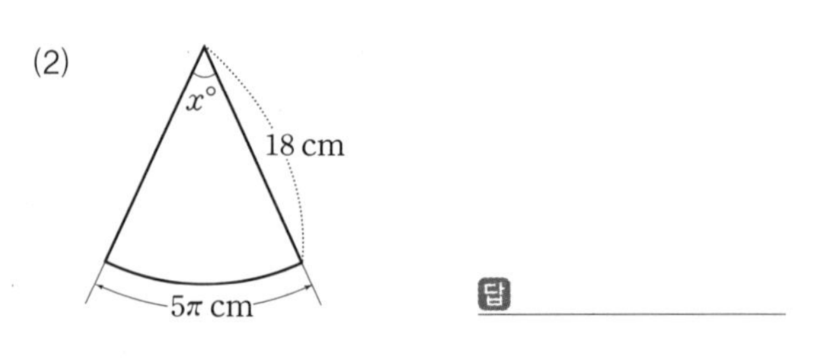

답 ______

(3)

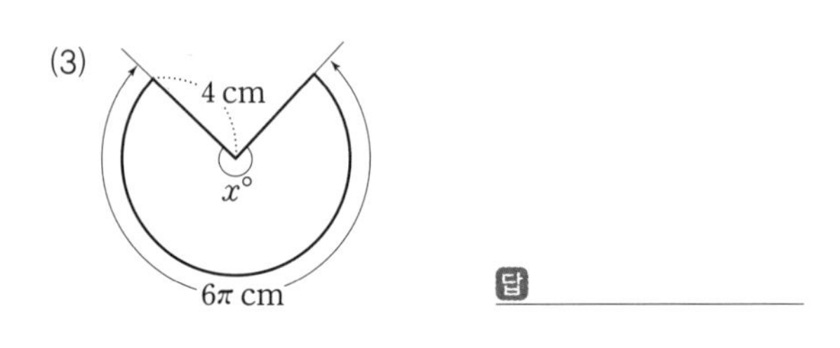

답 ______

(4) 반지름의 길이가 6 cm, 호의 길이가 3π cm

답 ______

(5) 지름의 길이가 16 cm, 호의 길이가 6π cm

답 ______

오답노트 작성 ______ 쪽

5 중심각의 크기와 넓이가 다음과 같은 부채꼴의 반지름의 길이를 구하여라.

> tip
> 이번에는 부채꼴의 중심각의 크기와 넓이를 알 때 반지름의 길이를 구하는 문제야.
> 공식 $S=\pi r^2\times\frac{x}{360}$를 이용하면 돼.

(1)

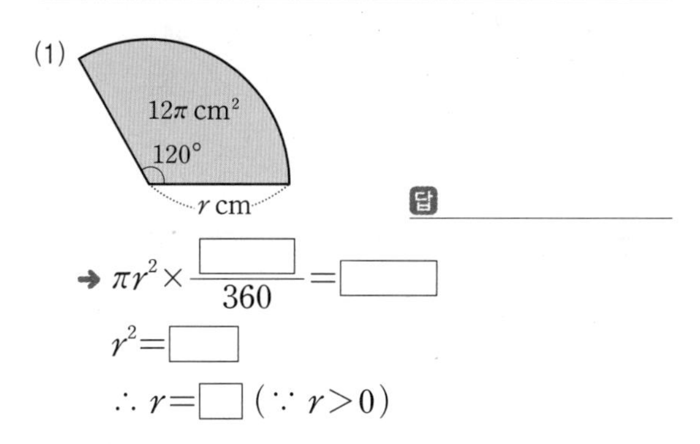

답 ______

➔ $\pi r^2\times\frac{\square}{360}=\square$

$r^2=\square$

$\therefore r=\square\ (\because r>0)$

(2)

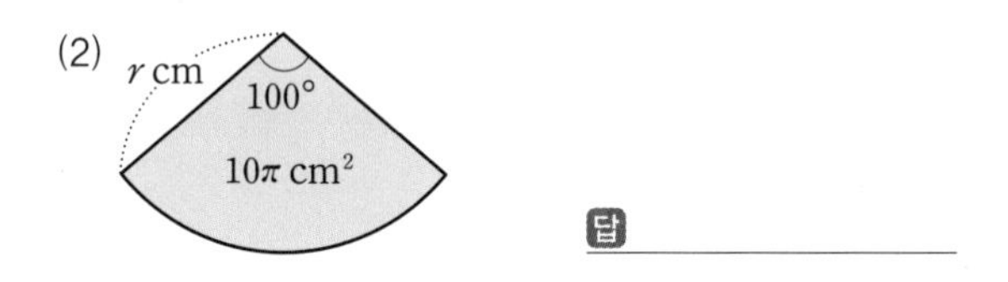

답 ______

(3)

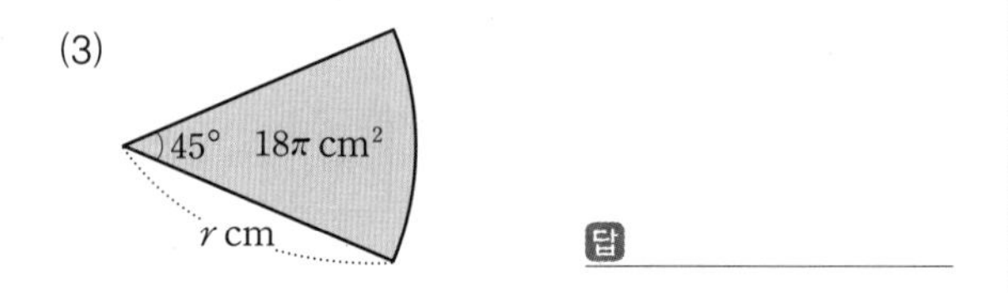

답 ______

(4) 중심각의 크기가 60°, 넓이가 6π cm²

답 ______

(5) 중심각의 크기가 270°, 넓이가 3π cm²

답 ______

6 반지름의 길이와 넓이가 다음과 같은 부채꼴의 중심각의 크기를 구하여라.

> tip
> 부채꼴의 반지름의 길이와 넓이를 알 때 중심각의 크기를 구하는 문제야.
> 마찬가지로 공식 $S=\pi r^2\times\frac{x}{360}$를 이용하면 돼.

(1)

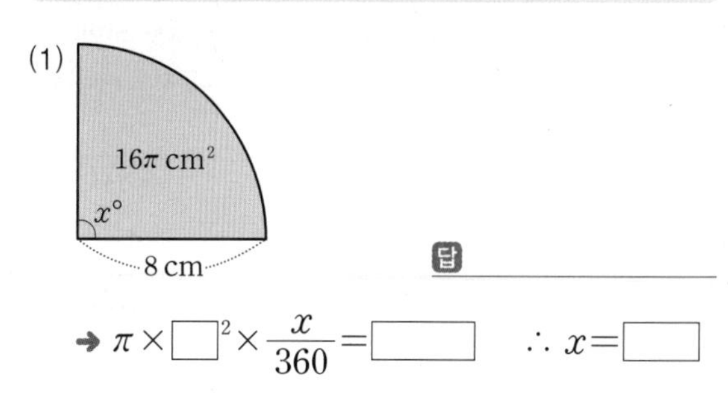

답 ______

➔ $\pi\times\square^2\times\frac{x}{360}=\square$ $\quad\therefore x=\square$

(2)

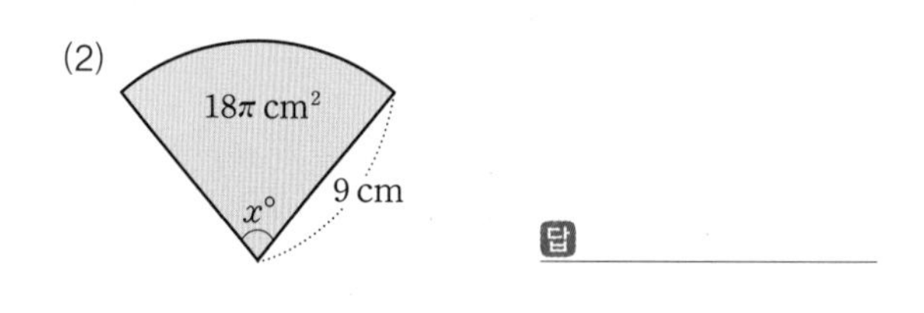

답 ______

(3)

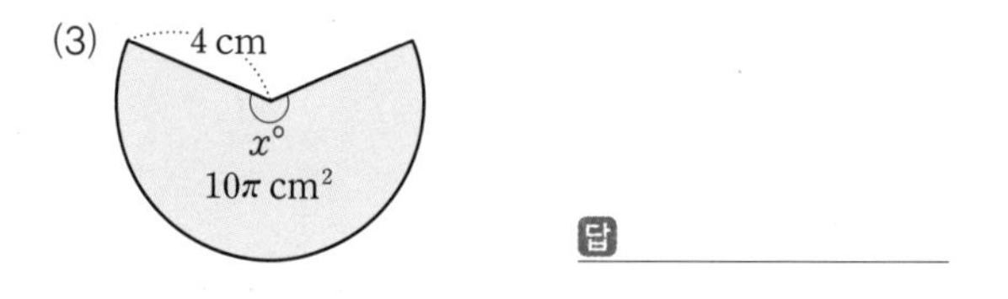

답 ______

(4) 반지름의 길이가 3 cm, 넓이가 3π cm²

답 ______

(5) 지름의 길이가 12 cm, 넓이가 6π cm²

답 ______

오답노트 작성 ______쪽

7 다음 그림에서 색칠한 부분의 둘레의 길이와 넓이를 각각 구하여라.

(1)

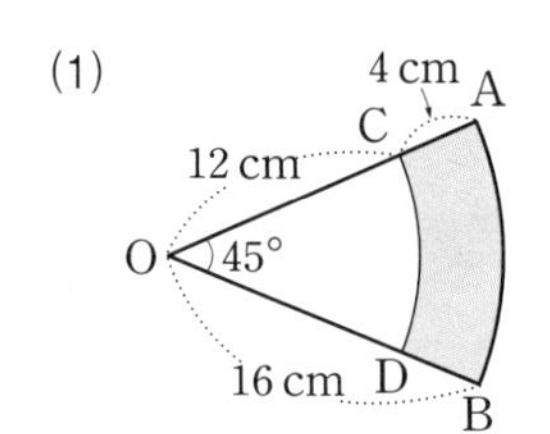

tip
① 둘레의 길이는 바깥쪽의 모든 선들의 길이를 더해야 해.
② 색칠한 부분의 넓이는 넓이를 구할 수 있는 도형들의 합, 차로 나타내면 돼.

① (둘레의 길이) $=\widehat{AB}+\square+\overline{AC}+\square$
$=4\pi+\square+4+\square$
$=\square\pi+\square$ (cm)

② (넓이) = (부채꼴 AOB의 넓이)
− (부채꼴 $\square$의 넓이)
$=\square\pi-\square\pi=\square$ (cm^2)

(2)

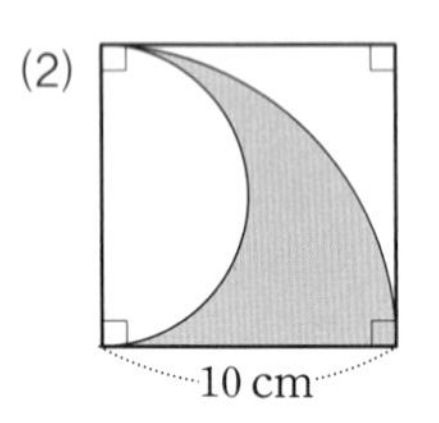

① 둘레의 길이 답 ________

② 넓이 답 ________

(3)

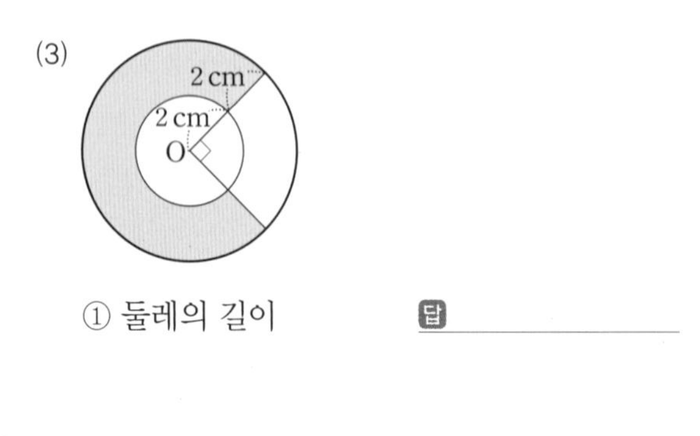

① 둘레의 길이 답 ________

② 넓이 답 ________

8 다음 그림에서 색칠한 부분의 넓이를 구하여라.

(1)

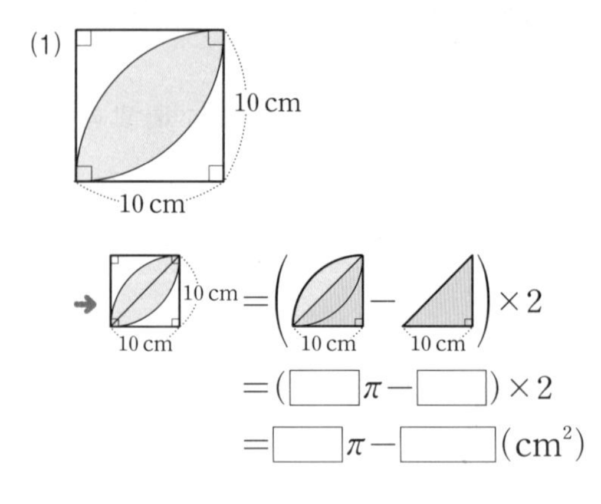

$=(\square\pi-\square)\times2$
$=\square\pi-\square$ (cm^2)

(2)

답 ________

(3)

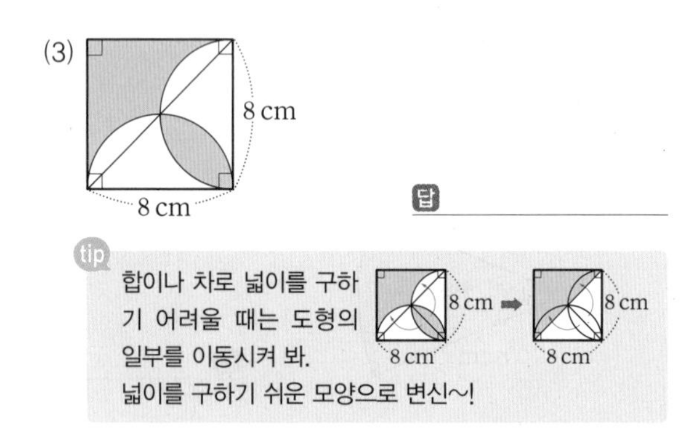

답 ________

tip
합이나 차로 넓이를 구하기 어려울 때는 도형의 일부를 이동시켜 봐.
넓이를 구하기 쉬운 모양으로 변신~!

9 풍쌤의 point

반지름의 길이가 r, 중심각의 크기가 $x°$인 부채꼴의

(1) 호의 길이는 (   )이다.

(2) 넓이는 (   )이다.

오답노트 작성 ______쪽

16 부채꼴의 호의 길이와 넓이 사이의 관계

핵심개념 반지름의 길이가 r, 호의 길이가 l인 부채꼴의 넓이 S는

$S=\frac{1}{2}rl$ ← 중심각의 크기가 주어지지 않을 때

▶학습 날짜 월 일 ▶걸린 시간 분 / 목표 시간 10분

정답과 해설 24쪽

1 부채꼴의 넓이를 구하는 다음 과정을 완성하고, 아래 그림과 같은 부채꼴의 넓이를 구하여라.

반지름의 길이가 r, 중심각의 크기가 $x°$인 부채꼴의 호의 길이가 l, 넓이가 S일 때

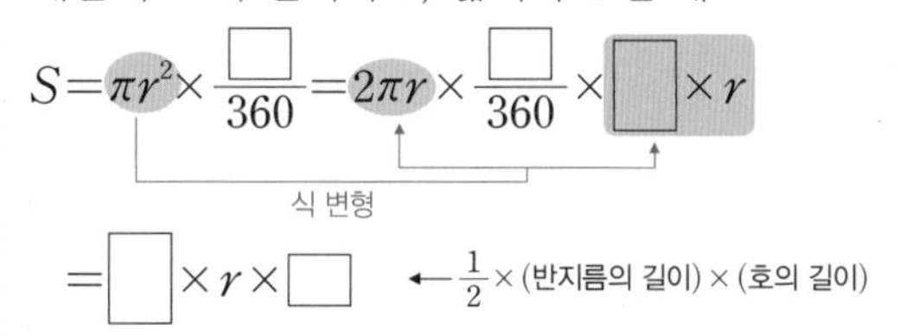

$=\square\times r\times\square$ ← $\frac{1}{2}\times$(반지름의 길이)$\times$(호의 길이)

(1)

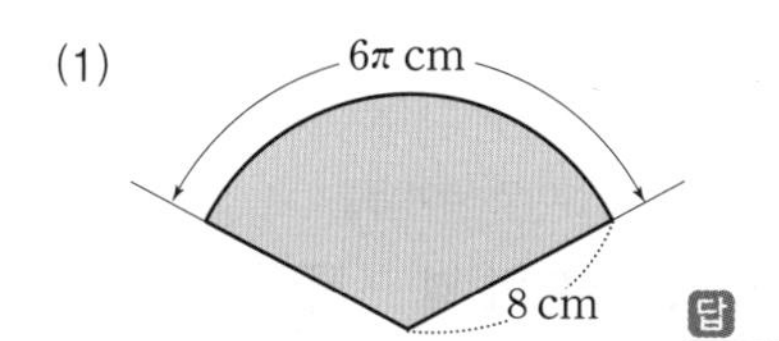

답

tip 부채꼴의 넓이를 구할 때 중심각의 크기를 모르는 경우 이 공식을 이용하면 편리해. 꼭 기억하자!

(2)

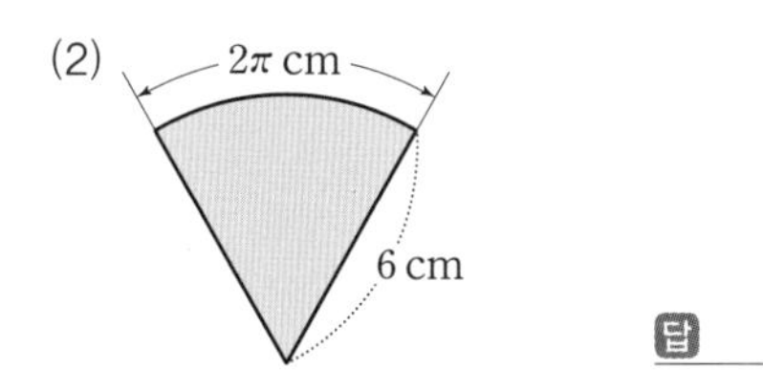

답

(3)

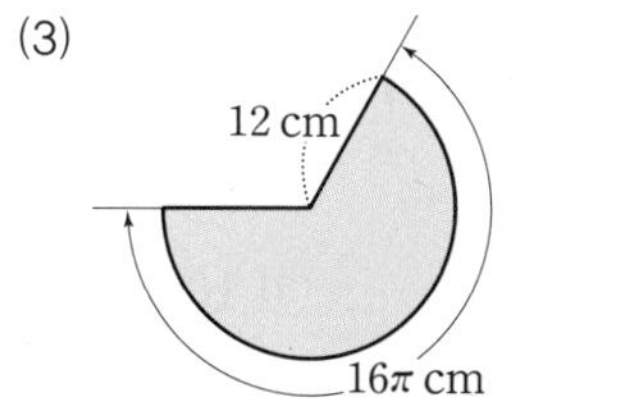

답

2 호의 길이와 넓이가 다음과 같은 부채꼴의 반지름의 길이를 구하여라.

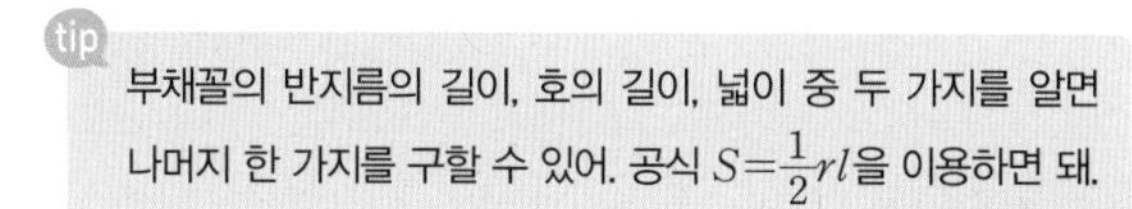

(1)

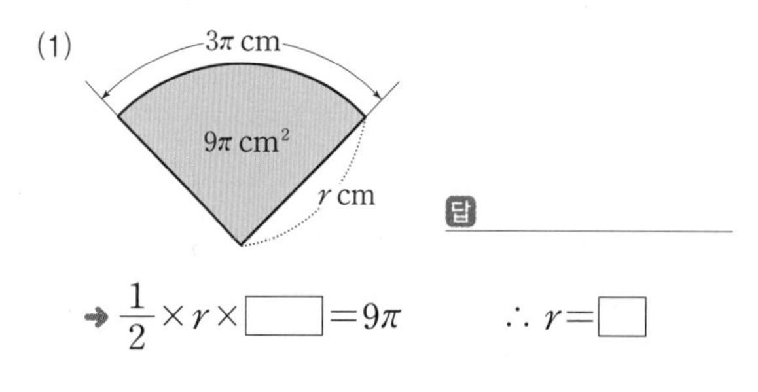

답

→ $\frac{1}{2}\times r\times\square=9\pi$ $\therefore r=\square$

(2) 호의 길이가 12π cm, 넓이가 48π cm^2

답

(3) 호의 길이가 8π cm, 넓이가 20π cm^2

답

3 풍쌤의 point

반지름의 길이가 r, 호의 길이가 l인 부채꼴의 넓이를 S라고 하면

$S=\frac{1}{2}\times\square\times l$

오답노트 작성 ______쪽

▌정답과 해설 24쪽

14-16 · 스스로 점검 문제

맞힌 개수 개 / 7개

▶학습 날짜 월 일 ▶걸린 시간 분 / 목표 시간 20분

1 ☐☐ ○ 원의 둘레의 길이와 넓이 2

지름의 길이가 10 cm인 원의 둘레의 길이와 넓이를 차례로 구하면?

① 10π cm, 25π cm^2 ② 10π cm, 100π cm^2
③ 20π cm, 25π cm^2 ④ 20π cm, 100π cm^2
⑤ 25π cm, 25π cm^2

2 ☐☐ ○ 원의 둘레의 길이와 넓이 6

오른쪽 그림에서 색칠한 부분의 둘레의 길이는?

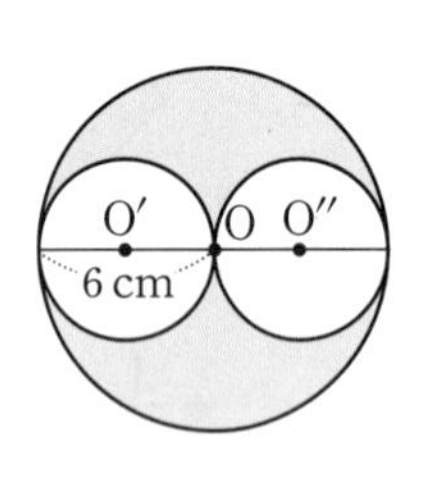

① 12π cm ② 16π cm
③ 20π cm ④ 24π cm
⑤ 26π cm

3 ☐☐ ○ 부채꼴의 호의 길이와 넓이 4

오른쪽 그림과 같은 부채꼴의 중심각의 크기는?

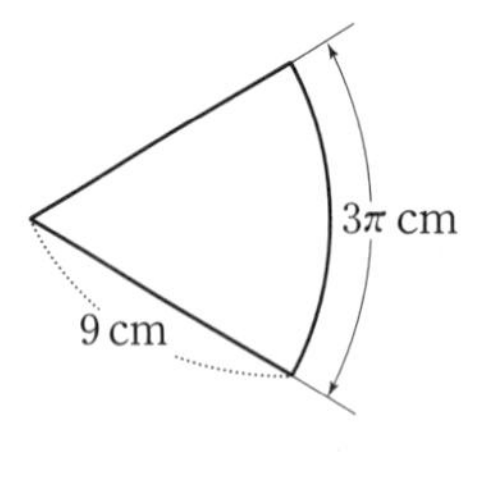

① 30° ② 40°
③ 50° ④ 60°
⑤ 70°

4 ☐☐ ○ 부채꼴의 호의 길이와 넓이 7

오른쪽 그림과 같은 부채꼴의 둘레의 길이를 구하여라.

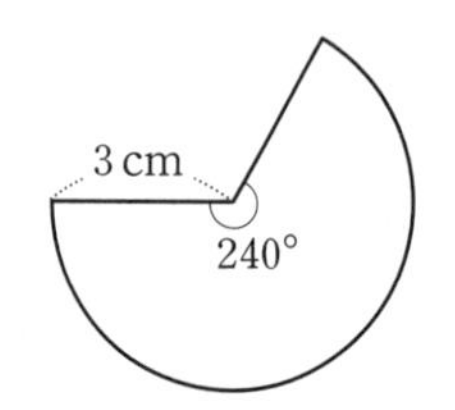

5 ☐☐ ○ 부채꼴의 호의 길이와 넓이 7

오른쪽 그림에서 색칠한 부분의 둘레의 길이가 $(a\pi+b)$ cm, 넓이가 $c\pi$ cm^{2}일 때, $a+b+c$의 값을 구하여라.

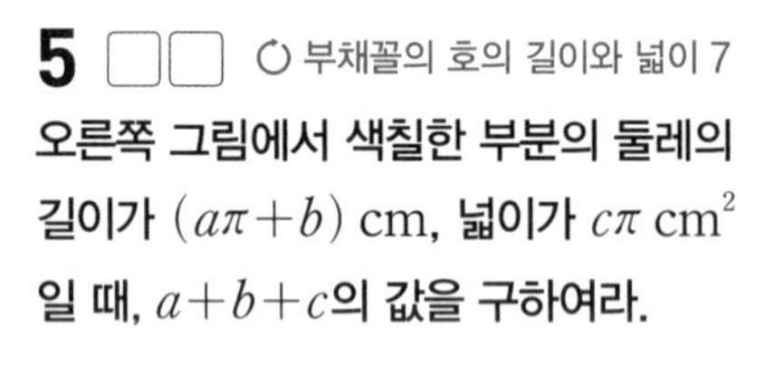
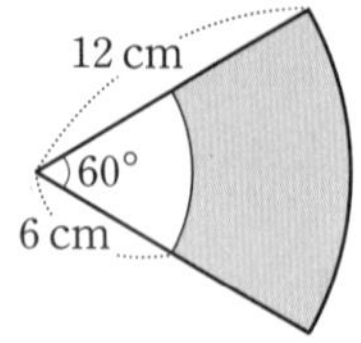

6 ☐☐ ○ 부채꼴의 호의 길이와 넓이 8

오른쪽 그림에서 색칠한 부분의 넓이는?

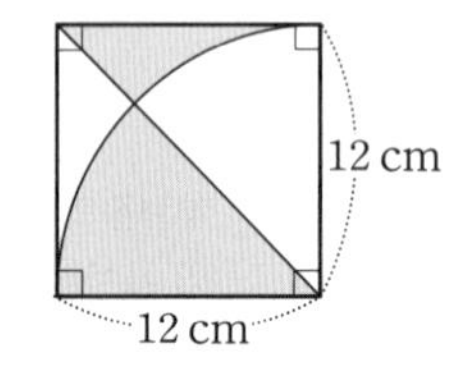

① 48 cm^2 ② 64 cm^2
③ 72 cm^2 ④ 80 cm^2
⑤ 84 cm^2

7 ☐☐ ○ 부채꼴의 호의 길이와 넓이 사이의 관계 2

반지름의 길이가 8 cm이고 넓이가 36π cm^{2}인 부채꼴의 호의 길이는?

① 8π cm ② 9π cm ③ 10π cm
④ 11π cm ⑤ 12π cm

오답노트 작성 ______쪽

17 다면체

핵심개념

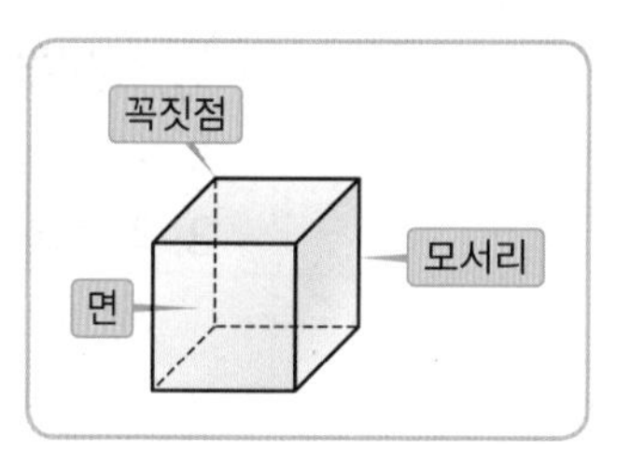

1. 다면체: 다각형인 면으로만 둘러싸인 입체도형

(1) 면: 다면체를 둘러싸고 있는 다각형

(2) 모서리: 다각형의 변

(3) 꼭짓점: 다각형의 꼭짓점

2. 다면체는 면의 개수에 따라 사면체, 오면체, 육면체, …, n면체라고 한다.

참고 다면체에서 위의 면과 아래의 면을 통틀어 밑면이라고 한다.

▶학습 날짜 월 일 ▶걸린 시간 분 / 목표 시간 10분

정답과 해설 25쪽

1 다음 문장을 완성하고, 다면체인 것에는 ○표, 다면체가 아닌 것에는 ×표를 하여라.

> 다면체는 ________인 면으로만 둘러싸인 (평면도형, 입체도형)이다.

(1) 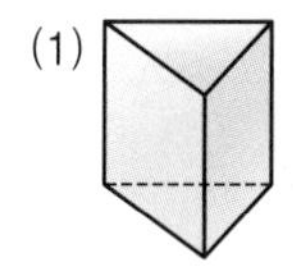 (　　)

(2) 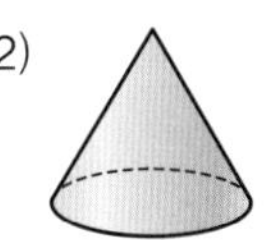 (　　)

(3)  (　　)

(4) 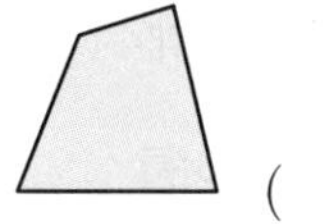 (　　)

(5) 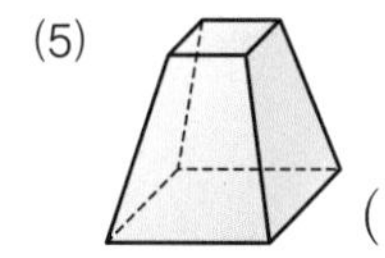 (　　)

(6) 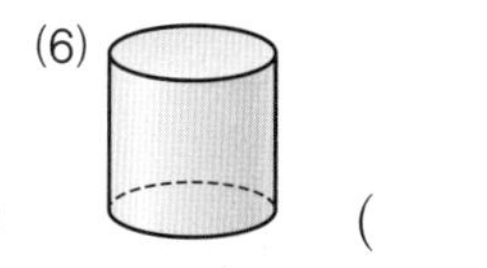 (　　)

(7) 구 (　　)

(8) 삼각뿔 (　　)

(9) 원뿔 (　　)

(10) 원뿔대 (　　)

2 다음은 다면체의 꼭짓점, 모서리, 면의 개수와 다면체의 이름을 나타낸 것이다. 빈칸을 완성하여라.

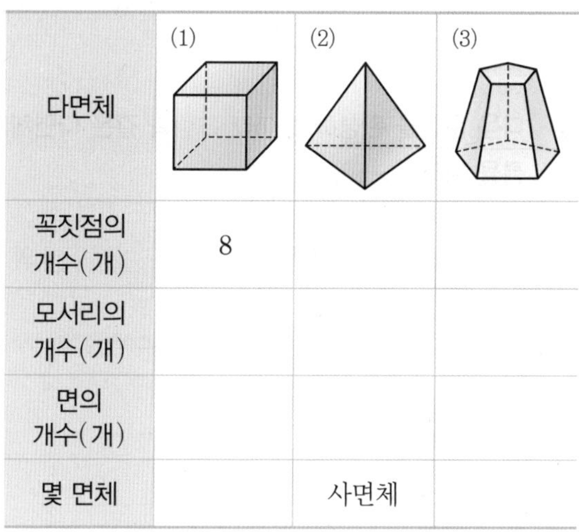

다면체	(1)	(2)	(3)
꼭짓점의 개수(개)	8		
모서리의 개수(개)			
면의 개수(개)			
몇 면체		사면체	

(4) 다면체의 이름은 ____의 개수에 따라 정해진다.

3 풍쌤의 point

(1) 다각형인 면으로만 둘러싸인 입체도형을 (　　　)라고 한다.

(2) 다면체는 (　　　)의 개수에 따라 사면체, 오면체, 육면체, …, n면체라고 한다.

(3) 면의 개수가 가장 적은 다면체는 (　　　)이다.

오답노트 작성 ______쪽

18 다면체의 종류(각기둥, 각뿔, 각뿔대)

핵심개념

1. **각기둥:** 두 밑면은 합동이고 서로 평행한 다각형이며 옆면은 모두 직사각형인 다면체
2. **각뿔:** 밑면이 다각형이고 옆면은 모두 삼각형인 다면체
3. **각뿔대:** 각뿔을 밑면에 평행한 평면으로 잘라서 생기는 두 다면체 중에서 각뿔이 아닌 쪽의 다면체

다면체	각기둥	각뿔	각뿔대
겨냥도	밑면, 높이, 옆면, 밑면	높이, 옆면, 밑면	밑면, 높이, 옆면, 밑면
옆면의 모양	직사각형	삼각형	사다리꼴

▶학습 날짜 월 일 ▶걸린 시간 분 / 목표 시간 15분

1 다음 문장을 완성하고, 아래 그림과 같은 다면체의 이름을 써라.

> 각기둥, 각뿔, 각뿔대의 이름은 ______의 모양에 따라 정해진다.

(1)

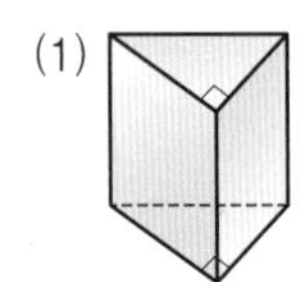

→ 밑면의 모양: ______
이름: ______

(2)

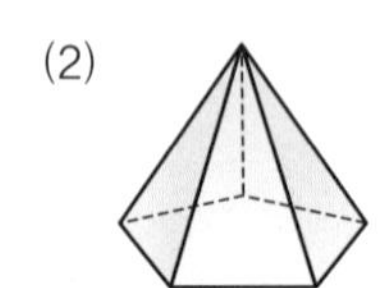

→ 밑면의 모양: ______
이름: ______

(3)

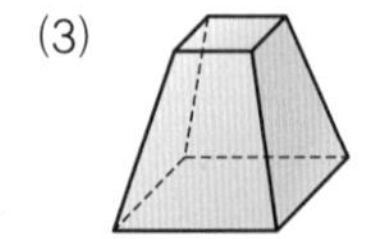

→ 밑면의 모양: ______
이름: ______

tip 각기둥은 밑면의 모양에 따라 삼각기둥, 사각기둥, 오각기둥, …, 각뿔은 밑면의 모양에 따라 삼각뿔, 사각뿔, 오각뿔, …이라고 한다.

2 다음은 각기둥, 각뿔, 각뿔대의 꼭짓점, 모서리, 면을 비교하여 나타낸 것이다. 표를 완성하여라.

다면체	(1)	(2)	(3)
밑면의 모양	육각형		
밑면의 개수(개)	2		
이름	육각기둥		
옆면의 모양			
꼭짓점의 개수(개)			
모서리의 개수(개)			
면의 개수(개)			
몇 면체			

오답노트 작성 ______쪽

3 **다음은 각기둥, 각뿔, 각뿔대의 꼭짓점, 모서리, 면의 개수를 비교하여 나타낸 것이다. 빈칸을 완성하여라.**

(1)

다면체	① 오각기둥	② 오각뿔	③ 오각뿔대
꼭짓점의 개수(개)	5×2	$5+\square$	$5\times\square$
모서리의 개수(개)	$5\times\square$	5×2	$5\times\square$
면의 개수(개)	$5+\square$	$5+\square$	$5+\square$

(2)

다면체	① n각기둥	② n각뿔	③ n각뿔대
꼭짓점의 개수(개)	$n\times\square$	$\square+1$	$n\times\square$
모서리의 개수(개)	$n\times\square$	$n\times\square$	$\square\times3$
면의 개수(개)	$\square+2$	$n+\square$	$n+\square$

(3) n각기둥과 n각뿔대의 ________, 모서리, 면의 개수는 각각 서로 같다.

4 **주어진 과정을 완성하여 조건을 모두 만족시키는 입체도형을 구하여라.**

(1)

(가) 두 밑면은 평행하고 합동이다.
(나) 옆면의 모양이 직사각형이다.
(다) 밑면의 모양이 사각형이다.

➔ (가), (나)에서 (각기둥, 각뿔, 각뿔대)이다.

➔ (다)에서 ____________이다.

(2)

(가) 밑면이 1개이다.
(나) 옆면의 모양이 삼각형이다.
(다) 밑면의 모양이 오각형이다.

➔ (가), (나)에서 (각기둥, 각뿔, 각뿔대)이다.

➔ (다)에서 ____________이다.

(3)

(가) 두 밑면이 서로 평행하다.
(나) 옆면의 모양이 사다리꼴이다.
(다) 밑면의 모양이 육각형이다.

➔ (가), (나)에서 (각기둥, 각뿔, 각뿔대)이다.

➔ (다)에서 ____________이다.

(4)

(가) 두 밑면은 평행하고 합동이다.
(나) 옆면의 모양이 직사각형이다.
(다) 십면체이다.

➔ (가), (나)에서 (각기둥, 각뿔, 각뿔대)이다.

➔ (다)에서 ____________이다.

5 풍쌤의 point

(1) 각기둥과 각뿔대의 밑면의 개수는 각각 (　　) 개이고, 각뿔의 밑면의 개수는 (　　)개이다.

(2) 각기둥, 각뿔, 각뿔대의 옆면의 모양은 각각 (　　　　), (　　　　), (　　　　)이다.

(3) n각기둥과 n각뿔대의 꼭짓점의 개수는 각각 (　　)개이고, n각뿔의 꼭짓점의 개수는 (　　　　)개이다.

(4) n각기둥과 n각뿔대의 모서리의 개수는 각각 (　　)개이고, n각뿔의 모서리의 개수는 (　　)개이다.

(5) n각기둥과 n각뿔대의 면의 개수는 (　　　　)개이고, n각뿔의 면의 개수는 (　　　　)개이다.

오답노트 작성 ______쪽

19 정다면체

핵심개념

1. **정다면체:** 모든 면이 합동인 정다각형이고, 각 꼭짓점에 모인 면의 개수가 모두 같은 다면체
2. **정다면체의 종류:** 정사면체, 정육면체, 정팔면체, 정십이면체, 정이십면체의 5가지뿐이다.

정다면체	정사면체	정육면체	정팔면체	정십이면체	정이십면체
겨냥도					
면의 모양	정삼각형	정사각형	정삼각형	정오각형	정삼각형
각 꼭짓점에 모인 면의 개수(개)	3	3	4	3	5
꼭짓점의 개수(개)	4	8	6	20	12
모서리의 개수(개)	6	12	12	30	30
면의 개수(개)	4	6	8	12	20

▶학습 날짜 월 일 ▶걸린 시간 분 / 목표 시간 15분

1 다음 조건을 만족시키는 정다면체를 〈보기〉에서 모두 찾아 그 이름과 함께 써라.

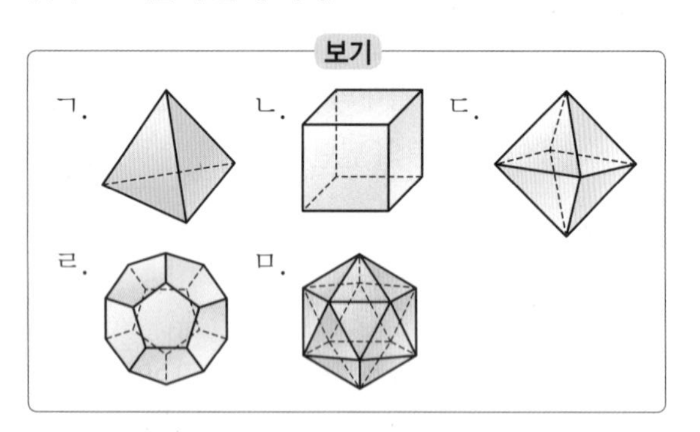

(1) 면의 모양

① 정삼각형: ㄱ. 정사면체, ______

② 정사각형: ______

③ 정오각형: ______

(2) 각 꼭짓점에 모인 면의 개수

① 3개: ㄱ. 정사면체, ______

② 4개: ______

③ 5개: ______

2 정다면체에 대하여 다음 표를 완성하여라.

정다면체	꼭짓점의 개수(개)	모서리의 개수(개)	면의 개수(개)
(1) 정사면체			4
(2) 정육면체		12	
(3) 정팔면체	6		
(4) 정십이면체	20		
(5) 정이십면체	12	30	

오답노트 작성 ______쪽

3 **다음 조건을 모두 만족시키는 입체도형을 구하여라.**

tip 정다면체에서 면의 모양과 각 꼭짓점에 모인 면의 개수는 어떤 정다면체인지를 결정짓는 아주 중요한 조건이야. 꼭 외워 두도록 해!

(1)
(가) 각 면이 모두 합동인 정다각형이다.
(나) 각 면은 정삼각형이다.
(다) 각 꼭짓점에 모인 면의 개수는 3개이다.

답 ______

(2)
(가) 각 면이 모두 합동인 정오각형이다.
(나) 각 꼭짓점에 모인 면의 개수는 3개이다.

tip 각 면이 정오각형인 정다면체는 정십이면체 하나뿐이야.

답 ______

(3)
(가) 각 면이 모두 합동인 정삼각형이다.
(나) 각 꼭짓점에 모인 면의 개수는 4개이다.

tip 각 꼭짓점에 모인 면의 개수가 4개인 정다면체는 정팔면체뿐이야.

답 ______

(4)
(가) 각 꼭짓점에 모인 면의 개수가 같다.
(나) 각 면은 모두 합동인 정다각형이다.
(다) 꼭짓점의 개수가 8개이다.

답 ______

4 **다음 중 정다면체에 대한 설명으로 옳은 것에는 ○표, 옳지 않은 것에는 ×표를 하여라.**

(1) 정다면체의 모든 면은 합동인 정다각형이다. (　　)

(2) 정다면체는 무수히 많다. (　　)

(3) 각 면의 모양이 정삼각형인 정다면체는 정사면체와 정팔면체뿐이다. (　　)

(4) 정다면체의 각 꼭짓점에 모인 면의 개수는 같다. (　　)

(5) 정다면체의 면의 모양은 정삼각형, 정사각형 중 하나이다. (　　)

(6) 모든 면이 합동인 정다각형인 다면체는 정다면체이다. (　　)

5 풍쌤의 point

(1) 정다면체는 모든 면이 합동인 (　　　　) 이고 각 꼭짓점에 모인 (　　)의 개수가 같은 다면체이다.

(2) 정다면체는 정사면체, (　　　　), (　　　　), (　　　　), 정이십면체의 (　　)가지뿐이다.

(3)

정다면체	면의 모양	각 꼭짓점에 모인 면의 개수(개)
정사면체	정삼각형	3
㉠ 정육면체		
㉡ 정팔면체		
㉢ 정십이면체		
㉣ 정이십면체		

(4) 오른쪽 다면체는 모든 면이 합동인 정삼각형이고, 각 꼭짓점에 모인 면의 개수가 (같다, 다르다). 따라서 정다면체(이다, 가 아니다).

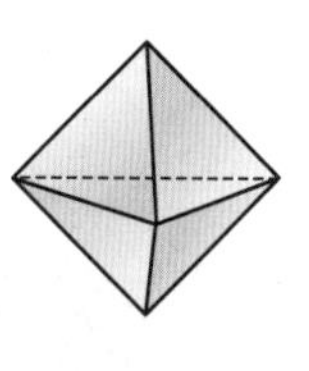

오답노트 작성 ______쪽

20 정다면체의 전개도

핵심개념 정다면체의 전개도는 다음과 같다.

정다면체	정사면체	정육면체	정팔면체	정십이면체	정이십면체
겨냥도					
전개도					

참고 정다면체의 전개도는 어느 모서리를 자르냐에 따라 여러 가지 모양일 수 있다.

▶학습 날짜 월 일 ▶걸린 시간 분 / 목표 시간 15분

1 다음 정다면체의 전개도를 〈보기〉에서 골라라.

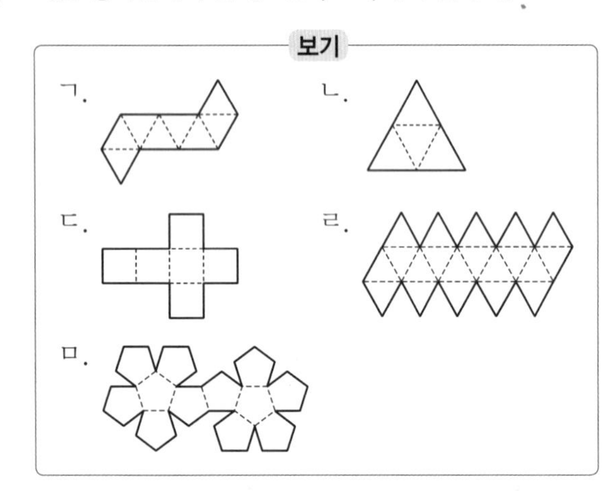

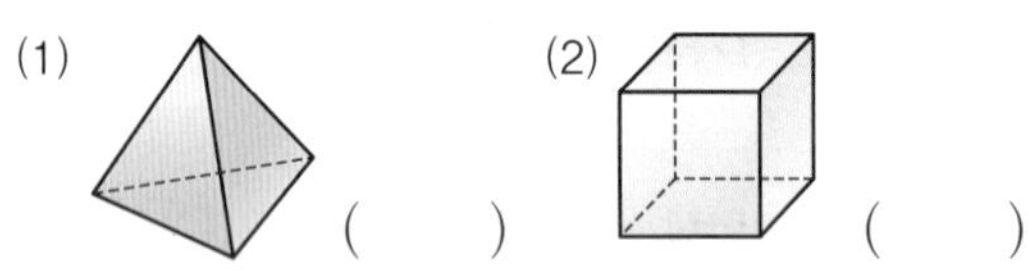

(1) (　　) (2) (　　)

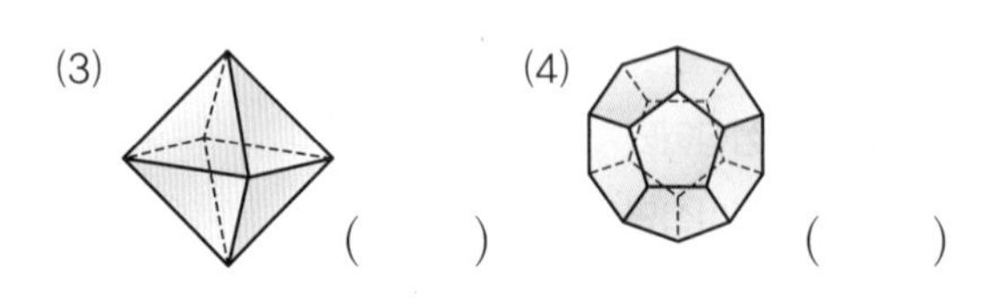

(3) (　　) (4) (　　)

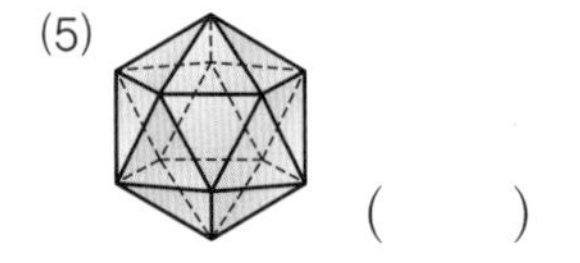

(5) (　　)

2 다음 중 정육면체의 전개도가 될 수 있는 것에는 ○표, 될 수 없는 것에는 ×표를 하여라.

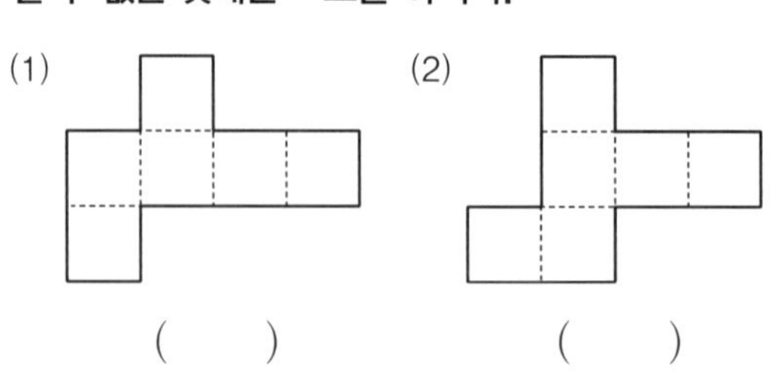

(1) (　　) (2) (　　)

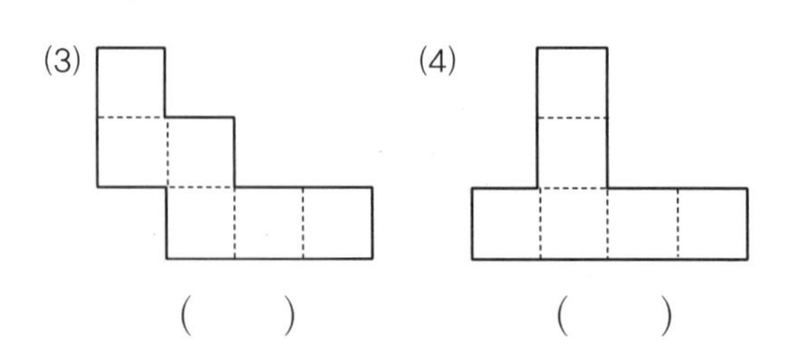

(3) (　　) (4) (　　)

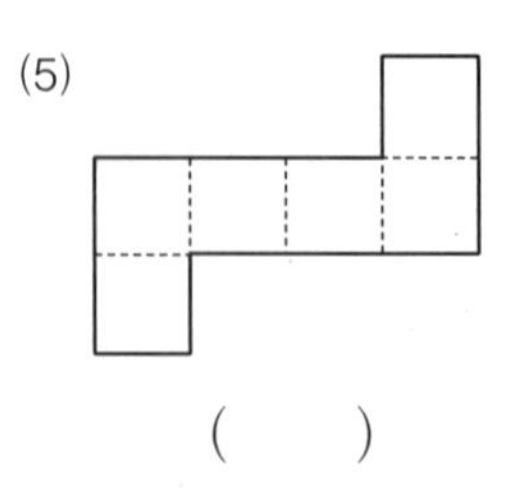

(5) (　　)

오답노트 작성 _____ 쪽

3 **다음 전개도로 만들어지는 정다면체에 대하여 빈칸을 완성하여라.**

tip 전개도에서 서로 겹치는 꼭짓점을 표시해 봐.

B A C N M D L E K F G H I J ➡ B(D, L) A(□) E(K) H C N F(□) G(□)

(1) 만들어지는 정다면체의 이름은 ____________ 이다.

(2) 꼭짓점 A와 겹치는 꼭짓점은 점 □이다.

(3) 꼭짓점 G와 겹치는 꼭짓점은 점 □이다.

(4) 모서리 EF와 겹치는 모서리는 모서리 □이다.

4 **다음 전개도로 만들어지는 정다면체에 대하여 빈칸을 완성하여라.**

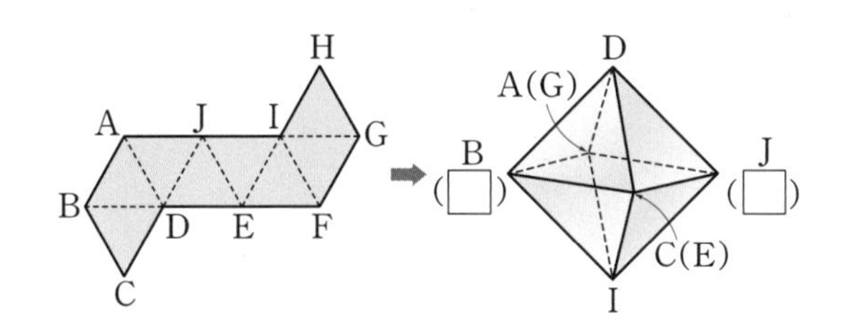

(1) 만들어지는 정다면체의 이름은 ____________ 이다.

(2) 꼭짓점 J와 겹치는 꼭짓점은 점 □이다.

(3) 모서리 EF와 겹치는 모서리는 모서리 □이다.

(4) 모서리 GH와 평행한 모서리는 모서리 □이다.

5 **오른쪽 전개도로 정팔면체를 만들 때, 겨냥도를 완성하고 알맞은 것을 〈보기〉에서 모두 골라라.**

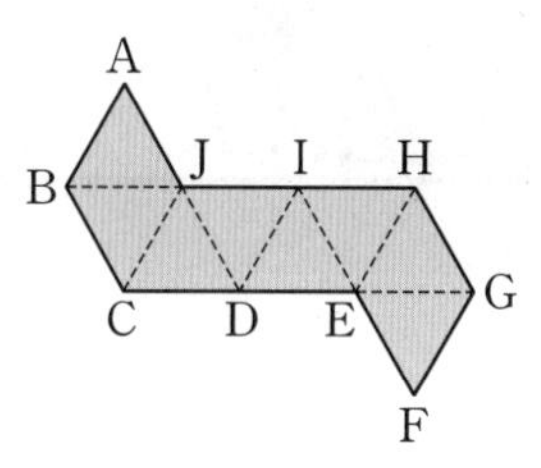

보기

ㄱ. $\overline{AJ}$	ㄴ. $\overline{DJ}$	ㄷ. $\overline{IE}$
ㄹ. $\overline{AD}$	ㅁ. $\overline{DE}$	ㅂ. $\overline{DC}$

(1) 겨냥도 ➔

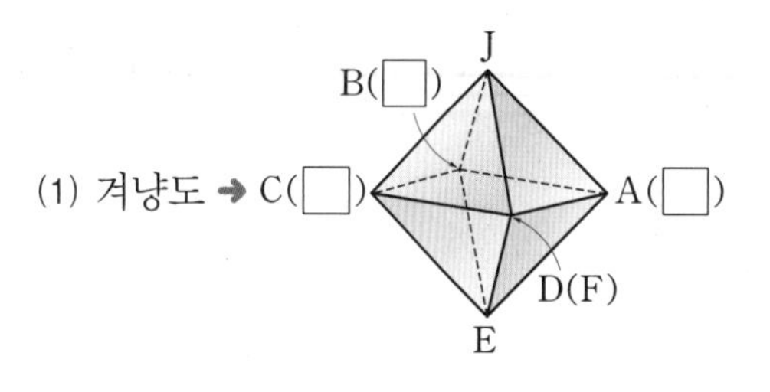

(2) 모서리 AB와 평행한 모서리: ____________

(3) 모서리 BC와 꼬인 위치에 있는 모서리: ____________

6 풍쌤의 point

정다면체와 그 전개도를 선으로 연결하여라.

(1) 정사면체 • • ㄱ.

(2) 정육면체 • • ㄴ.

(3) 정팔면체 • • ㄷ.

(4) 정십이면체 • • ㄹ. 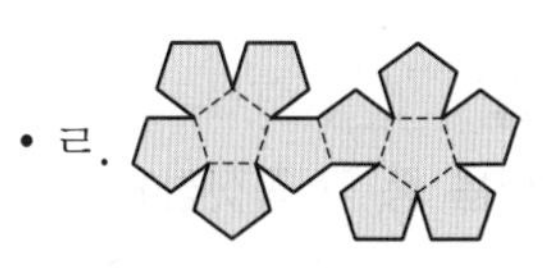

(5) 정이십면체 • • ㅁ. 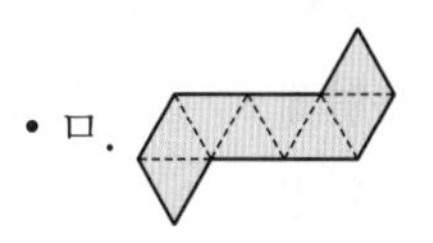

오답노트 작성 ______쪽

▌정답과 해설 26쪽

17-20 ✦ 스스로 점검 문제

맞힌 개수 개 / 7개

▶학습 날짜 월 일 ▶걸린 시간 분 / 목표 시간 20분

1 □□ ↻ 다면체 2, 다면체의 종류 2, 3

다음 〈보기〉의 입체도형 중 칠면체인 것의 개수는?

보기

ㄱ. 오각기둥	ㄴ. 사각기둥	ㄷ. 오각뿔대
ㄹ. 사각뿔	ㅁ. 육각기둥	ㅂ. 육각뿔
ㅅ. 육각뿔대	ㅇ. 삼각기둥	ㅈ. 사각뿔대

① 2개 ② 3개 ③ 4개
④ 5개 ⑤ 6개

2 □□ ↻ 다면체의 종류 2

다음 중 입체도형과 그 옆면의 모양이 바르게 짝지어진 것은?

① 사각기둥 – 정사각형 ② 사각뿔 – 사각형
③ 삼각뿔대 – 사다리꼴 ④ 정육면체 – 오각형
⑤ 오각뿔 – 사다리꼴

3 □□ ↻ 다면체의 종류 3

면의 개수가 6개인 각뿔의 모서리의 개수를 a개, 꼭짓점의 개수를 b개라 할 때, $a+b$의 값은?

① 13 ② 14 ③ 15
④ 16 ⑤ 17

4 □□ ↻ 정다면체 1

다음 중 각 꼭짓점에 모인 면의 개수가 3개인 정다면체가 아닌 것을 모두 고르면? (정답 2개)

① 정사면체 ② 정육면체 ③ 정팔면체
④ 정십이면체 ⑤ 정이십면체

5 □□ ↻ 정다면체 4

정다면체에 대한 다음 설명 중 옳은 것을 모두 고르면? (정답 2개)

① 정다면체는 무수히 많다.
② 정팔면체의 모서리의 개수는 12개이다.
③ 각 꼭짓점에 모인 면의 개수가 같다.
④ 직육면체는 정다면체이다.
⑤ 정십이면체의 꼭짓점의 개수는 12개이다.

6 □□ ↻ 정다면체의 전개도 5

오른쪽 그림의 전개도로 만들어지는 정사면체에서 모서리 AC와 꼬인 위치에 있는 모서리는?

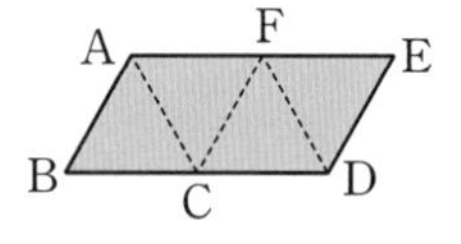

① $\overline{AD}$ ② $\overline{BC}$ ③ $\overline{CF}$
④ $\overline{EC}$ ⑤ $\overline{FD}$

7 □□ ↻ 정다면체 2, 정다면체의 전개도 1

오른쪽 그림과 같은 전개도로 만들어지는 정다면체에 대한 설명 중 옳은 것은?

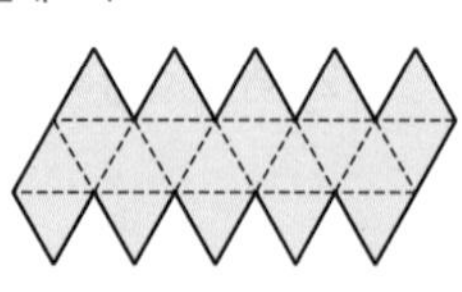

① 이 정다면체의 이름은 정십이면체이다.
② 꼭짓점의 개수는 20개이다.
③ 모서리의 개수는 12개이다.
④ 한 꼭짓점에 모인 면의 개수는 5개이다.
⑤ 모든 면의 모양은 정오각형이다.

오답노트 작성 ______ 쪽

21 회전체

핵심개념

1. **회전체:** 평면도형을 한 직선을 축으로 하여 1회전시킬 때 생기는 입체도형
   (1) 회전축: 회전시킬 때 축이 되는 직선
   (2) 모선: 회전체의 옆면을 이루는 선분
2. **원뿔대:** 원뿔을 밑면에 평행한 평면으로 잘라서 생기는 두 입체도형 중 원뿔이 아닌 쪽의 입체도형
3. **여러 가지 회전체**

회전체	원기둥	원뿔	원뿔대	구
겨냥도	l 밑면, 모선, 옆면, 밑면	l 모선, 옆면, 밑면	l 밑면, 모선, 옆면, 밑면	l
회전시키기 전의 평면도형	직사각형	직각삼각형	사다리꼴	반원

주의 회전체는 다면체가 아니다.

▶학습 날짜 월 일 ▶걸린 시간 분 / 목표 시간 20분

정답과 해설 27쪽

1 다음 중 회전체인 것에는 ○표, 회전체가 아닌 것에는 ×표를 하여라.

(1) 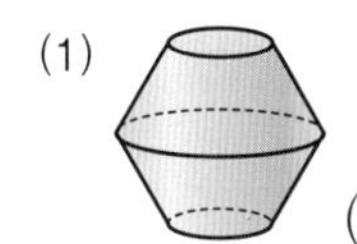 ( )

(2) 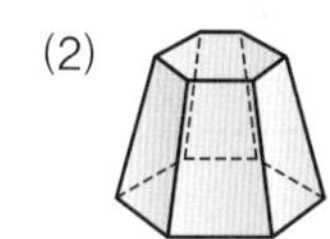 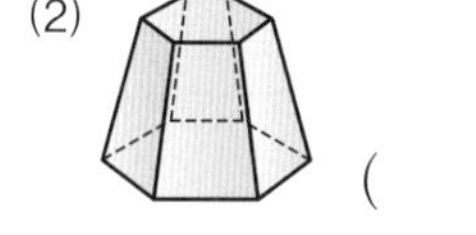 ( )

(3) 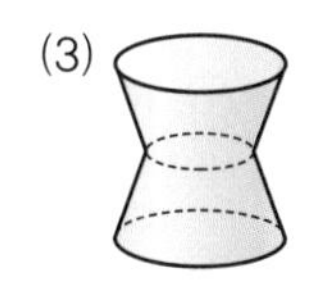  ( )

(4) 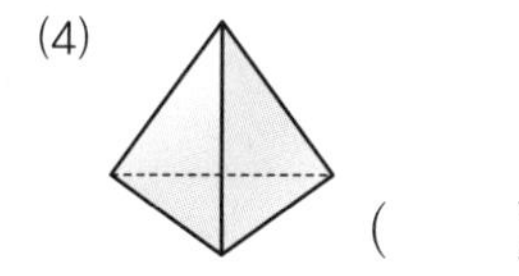 ( )

(5) 원기둥 ( )

(6) 사각뿔대 ( )

(7) 원뿔 ( )

(8) 정육각형 ( )

2 다음 그림과 같은 평면도형을 직선 l을 축으로 하여 1회전시킬 때 생기는 입체도형을 그리고, 그 이름을 써라.

(1) 

( )

(2) 

( )

(3) 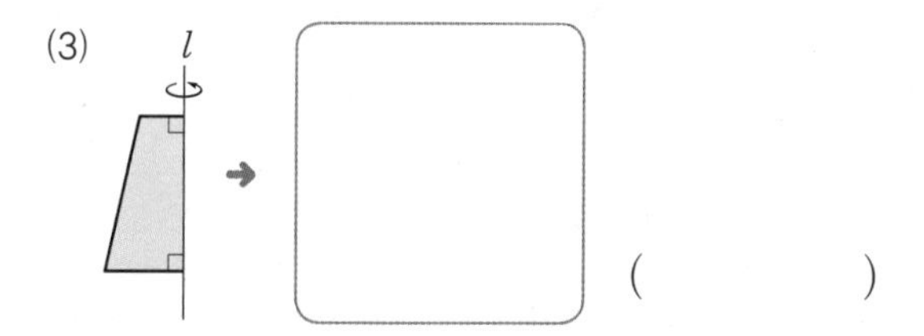

( )

오답노트 작성 ____쪽

3 다음 그림과 같은 평면도형을 직선 l을 축으로 하여 1회전시킬 때 생기는 입체도형을 그려라.

tip 먼저 주어진 도형을 회전축에 대하여 대칭이동시킨 다음 입체화(원 만들기)하면 돼.

(1)

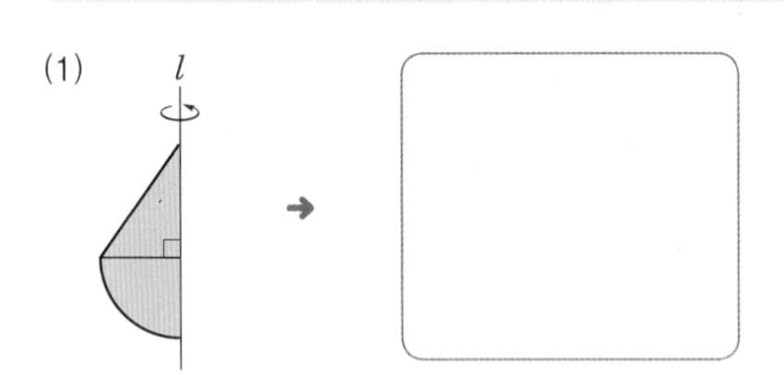

(2)

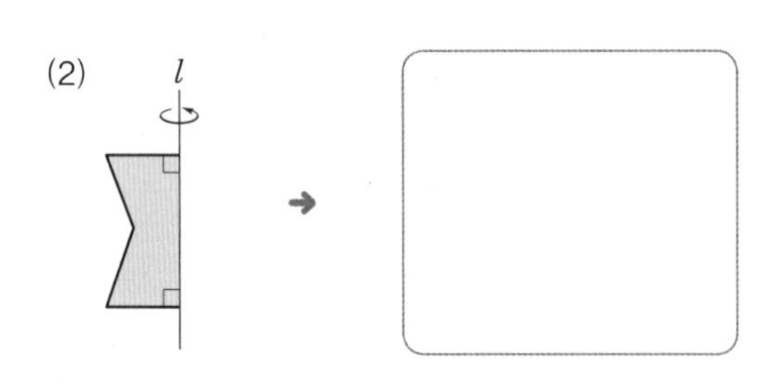

(3)

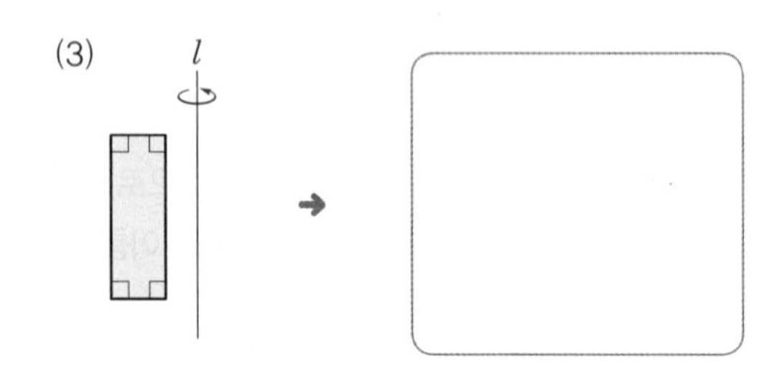

(4)

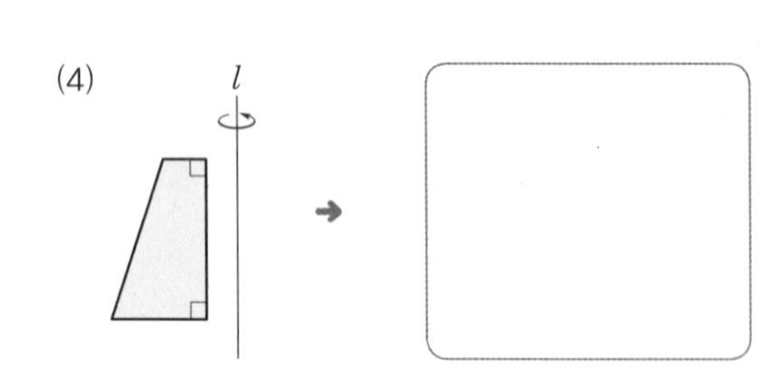

(5)

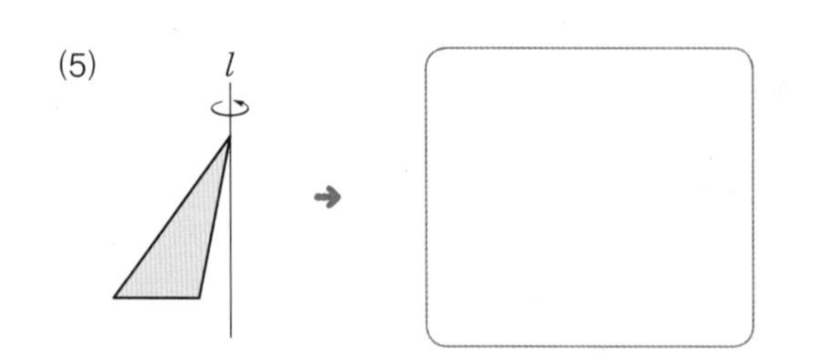

4 어떤 평면도형을 직선 l을 축으로 1회전시켰더니 다음 그림과 같은 회전체가 되었을 때, 회전시키기 전의 평면도형의 모양을 그려라.

(1)

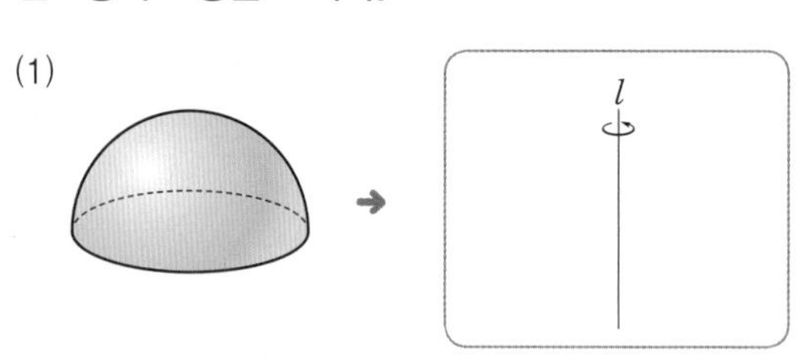

(2)

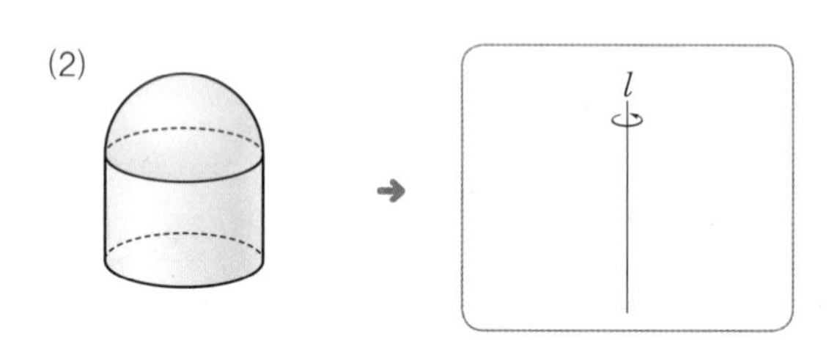

(3)

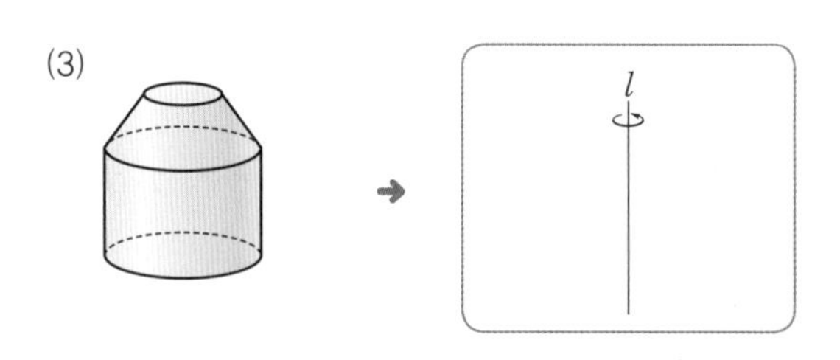

(4)

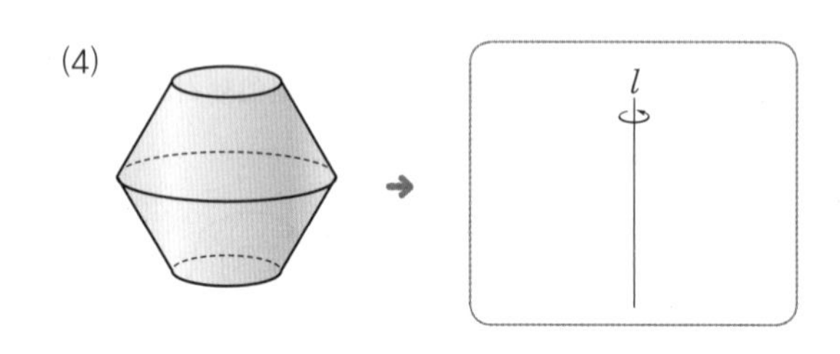

5 풍쌤의 point

(1) 원뿔을 밑면에 평행한 평면으로 잘라서 생기는 두 입체도형 중 원뿔이 아닌 쪽의 입체도형을 (　　　　　)라고 한다.

(2) 다음 회전체를 회전시키기 전의 평면도형은
원기둥 ➜ (　　　　　), 원뿔 ➜ (　　　　　)
원뿔대 ➜ (　　　　　), 구 ➜ (　　　　　)
이다.

오답노트 작성 ______ 쪽

22 회전체의 성질

핵심개념

1. 회전체를 회전축에 수직인 평면으로 잘랐을 때: 그 단면은 항상 원이다.

회전체	원기둥	원뿔	원뿔대	구
회전축에 수직인 평면으로 자르기				
단면	원	원	원	원

2. 회전체를 회전축을 포함하는 평면으로 잘랐을 때: 그 단면은 모두 합동이고, 회전축에 대하여 선대칭도형이다.

회전체	원기둥	원뿔	원뿔대	구
회전축을 포함하는 평면으로 자르기				
단면	직사각형	이등변삼각형	사다리꼴	원

▶학습 날짜 월 일 ▶걸린 시간 분 / 목표 시간 20분

정답과 해설 27쪽

1 회전축을 다음과 같은 평면으로 잘랐을 때 생기는 단면의 모양을 쓰고, 문장을 완성하여라.

회전체	회전축에 수직인 평면	회전축을 포함하는 평면
(1) 원기둥		
(2) 원뿔		
(3) 원뿔대		
(4) 구		

(5) (회전축에 수직인, 회전축을 포함하는) 평면으로 잘랐을 때 생기는 단면의 모양은 항상 원이다.

2 오른쪽 그림의 원뿔대를 (1), (2), (3), (4)와 같이 잘랐을 때 생기는 단면의 모양을 각각 그려라.

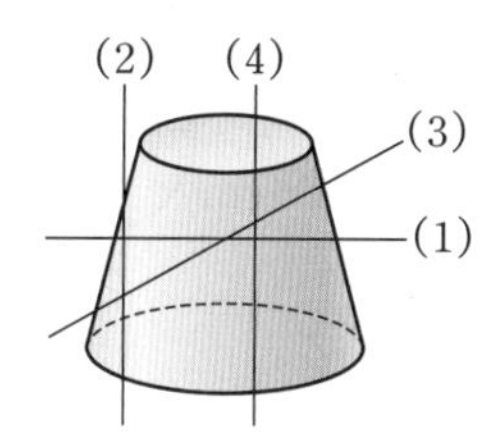

(1)

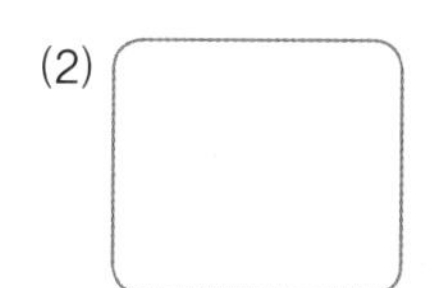

(2)

(3)

(4)

오답노트 작성 ______쪽

3 다음 평면도형을 직선 l을 축으로 하여 1회전시켜서 생기는 회전체를 회전축을 포함한 평면으로 자를 때 생기는 단면의 모양을 그리고, 그 넓이를 구하여라.

(1)

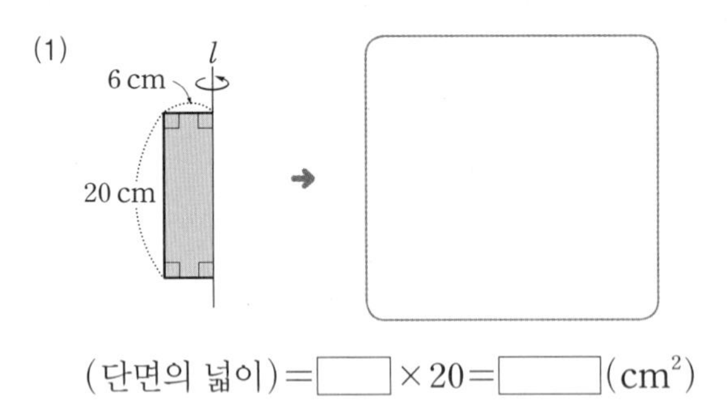

(단면의 넓이)$=\square\times 20=\square(\text{cm}^2)$

(2)

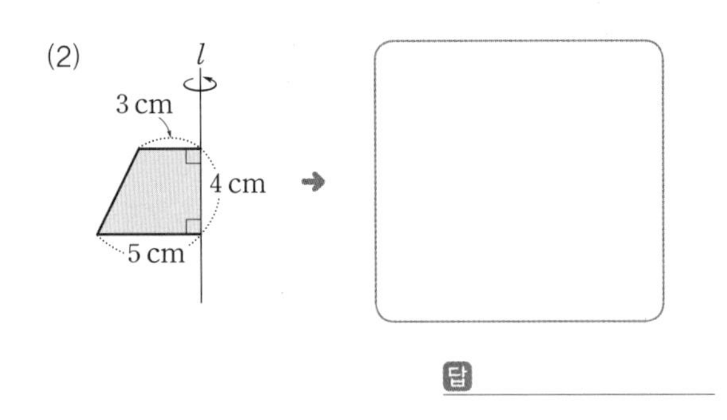

답 ______

(3)

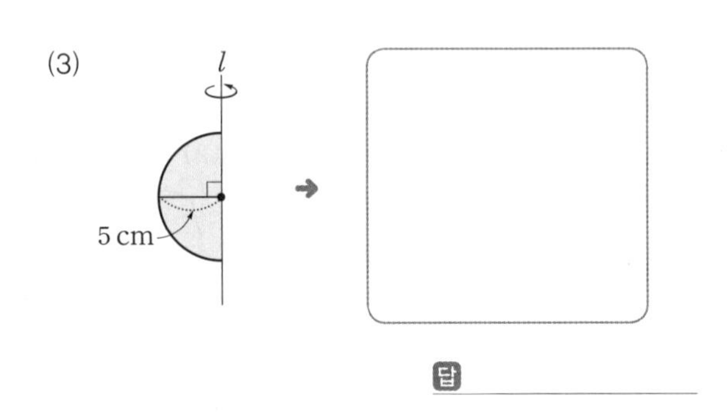

답 ______

(4)

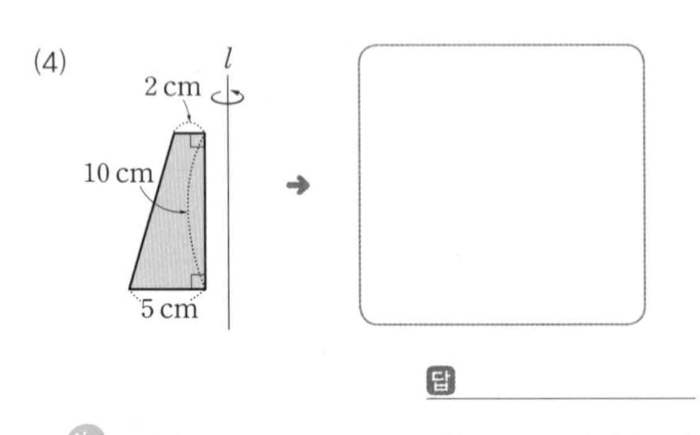

답 ______

tip 회전체를 회전축을 포함하는 평면으로 자르면 단면은 회전축에 대하여 대칭인 선대칭도형이야. 따라서 단면의 넓이는 (회전시키기 전 평면도형의 넓이)×2로 구할 수 있어.

4 주어진 평면도형을 직선 l을 축으로 하여 1회전시켜서 생기는 회전체를 회전축에 수직인 평면으로 자를 때, 다음 단면의 넓이를 구하여라.

tip 회전체를 회전축에 수직인 평면으로 자르면 단면의 모양은 항상 원이야. 이때 자르는 위치에 따라 원의 크기가 달라지기 때문에 원의 넓이도 달라져.

(1) 넓이가 가장 큰 단면의 넓이

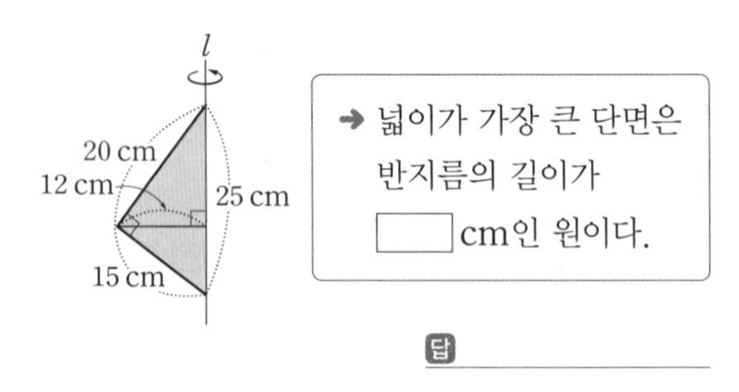

➜ 넓이가 가장 큰 단면은 반지름의 길이가 $\square$cm인 원이다.

답 ______

(2) 넓이가 가장 작은 단면의 넓이

l
5 cm
3 cm
8 cm
4 cm

➜ 넓이가 가장 작은 단면은 반지름의 길이가 $\square$cm인 원이다.

답 ______

5 풍쌤의 point

(1) 회전체를 회전축에 수직인 평면으로 잘랐을 때 생기는 단면의 모양은 항상 (　　　)이다.

(2) 다음 회전체를 회전축을 포함하는 평면으로 잘랐을 때 생기는 단면의 모양은

- 원기둥 ➜ (　　　　　　)
- 원뿔 ➜ (　　　　　　)
- 원뿔대 ➜ (　　　　　　)
- 구 ➜ (　　　　　　)

이다.

오답노트 작성 ______쪽

23 회전체의 전개도

핵심개념

회전체	원기둥	원뿔	원뿔대
전개도	밑면, 옆면, 모선, 밑면	모선, 옆면, 밑면	밑면, 모선, 옆면, 밑면

주의 구는 전개도를 그릴 수 없다.

참고 오른쪽 전개도에서

(1) 밑면의 둘레의 길이는 선분 AD 또는 선분 BC의 길이와 같다.

(2) 선분 AB의 길이는 원기둥의 높이와 같다.

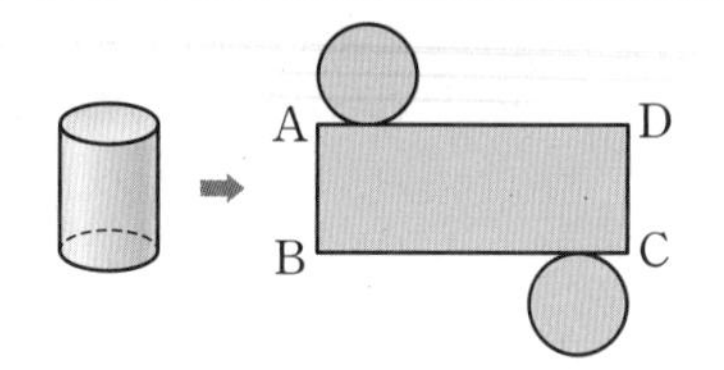

▶학습 날짜 월 일 ▶걸린 시간 분 / 목표 시간 20분

정답과 해설 28쪽

1 다음 회전체와 그 전개도를 선으로 연결하여라.

(1) 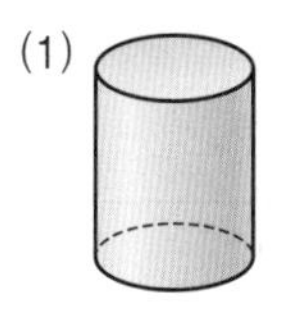 • • ㄱ. 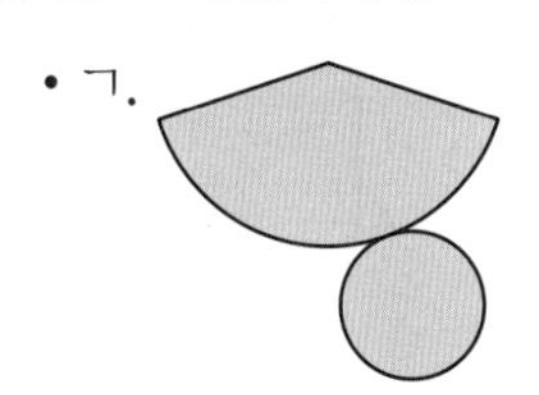

(2) 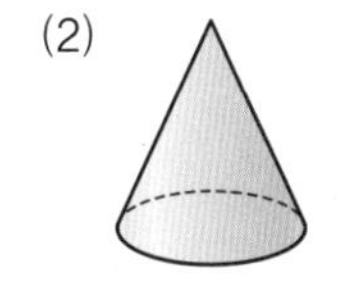 • • ㄴ. 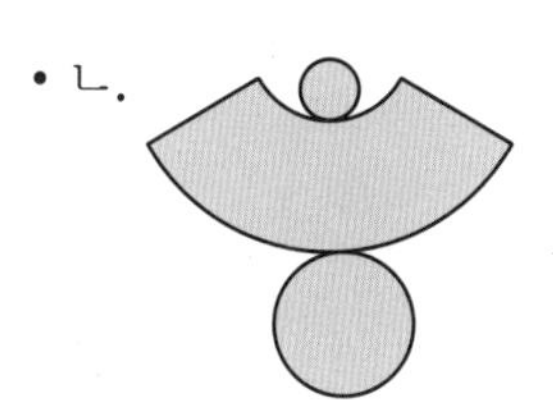

(3) 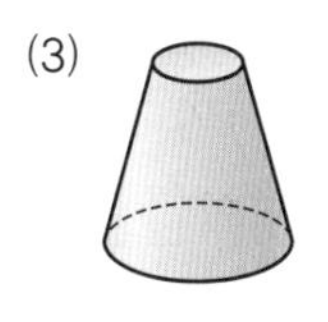 • • ㄷ. 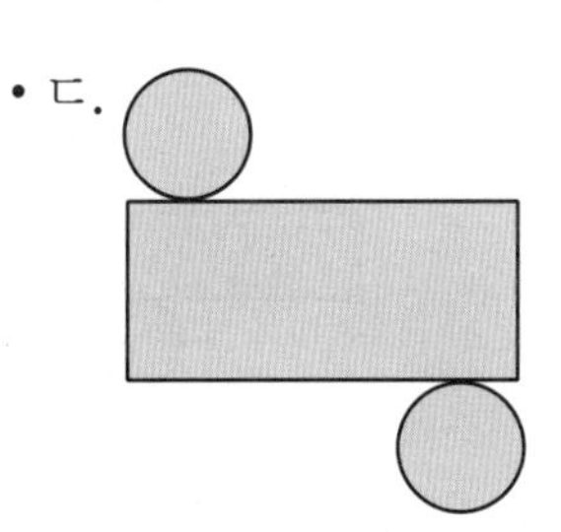

2 다음 회전체와 그 전개도를 보고 a, b, c의 값을 각각 구하여라.

(1)

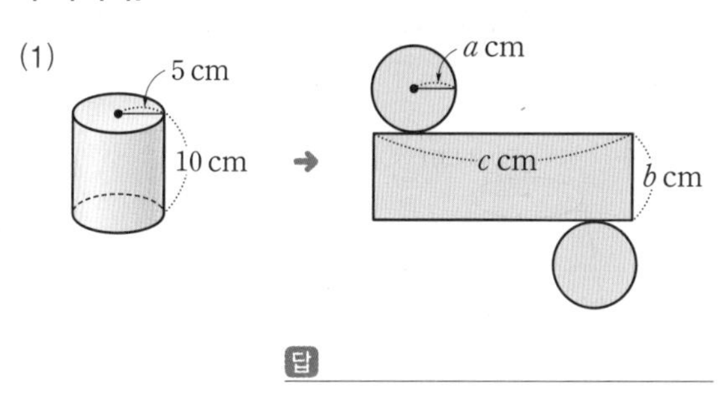

답 ____________

(2)

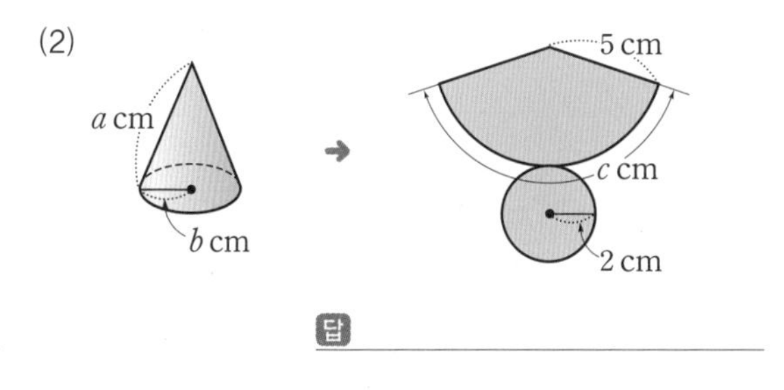

답 ____________

(3)

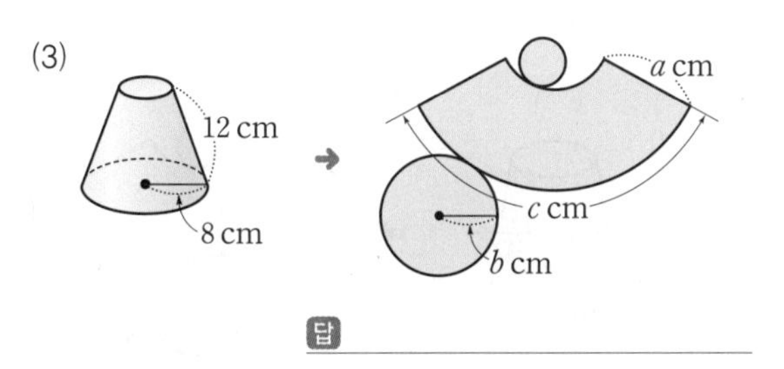

답 ____________

오답노트 작성 ______쪽

3 다음 입체도형의 전개도를 그리고, □ 안에 알맞은 수를 써넣어라.

(1)

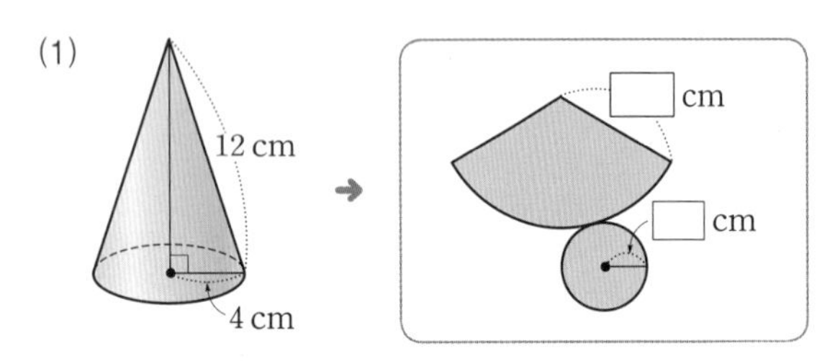

(옆면의 넓이)=□ cm^2

tip 옆면의 모양은 반지름의 길이가 12 cm인 부채꼴이야. 따라서 반지름의 길이가 r, 호의 길이가 l인 부채꼴의 넓이는 $\frac{1}{2}rl$임을 이용하면 돼.

(2)

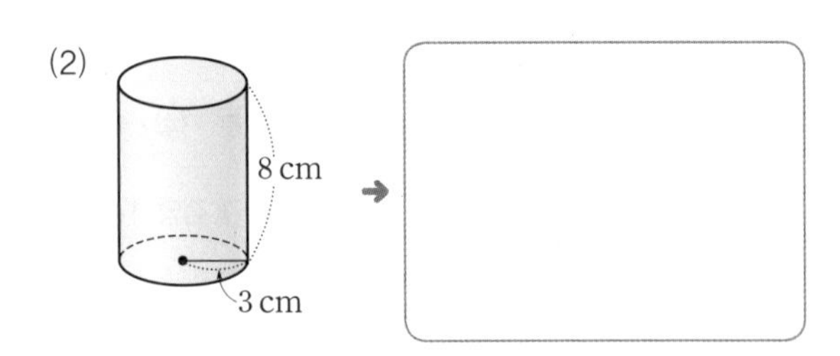

(옆면의 넓이)=□ cm^2

(3)

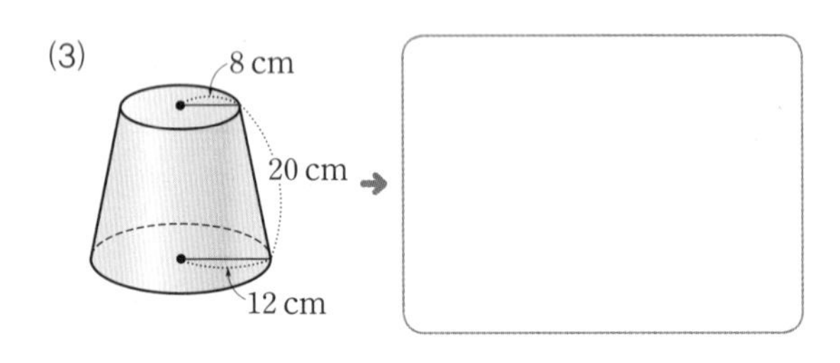

(옆면의 둘레의 길이)=(□π+□) cm

4 다음 입체도형을 회전축에 수직인 평면으로 자를 때, 잘린 단면의 둘레를 주어진 전개도 위에 표시하여라.

(1)

(2)

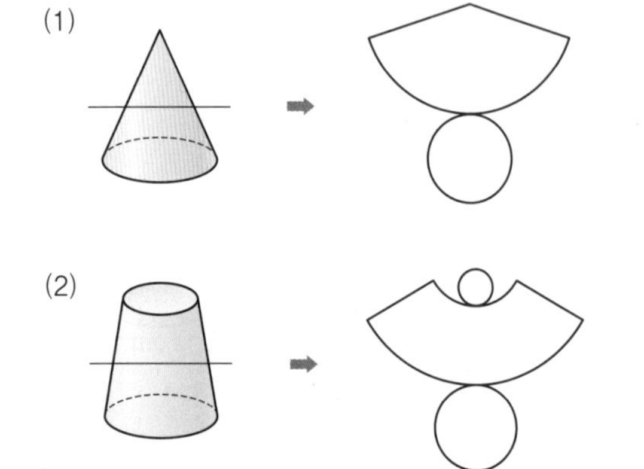

5 다음 그림과 같이 실을 회전체의 옆면을 따라 감을 때, 실의 길이가 가장 짧게 되는 경로를 주어진 옆면의 전개도 위에 표시하여라.

(1)

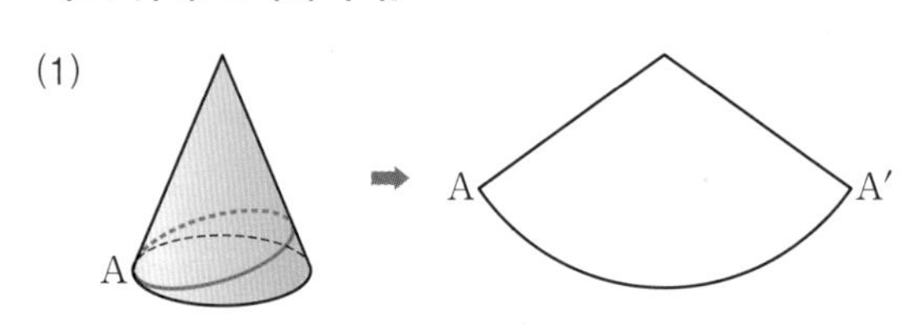

(2)

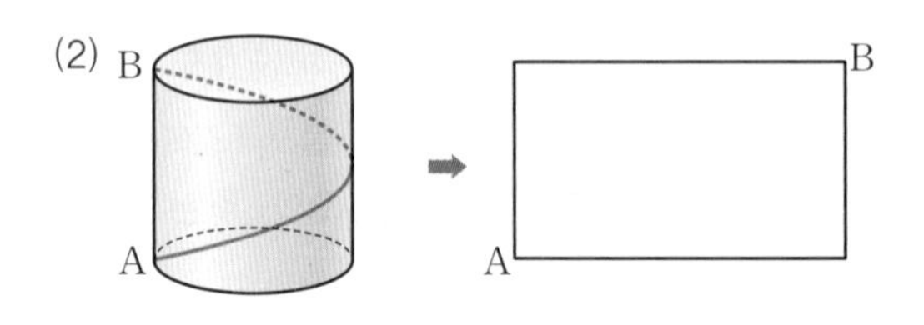

(3)

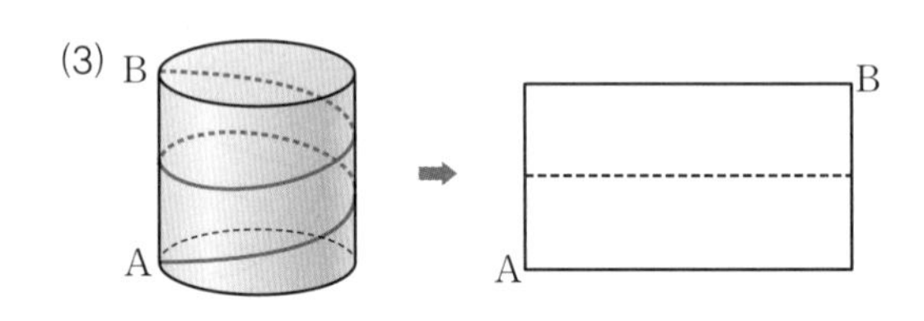

6 풍쌤의 point

(1)

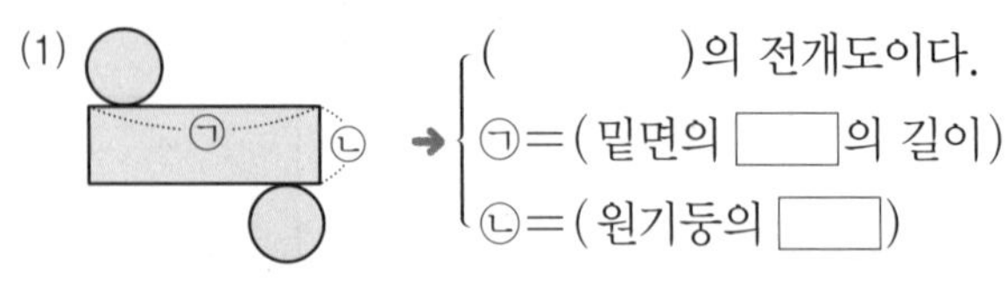

( )의 전개도이다.
㉠=(밑면의 □의 길이)
㉡=(원기둥의 □)

(2)

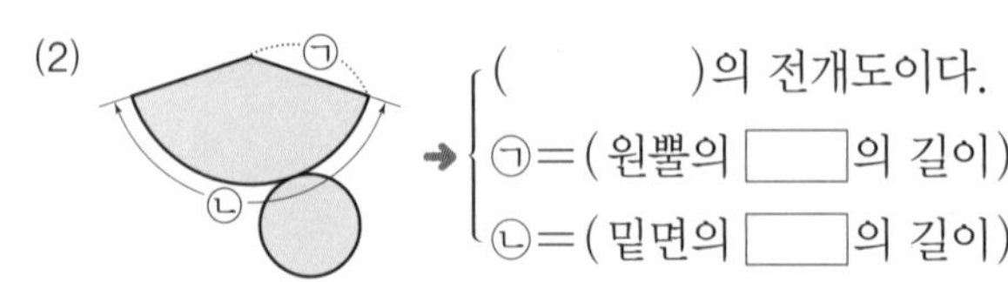

( )의 전개도이다.
㉠=(원뿔의 □의 길이)
㉡=(밑면의 □의 길이)

(3)

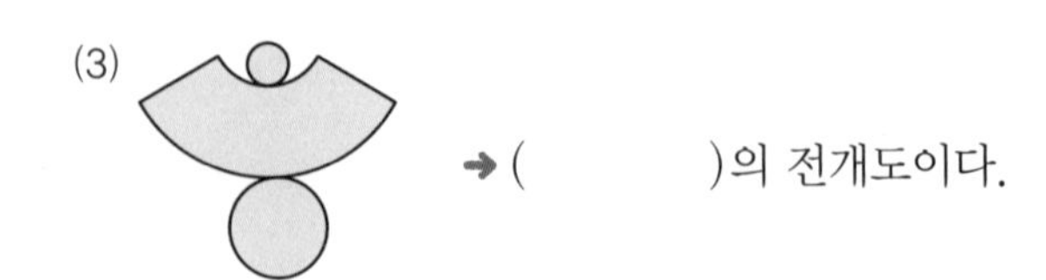

→( )의 전개도이다.

오답노트 작성 ____쪽

정답과 해설 28쪽

21-23 · 스스로 점검 문제

맞힌 개수 개 / 7개

▶학습 날짜 월 일 ▶걸린 시간 분 / 목표 시간 20분

1 □□ 회전체 1

다음 입체도형 중 회전체가 아닌 것은?

① 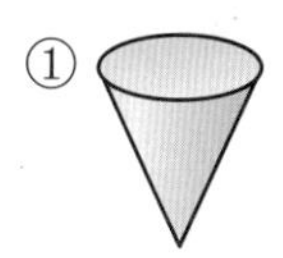 ② 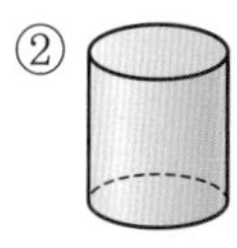 ③ 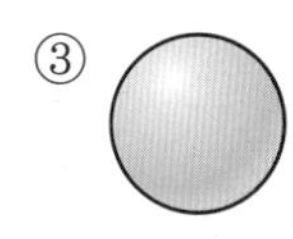

④ 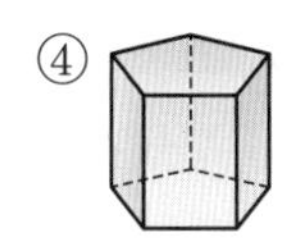 ⑤ 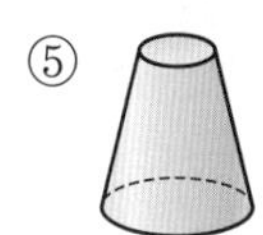

2 □□ 회전체 4

오른쪽 그림의 회전체는 다음 중 어느 평면도형을 직선 l을 축으로 하여 1회전시킨 것인가?

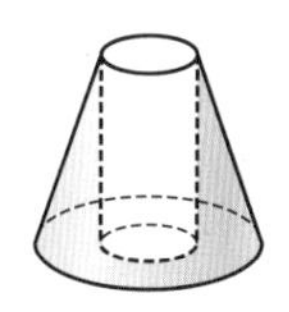

① 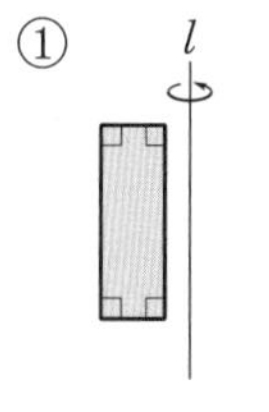

② 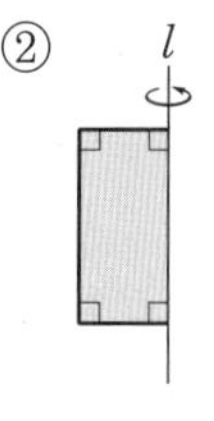

③ 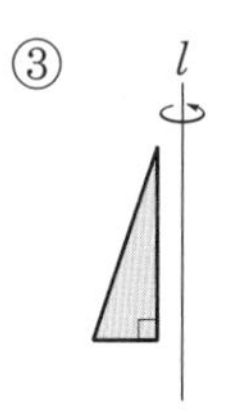

④ 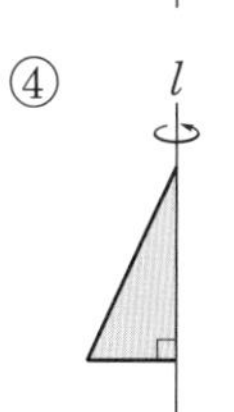

⑤ 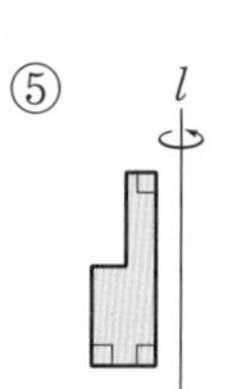

3 □□ 회전체의 성질 1

다음 중 회전체와 그 회전체를 회전축을 포함하는 평면으로 자른 단면의 모양을 잘못 짝지은 것은?

① 구 – 원　　② 원기둥 – 직사각형

③ 원뿔대 – 사다리꼴　　④ 반구 – 반원

⑤ 원뿔 – 직각삼각형

4 □□ 회전체의 성질 1

다음 [그림1]은 어떤 회전체를 회전축에 수직인 평면으로 자른 단면이고, [그림2]는 회전축을 포함하는 평면으로 자른 단면이다. 이 회전체의 이름을 써라.

[그림1]

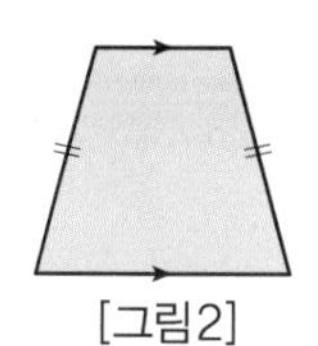

[그림2]

5 □□ 회전체의 성질 3

오른쪽 그림과 같은 원뿔을 회전축을 포함하는 평면으로 자른 단면의 넓이를 구하여라.

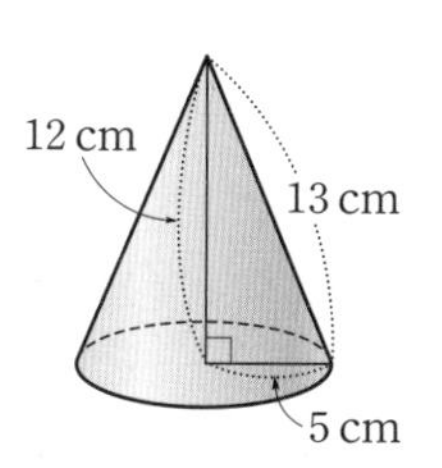

6 □□ 회전체의 전개도 2, 3

다음 그림은 회전체와 그 전개도이다. 회전체에서 색칠한 밑면의 둘레와 그 길이가 같은 것은?

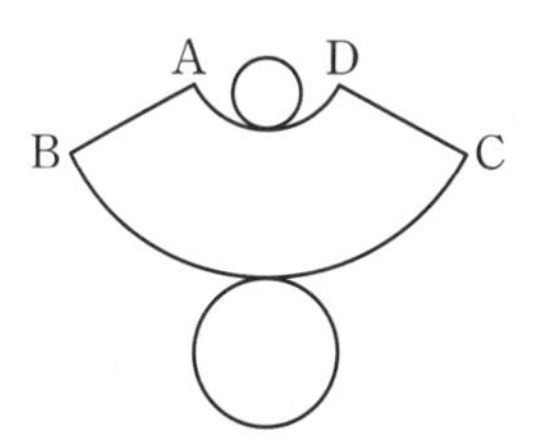

① $\overline{AB}$　　② $\overline{BC}$　　③ $\overset{\frown}{BC}$

④ $\overset{\frown}{AD}$　　⑤ $\overline{AD}$

7 □□ 회전체의 전개도 2, 3

오른쪽 그림과 같은 원뿔의 전개도에서 부채꼴의 중심각의 크기를 구하여라.

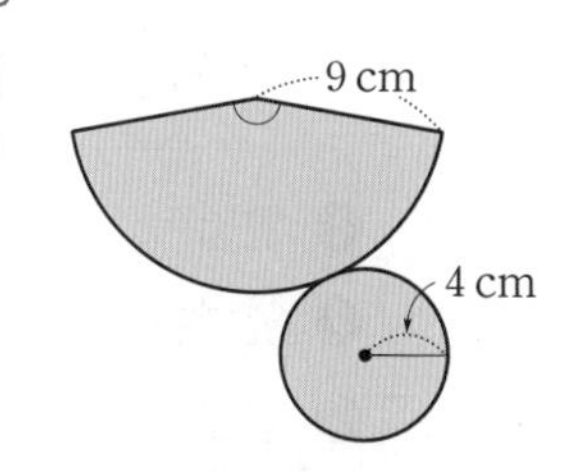

오답노트 작성 ______쪽

24 각기둥의 겉넓이

핵심개념

(각기둥의 겉넓이)
=(밑넓이)×2+(옆넓이)
=(밑넓이)×2
+(밑면의 둘레의 길이)×(각기둥의 높이)

참고 기둥의 두 밑면은 서로 합동이고 옆면은 항상 직사각형이다.

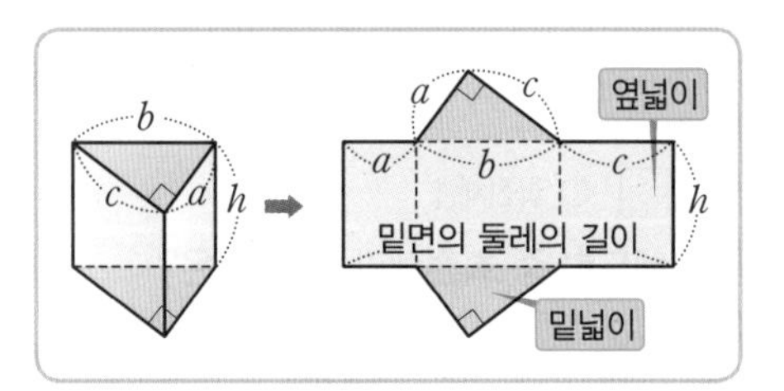

▶학습 날짜 월 일 ▶걸린 시간 분 / 목표 시간 20분

1 다음 그림은 사각기둥의 겉넓이를 그 전개도를 이용하여 구하는 과정이다. 빈칸을 완성하여라.

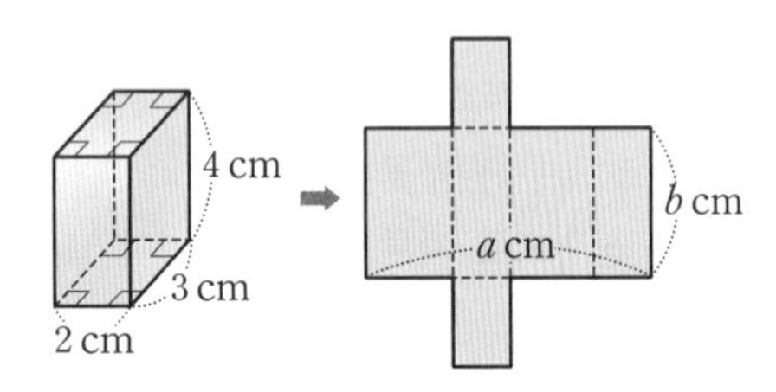

(1) 전개도에서 옆면인 직사각형의 가로의 길이는 밑면의 ________와 같다.

(2) 전개도에서 옆면은 ______이고 $a=$□, $b=$□이다.

(3) (겉넓이)=(□)×2+(옆넓이)
=□×2+□
=□(cm^2)

2 다음 그림과 같은 전개도로 만들어지는 입체도형의 겉넓이를 주어진 순서에 따라 구하여라.

(1)

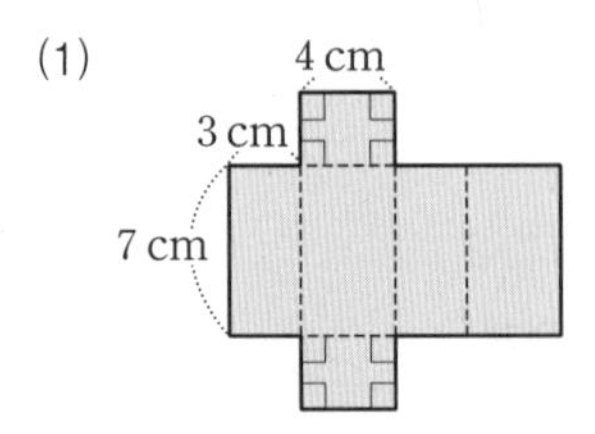

❶ 밑넓이 답 ________
❷ 옆넓이 답 ________
❸ 겉넓이 답 ________

(2)

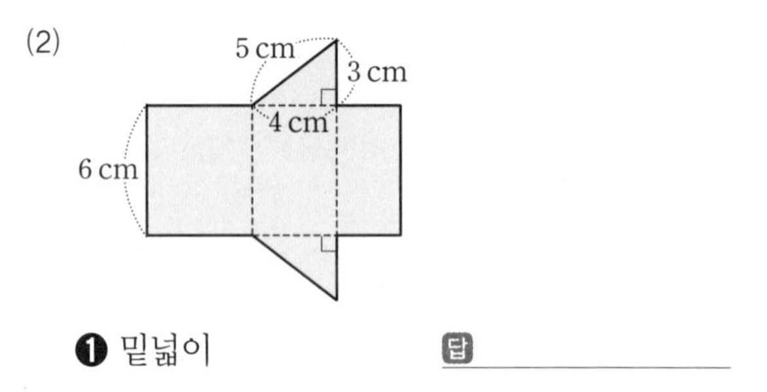

❶ 밑넓이 답 ________

❷ 옆넓이 답 ________

tip 각기둥의 옆면은 밑면의 모양에 관계없이 항상 직사각형이야.
이때 옆면의 가로의 길이는 밑면의 둘레의 길이!

❸ 겉넓이 답 ________

오답노트 작성 ______쪽

3 다음 그림과 같은 각기둥의 겉넓이를 구하여라.

(1)

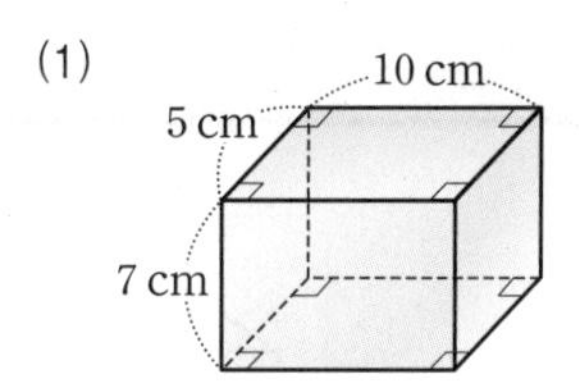

답 ____________

(2)

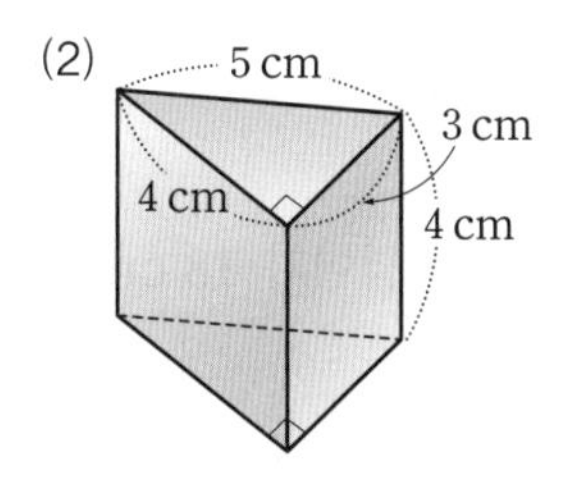

답 ____________

(3)

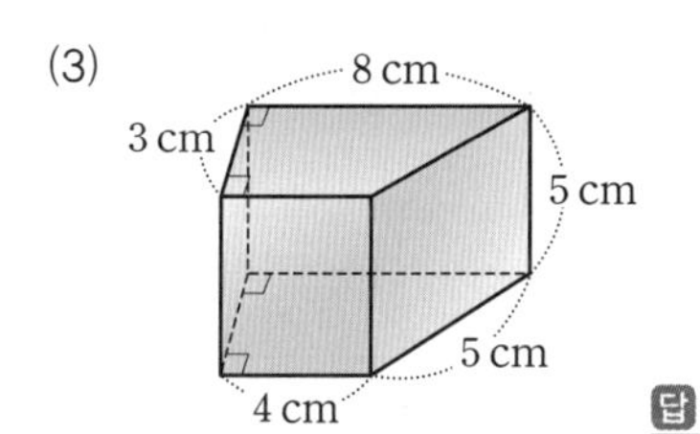

답 ____________

tip 밑면의 모양이 사다리꼴이니까 사다리꼴의 넓이 공식
(사다리꼴의 넓이)
$=\frac{1}{2}\times\{$(윗변의 길이)$+$(아랫변의 길이)$\}\times$(높이)
를 이용해.

(4)

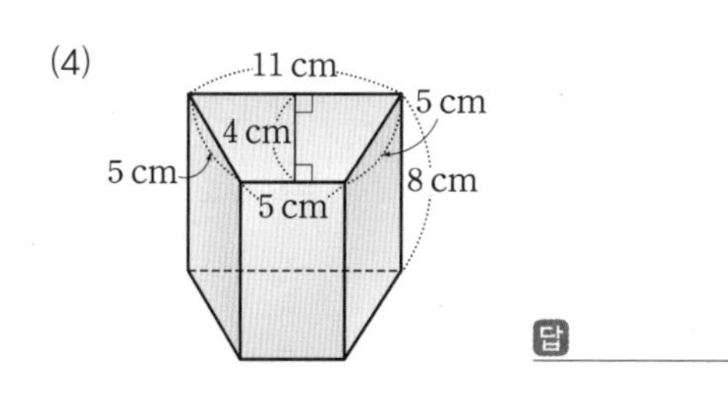

답 ____________

4 다음 그림과 같이 가운데가 직육면체 모양으로 뚫려 있는 직육면체 모양의 입체도형이 있다. 이 입체도형의 겉넓이를 주어진 순서에 따라 구하여라.

(1)

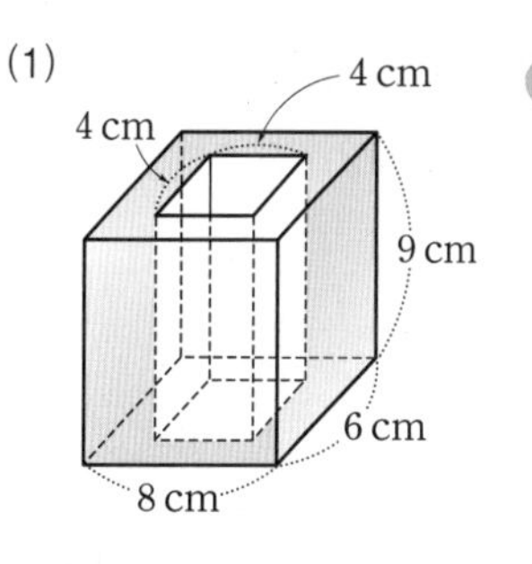

tip 구멍이 뚫린 입체도형의 겉넓이를 구할 때는 안쪽 부분의 겉넓이도 꼭 더해 주어야 해.

❶ 밑넓이 답 ____________

❷ 바깥쪽 옆넓이 답 ____________

❸ 안쪽 옆넓이 답 ____________

❹ 겉넓이 답 ____________

(2)

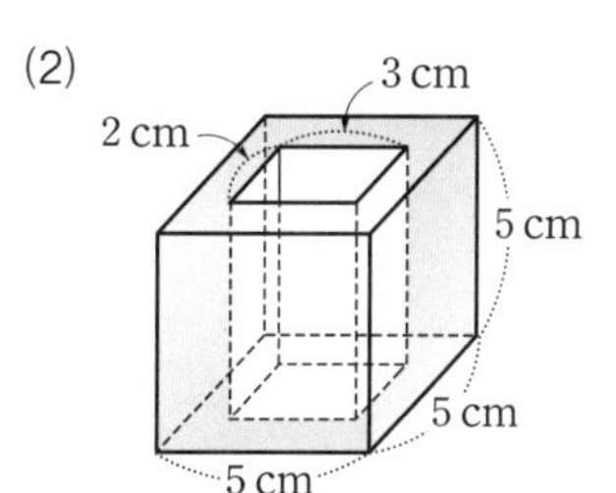

❶ 밑넓이 답 ____________

❷ 바깥쪽 옆넓이 답 ____________

❸ 안쪽 옆넓이 답 ____________

❹ 겉넓이 답 ____________

오답노트 작성 ______쪽

25 각기둥의 부피

핵심개념 밑넓이가 S, 높이가 h인 각기둥의 부피를 V라고 하면
$V=$(밑넓이)$\times$(높이)$=Sh$

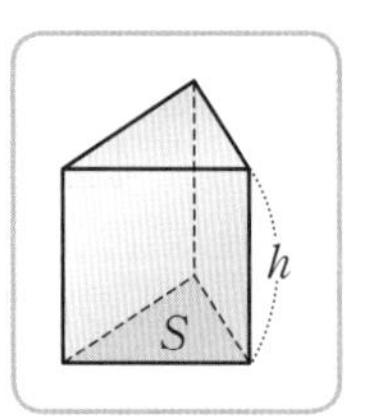

▶학습 날짜 월 일 ▶걸린 시간 분 / **목표 시간** 20분

1 다음 빈칸을 완성하고, 주어진 입체도형의 부피를 구하여라.

(각기둥의 부피)=(밑넓이)×(□)

(1) 밑넓이가 24 cm^2이고 높이가 5 cm인 삼각기둥
➜ (부피)=(□)×(높이)
=□×□
=□(cm^3)

(2) 밑넓이가 14 cm^2이고 높이가 7 cm인 사각기둥
답 ________

(3) 밑넓이가 30 cm^2이고 높이가 9 cm인 오각기둥
답 ________

(4) 밑넓이가 32 cm^2이고 높이가 8 cm인 육각기둥
답 ________

2 다음을 구하여라.

(1) 부피가 180 cm^3이고 밑넓이가 18 cm^2인 삼각기둥의 높이
➜ (높이)=(부피)÷(밑넓이)
=□÷□=□(cm)

(2) 부피가 60 cm^3이고 밑넓이가 12 cm^2인 사각기둥의 높이 답 ________

(3) 부피가 72 cm^3이고 밑넓이가 18 cm^2인 오각기둥의 높이 답 ________

(4) 부피가 240 cm^3이고 높이가 8 cm인 삼각기둥의 밑넓이 답 ________

(5) 부피가 144 cm^3이고 높이가 12 cm인 오각기둥의 밑넓이 답 ________

오답노트 작성 ______쪽

3 다음 그림과 같은 각기둥의 부피를 구하여라.

(1)

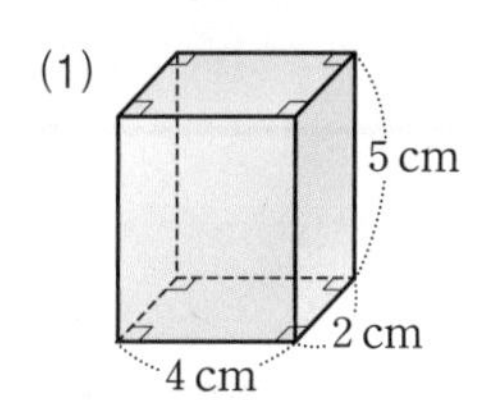

➜ (부피) = (밑넓이) × (높이)

= ☐ × ☐ = ☐ (cm^3)

(2)

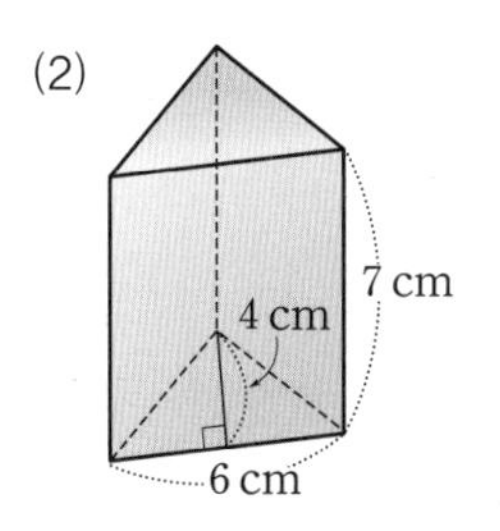

답 ________

(3)

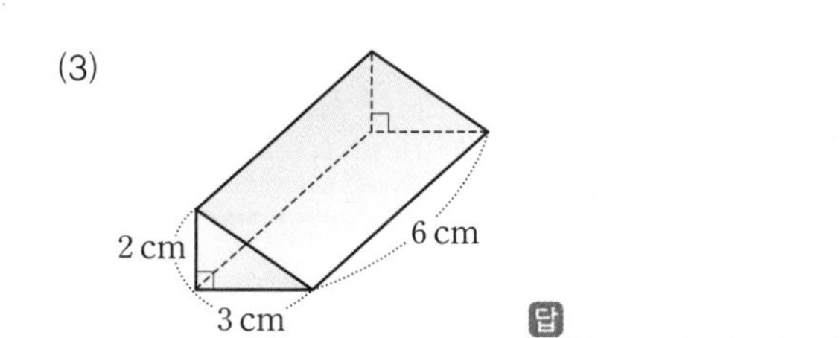

답 ________

(4)

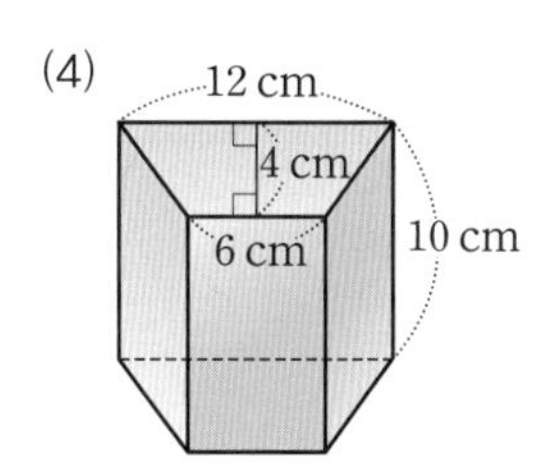

답 ________

(5)

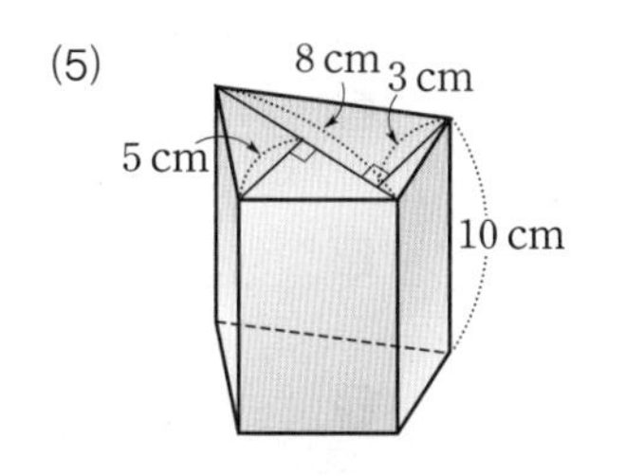

답 ________

4 다음 그림과 같이 가운데가 직육면체 모양으로 뚫려 있는 직육면체 모양의 입체도형이 있다. 이 입체도형의 부피를 주어진 순서에 따라 구하여라.

(1)

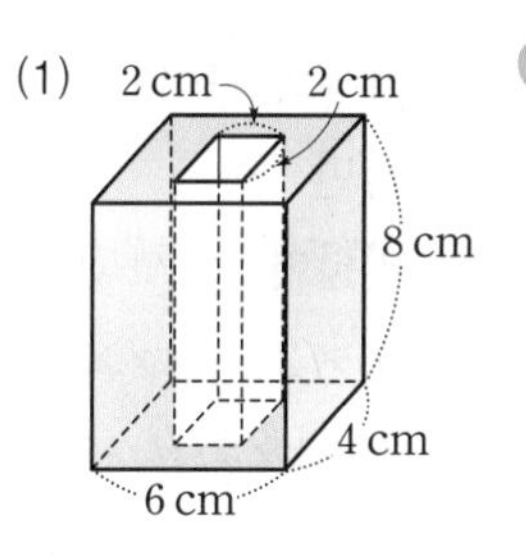

tip 바깥쪽 직육면체의 부피에서 뚫린 부분의 부피를 빼 주어도 돼. 그런데 부피는 (밑넓이) × (높이)라는 사실! 밑넓이를 구해서 높이를 곱해 주면 끝!

❶ 밑넓이 답 ________

❷ 부피 답 ________

(2)

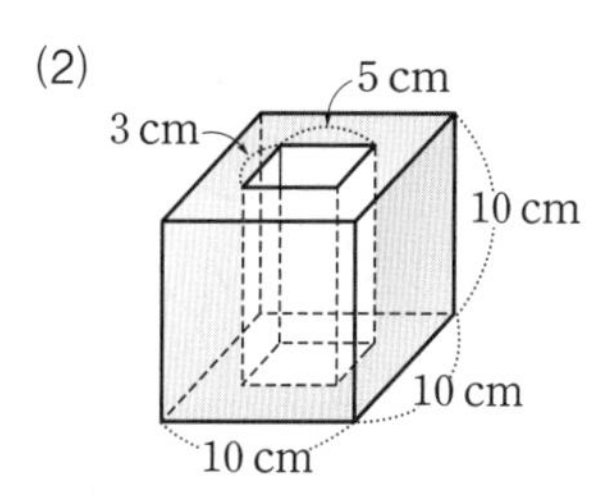

❶ 밑넓이 답 ________

❷ 부피 답 ________

5 풍쌤의 point

(1) (각기둥의 부피) = (☐) × (높이)이다.

(2) 밑넓이가 S, 높이가 h인 각기둥의 부피는 (   )이다.

(3) 가운데가 뚫린 입체도형의 부피는 다음 두 가지 방법 중 하나를 이용하여 구한다.

㉠ (부피) = (밑넓이) × (☐)

㉡ (큰 입체도형의 부피) ☐ (뚫린 부분의 부피)

오답노트 작성 ______쪽

26 원기둥의 겉넓이

핵심개념 밑면의 반지름의 길이가 r, 높이가 h인 원기둥의 겉넓이를 S라고 하면

$S=$(밑넓이)$\times 2+$(옆넓이)

$=\pi r^2\times 2+2\pi r\times h$

$=2\pi r^2+2\pi rh$

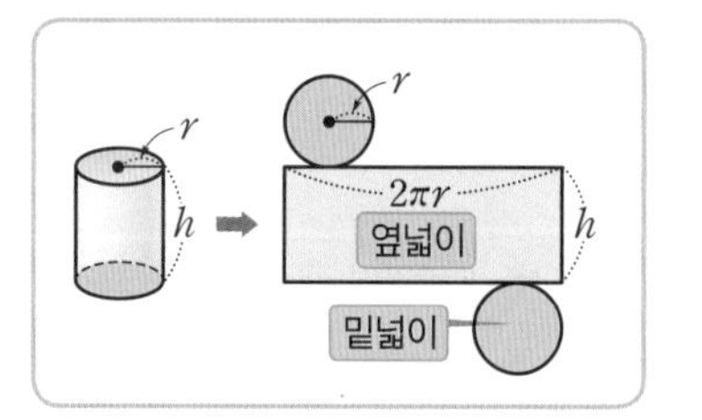

▶학습 날짜 월 일 ▶걸린 시간 분 / 목표 시간 20분

1 다음 그림은 원기둥의 겉넓이를 그 전개도를 이용하여 구하는 과정이다. 빈칸을 완성하여라.

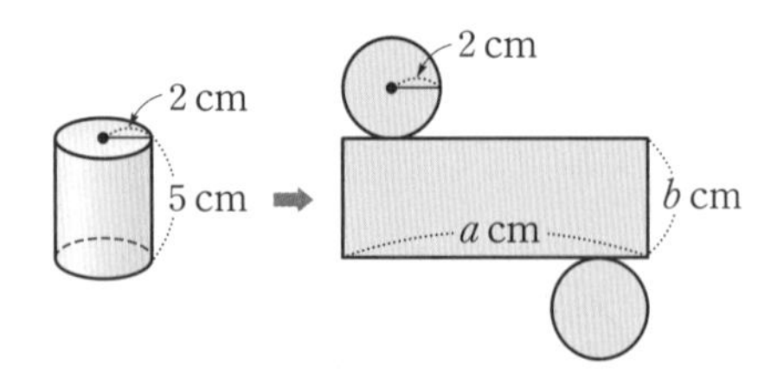

(1) 전개도에서 옆면인 직사각형의 가로의 길이는 반지름의 길이가 □ cm인 원의 ______의 길이와 같다.

(2) 전개도에서 옆면은 ______이고 $a=$□, $b=$□이다.

(3) (겉넓이)$=$(□)$\times 2+$(옆넓이)

$=$□$\times 2+$□

$=$□(cm^2)

2 다음 그림과 같은 전개도로 만들어지는 입체도형의 겉넓이를 주어진 순서에 따라 구하여라.

(1)

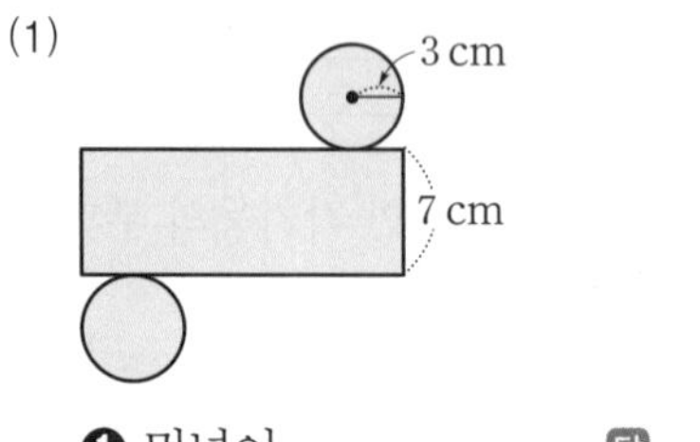

❶ 밑넓이 답 ______

❷ 옆넓이 답 ______

❸ 겉넓이 답 ______

(2)

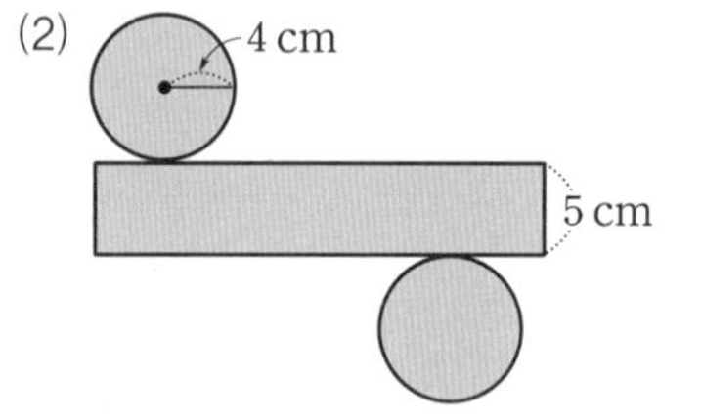

❶ 밑넓이 답 ______

❷ 옆넓이 답 ______

❸ 겉넓이 답 ______

(3)

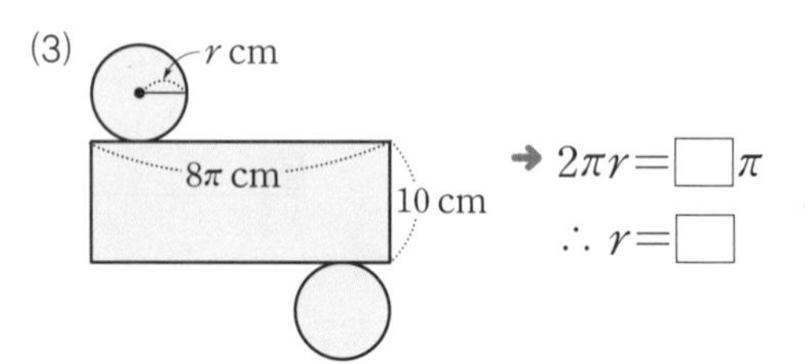

➜ $2\pi r=$□π

$\therefore r=$□

❶ 밑넓이 답 ______

❷ 옆넓이 답 ______

❸ 겉넓이 답 ______

(4)

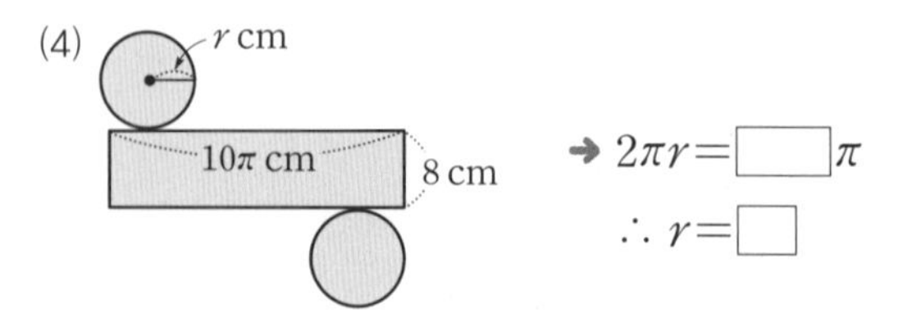

➜ $2\pi r=$□π

$\therefore r=$□

❶ 밑넓이 답 ______

❷ 옆넓이 답 ______

❸ 겉넓이 답 ______

오답노트 작성 ______쪽

3 다음 그림과 같은 원기둥의 겉넓이를 구하여라.

(1)

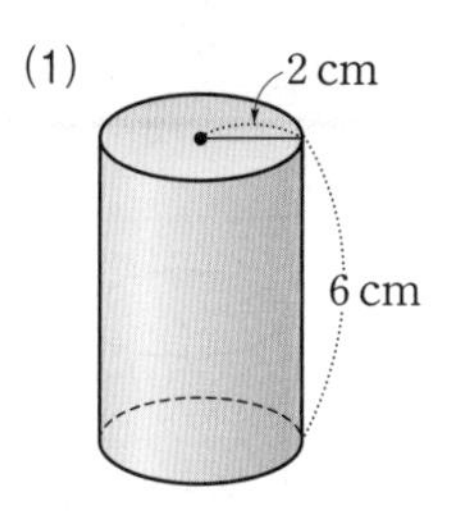

답 ____________

(2)

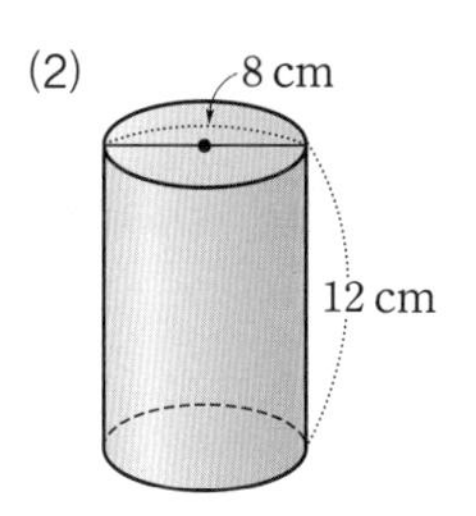

답 ____________

4 다음 그림과 같이 밑면이 부채꼴인 기둥의 겉넓이를 구하여라.

(1)

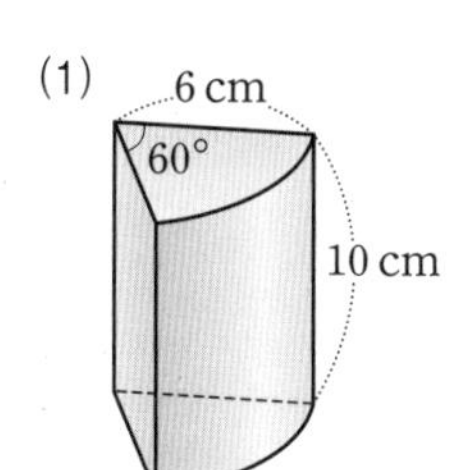

답 ____________

tip
반지름의 길이가 r이고, 중심각의 크기가 $x°$인 부채꼴에서
(넓이)$=\pi r^2\times\frac{x}{360}$, (호의 길이)$=2\pi r\times\frac{x}{360}$
임을 떠올려봐.

(2)

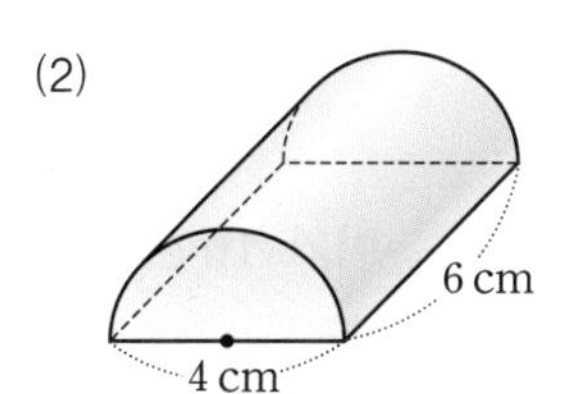

답 ____________

(3)

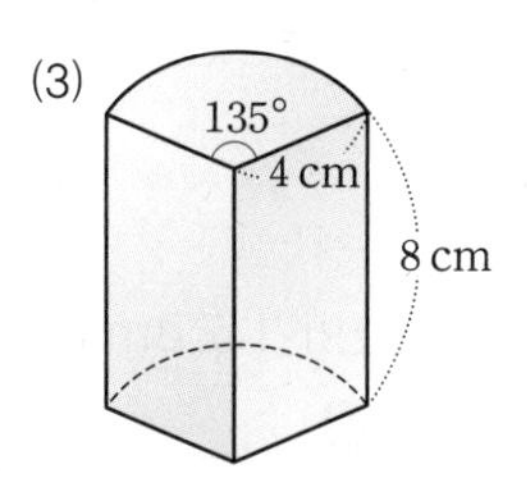

답 ____________

5 다음 그림과 같이 가운데가 원기둥 모양으로 뚫려 있는 원기둥 모양의 입체도형이 있다. 이 입체도형의 겉넓이를 주어진 순서에 따라 구하여라.

(1)

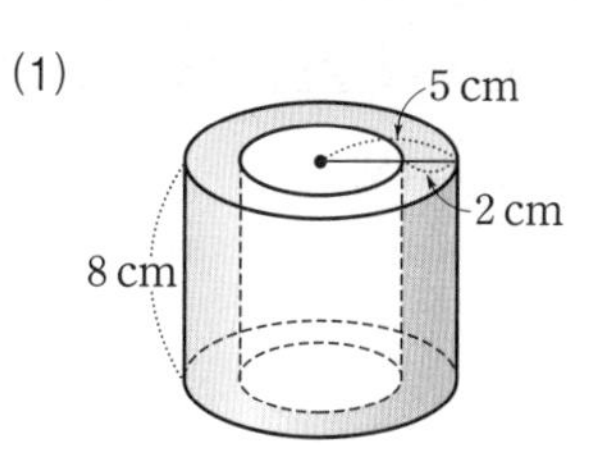

❶ 밑넓이 답 ____________

❷ 바깥쪽 옆넓이 답 ____________

❸ 안쪽 옆넓이 답 ____________

❹ 겉넓이 답 ____________

(2)

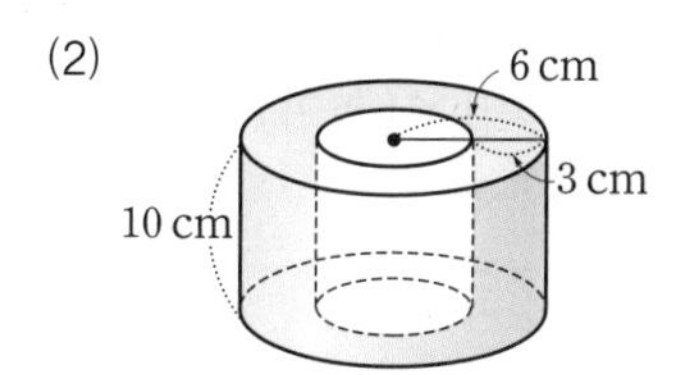

❶ 밑넓이 답 ____________

❷ 바깥쪽 옆넓이 답 ____________

❸ 안쪽 옆넓이 답 ____________

❹ 겉넓이 답 ____________

6 풍쌤의 point

(1) 반지름의 길이가 r인 원의 둘레의 길이는 (   ), 넓이는 (   )이다.

(2) 밑면의 반지름의 길이가 r, 높이가 h인 원기둥의 겉넓이는 (   )×2+(   )이다.

오답노트 작성 ______쪽

27 원기둥의 부피

핵심개념 밑면의 반지름의 길이가 r, 높이가 h인 원기둥의 부피를 V라고 하면

$V=$(밑넓이)$\times$(높이)$=\pi r^2 h$

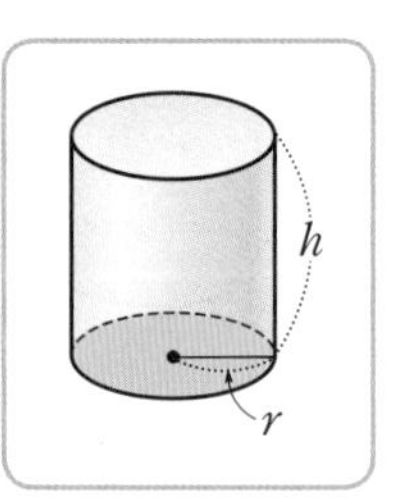

▶학습 날짜 　월 　일 ▶걸린 시간 　분 / 목표 시간 20분

1 다음 빈칸을 완성하고 주어진 입체도형의 부피를 구하여라.

(원기둥의 부피)=(밑넓이)×(□)

(1) 밑넓이가 $36\pi\text{ cm}^2$이고 높이가 5 cm인 원기둥

➔ (부피)=(□)×(높이)

=□×□

=□(cm^3)

(2) 밑넓이가 $64\pi\text{ cm}^2$이고 높이가 10 cm인 원기둥 　답 ______

(3) 밑면인 원의 반지름의 길이가 4 cm이고 높이가 6 cm인 원기둥 　답 ______

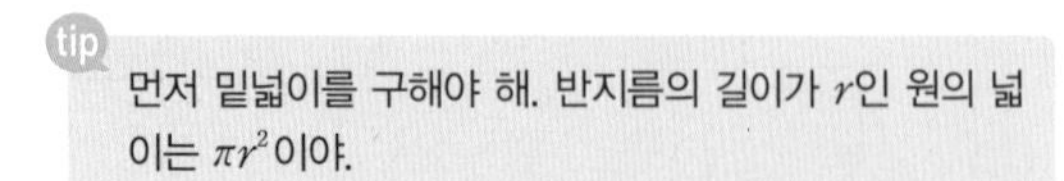

(4) 밑면인 원의 지름의 길이가 12 cm이고 높이가 5 cm인 원기둥 　답 ______

2 다음을 구하여라.

(1) 부피가 $108\pi\text{ cm}^3$이고 밑넓이가 $9\pi\text{ cm}^2$인 원기둥의 높이

➔ (높이)=(부피)÷(밑넓이)

=□÷□

=□(cm)

(2) 부피가 $120\pi\text{ cm}^3$이고 밑넓이가 $24\pi\text{ cm}^2$인 원기둥의 높이 　답 ______

(3) 부피가 $90\pi\text{ cm}^3$이고 높이가 10 cm인 원기둥의 밑넓이 　답 ______

(4) 부피가 $112\pi\text{ cm}^3$이고 높이가 7 cm인 원기둥의 밑넓이 　답 ______

오답노트 작성 ______쪽

3 다음 그림과 같은 원기둥의 부피를 구하여라.

(1)

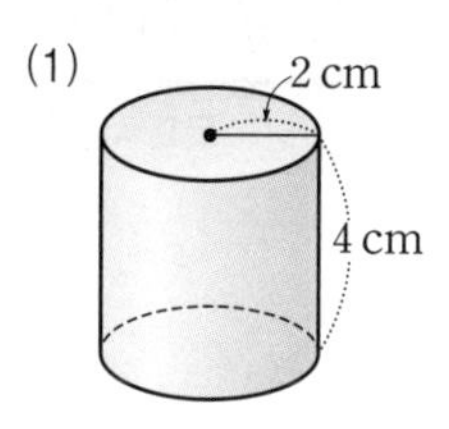

답 ____________

(2)

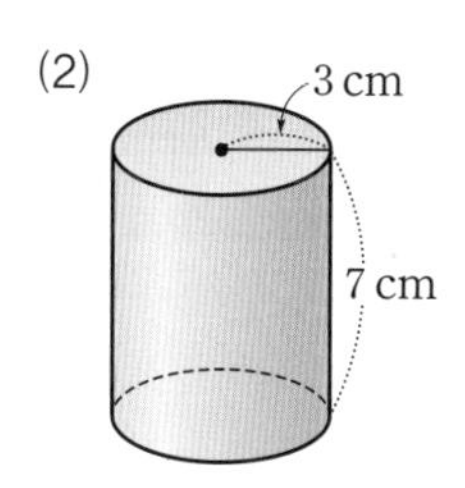

답 ____________

(3)

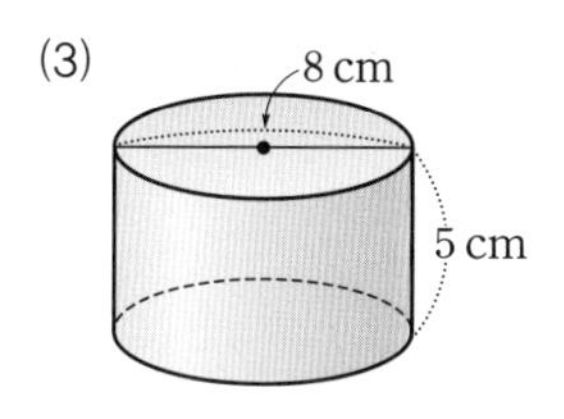

답 ____________

4 다음 그림과 같이 밑면이 부채꼴인 기둥의 부피를 구하여라.

(1)

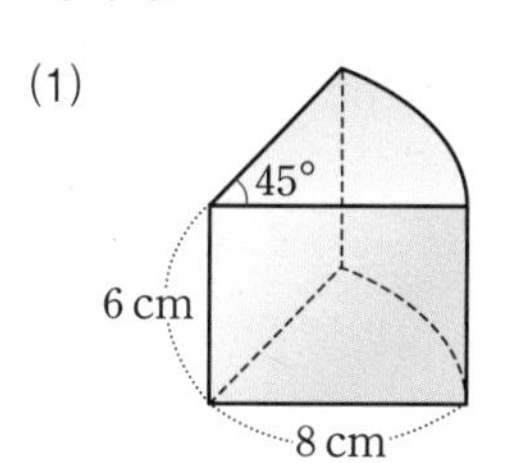

→ (밑넓이) $=\pi\times\square^2\times\dfrac{\square}{360}$

$=\square\ (\mathrm{cm}^2)$

(부피) $=\square\times\square=\square\ (\mathrm{cm}^3)$

(2)

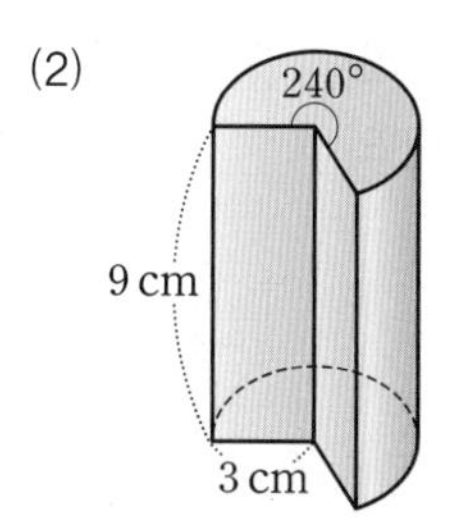

답 ____________

5 다음 그림과 같이 가운데가 뚫려 있는 기둥 모양의 입체도형이 있다. 이 입체도형의 부피를 주어진 순서에 따라 구하여라.

(1)

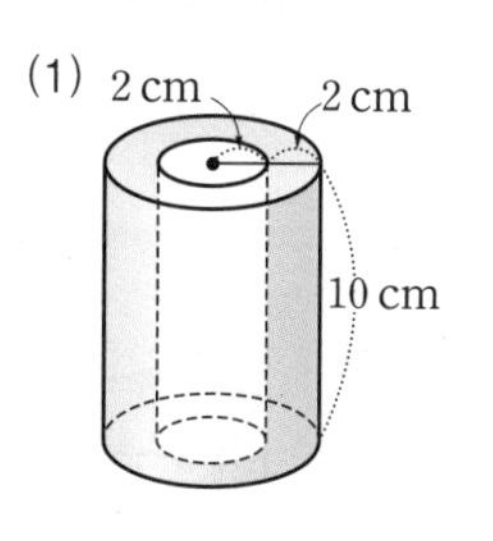

> tip 바깥쪽 기둥의 부피에서 뚫린 부분의 부피를 빼 주어도 돼. 그런데 기둥의 부피는 (밑넓이)×(높이)라는 사실! 밑넓이를 구해서 높이를 곱해 주면 끝!

❶ 밑넓이 답 ____________

❷ 부피 답 ____________

(2)

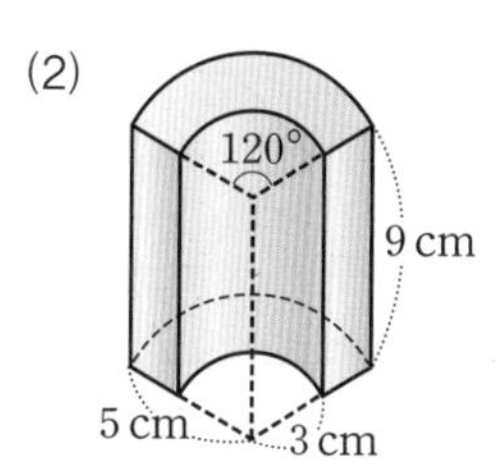

❶ 밑넓이 답 ____________

❷ 부피 답 ____________

6 풍쌤의 point

(1) 밑면의 반지름의 길이가 r, 높이가 h인 원기둥의 부피는 (   )이다.

(2) 가운데가 뚫린 입체도형의 부피는 다음 두 가지 방법 중 하나를 이용하여 구한다.

㉠ (부피) = (밑넓이) × ($\square$)

㉡ (큰 입체도형의 부피) $\square$ (뚫린 부분의 부피)

오답노트 작성 ______쪽

정답과 해설 31~32쪽

24-27 · 스스로 점검 문제

맞힌 개수 개 / 7개

▶학습 날짜 월 일 ▶걸린 시간 분 / 목표 시간 20분

1 

오른쪽 그림과 같이 밑면이 한 변의 길이가 3 cm인 정오각형이고 높이가 8 cm인 오각기둥이 있다. 이 오각기둥의 옆넓이는?

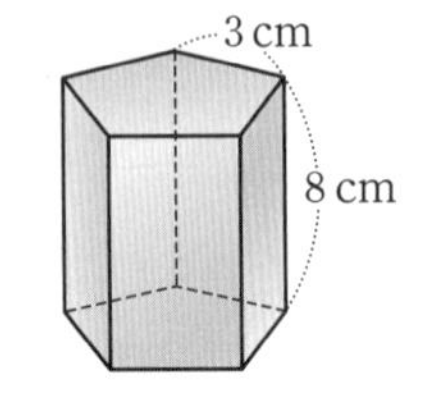

① $110\ \text{cm}^2$ ② $115\ \text{cm}^2$
③ $120\ \text{cm}^2$ ④ $125\ \text{cm}^2$
⑤ $130\ \text{cm}^2$

2 

오른쪽 그림의 입체도형은 한 모서리의 길이가 10 cm인 정육면체에서 직육면체 모양의 일부를 잘라낸 것이다. 이 입체도형의 겉넓이를 구하여라.

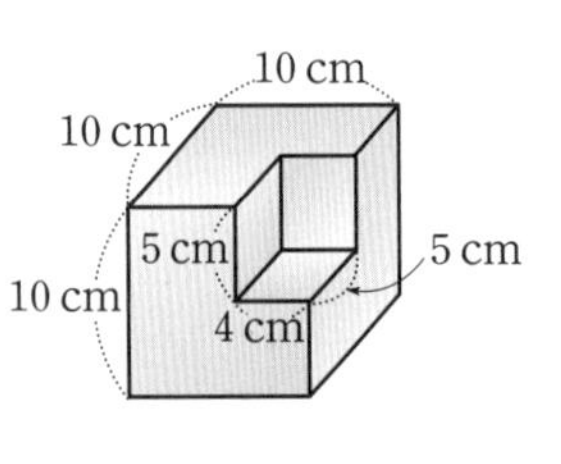

3 ⟳ 각기둥의 부피 3

오른쪽 그림과 같은 사각기둥의 부피는?

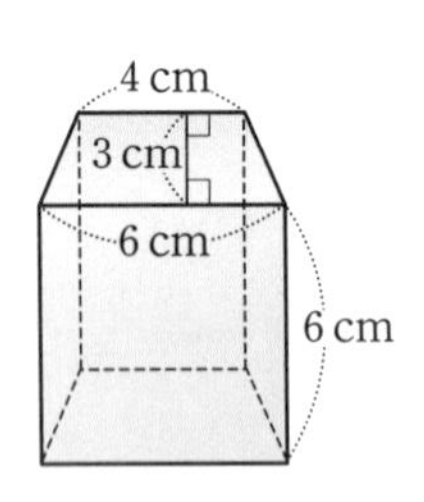

① $90\ \text{cm}^3$ ② $100\ \text{cm}^3$
③ $110\ \text{cm}^3$ ④ $120\ \text{cm}^3$
⑤ $130\ \text{cm}^3$

4 ⟳ 원기둥의 겉넓이 3

오른쪽 그림과 같은 원기둥의 겉넓이가 $52\pi\ \text{cm}^2$일 때, 이 원기둥의 높이는?

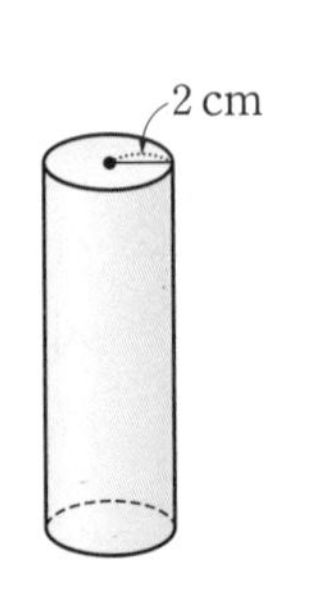

① 9 cm ② 10 cm
③ 11 cm ④ 12 cm
⑤ 13 cm

5 ⟳ 원기둥의 겉넓이 4

오른쪽 그림과 같은 입체도형의 겉넓이가 $(a\pi+b)\ \text{cm}^2$일 때, $a+b$의 값은?

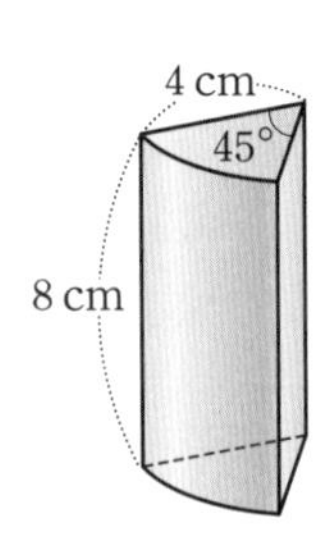

① 64 ② 76
③ 88 ④ 96
⑤ 102

6 ⟳ 원기둥의 겉넓이 3, 원기둥의 부피 3

오른쪽 그림과 같이 두 원기둥이 붙어 있는 입체도형의 겉넓이와 부피를 차례로 구하면?

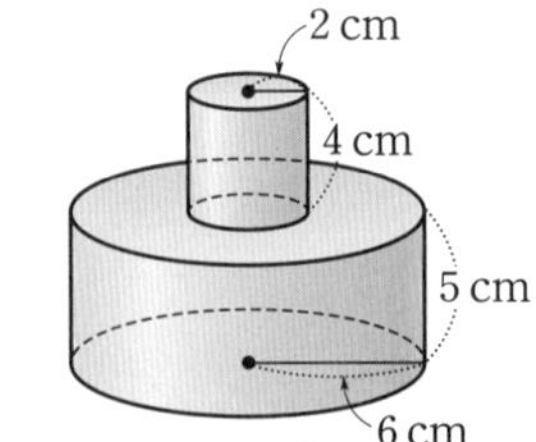

① $148\pi\ \text{cm}^2$, $180\pi\ \text{cm}^3$
② $148\pi\ \text{cm}^2$, $192\pi\ \text{cm}^3$
③ $148\pi\ \text{cm}^2$, $196\pi\ \text{cm}^3$
④ $152\pi\ \text{cm}^2$, $180\pi\ \text{cm}^3$
⑤ $152\pi\ \text{cm}^2$, $196\pi\ \text{cm}^3$

7 ⟳ 원기둥의 부피 4

오른쪽 그림과 같이 밑면이 부채꼴인 기둥의 부피가 $48\pi\ \text{cm}^3$일 때, 밑면의 중심각의 크기를 구하여라.

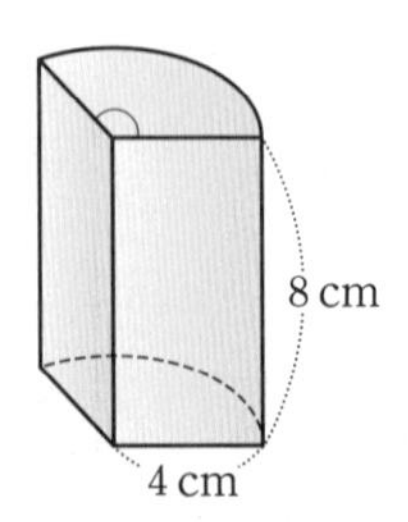

오답노트 작성 ______쪽

28 각뿔의 겉넓이

핵심개념 (각뿔의 겉넓이)=(밑넓이)+(옆넓이)

주의 각뿔의 옆면은 모두 삼각형이고, 밑면은 1개이다.
오른쪽 그림의 사각뿔의 전개도에서 1개의 밑면과 4개의 옆면으로 이루어져 있으므로
(겉넓이)=(밑넓이)+(4개의 옆면의 넓이)

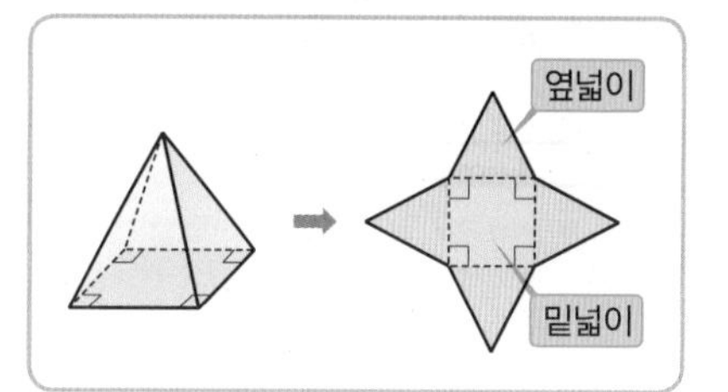

▶학습 날짜 월 일 ▶걸린 시간 분 / 목표 시간 20분

정답과 해설 32쪽

1 다음 그림은 옆면이 모두 합동인 삼각형으로 이루어진 사각뿔의 겉넓이를 그 전개도를 이용하여 구하는 과정이다. 빈칸을 완성하여라.

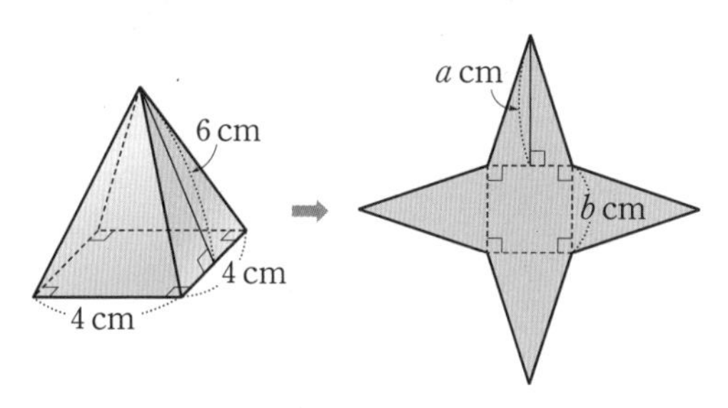

(1) $a=\square$, $b=\square$

(2) (밑넓이)$=\square\times\square=\square(\text{cm}^2)$

(3) (옆넓이)$=\left(\frac{1}{2}\times\square\times\square\right)\times\square$
$=\square(\text{cm}^2)$

(4) (겉넓이)$=(\square)+$(옆넓이)
$=\square+\square$
$=\square(\text{cm}^2)$

tip 각뿔은 각기둥과 달리 밑면이 1개임에 주의해야 해.

2 다음 그림과 같은 전개도로 만들어지는 정사각뿔의 겉넓이를 주어진 순서에 따라 구하여라.

(1)

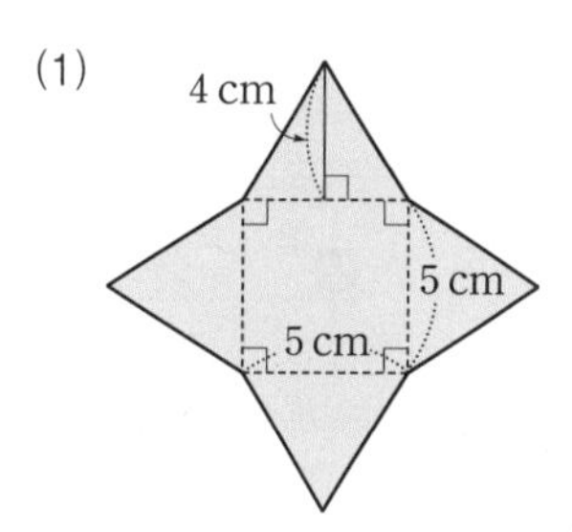

❶ 밑넓이 답 ________

❷ 옆넓이 답 ________

❸ 겉넓이 답 ________

(2)

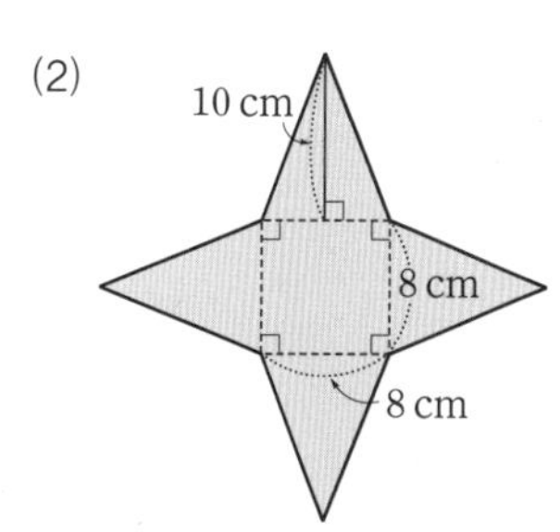

❶ 밑넓이 답 ________

❷ 옆넓이 답 ________

❸ 겉넓이 답 ________

오답노트 작성 ______ 쪽

3 다음 그림과 같은 각뿔의 겉넓이를 구하여라.

(1)

답 ______

(2)

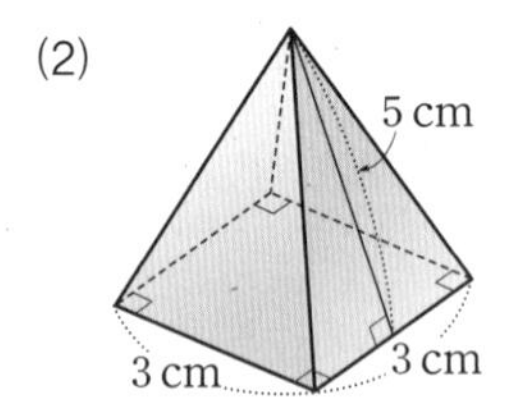

답 ______

(3)

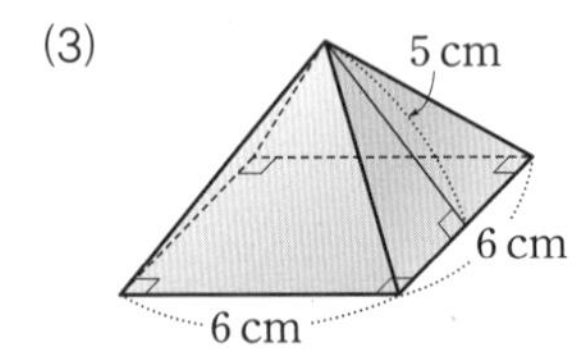

답 ______

(4)

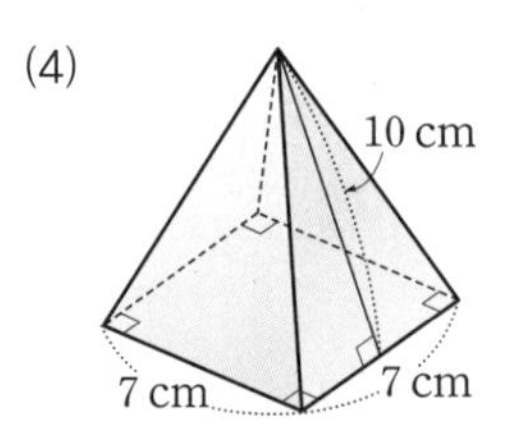

답 ______

4 다음 그림과 같이 두 밑면이 모두 정사각형이고 옆면이 모두 합동인 사각뿔대의 겉넓이를 주어진 순서에 따라 구하여라.

(1)

tip 각뿔은 밑면이 1개이지만 각뿔대는 밑면이 2개! 따라서 겉넓이를 구할 때 두 밑면의 넓이를 더해 주어야 해. 여기서 주의할 점은 두 밑면이 모양은 같지만 넓이는 다르다는 사실~!

❶ 큰 밑면의 넓이 답 ______

❷ 작은 밑면의 넓이 답 ______

❸ 옆넓이 답 ______

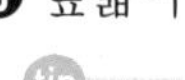

옆면은 모두 합동인 4개의 사다리꼴로 이루어져 있어.

❹ 겉넓이 답 ______

(2)

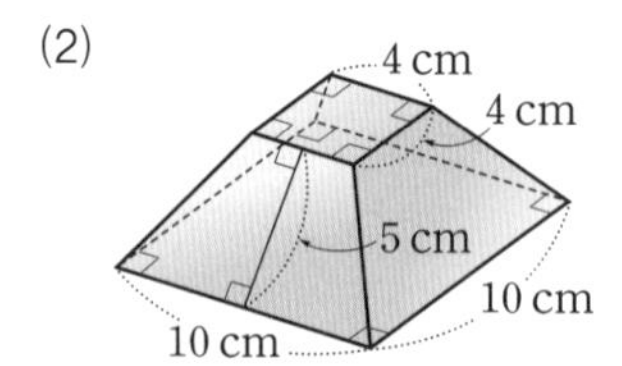

❶ 큰 밑면의 넓이 답 ______

❷ 작은 밑면의 넓이 답 ______

❸ 옆넓이 답 ______

❹ 겉넓이 답 ______

5 풍쌤의 point

(1) (각뿔의 겉넓이)=(☐)+(옆넓이)이다.

(2) 사각뿔은 ( )개의 밑면과 ( )개의 옆면으로 이루어져 있다.

오답노트 작성 ____쪽

29 각뿔의 부피

핵심개념 밑넓이가 S, 높이가 h인 각뿔의 부피를 V라고 하면

$$V=\frac{1}{3}\times(\text{밑넓이})\times(\text{높이})=\frac{1}{3}Sh$$

참고 각뿔의 부피는 밑면이 합동이고 높이가 같은 각기둥의 부피의 $\frac{1}{3}$이다.

➜ (각뿔의 부피)$=\frac{1}{3}\times$(각기둥의 부피)$=\frac{1}{3}\times$(밑넓이)$\times$(높이)

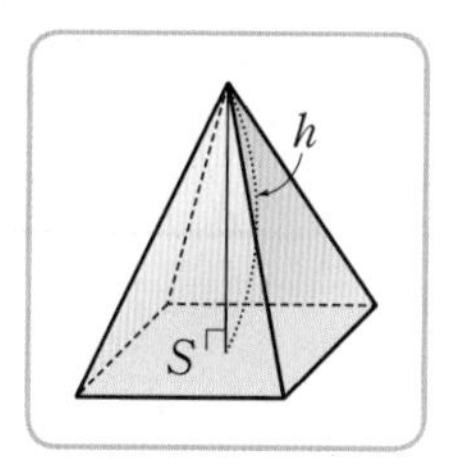

▶학습 날짜 월 일 ▶걸린 시간 분 / 목표 시간 20분

정답과 해설 32~33쪽

1 다음 빈칸을 완성하고, 주어진 입체도형의 부피를 구하여라.

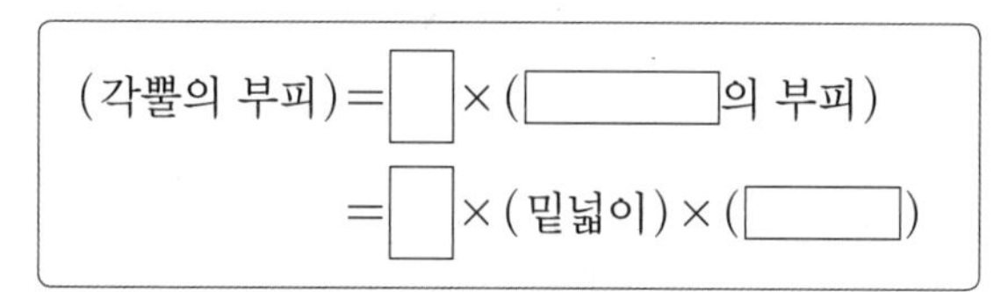
(각뿔의 부피)=□×(□의 부피)
=□×(밑넓이)×(□)

(1) 밑넓이가 33 cm^2이고 높이가 7 cm인 삼각뿔

➜ (부피)=□×(밑넓이)×(높이)
=□×□×□
=□(cm^3)

(2) 밑넓이가 16 cm^2이고 높이가 6 cm인 사각뿔

답

(3) 밑넓이가 45 cm^2이고 높이가 4 cm인 오각뿔

답

(4) 밑넓이가 48 cm^2이고 높이가 5 cm인 육각뿔

답

2 다음 그림과 같은 각뿔의 부피를 구하여라.

(1)

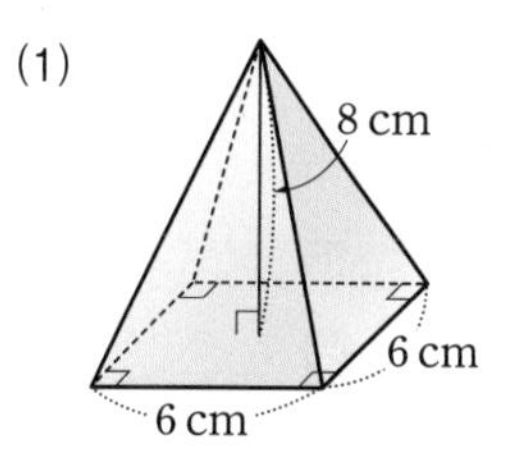

답

(2)

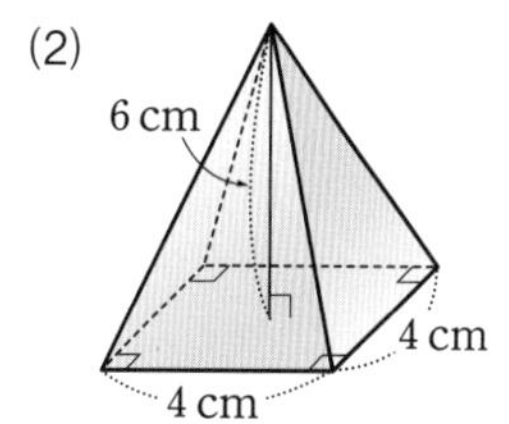

답

(3)

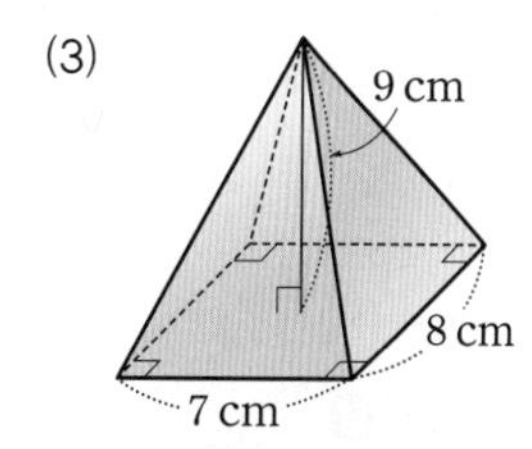

답

오답노트 작성 ______쪽

3 다음 그림과 같은 각뿔의 부피를 구하여라.

(1)

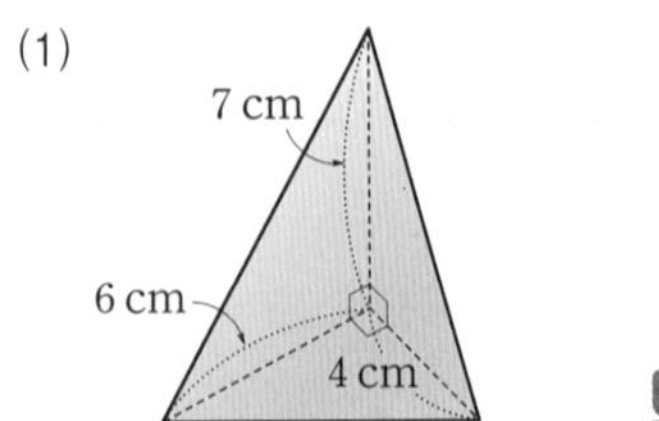

답 ______

(2)

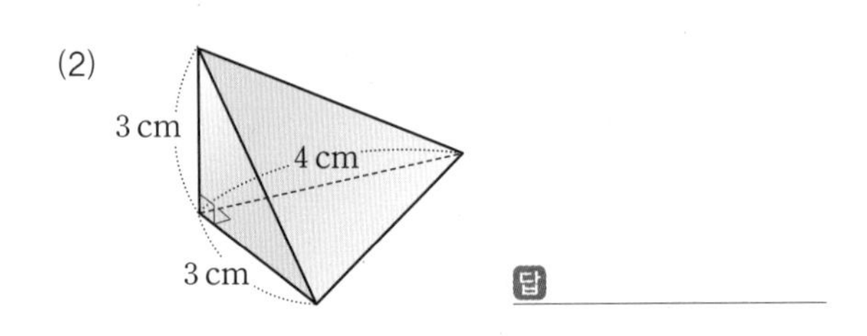

답 ______

(3)

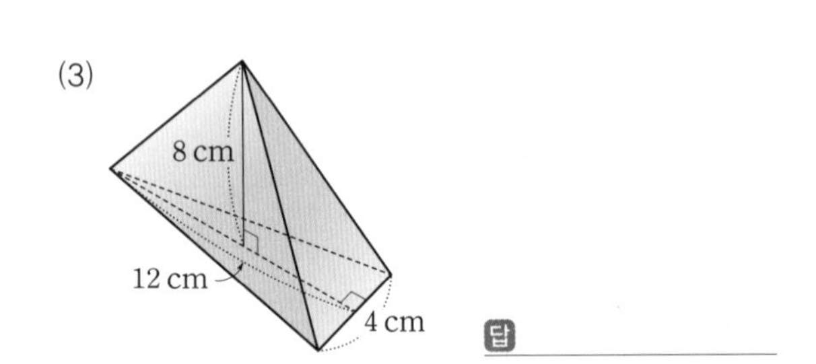

답 ______

(4)

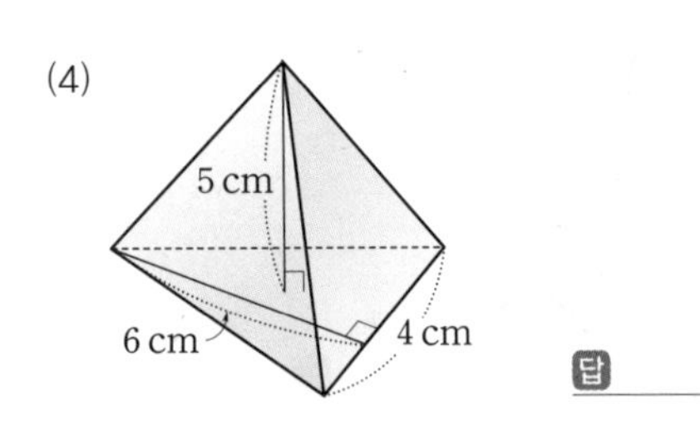

답 ______

4 다음 그림과 같은 각뿔대의 부피를 주어진 순서에 따라 구하여라.

(1)

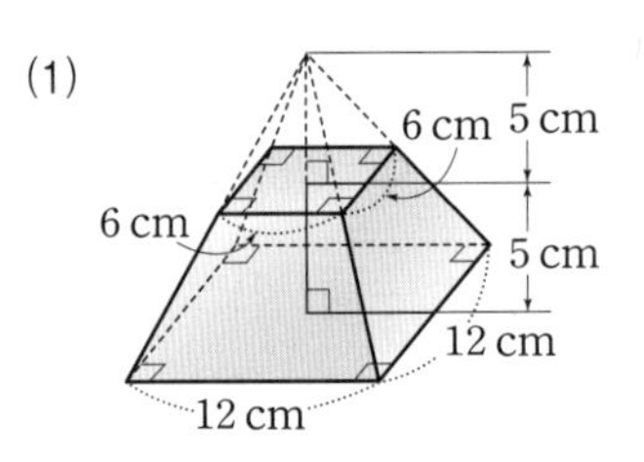

❶ 자르기 전 큰 각뿔의 부피 답 ______

❷ 잘린 작은 각뿔의 부피 답 ______

❸ 각뿔대의 부피 답 ______

(2)

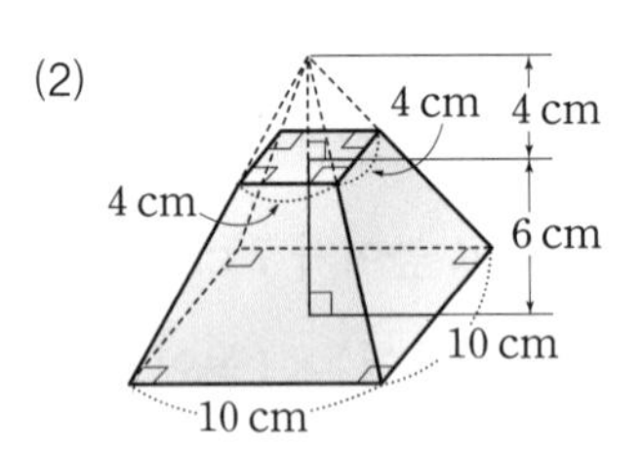

❶ 자르기 전 큰 각뿔의 부피 답 ______

❷ 잘린 작은 각뿔의 부피 답 ______

❸ 각뿔대의 부피 답 ______

5 풍쌤의 point

(1) 각뿔의 부피는 밑면이 합동이고 높이가 같은 각기둥의 부피의 (　　　)이다.

(2) (각뿔의 부피)$=\square\times$(밑넓이)$\times$(　　　)이다.

(3) 밑넓이가 S, 높이가 h인 각뿔의 부피는 (　　　)이다.

오답노트 작성 ______쪽

30 원뿔의 겉넓이

핵심개념 밑면의 반지름의 길이가 r, 모선의 길이가 l인 원뿔의 겉넓이를 S라고 하면

$S=$(밑넓이)$+$(옆넓이)$=\pi r^2+\pi rl$

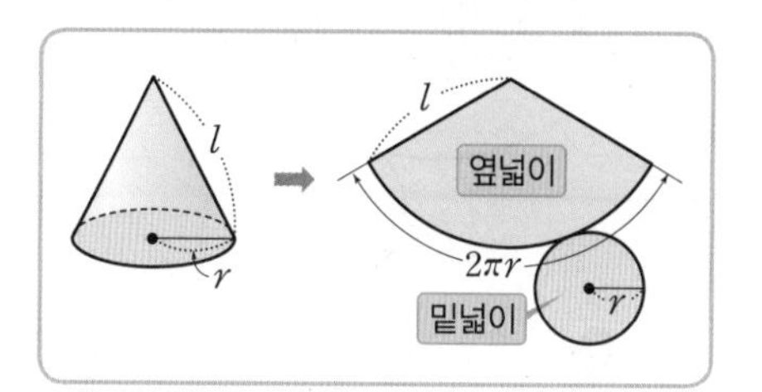

참고 (원뿔의 겉넓이)$=$(밑넓이)$+$(옆넓이)
$=$(원의 넓이)$+$(부채꼴의 넓이)

(원뿔의 겉넓이)$=\pi r^2+\frac{1}{2}\times l\times 2\pi r=\pi r^2+\pi rl$

↑ 부채꼴의 반지름의 길이 ↑ 부채꼴의 호의 길이

▶학습 날짜 월 일 ▶걸린 시간 분 / 목표 시간 20분

정답과 해설 33쪽

1 다음 그림은 원뿔의 겉넓이를 그 전개도를 이용하여 구하는 과정이다. 빈칸을 완성하여라.

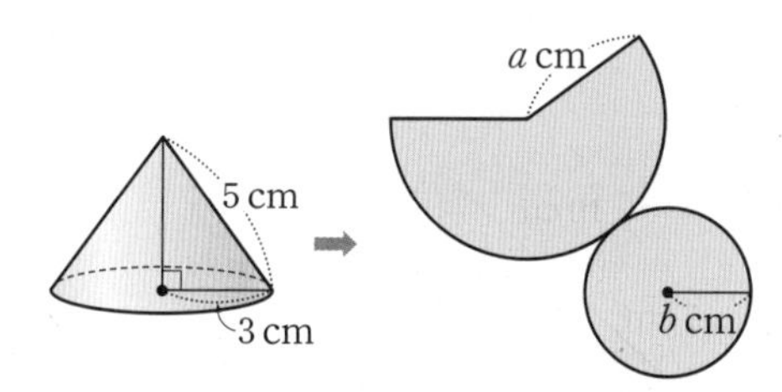

(1) $a=\square$, $b=\square$

(2) (밑넓이)$=\pi\times\square^2=\square$(cm²)

(3) 전개도에서 옆면은 반지름의 길이가 $\square$cm, 호의 길이가 $\square$cm인 부채꼴이므로

(옆넓이)$=\frac{1}{2}\times\square\times\square=\square$(cm²)

tip 반지름의 길이와 호의 길이를 알 때
(부채꼴의 넓이)$=\frac{1}{2}\times$(반지름의 길이)$\times$(호의 길이)
임을 떠올려 봐.

(4) (겉넓이)$=$(밑넓이)$+$($\square$)
$=\square+\square$
$=\square$(cm²)

2 다음 그림과 같은 원뿔의 겉넓이를 구하여라.

(1)

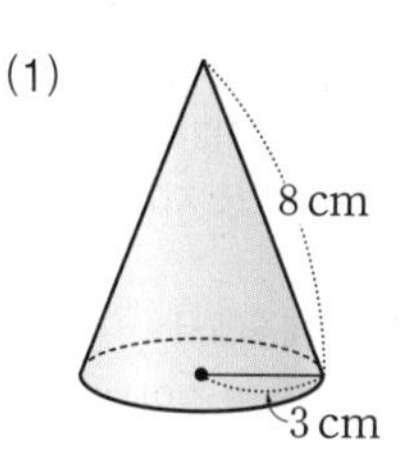

➜ (겉넓이)$=$(밑넓이)$+$(옆넓이)
$=(\pi\times\square^2)+(\pi\times\square\times\square)$
$=\square+\square$
$=\square$(cm²)

tip (옆넓이)$=\pi\times$(밑면의 반지름의 길이)$\times$(모선의 길이)
임을 기억하도록 해~

(2)

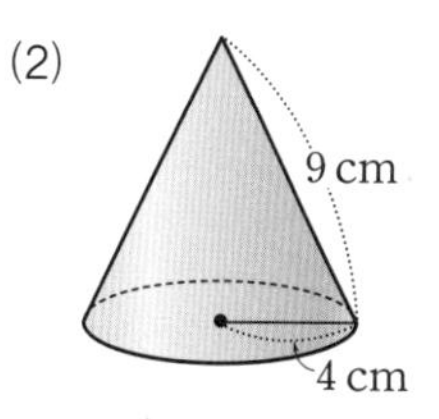

답 ______

(3)

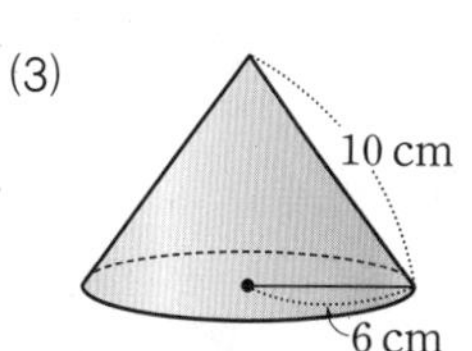

답 ______

오답노트 작성 ______ 쪽

▌정답과 해설 33쪽

3 다음 그림과 같은 전개도로 만들어지는 원뿔의 겉넓이를 주어진 순서에 따라 구하여라.

(1)

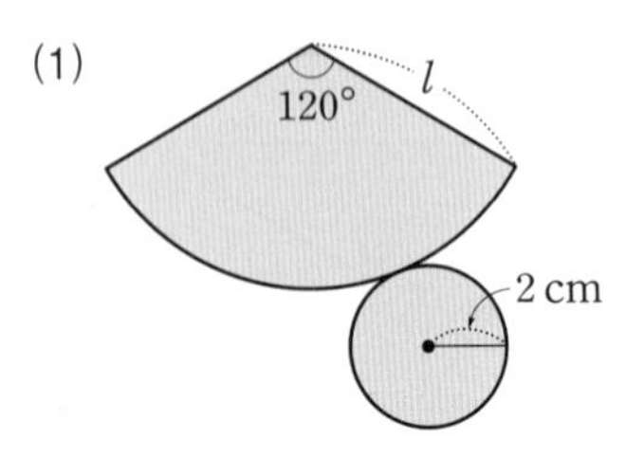

❶ 옆면인 부채꼴의 호의 길이 답 ______

❷ 모선의 길이 l 답 ______

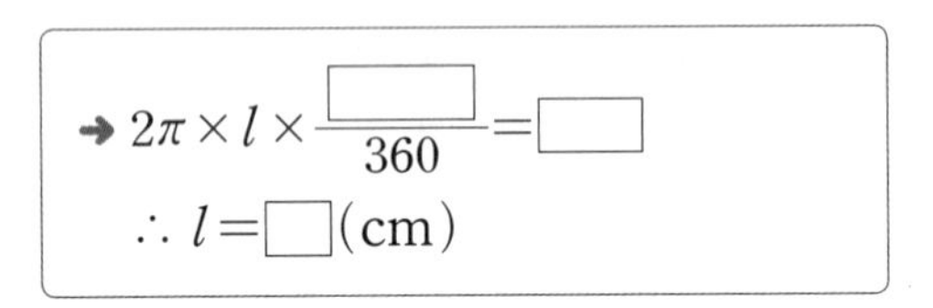

tip
❶에서 부채꼴의 호의 길이를 알 수 있어. 그럼 부채꼴에서 중심각의 크기와 호의 길이가 주어진 셈이니까 반지름의 길이 l도 구할 수 있겠지? 다음 공식을 떠올려 봐.
➜ 중심각의 크기가 x°인 부채꼴에서
(호의 길이)$=2\pi \times$(반지름의 길이)$\times \frac{x}{360}$

❸ 원뿔의 겉넓이 답 ______

(2)

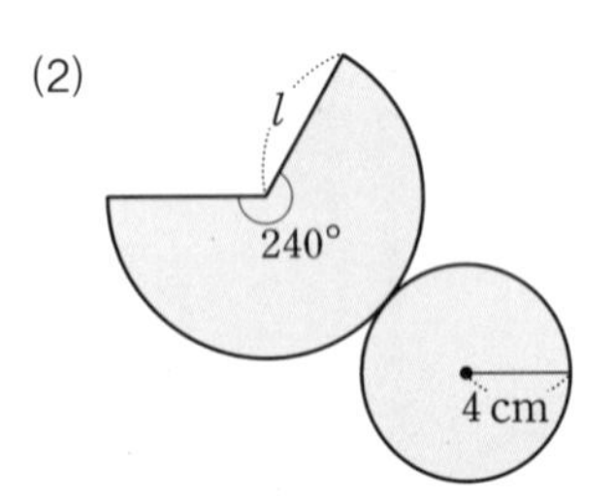

❶ 옆면인 부채꼴의 호의 길이 답 ______

❷ 모선의 길이 l 답 ______

❸ 원뿔의 겉넓이 답 ______

4 다음 그림과 같은 원뿔대의 겉넓이를 주어진 순서에 따라 구하여라.

(1)

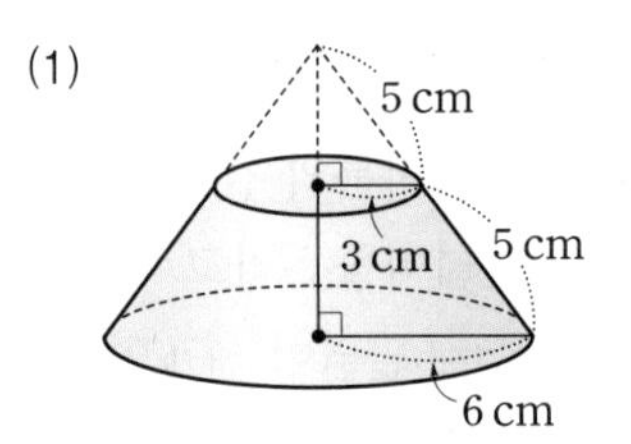

❶ 큰 밑면의 넓이 답 ______

❷ 작은 밑면의 넓이 답 ______

❸ 큰 원뿔의 옆넓이 답 ______

❹ 작은 원뿔의 옆넓이 답 ______

❺ 원뿔대의 겉넓이 답 ______

(2)

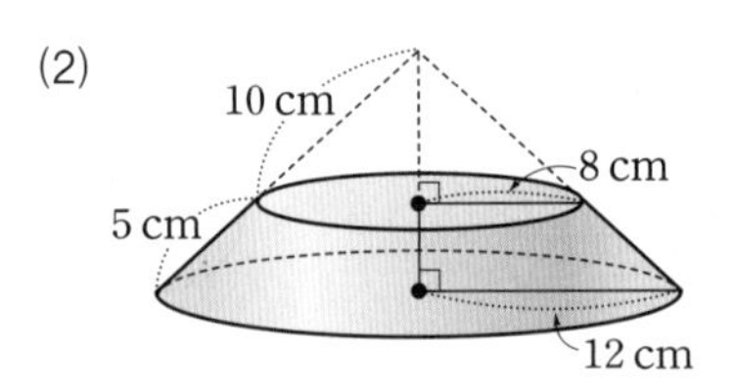

❶ 큰 밑면의 넓이 답 ______

❷ 작은 밑면의 넓이 답 ______

❸ 큰 원뿔의 옆넓이 답 ______

❹ 작은 원뿔의 옆넓이 답 ______

❺ 원뿔대의 겉넓이 답 ______

5 풍쌤의 point

(1) (원뿔의 옆넓이)
$=\pi \times$(밑면의 반지름의 길이)$\times$($\square$의 길이)

(2) 밑면의 반지름의 길이가 r, 모선의 길이가 l인 원뿔의 겉넓이는 πr^2+(   )이다.

오답노트 작성 ______쪽

31 원뿔의 부피

핵심개념 밑면의 반지름의 길이가 r, 높이가 h인 원뿔의 부피를 V라고 하면

$$V=\frac{1}{3}\times(\text{밑넓이})\times(\text{높이})=\frac{1}{3}\pi r^2h$$

참고 원뿔의 부피는 밑면이 합동이고 높이가 같은 원기둥의 부피의 $\frac{1}{3}$이다.

➜ (원뿔의 부피) $=\frac{1}{3}\times$ (원기둥의 부피) $=\frac{1}{3}\times$ (밑넓이) $\times$ (높이)

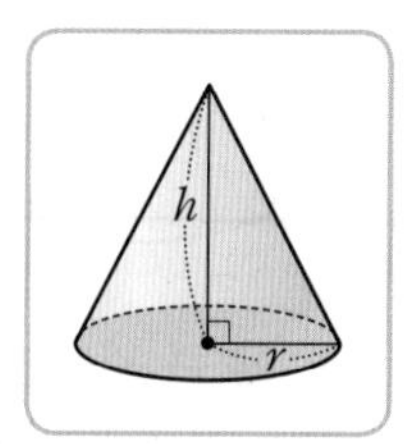

▶학습 날짜 월 일 ▶걸린 시간 분 / 목표 시간 20분

정답과 해설 34쪽

1 다음 빈칸을 완성하고, 주어진 입체도형의 부피를 구하여라.

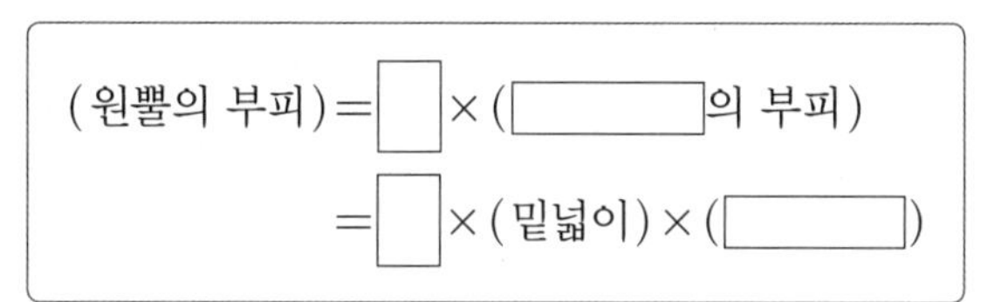

(원뿔의 부피) $=$ ☐ $\times$ (☐의 부피)

$=$ ☐ $\times$ (밑넓이) $\times$ (☐)

(1) 밑넓이가 $39\pi\ \text{cm}^2$이고 높이가 9 cm인 원뿔

➜ (부피) $=$ ☐ $\times$ (밑넓이) $\times$ (높이)

$=$ ☐ $\times$ ☐ $\times$ ☐

$=$ ☐ (cm^3)

(2) 밑넓이가 $25\pi\ \text{cm}^2$이고 높이가 9 cm인 원뿔

(3) 밑면인 원의 반지름의 길이가 4 cm이고 높이가 6 cm인 원뿔 답

(4) 밑면인 원의 지름의 길이가 12 cm이고 높이가 5 cm인 원뿔 답

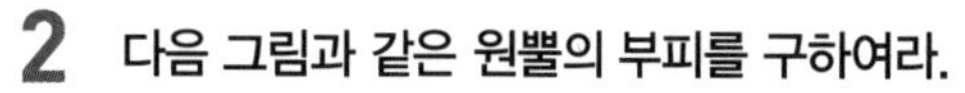

2 다음 그림과 같은 원뿔의 부피를 구하여라.

(1)

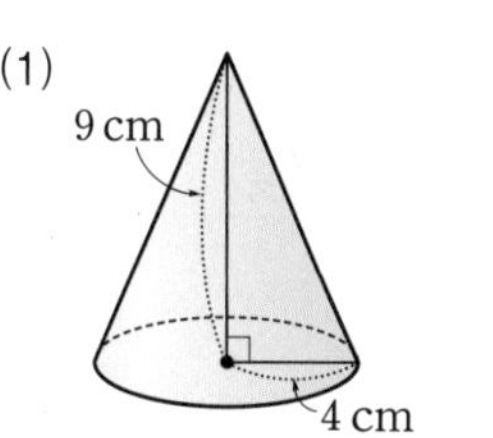

답

(2)

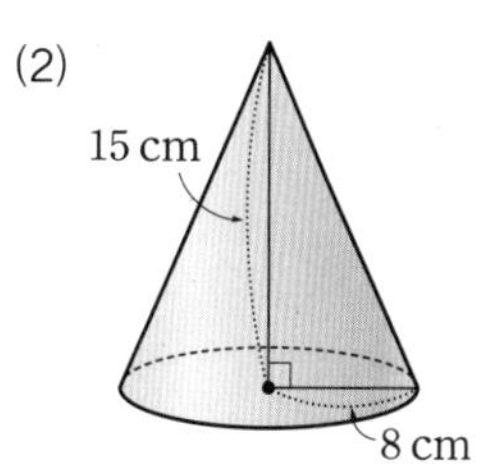

답

(3)

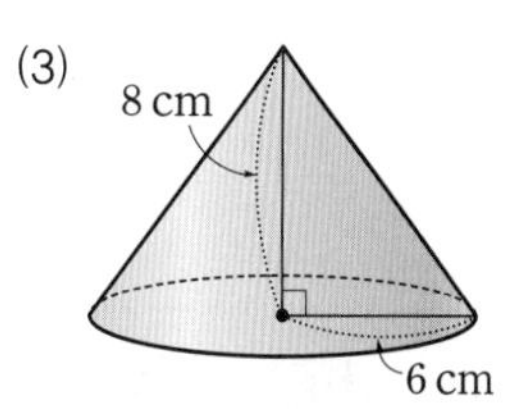

답

오답노트 작성 ____ 쪽

3 **다음 그림과 같은 원뿔대의 부피를 주어진 순서에 따라 구하여라.**

(1)

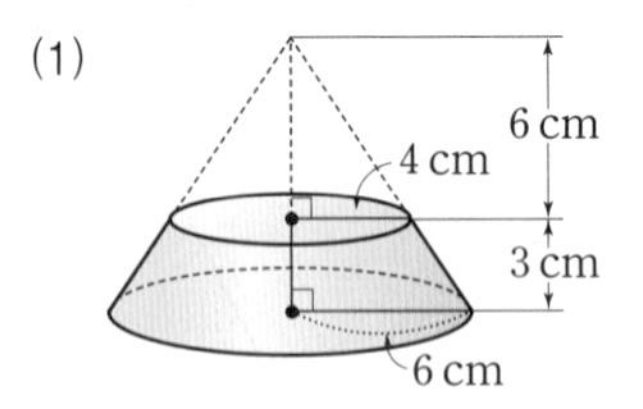

❶ 큰 원뿔의 부피 답 ______

❷ 작은 원뿔의 부피 답 ______

❸ 원뿔대의 부피 답 ______

(2)

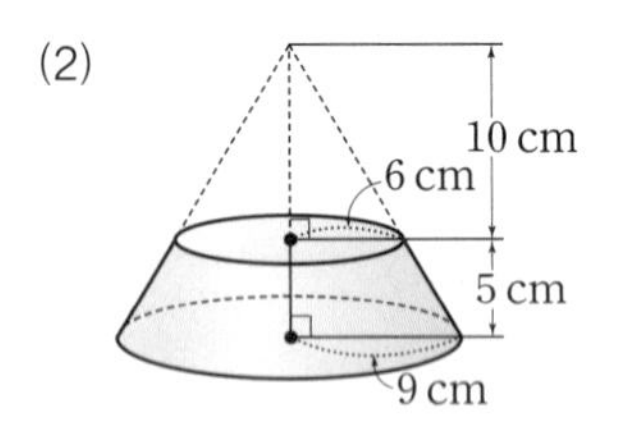

❶ 큰 원뿔의 부피 답 ______

❷ 작은 원뿔의 부피 답 ______

❸ 원뿔대의 부피 답 ______

4 **다음 그림과 같은 평면도형을 직선 l을 축으로 하여 1 회전시킬 때 생기는 회전체를 그리고, 그 부피를 구하여라.**

(1)

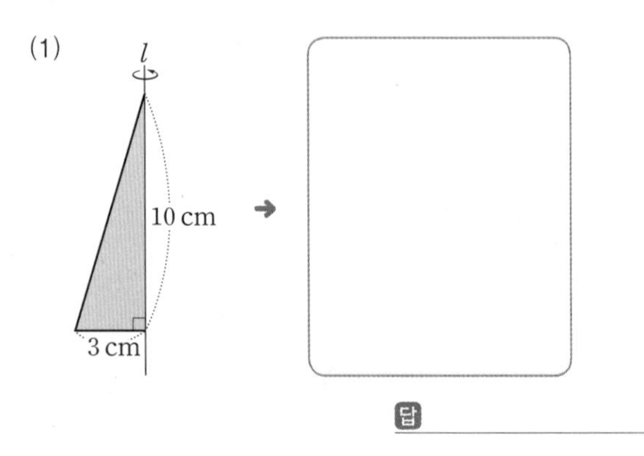

답 ______

(2)

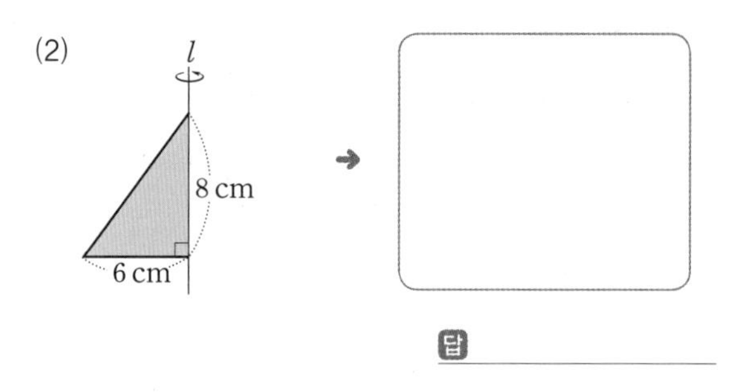

답 ______

(3)

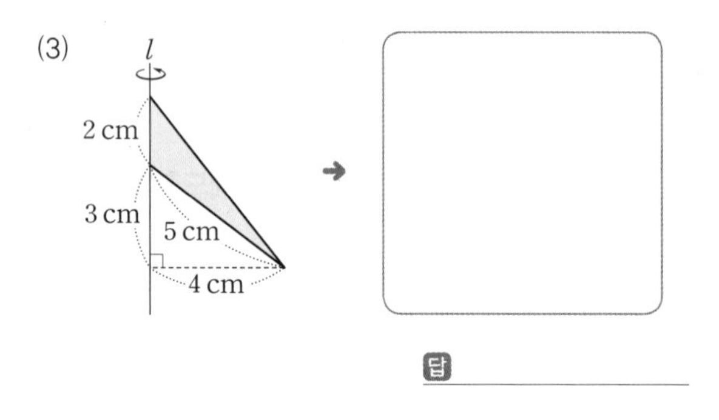

답 ______

(4)

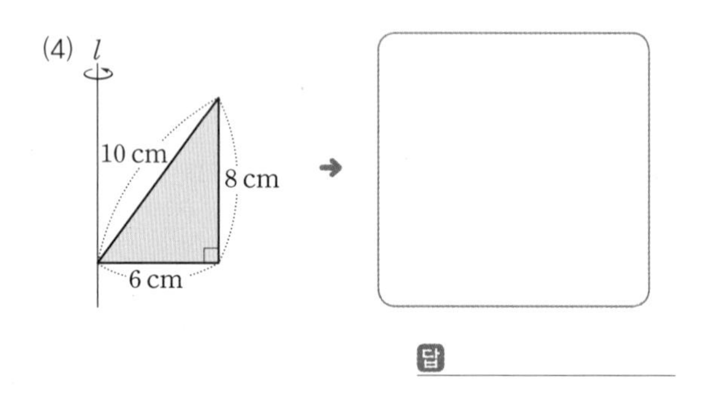

답 ______

5 풍쌤의 point

(1) 원뿔의 부피는 밑면이 합동이고 높이가 같은 원기둥의 부피의 (   )이다.

(2) (원뿔의 부피) = ☐ × (   ) × (높이)이다.

(3) 밑면의 반지름의 길이가 r, 높이가 h인 원뿔의 부피는 (   )이다.

오답노트 작성 ______쪽

정답과 해설 34~35쪽

28-31 · 스스로 점검 문제

맞힌 개수 개 / 7개

▶학습 날짜 월 일 ▶걸린 시간 분 / 목표 시간 20분

1 각뿔의 겉넓이 3

오른쪽 그림과 같은 사각뿔의 겉넓이는?

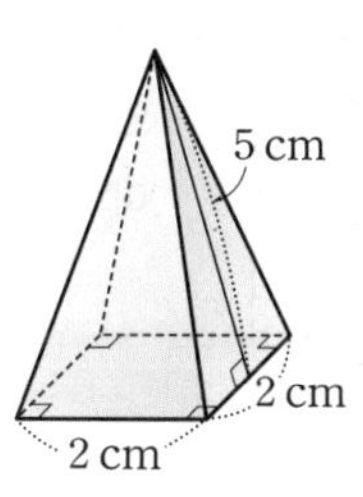

① $\frac{20}{3}$ cm^2 ② 18 cm^2
③ 20 cm^2 ④ 24 cm^2
⑤ 30 cm^2

2 각뿔의 겉넓이 4

오른쪽 그림과 같은 사각뿔대의 겉넓이를 구하여라.

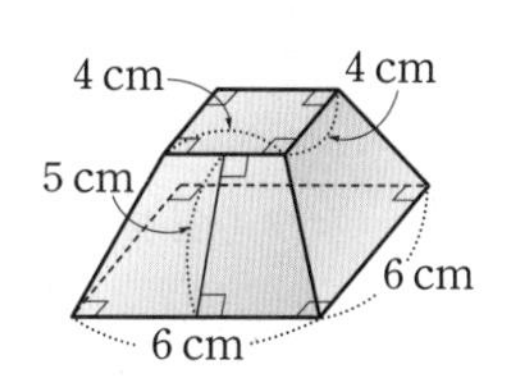

3 각뿔의 부피 2

밑면이 한 변의 길이가 9 cm인 정사각형이고 부피가 135 cm^{3}인 사각뿔의 높이는?

① 4 cm ② 5 cm ③ 6 cm
④ 7 cm ⑤ 8 cm

4 원뿔의 겉넓이 2

오른쪽 그림과 같은 입체도형의 겉넓이는?

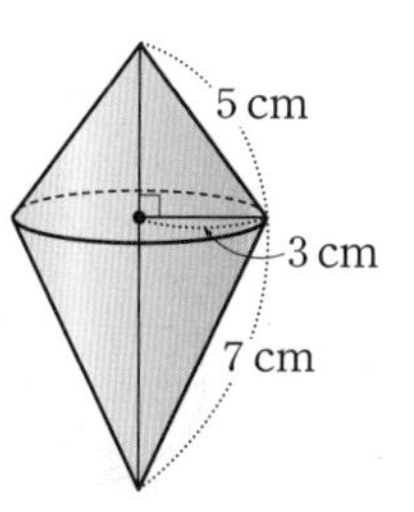

① 27π cm^2 ② 36π cm^2
③ 45π cm^2 ④ 54π cm^2
⑤ 63π cm^2

5 원뿔의 겉넓이 3

모선의 길이가 7 cm이고 옆넓이가 21π cm^{2}인 원뿔의 겉넓이를 구하여라.

6 원뿔의 부피 2

오른쪽 그림과 같은 입체도형의 부피는?

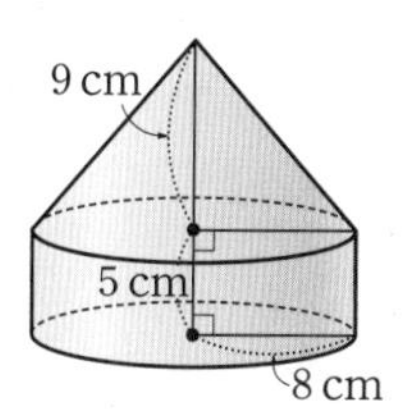

① 192π cm^3 ② 256π cm^3
③ 316π cm^3 ④ 512π cm^3
⑤ 624π cm^3

7 원뿔의 겉넓이 4, 원뿔의 부피 3

오른쪽 그림과 같은 원뿔대의 겉넓이가 $a\pi$ cm^2, 부피가 $b\pi$ cm^{3}일 때, $a+b$의 값은?

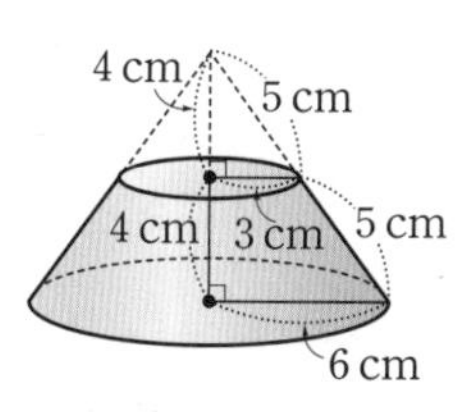

① 168 ② 170
③ 172 ④ 174
⑤ 176

오답노트 작성 ______쪽

32 구의 겉넓이

핵심개념 반지름의 길이가 r인 구의 겉넓이를 S라고 하면

$$S=\pi\times(2r)^2=4\pi r^2$$

└ 반지름의 길이가 $2r$인 원의 넓이

참고

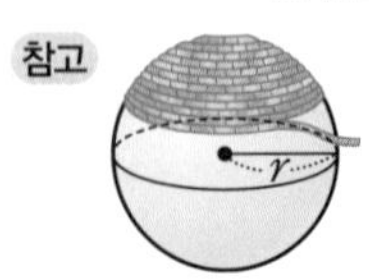

끈으로 완전히 감았다 펼치기

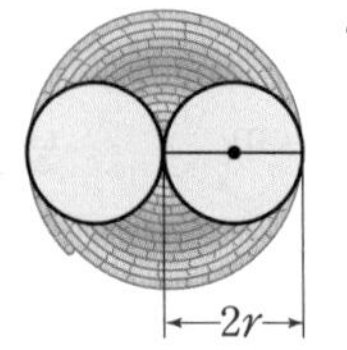

➔ 구의 지름의 길이가 $2r$이므로 끈을 풀어서 만든 원의 반지름의 길이는 $2r$이고, 구의 겉넓이는 반지름의 길이가 $2r$인 원의 넓이와 같다.

주의 구의 전개도는 그릴 수 없다.

▶학습 날짜 월 일 ▶걸린 시간 분 / 목표 시간 20분

1 다음과 같은 구의 겉넓이를 구하여라.

(1)

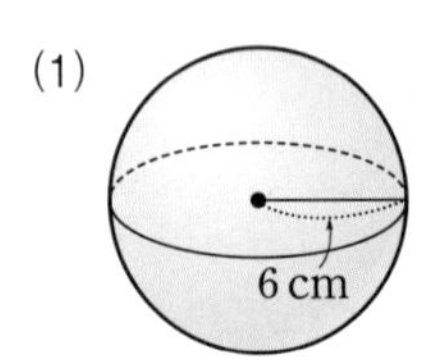

➔ (겉넓이)$=\square\pi\times\square^2=\square$(cm²)

(2)

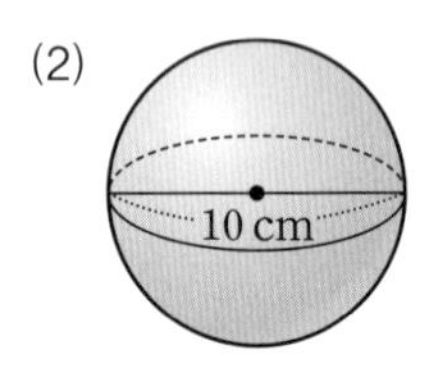

답 ______

(3) 반지름의 길이가 3 cm인 구

답 ______

(4) 지름의 길이가 8 cm인 구

답 ______

2 다음 그림과 같은 입체도형의 겉넓이를 구하여라.

(1) (2 cm)

➔ (겉넓이)

$=\square\times$(구의 겉넓이)$+$(원의 넓이)

$=\square+\square$

$=\square$(cm²)

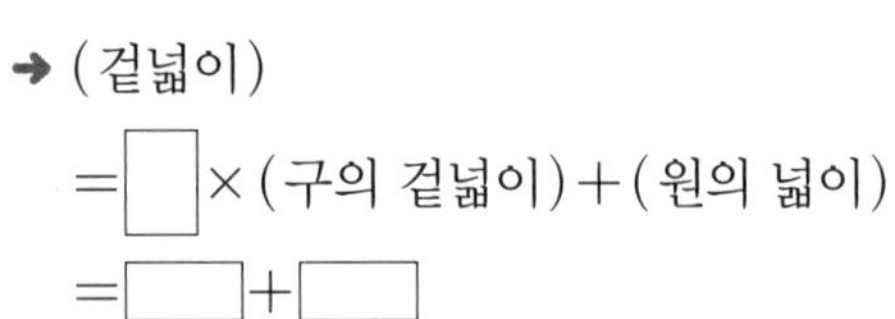

(2)

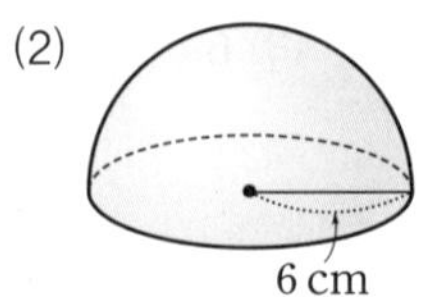

답 ______

(3)

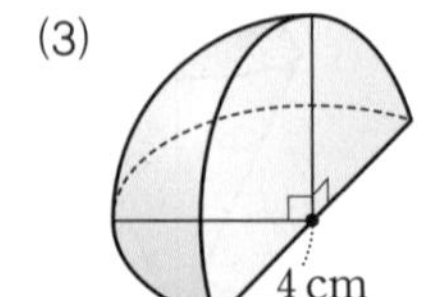

답 ______

오답노트 작성 ______ 쪽

3 **다음 그림과 같은 입체도형의 겉넓이를 구하여라.**

(1)

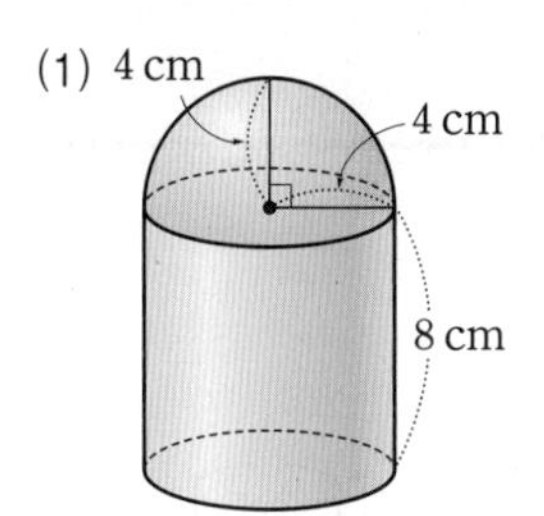

➜ $\frac{1}{2}\times$(구의 겉넓이)

$+$(☐ 의 옆넓이)$+$(원의 넓이)

$=$ ☐ $+$ ☐ $+16\pi$

$=$ ☐ (cm²)

(2)

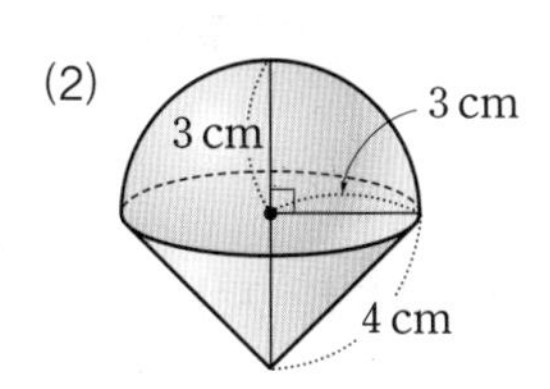

➜ $\frac{1}{2}\times$(구의 겉넓이)$+$(☐ 의 옆넓이)

$=$ ☐ $+$ ☐

$=$ ☐ (cm²)

(3)

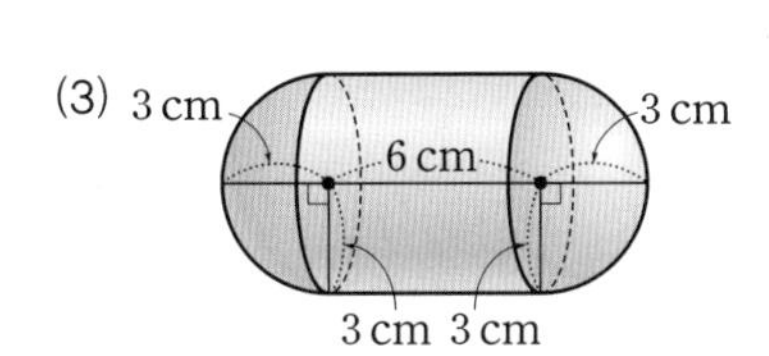

➜ (구의 겉넓이)$+$(☐ 의 옆넓이)

$=36\pi+$ ☐

$=$ ☐ (cm²)

(4)

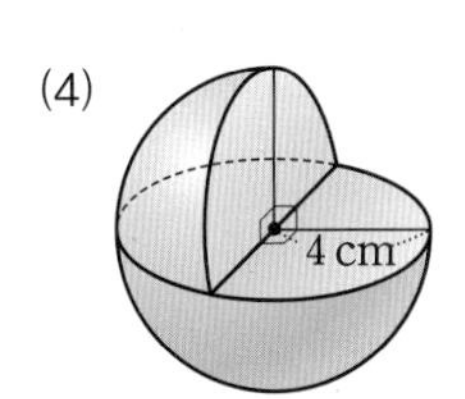

➜ $\frac{3}{4}\times$(구의 겉넓이)$+$ ☐ $\times$(반원의 넓이)

$=$ ☐ $+$ ☐

$=$ ☐ (cm²)

4 **다음을 구하여라.**

(1) 겉넓이가 64π cm²인 구의 반지름의 길이

답 ____________

(2) 겉넓이가 100π cm²인 구의 반지름의 길이

답 ____________

5 **다음 그림과 같은 평면도형을 직선 l을 축으로 하여 1 회전시킬 때 생기는 회전체의 겉넓이를 구하여라.**

(1)

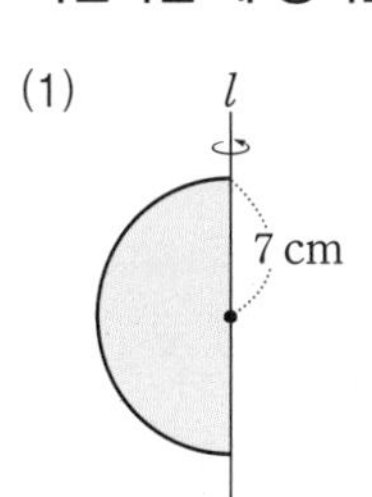

답 ____________

(2)

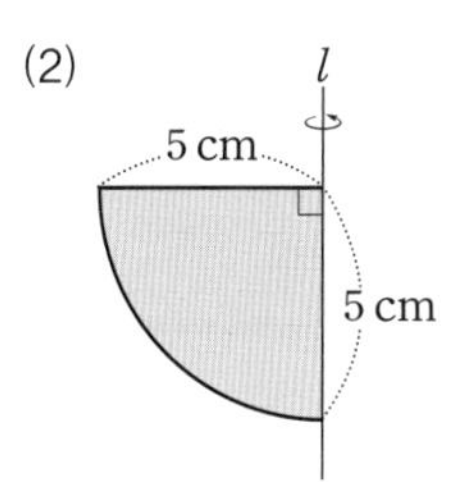

답 ____________

(3)

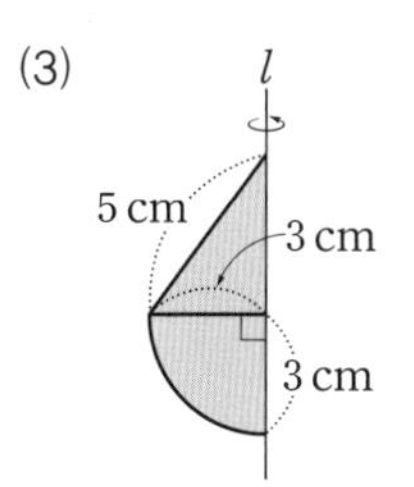

답 ____________

6 풍쌤의 point

(1) 반지름의 길이가 r인 구의 겉넓이는 (   )이다.

(2) 반지름의 길이가 r인 구의 겉넓이는 반지름의 길이가 (   )인 원의 넓이와 같다.

오답노트 작성 ______ 쪽

33 구의 부피

핵심개념 반지름의 길이가 r인 구의 부피를 V라고 하면

$V=\frac{4}{3}\pi r^3$

참고 반지름의 길이가 r인 구의 부피는 밑면의 반지름의 길이가 r, 높이가 $2r$인 원기둥의 부피의 $\frac{2}{3}$이다.

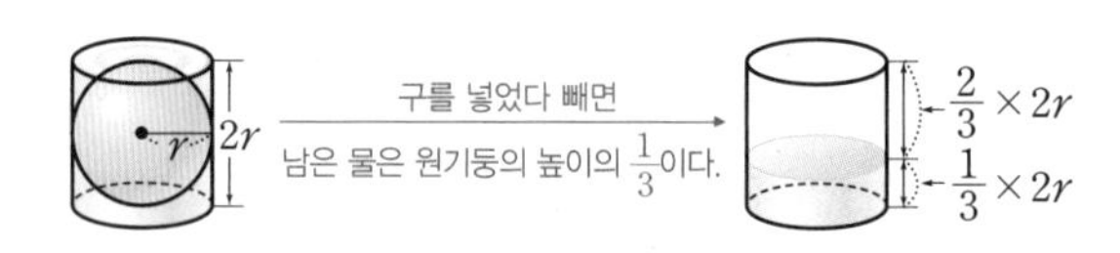

➜ (구의 부피) $=\frac{2}{3}\times$ (원기둥의 부피)
$=\frac{2}{3}\times$ (밑넓이) $\times$ (높이)
$=\frac{2}{3}\times\pi r^2\times 2r=\frac{4}{3}\pi r^3$

▶**학습 날짜** 월 일 ▶**걸린 시간** 분 / **목표 시간** 20분

1 다음과 같은 구의 부피를 구하여라.

(1)

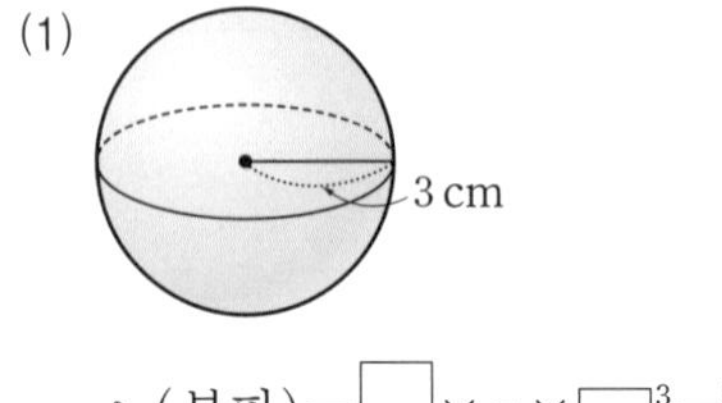

➜ (부피) $=\square\times\pi\times\square^3=\square\,(\mathrm{cm}^3)$

(2)

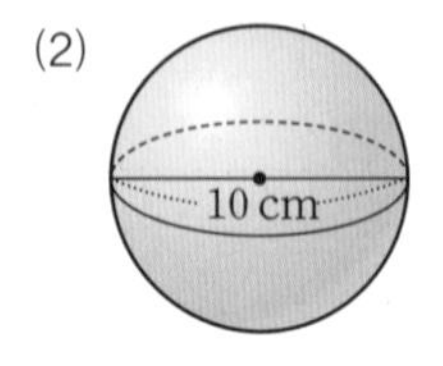

답

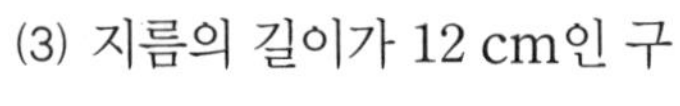

(3) 지름의 길이가 12 cm인 구

답

2 다음 그림과 같은 입체도형의 부피를 구하여라.

(1)

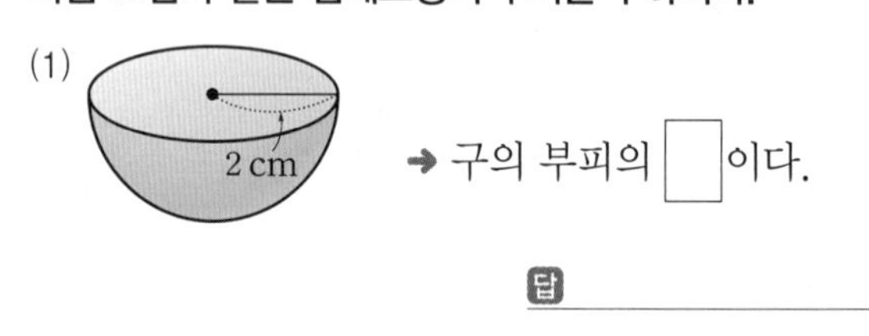

➜ 구의 부피의 □이다.

답

(2)

➜ 구의 부피의 □이다.

답

(3)

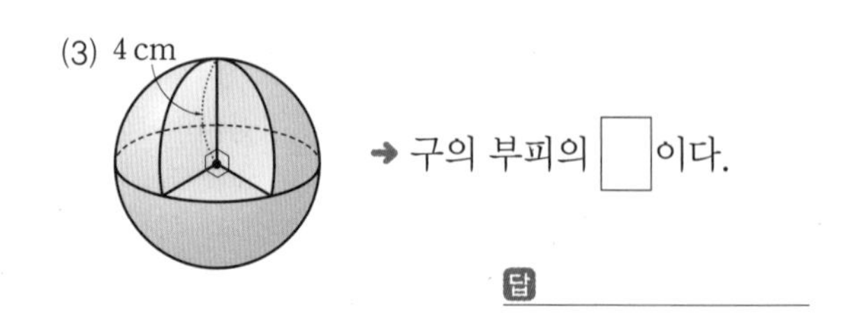

➜ 구의 부피의 □이다.

답

오답노트 작성 ______쪽

3 **다음 그림과 같은 입체도형의 부피를 구하여라.**

(1)

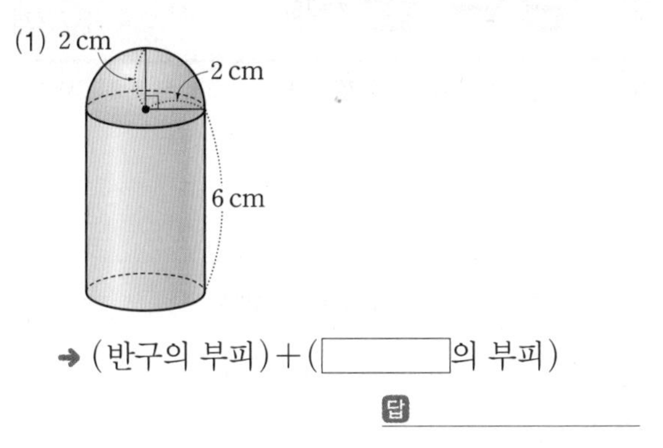

→ (반구의 부피)+(　　의 부피)

답

(2)

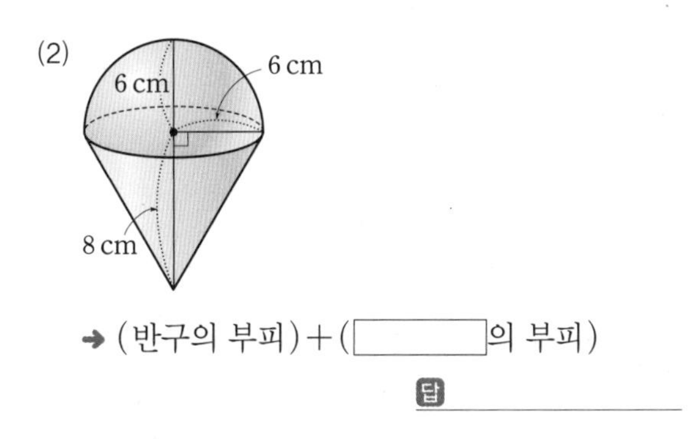

→ (반구의 부피)+(　　의 부피)

답

(3)

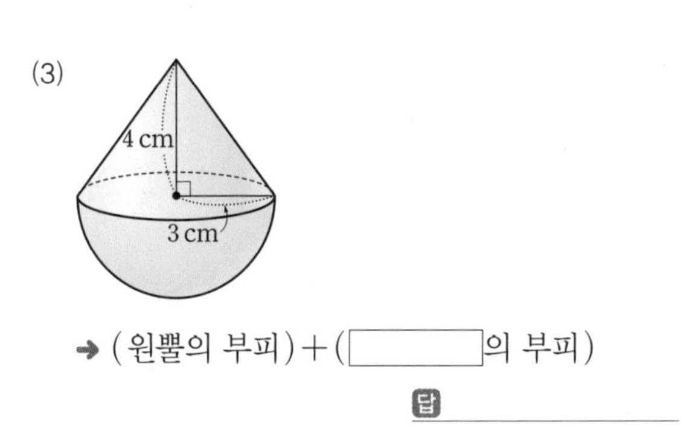

→ (원뿔의 부피)+(　　의 부피)

답

(4)

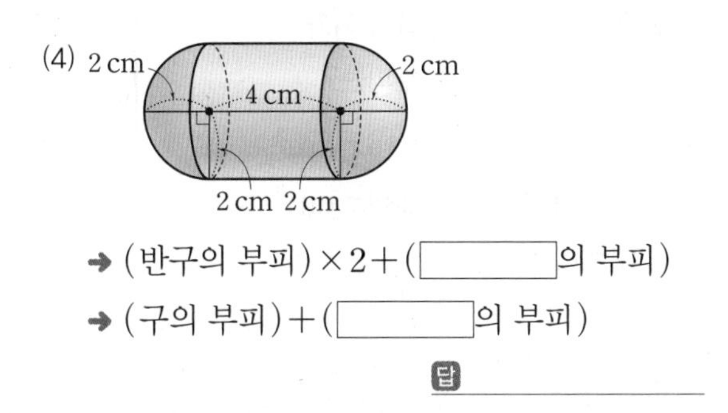

→ (반구의 부피)×2+(　　의 부피)

→ (구의 부피)+(　　의 부피)

답

4 **오른쪽 그림과 같이 원기둥 안에 원뿔과 구가 꼭 맞게 들어 있다. 다음을 구하여라.**

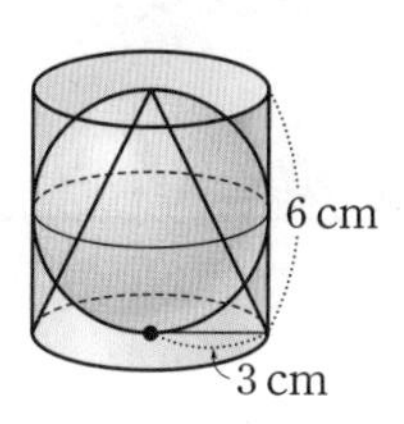

(1) 원뿔의 부피　　답

(2) 구의 부피　　답

(3) 원기둥의 부피　　답

(4) (원뿔의 부피) : (구의 부피) : (원기둥의 부피)

답

tip 그림처럼 원기둥 안에 구와 원뿔이 꼭 맞게 들어 있을 때, 원뿔, 구, 원기둥의 부피의 비를 기억해 두도록 해!

5 **오른쪽 그림과 같이 원기둥 안에 원뿔, 구가 꼭 맞게 들어 있을 때, 원뿔, 구, 원기둥의 부피의 비를 이용하여 다음을 구하여라.**

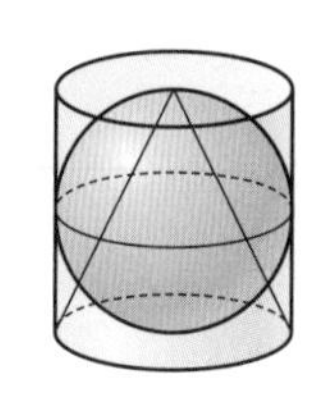

(1) 구의 부피가 $\frac{32}{3}\pi\ \text{cm}^3$일 때, 원뿔의 부피

→ (원뿔의 부피) : (구의 부피)=1 : □

답

(2) 원뿔의 부피가 $\frac{16}{3}\pi\ \text{cm}^3$일 때, 원기둥의 부피

→ (원뿔의 부피) : (원기둥의 부피)=1 : □

답

6 풍쌤의 point

(1) 반지름의 길이가 r인 구의 부피는 (　　　　)이다.

(2) 원기둥 안에 꼭 맞게 들어 있는 구, 원뿔이 있을 때

(원뿔의 부피)=□×(원기둥의 부피)

(구의 부피)=□×(원기둥의 부피)

→ (원뿔의 부피):(구의 부피):(원기둥의 부피)

=□:□:3

오답노트 작성 ______ 쪽

정답과 해설 37쪽

32-33 · 스스로 점검 문제

맞힌 개수 개 / 7개

▶학습 날짜 월 일 ▶걸린 시간 분 / 목표 시간 20분

1 

반지름의 길이가 2 cm인 구의 겉넓이가 $a\pi\text{ cm}^2$, 부피가 $b\pi\text{ cm}^3$일 때, $a+b$의 값은?

① 24 ② $\frac{76}{3}$ ③ $\frac{80}{3}$
④ 28 ⑤ $\frac{88}{3}$

2 

오른쪽 그림과 같이 반지름의 길이가 4 cm인 반구의 겉넓이를 구하여라.

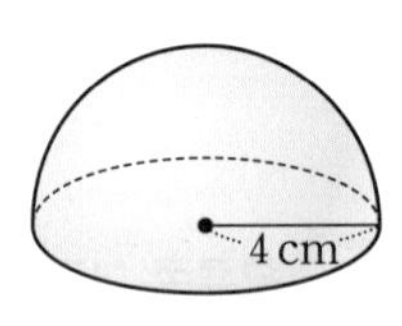

3 □□ 구의 겉넓이 1

반지름의 길이가 $3r$인 구의 겉넓이는 반지름의 길이가 r인 구의 겉넓이의 몇 배인가?

① 3배 ② 6배 ③ 8배
④ 9배 ⑤ 27배

4 

오른쪽 그림은 반지름의 길이가 3 cm, 6 cm인 두 반구를 포개어 놓은 것이다. 이 입체도형의 겉넓이는?

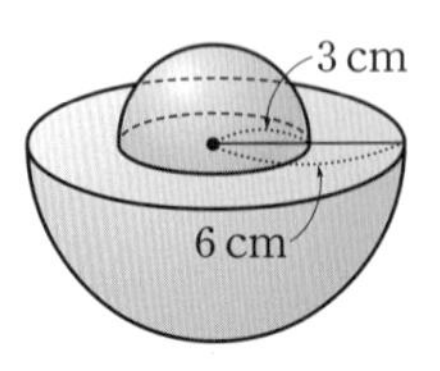

① $115\pi\text{ cm}^2$ ② $117\pi\text{ cm}^2$ ③ $119\pi\text{ cm}^2$
④ $121\pi\text{ cm}^2$ ⑤ $123\pi\text{ cm}^2$

5 □□ 구의 겉넓이 3, 구의 부피 2

오른쪽 그림과 같이 반지름의 길이가 6 cm인 구의 $\frac{1}{4}$이 잘린 입체도형의 겉넓이와 부피를 각각 구하여라.

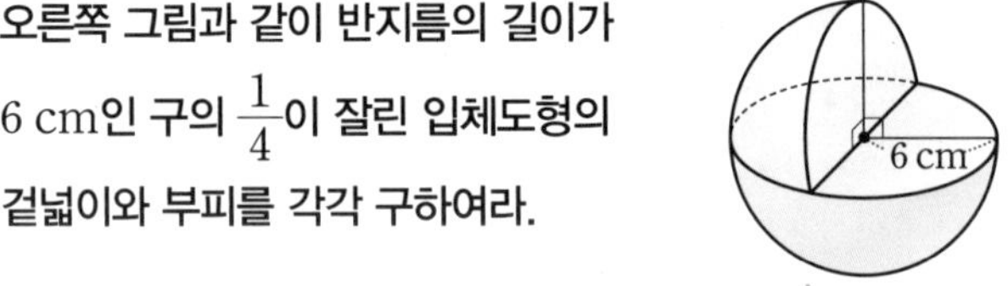

6 □□ 구의 부피 3

오른쪽 그림과 같은 입체도형의 부피는?

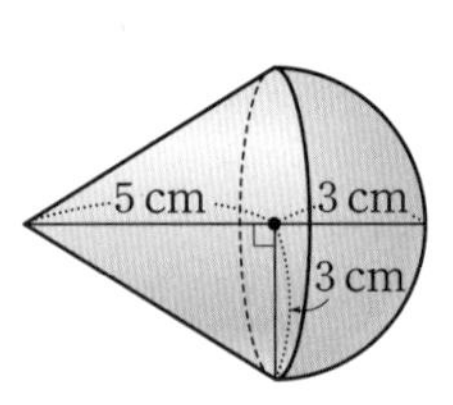

① $32\pi\text{ cm}^3$ ② $33\pi\text{ cm}^3$
③ $34\pi\text{ cm}^3$ ④ $35\pi\text{ cm}^3$
⑤ $36\pi\text{ cm}^3$

7 □□ 구의 부피 5

오른쪽 그림과 같이 원기둥 안에 구가 꼭 맞게 들어 있다. 원기둥의 부피가 $432\pi\text{ cm}^3$일 때, 구의 부피는?

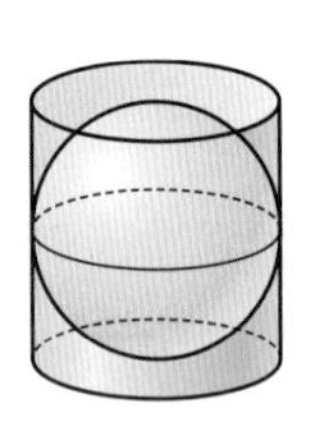

① $188\pi\text{ cm}^3$ ② $216\pi\text{ cm}^3$
③ $252\pi\text{ cm}^3$ ④ $288\pi\text{ cm}^3$
⑤ $312\pi\text{ cm}^3$

오답노트 작성 ______쪽

통계

학습주제	쪽수
01 줄기와 잎 그림	126
02 도수분포표	129
03 도수분포표의 이해	131
01-03 스스로 점검 문제	133
04 히스토그램	134
05 히스토그램의 이해	136
06 히스토그램에서의 넓이	138
07 일부가 찢어진 경우	140
04-07 스스로 점검 문제	142
08 도수분포다각형	143
09 도수분포다각형의 이해	145
10 도수분포다각형에서의 넓이	147
11 일부가 찢어진 경우	148
08-11 스스로 점검 문제	150
12 상대도수의 뜻	151
13 상대도수의 분포표	153
14 상대도수의 분포를 나타낸 그래프	155
15 도수의 총합이 다른 두 집단의 비교	158
12-15 스스로 점검 문제	160

01 줄기와 잎 그림

핵심개념

1. 변량: 수학 점수와 같이 자료를 수량으로 나타낸 것

2. 줄기와 잎 그림: 자료의 값을 큰 자리의 숫자와 작은 자리의 숫자로 구분하여 세로선의 왼쪽에는 큰 자리의 숫자를, 세로선의 오른쪽에는 작은 자리의 숫자를 기록하여 나타낸 그림

(1) 줄기: 세로선의 왼쪽에 있는 숫자

(2) 잎: 세로선의 오른쪽에 있는 숫자

줄기와 잎 그림

수학 점수 (6|2는 62점)

줄기	잎
6	2 5 6
7	0 2 6 8
8	1 3 7 7 9
9	2 5

큰 자리의 숫자 / 작은 자리의 숫자

3. 줄기와 잎 그림을 그리는 방법

❶ 각 변량을 줄기와 잎으로 구분한다.

❷ 줄기를 작은 값부터 크기순으로 세로로 나열한다.

❸ ❷에서 나열한 숫자의 오른쪽에 세로선을 긋는다.

❹ 세로선의 오른쪽에 각 줄기에 해당하는 잎을 작은 값부터 크기순으로 가로로 나열한다.

주의 자료 중에 똑같은 값이 있으면 줄기는 중복되는 수를 한 번만 쓰고, 잎은 중복되는 수를 중복된 횟수만큼 쓴다.

▶학습 날짜 월 일 ▶걸린 시간 분 / 목표 시간 30분

1 다음은 어느 동아리 회원 20명의 몸무게를 조사하여 나타낸 것이다. 이 자료에 대한 줄기와 잎 그림을 완성하고, 빈칸에 알맞은 것을 써넣어라.

(단위: kg)

46, 45, 59, 43, 37,
60, 40, 48, 57, 45,
51, 36, 62, 54, 39,
57, 55, 64, 58, 53

몸무게 (3|6은 36 kg)

줄기	잎
3	6 7 9
4	0 □ □ 5 6 8
□	1 3 4 5 □ □ □ 9
□	0 □ 4

(1) 줄기는 ______의 자리, 잎은 ______의 자리의 숫자를 나타낸다.

(2) 자료 중에 똑같은 값이 있으면 잎에는 중복되는 수를 (한 번만, 중복된 횟수만큼) 나열한다.

(3) 줄기는 3, 4, □, □이다.

(4) 잎이 가장 많은 줄기는 □이다.

(5) 줄기가 3인 잎은 □, □, 9이다.

(6) 가장 무거운 회원의 몸무게는 □ kg이다.

(7) 자료의 총 개수는 (줄기, 잎)의 개수와 같다.

(8) 잎의 개수는 □개이다.

오답노트 작성 ______쪽

2 다음 자료에 대하여 줄기와 잎 그림을 완성하여라.

(1) 민설이네 반 학생들의 통학 시간

(단위: 분)

10, 27, 18, 28, 15, 21, 32, 33, 22, 12,
35, 25, 17, 30, 40, 36, 14, 23, 41, 23

통학 시간 (1|0은 □분)

줄기	잎
1	0 2 4 5 7 8
2	
3	
4	

(2) 희열이네 반 학생들의 영어 점수

(단위: 점)

84, 66, 94, 74, 65, 85, 67,
83, 73, 89, 88, 76, 70, 72,
96, 68, 81, 98, 62, 87, 78

영어 점수 (6|2는 □점)

줄기	잎
6	2

(3) 호민이네 반 학생들의 키

(단위: cm)

152, 159, 168, 153, 161, 145, 155,
168, 145, 170, 154, 146, 163, 147,
148, 170, 157, 171, 166, 155, 164

tip 변량이 세 자리의 자연수일 때는 보통 잎은 일의 자리의 숫자로 정하고, 줄기는 나머지 자리의 수로 하면 돼.

키 (14|5는 □cm)

줄기	잎
14	5

3 다음은 재호네 모둠 학생들의 봉사활동 시간을 조사하여 나타낸 줄기와 잎 그림이다. □ 안에 알맞은 수를 써넣어라.

봉사활동 시간 (1|0은 10시간)

줄기	잎
1	0 0 1 2 2 6 9
2	1 3 4 4 5 8
3	2 4 5 5
4	0

(1) 잎이 가장 많은 줄기: □
　　잎이 가장 적은 줄기: □

tip 줄기와 잎 그림을 이용하니까 변량이 가장 많거나 가장 적은 시간대를 쉽게 알 수 있어.

(2) 재호네 모둠 전체 학생 수
: 잎의 총 개수는 7+6+□+□=□(개)
➜ □명

(3) 봉사활동 시간이 30시간 이상인 학생 수
: 32시간, 34시간, 35시간, □시간, □시간
➜ □명

4 아래는 루나네 반 학생들의 한 학기 동안의 독서량을 조사하여 나타낸 줄기와 잎 그림이다. 다음을 구하여라.

독서량 (0|4는 4권)

줄기	잎
0	4 5 6 7 9
1	2 2 4 5 5 6 7 8 8 9
2	0 1 3 4 6 7 8 9
3	1 2 2 5 7

(1) 루나네 반 전체 학생 수 답 ______

(2) 독서량이 10권 미만인 학생 수
답 ______

(3) 가장 많은 독서량과 가장 적은 독서량의 차
답 ______

5 아래는 수영이네 반 학생들의 일주일 동안의 인터넷 사용 시간을 조사하여 나타낸 줄기와 잎 그림이다. 다음을 구하여라.

인터넷 사용 시간 (0|4는 4시간)

줄기	잎
0	4 7 8
1	1 3 4 5 6 7
2	0 2 3 4 4 5 7 8 8
3	0 1 2 4 8 8 9
4	2 4 5 5

(1) 잎이 가장 적은 줄기 답 ________

(2) 수영이네 반 전체 학생 수 답 ________

(3) 인터넷 사용 시간이 20시간 이상 30시간 미만인 학생 수 답 ________

(4) 수영이의 인터넷 사용 시간이 25시간일 때, 수영이보다 인터넷 사용 시간이 긴 학생 수 답 ________

(5) 인터넷 사용 시간이 짧은 쪽에서 5번째인 학생의 인터넷 사용 시간 답 ________

tip 줄기가 작은 것부터 잎의 개수를 차례로 세어서 5번째인 사용 시간을 찾으면 돼.

(6) 인터넷 사용 시간이 긴 쪽에서 8번째인 학생의 인터넷 사용 시간 답 ________

tip 줄기가 큰 것부터 잎의 개수를 뒤에서부터 세어서 8번째인 사용 시간을 찾으면 돼.

6 아래는 연수가 지난 20일 동안 하루에 읽은 책의 쪽수를 조사하여 나타낸 줄기와 잎 그림이다. 다음을 구하여라.

하루에 읽은 책의 쪽수 (2|0은 20쪽)

줄기	잎
2	0 3 3 5 9
3	0 1 2 4 7 7 9
4	1 2 5 6 6
5	1 2 6

(1) 잎이 가장 많은 줄기 답 ________

(2) 하루에 가장 많이 읽은 책의 쪽수 답 ________

(3) 하루에 책을 40쪽 이상 읽은 날수 답 ________

(4) 읽은 쪽수가 6번째로 많은 날의 읽은 책의 쪽수 답 ________

7 풍쌤의 point

(1) 자료를 수량으로 나타낸 것을 (　　　)이라고 한다.

(2) 줄기와 잎 그림에서 세로선의 왼쪽에 있는 숫자를 (　　　), 세로선의 오른쪽에 있는 숫자를 (　　　)이라고 한다.

(3) 줄기와 잎 그림에서 줄기에는 중복되는 수를 (한 번만, 중복된 횟수만큼) 쓰고, 잎에는 중복되는 수를 (한 번만, 중복된 횟수만큼) 쓴다.

오답노트 작성 ____쪽

02 도수분포표

핵심개념

1. **계급:** 변량을 일정한 간격으로 나눈 구간
2. **계급의 크기:** 구간의 너비, 즉 계급의 양 끝 값의 차
3. **계급의 개수:** 변량을 나눈 구간의 수
4. **계급값:** 각 계급의 가운데 값 ➜ $(\text{계급값})=\frac{(\text{계급의 양 끝 값의 합})}{2}$
5. **도수:** 각 계급에 속하는 자료의 개수
6. **도수분포표:** 주어진 전체의 자료를 몇 개의 계급으로 나누고, 각 계급의 도수를 조사하여 나타낸 표

   주의 계급, 계급의 크기, 계급값, 도수는 항상 단위를 포함하여 쓴다.
7. **도수분포표를 만드는 순서**

   ❶ 자료에서 가장 작은 변량과 가장 큰 변량을 찾는다.

   ❷ 두 변량이 포함되는 구간을 일정한 간격으로 나누어 계급을 정한다.

   ❸ 각 계급의 도수를 구한다.

도수분포표

	수학 점수(점)	도수(명)
계급	$60^{이상}$ ~ $70^{미만}$	3
	70 ~ 80	4
	80 ~ 90	5
	90 ~ 100	2
	합계	14

▶학습 날짜 월 일 ▶걸린 시간 분 / 목표 시간 20분

정답과 해설 38~39쪽

1 **다음은 준영이네 학교 학생 40명의 한 달 동안의 도서관 이용 횟수를 조사하여 나타낸 도수분포표이다. 빈칸에 알맞은 것을 써넣어라.**

이용 횟수(회)	도수(명)
$4^{이상}$ ~ $8^{미만}$	8
8 ~ 12	12
12 ~ 16	14
16 ~ 20	4
20 ~ 24	2
합계	40

(1) 도서관 이용 횟수와 같이 자료를 수량으로 나타낸 것을 ______이라고 한다.

➜ 변량이 4회 이상 □회 미만인 자료는 8개이다.

(2) 변량을 일정한 간격으로 나눈 구간을 ______이라고 한다.

➜ 계급의 개수는 4 ~ 8, 8 ~ 12, 12 ~ 16, □ ~ □, □ ~ □의 □개이다.

(3) 계급의 크기는 계급의 양 끝 값의 ______이다.

➜ 계급의 크기는 24 − 20 = ⋯ = 8 − 4 = □(회)이다.

tip 계급의 크기는 어느 계급의 양 끝 값을 택하여 구해도 상관없어.

(4) 변량이 속하는 계급을 찾을 수 있다.

➜ 이용 횟수가 21회인 학생이 속하는 계급은 □회 이상 □회 미만이다.

(5) 각 계급에 속하는 자료의 개수를 ______라고 한다.

➜ 이용 횟수가 12회 이상 16회 미만인 계급의 도수는 □명이다.

오답노트 작성 ______쪽

2 다음 자료에 대하여 도수분포표를 완성하여라.

(1) 선호네 반 남학생들의 윗몸일으키기 횟수

(단위: 회)

4, 15, 21,
33, 9, 32,
24, 18, 25,
8, 15, 14,
20, 29, 22

횟수(회)	도수(명)	
0이상 ~ 10미만	///	3
10 ~ 20	////	4
20 ~ 30		
30 ~ 40		
합계	15	

tip 자료의 수를 셀 때는 /, //, ///, ////, ~~////~~ 또는 ㅡ, T, F, 下, 正를 사용하면 편리해.

(2) 지난 3주 동안 경미의 홈페이지 일일 방문자 수

(단위: 명)

8, 15, 19,
23, 20, 16,
24, 3, 9,
22, 5, 22,
21, 1, 18,
10, 6, 17,
8, 2, 19

방문자 수(명)	도수(일)
0이상 ~ 5미만	
5 ~ 10	
10 ~ 15	
15 ~ 20	
20 ~ 25	
합계	

(3) 현민이네 반 학생들의 하루 동안의 TV 시청 시간

(단위: 분)

20, 35, 17,
30, 24, 15,
47, 45, 25,
55, 50, 38,
40, 20, 25,
33, 45, 40,
35, 41, 48,
51, 31, 20

시청 시간(분)	도수(명)
10이상 ~ 20미만	
~	
~	
~	
~	
합계	

tip 계급의 크기를 같게 하여 계급을 나눠 봐~

3 아래는 어느 농장에서 생산된 달걀의 무게를 조사하여 나타낸 도수분포표이다. 다음을 구하여라.

무게(g)	도수(개)
40이상 ~ 45미만	2
45 ~ 50	6
50 ~ 55	9
55 ~ 60	15
60 ~ 65	13
합계	45

(1) 계급의 크기 답 ______

(2) 계급의 개수 답 ______

(3) 52 g인 달걀이 속하는 계급
답 ______

(4) 55 g 이상 60 g 이하인 계급의 도수
답 ______

4 풍쌤의 point

(1) 도수분포표에서 변량을 일정한 간격으로 나눈 구간을 (   )이라고 한다.

(2) 계급의 크기는 계급의 양 끝 값의 (   )이다.

(3) 각 계급의 가운데 값을 (   )이라고 한다.

(4) 각 계급에 속하는 자료의 개수를 (   )라고 한다.

오답노트 작성 ______쪽

03 도수분포표의 이해

핵심개념

1. 도수분포표의 a 이상 b 미만인 계급에서 (계급의 크기)$=b-a$
   ↳ 항상 일정
2. 도수분포표에서 특정 계급의 도수의 백분율: $\frac{\text{(해당 계급의 도수)}}{\text{(도수의 총합)}}\times 100(\%)$

▶학습 날짜 월 일 ▶걸린 시간 분 / 목표 시간 20분

정답과 해설 39쪽

1 다음은 태현이네 반 학생들이 가지고 있는 필기구의 수를 조사하여 나타낸 도수분포표이다. □ 안에 알맞은 수를 써넣어라.

필기구의 수(개)	도수(명)
3^이상 ~ 7^미만	5
7 ~ 11	8
11 ~ 15	10
15 ~ 19	6
19 ~ 23	1
합계	30

(1) 도수가 가장 큰 계급

➜ 가장 큰 도수는 □명이므로 그 계급은 □개 이상 □개 미만이다.

(2) 필기구의 수가 7개인 학생이 속한 계급의 도수

➜ 필기구의 수가 7개인 학생이 속한 계급은 □개 이상 □개 미만이므로 이 계급의 도수는 □명이다.

(3) 필기구의 수가 11개 미만인 학생 수

➜ 3개 이상 7개 미만인 학생 수: □명
7개 이상 11개 미만인 학생 수: □명
따라서 구하는 학생 수는 □명이다.

(4) 필기구를 적게 가지고 있는 쪽에서 12번째인 학생이 속하는 계급

tip 적은 경우에는 계급이 작은 쪽에서부터 도수를 세면 돼.

➜ 7개 미만인 학생 수: 5명
11개 미만인 학생 수: 5+□=□(명)
따라서 구하는 계급은 □개 이상 □개 미만이다.

(5) 필기구를 많이 가지고 있는 쪽에서 5번째인 학생이 속하는 계급

tip 많은 경우에는 계급이 큰 쪽에서부터 도수를 세면 돼.

➜ 19개 이상인 학생 수: 1명
15개 이상인 학생 수: □+1=□(명)
따라서 구하는 계급은 □개 이상 □개 미만이다.

(6) 가지고 있는 필기구의 수가 15개 이상 19개 미만인 학생 수의 백분율

➜ 도수의 총합이 30명이고, 15개 이상 19개 미만인 계급의 도수는 □명이므로
전체의 $\frac{□}{30}\times 100=$□(%)이다.

오답노트 작성 ____쪽

2 아래는 혜원이네 반 학생들의 과학 점수를 조사하여 나타낸 도수분포표이다. 다음을 구하여라.

과학 점수(점)	도수(명)
50이상 ~ 60미만	3
60 ~ 70	4
70 ~ 80	10
80 ~ 90	A
90 ~ 100	2
합계	25

tip A의 값을 먼저 구해야 돼. 각 계급의 도수를 더한 값이 25임을 이용하면 A의 값을 구할 수 있겠지?

(1) A의 값

➜ $3+4+10+A+2=$ ☐ 이므로
$A=25-$ ☐ $=$ ☐

(2) 과학 점수가 80점 이상인 학생 수

답 ______

(3) 도수가 가장 작은 계급

답 ______

(4) 과학 점수가 낮은 쪽에서 8번째인 학생이 속하는 계급 답 ______

(5) 과학 점수가 90점 이상 100점 미만인 학생 수의 백분율 답 ______

(6) 과학 점수가 70점 미만인 학생 수의 백분율

답 ______

3 아래는 다현이네 반 학생들의 키를 조사하여 나타낸 도수분포표이다. 다음을 구하여라.

키(cm)	도수(명)
145이상 ~ 150미만	3
150 ~ 155	A
155 ~ 160	13
160 ~ 165	6
165 ~ 170	2
합계	30

(1) A의 값 답 ______

(2) 도수가 가장 큰 계급

답 ______

(3) 키가 162.5 cm인 학생이 속하는 계급의 도수

답 ______

(4) 키가 155 cm 미만인 학생 수의 백분율

답 ______

(5) 키가 큰 쪽에서 5번째인 학생이 속하는 계급

답 ______

4 풍쌤의 point

(1) 도수분포표의 a 이상 b 미만인 계급에서 계급의 크기는 ☐ 이다.

(2) 도수분포표에서 특정 계급의 도수의 백분율은

$$\frac{(\text{해당 계급의 }\square)}{(\text{도수의 }\square)}\times 100(\%)$$으로 구한다.

오답노트 작성 ______ 쪽

정답과 해설 39쪽

01-03 스스로 점검 문제

맞힌 개수 개 / 6개

▶학습 날짜 월 일 ▶걸린 시간 분 / 목표 시간 20분

1 □□ 줄기와 잎 그림 4

다음은 어느 야구 동아리에서 타자들이 1년 동안 친 홈런 수를 조사하여 나타낸 줄기와 잎 그림이다. 가장 많은 홈런 수와 가장 적은 홈런 수의 차는 몇 개인지 구하여라.

홈런 수 (0|1은 1개)

줄기	잎
0	1 2 4 5
1	2 5
2	3 4 5 8 8 9
3	2 3 3

2 □□ 도수분포표 1

도수분포표에 대한 다음 설명 중 옳지 않은 것은?

① 자료를 수량으로 나타낸 것을 변량이라고 한다.
② 변량을 일정한 간격으로 나눈 구간을 계급이라고 한다.
③ 각 계급에 속하는 자료의 개수를 도수라고 한다.
④ 계급의 양 끝 값의 합을 계급의 크기라고 한다.
⑤ 각 계급의 가운데 값을 그 계급의 계급값이라고 한다.

3 □□ 도수분포표의 이해 2

오른쪽은 미수네 반 학생들의 멀리던지기 기록을 조사하여 나타낸 도수분포표이다. 다음 설명 중 옳지 않은 것은?

기록(m)	도수(명)
10이상 ~ 20미만	2
20 ~ 30	8
30 ~ 40	10
40 ~ 50	A
50 ~ 60	1
합계	30

① 계급의 크기는 10 m이다.
② 계급의 개수는 5개이다.
③ A의 값은 9이다.
④ 도수가 가장 큰 계급은 45 m 이상 50 m 미만이다.
⑤ 기록이 30 m 미만인 학생 수는 10명이다.

4 □□ 도수분포표의 이해 2

오른쪽은 소현이네 반 학생들의 수학 점수를 조사하여 나타낸 도수분포표이다. 수학 점수가 높은 쪽에서 7번째인 학생이 속하는 계급은?

수학 점수(점)	도수(명)
50이상 ~ 60미만	2
60 ~ 70	4
70 ~ 80	8
80 ~ 90	A
90 ~ 100	3
합계	25

① 50점 이상 60점 미만
② 60점 이상 70점 미만
③ 70점 이상 80점 미만
④ 80점 이상 90점 미만
⑤ 90점 이상 100점 미만

[5~6] 오른쪽은 어느 지역의 9월 한 달 동안의 기온의 일교차를 조사하여 나타낸 도수분포표이다. 다음 물음에 답하여라.

일교차(℃)	날수(일)
0이상 ~ 2미만	8
2 ~ 4	
4 ~ 6	6
6 ~ 8	1
8 ~ 10	11
합계	30

5 □□ 도수분포표의 이해 3

기온의 일교차가 3 ℃인 날이 속한 계급의 도수를 구하여라.

6 □□ 도수분포표의 이해 2, 3

기온의 일교차가 4 ℃ 미만인 날은 전체의 몇 %인지 구하여라.

오답노트 작성 ______쪽

04 히스토그램

핵심개념

1. **히스토그램:** 가로축에는 각 계급의 양 끝 값을, 세로축에는 도수를 차례로 표시하여 직사각형 모양으로 나타낸 그래프
2. **히스토그램을 그리는 방법**
   ❶ 가로축에 각 계급의 양 끝 값을 차례로 표시한다.
   ❷ 세로축에 도수를 차례로 표시한다.
   ❸ 각 계급의 크기를 가로로, 도수를 세로로 하는 직사각형을 차례로 그린다.

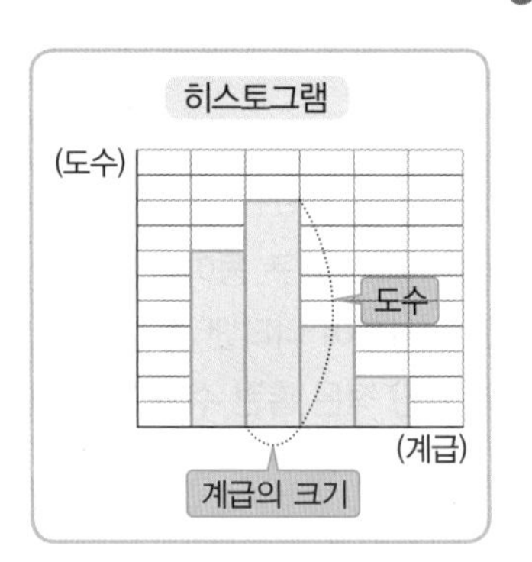

▶학습 날짜 월 일 ▶걸린 시간 분 / 목표 시간 20분

1 다음은 준우네 반 학생들의 턱걸이 횟수를 조사하여 나타낸 도수분포표이다. 이 표를 보고, 히스토그램으로 나타내어라.

횟수(회)	도수(명)
5이상 ~ 10미만	3
10 ~ 15	8
15 ~ 20	10
20 ~ 25	7
25 ~ 30	2
합계	30

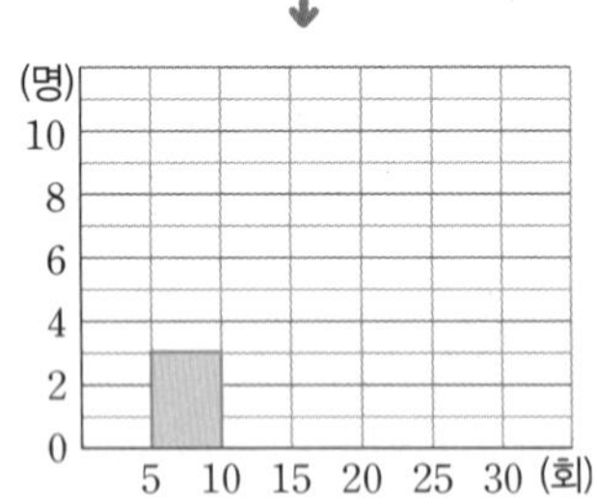

2 다음 빈칸에 알맞은 것을 써넣어라.

히스토그램의 가로축에는 각 ______의 양 끝 값을, 세로축에는 ______를 나타낸다.

3 다음 중 서로 관계있는 것끼리 선으로 연결하여라.

(1) 계급의 개수 • • ㄱ. 직사각형의 가로의 길이
(2) 계급의 크기 • • ㄴ. 직사각형의 세로의 길이
(3) 도수 • • ㄷ. 직사각형의 개수

4 다음 도수분포표를 히스토그램으로 나타내고 빈칸에 알맞은 수를 써넣어라.

(1) 현수네 반 학생들의 수학 점수

수학 점수(점)	도수(명)
50이상 ~ 60미만	3
60 ~ 70	6
70 ~ 80	10
80 ~ 90	9
90 ~ 100	6
합계	34

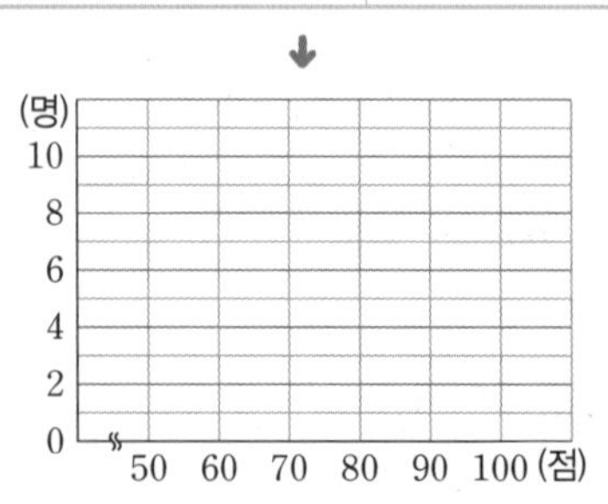

➜ 계급의 크기: ______점, 계급의 개수: ____개

오답노트 작성 ______쪽

(2) 정욱이네 반 학생들의 오래매달리기 기록

기록(초)	도수(명)
0이상 ~ 10미만	3
10 ~ 20	6
20 ~ 30	9
30 ~ 40	8
40 ~ 50	6
50 ~ 60	3
합계	35

↓

(명) 10 8 6 4 2 0
10 20 30 40 50 60 (초)

→ 계급의 크기: ______초,

계급의 개수: ____개

tip
① 계급의 크기는? → 직사각형의 가로의 길이!
② 도수는? → 직사각형의 세로의 길이!
③ 계급의 개수는? → 직사각형의 개수!

(3) 어느 지역 가구들의 한 달 동안의 전력 소비량

전력 소비량(kWh)	도수(가구)
200이상 ~ 300미만	3
300 ~ 400	4
400 ~ 500	7
500 ~ 600	11
600 ~ 700	4
700 ~ 800	1
합계	30

↓

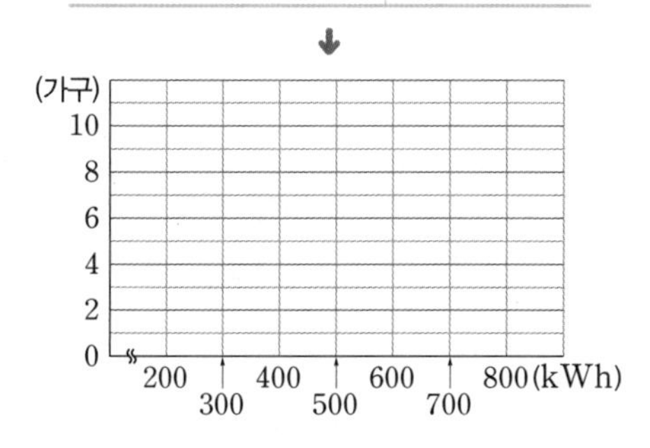

→ 계급의 크기: ____kWh,

계급의 개수: ___개

5 **다음은 민중이네 반 학생들의 일주일 동안의 교육방송 시청 시간을 조사하여 나타낸 도수분포표와 히스토그램이다. 각각을 완성하여라.**

시청 시간(시간)	도수(명)
2이상 ~ 4미만	3
4 ~ 6	
6 ~ 8	6
8 ~ 10	
10 ~ 12	7
합계	

↓

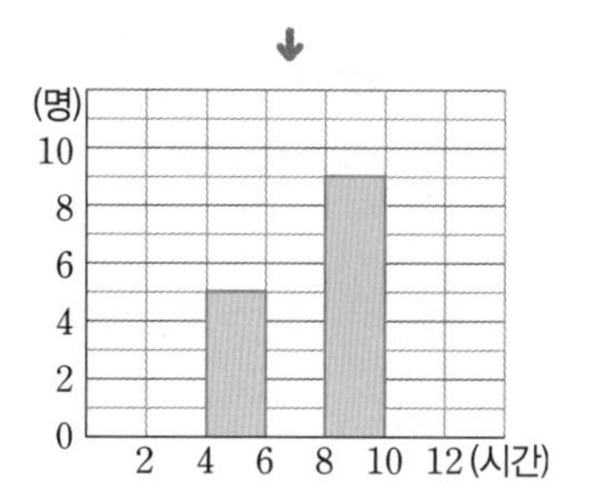

6 **히스토그램에 대한 다음 설명 중 옳은 것에는 ○표, 옳지 않은 것에는 ×표를 하여라.**

(1) 가로축에는 계급값을, 세로축에는 도수를 차례로 표시한다. (　　)

(2) 직사각형의 가로의 길이는 모두 같다. (　　)

(3) 직사각형의 세로의 길이는 그 계급의 도수와 같다. (　　)

7 풍쌤의 point

(1) 가로축에는 각 계급의 양 끝 값을, 세로축에는 도수를 차례로 표시하여 직사각형 모양으로 나타낸 그래프를 (　　　　　　)이라고 한다.

(2) 히스토그램에서 가로의 길이는 각 계급의 (　　)와 같고, 세로의 길이는 각 계급의 (　　)와 같다.

오답노트 작성 ______쪽

05 히스토그램의 이해

핵심개념 히스토그램에서

1. (계급의 크기)=(직사각형의 가로의 길이)
2. (계급의 도수)=(직사각형의 세로의 길이)

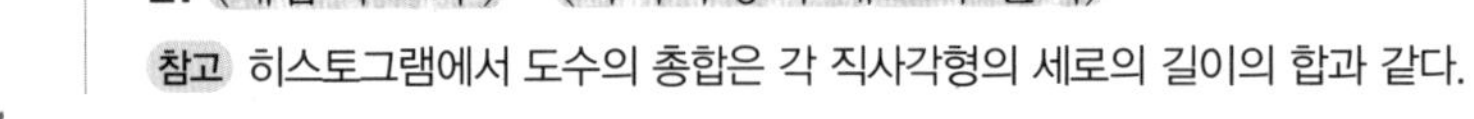

참고 히스토그램에서 도수의 총합은 각 직사각형의 세로의 길이의 합과 같다.

▶학습 날짜 월 일 ▶걸린 시간 분 / 목표 시간 20분

1 다음 그림은 소담이네 반 학생들의 음악 실기 점수를 조사하여 나타낸 히스토그램이다. 빈칸에 알맞은 것을 써넣어라.

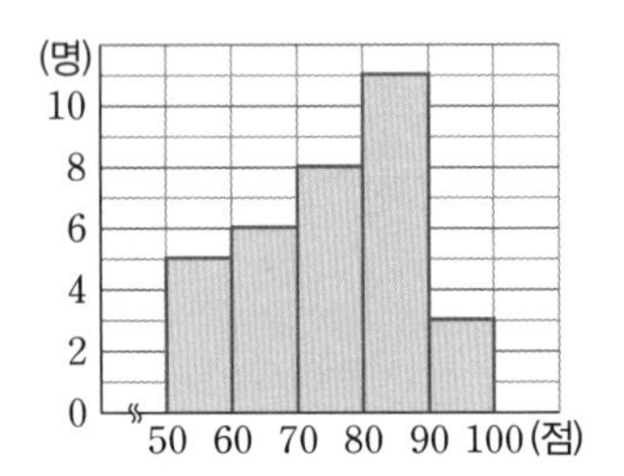

(1) (계급의 크기)
=(직사각형의 ______의 길이)
$=60-50=\square$(점)

(2) (계급의 개수)=(직사각형의 ______)
$=\square$(개)

(3) (60점 이상 70점 미만인 계급의 도수)
=(해당 계급의 직사각형의 ______의 길이)
$=\square$(명)

(4) (소담이네 반의 전체 학생 수)
$=5+6+\square+\square+\square=\square$(명)

(5) 도수의 총합은 각 직사각형의 ______의 길이의 ____과 같다.

2 아래 그림은 어느 아파트의 각 가구별로 하루 동안 사용한 물의 양을 조사하여 나타낸 히스토그램이다. 다음을 구하여라.

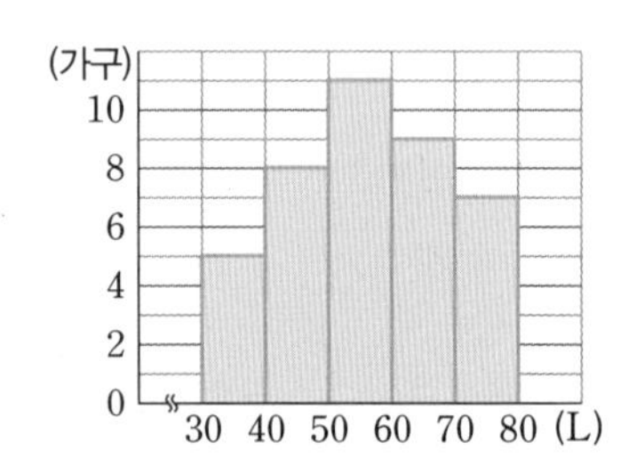

(1) 아파트의 전체 가구 수

답

(2) 사용한 물의 양이 60 L 이상인 가구 수

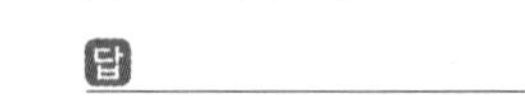

답

(3) 도수가 가장 작은 계급

답

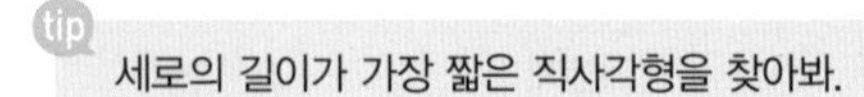

tip 세로의 길이가 가장 짧은 직사각형을 찾아봐.

(4) 가장 많은 가구가 속한 계급

답

(5) 도수가 7명인 계급

답

오답노트 작성 ______쪽

3 아래 그림은 승훈이네 반 학생들의 100 m 달리기 기록을 조사하여 나타낸 히스토그램이다. 다음을 구하여라.

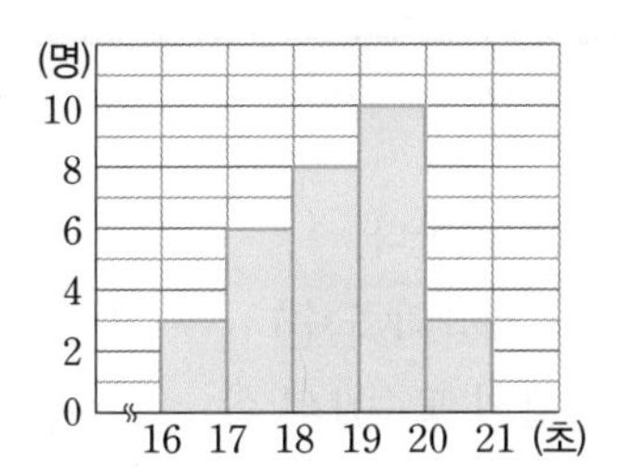

(1) 승훈이네 반 전체 학생 수

답 ______

(2) 기록이 18초 이상 20초 미만인 학생 수

답 ______

(3) 기록이 20초 이상인 학생 수의 백분율

답 ______

(특정 계급의 도수의 백분율)

$= \frac{(\text{해당 계급의 도수})}{(\text{도수의 총합})} \times 100(\%)$

(4) 기록이 18초 이상 20초 미만인 학생 수의 백분율

답 ______

(5) 기록이 18초 미만인 학생 수의 백분율

답 ______

(6) 기록이 6번째로 좋은 학생이 속하는 계급

답 ______

tip 기록이 좋다는 것은 걸린 시간이 짧다는 의미야! 따라서 계급이 작은 쪽에서부터 도수를 세어 6번째가 어느 계급에 속하는지를 살펴보면 돼.

4 아래 그림은 어떤 사진 동호회 회원들의 나이를 조사하여 나타낸 히스토그램이다. 다음을 구하여라.

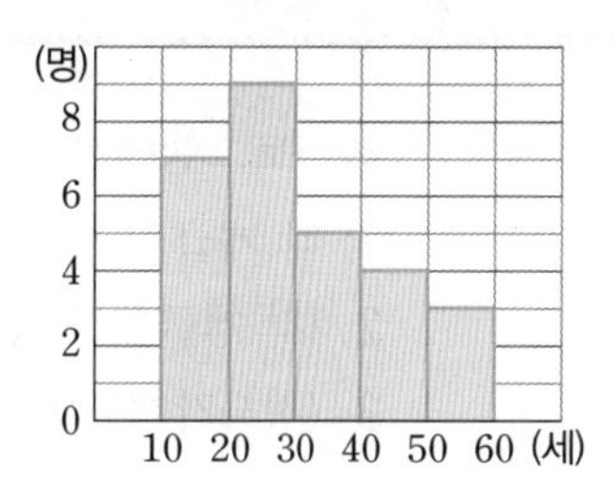

(1) 사진 동호회의 전체 회원 수

답 ______

(2) 도수가 가장 작은 계급

답 ______

(3) 나이가 20세 이상 40세 미만인 회원 수의 백분율

답 ______

(4) 나이가 9번째로 적은 사람이 속하는 계급의 도수

답 ______

5 풍쌤의 point

히스토그램에서

(1) 계급의 크기 → 직사각형의 (   )의 길이

(2) 계급의 도수 → 직사각형의 (   )의 길이

(3) 도수의 총합은 각 직사각형의 (   )의 길이의 합과 같다.

오답노트 작성 ______쪽

06 히스토그램에서의 넓이

핵심개념 히스토그램에서
1. 각 계급의 직사각형의 넓이는 그 계급의 도수에 정비례한다.
2. (각 계급의 직사각형의 넓이)=(계급의 크기)×(그 계급의 도수)
3. (직사각형의 넓이의 합)={(계급의 크기)×(그 계급의 도수)}의 합
=(계급의 크기)×(도수의 총합)

▶학습 날짜 월 일 ▶걸린 시간 분 / 목표 시간 20분

1 다음 그림은 민서네 반 학생들의 통학 시간을 조사하여 나타낸 히스토그램이다. 빈칸에 알맞은 것을 써넣어라.

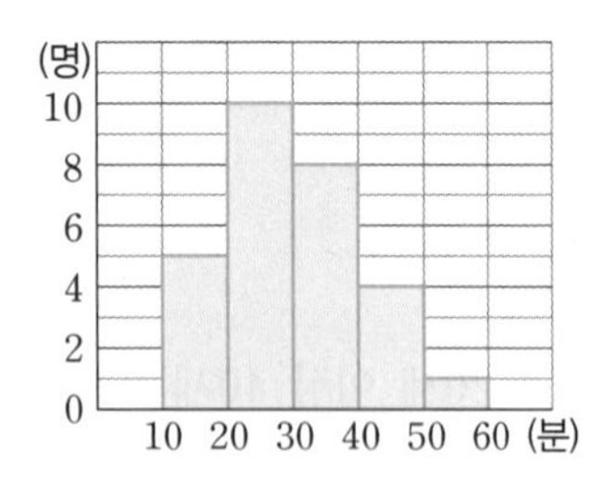

(1) 계급의 크기가 ☐분이므로 각 직사각형의 가로의 길이는 ☐이다.

(2) 도수가 5명인 계급의 직사각형의 넓이는 ☐×5=☐이다.

(3) (직사각형의 넓이의 합)
=10×5+10×10+10×☐
+10×☐+10×☐
=10×(5+10+☐+☐+☐)=☐

(4) (직사각형의 넓이의 합)
=(계급의 크기)×(   )

(5) 계급의 크기는 일정하므로 각 계급의 직사각형의 넓이는 그 계급의 ______에
(정비례, 반비례)한다.

2 다음 그림은 정윤이네 반 학생들의 던지기 기록을 조사하여 나타낸 히스토그램이다. 빈칸에 알맞은 것을 써넣어라.

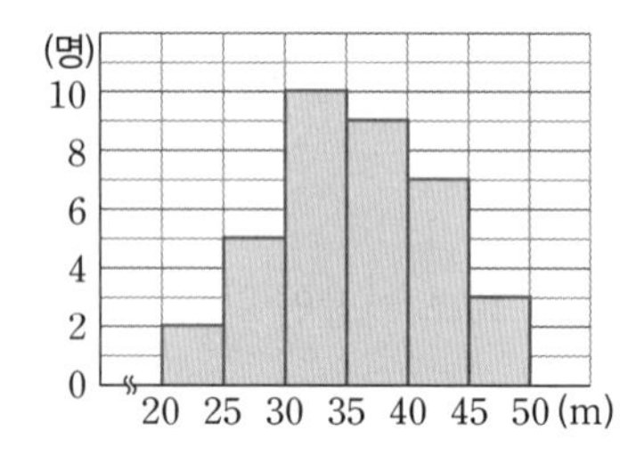

(1) 직사각형의 넓이의 합

답 ____________

(2) 도수가 가장 큰 계급의
① 도수: ____________
② 직사각형의 넓이: ____________

(3) 도수가 가장 작은 계급의
① 도수: ____________
② 직사각형의 넓이: ____________

(4) 도수가 가장 큰 계급의 도수는 도수가 가장 작은 계급의 도수의 ☐배이다.

(5) 도수가 가장 큰 계급의 직사각형의 넓이는 도수가 가장 작은 계급의 직사각형의 넓이의 ☐배이다.

오답노트 작성 ______쪽

3 다음은 수호네 반 학생들의 몸무게를 조사하여 나타낸 히스토그램에서 도수가 가장 큰 계급의 직사각형의 넓이는 도수가 가장 작은 계급의 직사각형의 넓이의 몇 배인지 구하는 과정이다. □ 안에 알맞은 수를 써넣어라.

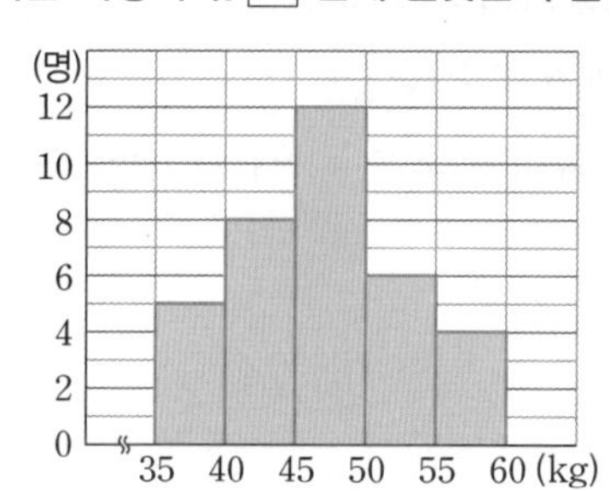

[방법1] 도수가 가장 큰 계급의 직사각형의 넓이는 $5\times\square=\square$

도수가 가장 작은 계급의 직사각형의 넓이는 $5\times\square=\square$

따라서 $\frac{\square}{\square}=\square$(배)이다.

[방법2] 직사각형의 넓이는 도수에 정비례하므로 넓이의 비는 도수의 비와 같다.

(가장 큰 도수) : (가장 작은 도수)

$=12:\square$

따라서 $\frac{12}{\square}=\square$(배)이다.

tip [방법2]를 이용하면 넓이를 직접 구하지 않아도 돼.

4 다음 그림은 30개 지역의 어느 한 달 동안의 강수량의 평균을 조사하여 나타낸 히스토그램이다. □ 안에 알맞은 수를 써넣어라.

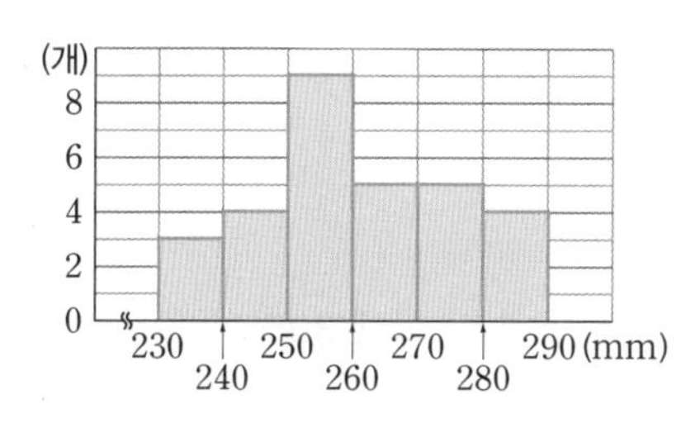

➜ 도수가 가장 큰 계급의 도수가 □개이고 도수가 가장 작은 계급의 도수가 □개이므로 도수가 가장 큰 계급의 직사각형의 넓이는 도수가 가장 작은 계급의 직사각형의 넓이의 □배이다.

5 아래 그림은 정우네 반 학생들의 수학 점수를 조사하여 나타낸 히스토그램이다. 다음을 구하여라.

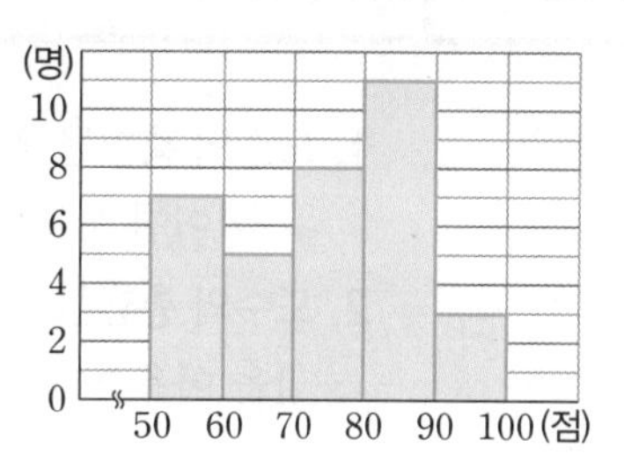

(1) 직사각형의 넓이의 합

답 ______

(2) 점수가 60점 이상 70점 미만인 계급의 직사각형의 넓이와 점수가 80점 이상 90점 미만인 계급의 직사각형의 넓이의 비

답 ______

(3) 점수가 가장 높은 학생이 속한 계급의 직사각형의 넓이와 점수가 가장 낮은 학생이 속한 계급의 직사각형의 넓이의 비

답 ______

6 풍쌤의 point

히스토그램에서

(1) 각 계급의 직사각형의 넓이는 그 계급의 (　　　)에 정비례한다.

(2) 각 계급의 직사각형의 넓이의 비는 그 계급의 (　　　)의 비와 같다.

(3) (각 계급의 직사각형의 넓이)
$=$(계급의 크기)$\times$(그 계급의 □)

(4) (직사각형의 넓이의 합)
$=$(계급의 □)$\times$(□의 총합)

07 일부가 찢어진 경우

핵심개념

1. **도수의 총합을 알 수 있을 때:** 도수의 총합을 이용하여 찢어진 부분의 도수를 구한다.
   ➔ (찢어진 부분의 도수)=(도수의 총합)−(나머지 도수의 합)
2. **도수의 총합을 알 수 없을 때:** 주어진 조건을 이용하여 도수의 총합을 구한 후, 도수의 총합을 이용하여 찢어진 부분의 도수를 구한다.

▶학습 날짜 　월 　일 ▶걸린 시간 　분 / 목표 시간 20분

1 다음 그림은 명호네 반 학생 20명이 1년 동안 여행을 한 횟수를 조사하여 나타낸 히스토그램의 일부이다. □ 안에 알맞은 수를 써넣고, 히스토그램을 완성하여라.

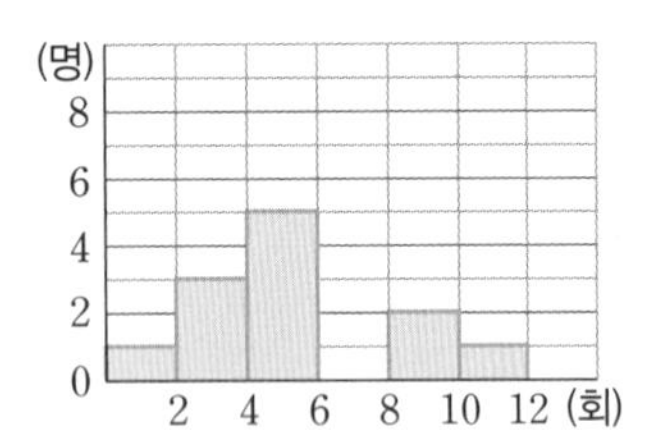

(1) 각 계급의 도수

➔ 0회 이상 2회 미만: 1명
2회 이상 4회 미만: 3명
4회 이상 6회 미만: □명
6회 이상 8회 미만: ? …… ㉠
8회 이상 10회 미만: 2명
10회 이상 12회 미만: □명

(2) ㉠을 제외한 계급의 도수의 합 ➔ □명

(3) 전체 학생 수 ➔ □명

(4) 6회 이상 8회 미만인 계급의 도수
➔ □−□=□(명)

tip 도수의 총합을 알면 나머지 한 계급의 도수를 구할 수 있어.

(5) 도수가 가장 큰 계급
➔ □회 이상 □회 미만

2 다음의 각 그림은 어떤 자료를 조사하여 나타낸 히스토그램인데 일부가 찢어져 보이지 않는다. 찢어진 부분의 도수를 구하여라.

(1) 30개 지역의 환경 소음도

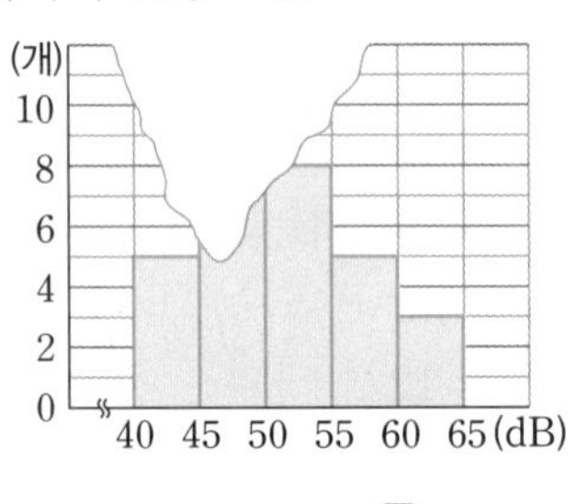

답

(2) 현우네 반 학생 35명의 턱걸이 횟수

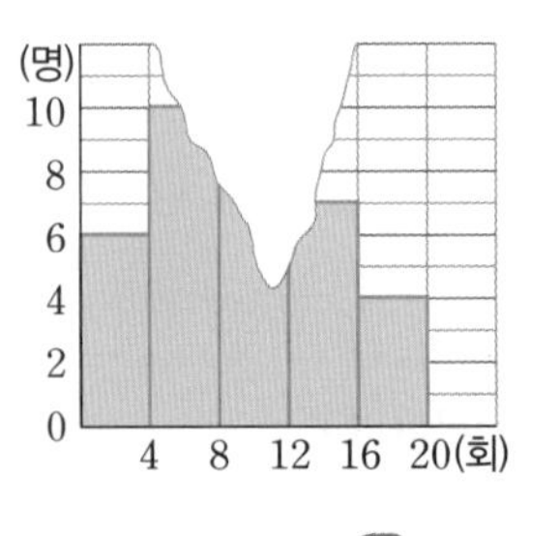

답

(3) 찬성이네 반 학생 30명의 몸무게

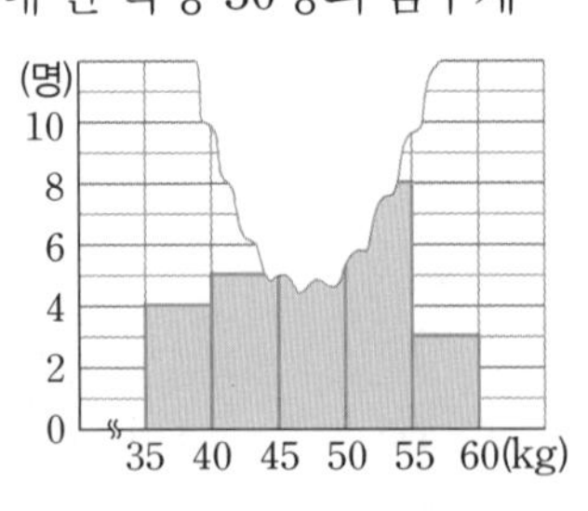

답

오답노트 작성 ____쪽

3 다음 그림은 재림이네 반 학생들의 한 달 동안의 휴대 전화 통화 시간을 조사하여 나타낸 히스토그램인데 일부가 찢어져 보이지 않는다. 통화 시간이 50분 이상 60분 미만인 학생이 전체의 30 %일 때, □ 안에 알맞은 수를 써넣어라.

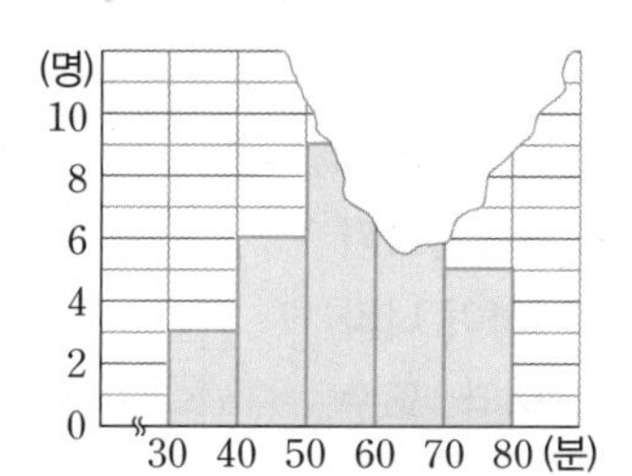

tip 전체 학생 수가 주어지지 않았을 때는 다른 조건을 찾아봐. 주어진 조건을 이용하여 도수의 총합을 구하고 나면 2와 같은 문제로 변신~!

(1) 재림이네 반 전체 학생 수

➜ 전체 학생 수를 x명이라 하면 통화 시간이 50분 이상 60분 미만인 학생은 □명이고 전체의 30 %이므로

$\frac{\square}{x}\times 100=30$ $\therefore x=\square$

따라서 전체 학생 수는 □명이다.

(2) 통화 시간이 60분 이상 70분 미만인 학생 수

➜ 전체 학생 수가 □명이므로 통화 시간이 60분 이상 70분 미만인 학생 수는

$\square-(3+6+\square+5)=\square$(명)

4 다음의 각 경우에서 도수의 총합을 구하여라.

(1) 어떤 계급의 도수가 10이고, 그 계급의 도수가 전체의 40 %이다. 답 ________

(2) 어떤 계급의 도수가 4이고, 그 계급의 도수가 전체의 10 %이다. 답 ________

5 아래 그림은 어린이용 놀이기구에 탑승한 어린이들의 키를 조사하여 나타낸 히스토그램인데 일부가 찢어져 보이지 않는다. 키가 115 cm 이상 120 cm 미만인 어린이가 전체의 20 %일 때, 다음을 구하여라.

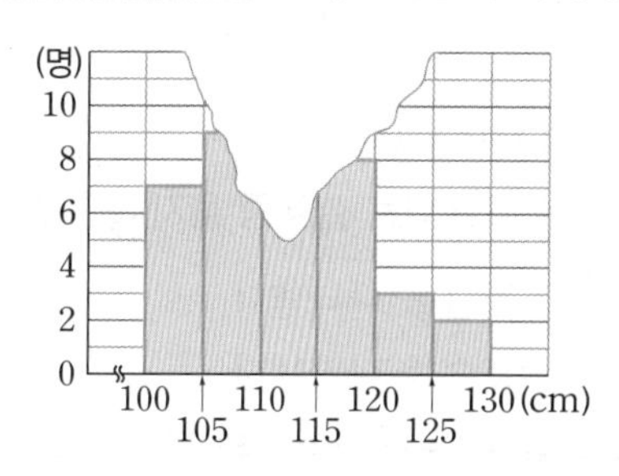

(1) 놀이기구에 탑승한 전체 어린이 수

답 ________

(2) 키가 110 cm 이상 115 cm 미만인 어린이 수

답 ________

(3) 도수가 가장 큰 계급

답 ________

6 오른쪽 그림은 서윤이네 반 학생들이 1년 동안 읽은 책의 수를 조사하여 나타낸 히스토그램인데 일부가 찢어져 보이지 않는다. 1년 동안 읽은 책의 수가 40권 이상 50권 미만인 학생이 전체의 10 %일 때, 다음을 구하여라.

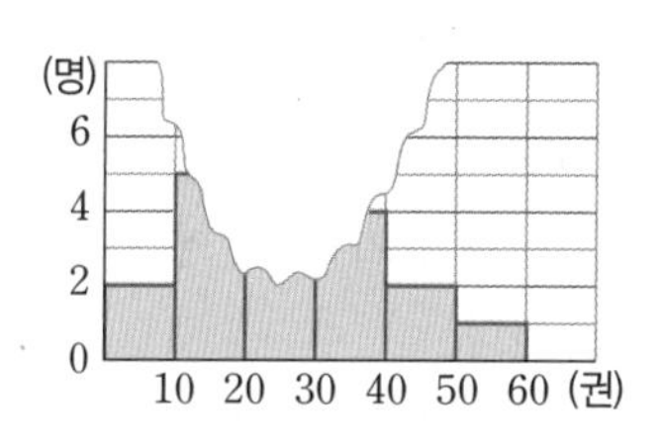

(1) 서윤이네 반 전체 학생 수

답 ________

(2) 읽은 책의 수가 20권 이상 30권 미만인 학생 수

답 ________

(3) 도수가 가장 큰 계급

답 ________

오답노트 작성 ______쪽

▌정답과 해설 42쪽

04-07 · 스스로 점검 문제

맞힌 개수 개 / 6개

▶학습 날짜 월 일 ▶걸린 시간 분 / 목표 시간 20분

1 □□ ⟳ 히스토그램 2, 3, 6

히스토그램에 대한 다음 설명 중 옳지 않은 것은?

① 가로축은 계급을 나타낸다.
② 세로축은 도수를 나타낸다.
③ 넓이가 같은 두 직사각형의 도수는 같다.
④ 직사각형의 가로의 길이는 도수에 정비례한다.
⑤ 각 직사각형의 넓이는 그 계급의 도수에 정비례한다.

2 □□ ⟳ 히스토그램의 이해 1, 3

오른쪽 그림은 도형이네 반 학생들의 키를 조사하여 나타낸 히스토그램이다. 다음 중 옳지 않은 것은?

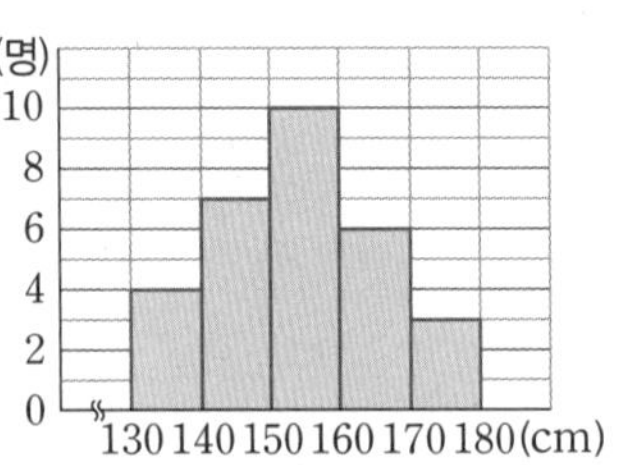

① 계급의 크기는 10 cm이다.
② 도형이네 반 전체 학생 수는 30명이다.
③ 도수가 가장 큰 계급은 150 cm 이상 160 cm 미만이다.
④ 키가 가장 큰 학생이 속하는 계급의 도수는 3명이다.
⑤ 키가 작은 쪽에서 5번째인 학생이 속하는 계급은 130 cm 이상 140 cm 미만이다.

3 □□ ⟳ 히스토그램의 이해 3, 4

오른쪽 그림은 은후네 반 학생들의 하루 동안의 운동 시간을 조사하여 나타낸 히스토그램이다. 운동 시간이 40분 이상인 학생은 전체의 몇 %인지 구하여라.

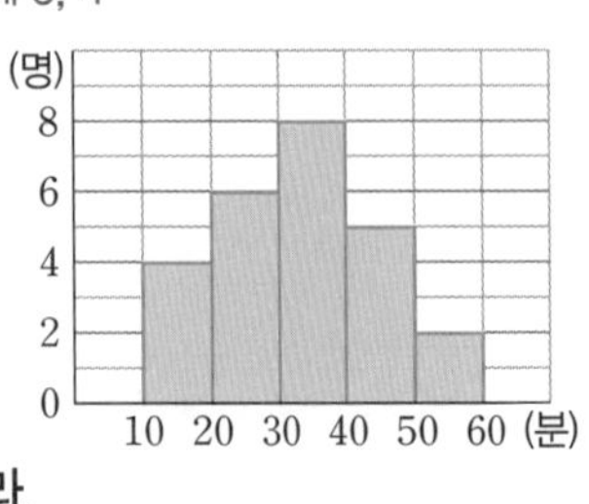

4 □□ ⟳ 히스토그램에서의 넓이 3~5

오른쪽 그림은 다솔이네 반 학생들의 윗몸일으키기 기록을 조사하여 나타낸 히스토그램이다. 도수가 가장 큰 계급의 직사각형의 넓이와 도수가 가장 작은 계급의 직사각형의 넓이의 비를 가장 간단한 자연수의 비로 나타내어라.

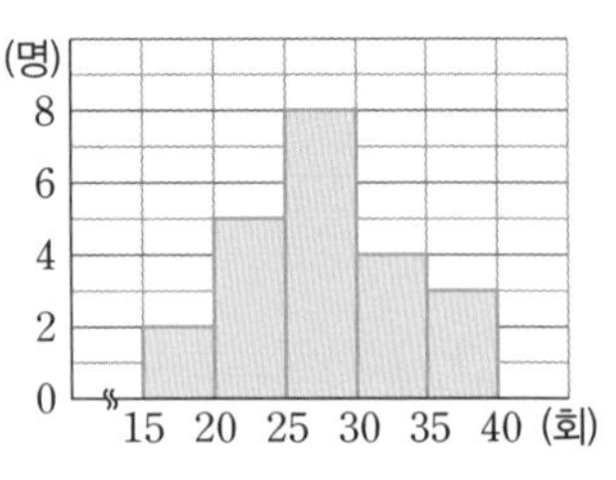

5 □□ ⟳ 일부가 찢어진 경우 2

오른쪽 그림은 남희네 반 학생 36명의 줄넘기 기록을 조사하여 나타낸 히스토그램인데 일부가 찢어져 보이지 않는다. 도수가 가장 작은 계급을 구하여라.

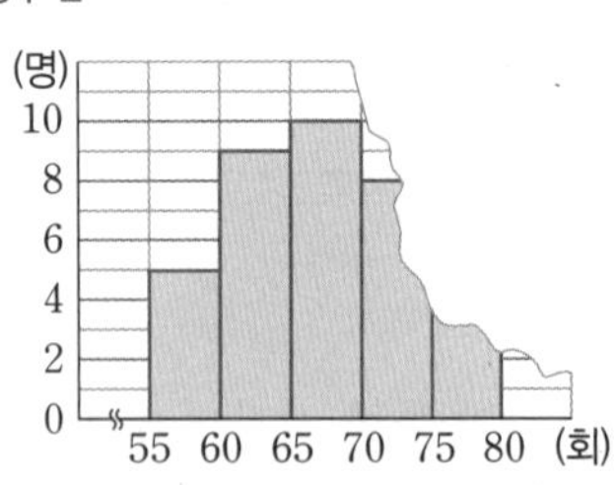

6 □□ ⟳ 일부가 찢어진 경우 3, 5, 6

오른쪽 그림은 체조부 학생들의 몸무게를 조사하여 나타낸 히스토그램인데 일부가 찢어져 보이지 않는다. 몸무게가 45 kg 이상 50 kg 미만인 학생이 전체의 24 %일 때, 몸무게가 40 kg 이상 45 kg 미만인 학생은 전체의 몇 %인가?

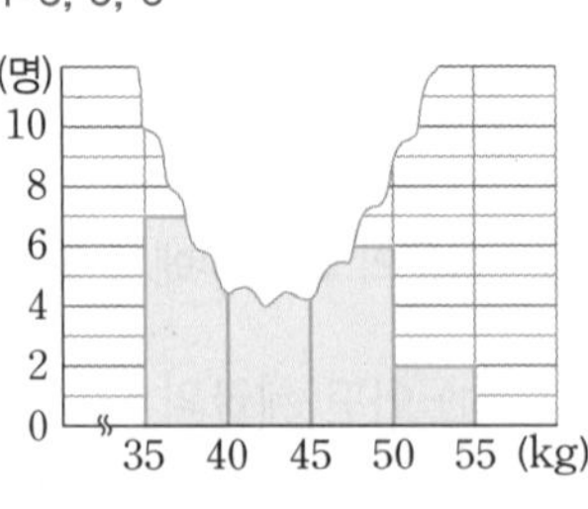

① 24 %　② 28 %　③ 32 %
④ 36 %　⑤ 40 %

오답노트 작성 ______쪽

08 도수분포다각형

핵심개념

1. 도수분포다각형: 히스토그램의 각 직사각형의 윗변의 중앙에 점을 찍고, 양 끝에 도수가 0이고 크기가 같은 계급이 하나씩 더 있는 것으로 생각하여 그 중앙에 점을 찍은 후, 그 점들을 연결하여 그린 다각형 모양의 그래프

2. 도수분포다각형을 그리는 방법

❶ 히스토그램에서 각 직사각형의 윗변의 중앙에 점을 찍는다.

❷ 양 끝에 도수가 0인 계급을 하나씩 추가하여 그 중앙에 점을 찍는다.

❸ ❶, ❷에서 찍은 점들을 차례로 선분으로 연결한다.

참고 도수분포다각형에서 점의 좌표는 (계급값, 도수)이다.

도수분포다각형

(도수) 도수

계급값 (계급)

▶학습 날짜 월 일 ▶걸린 시간 분 / 목표 시간 20분

정답과 해설 42쪽

1 다음 히스토그램을 도수분포다각형으로 나타내어라.

(1) 정우네 반 학생들의 일주일 동안의 운동 시간

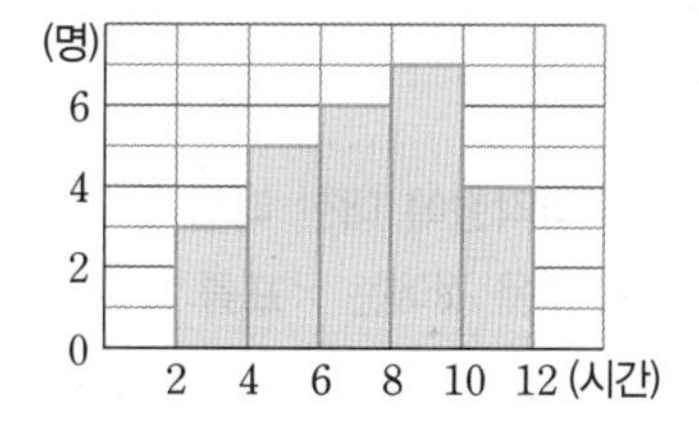

(2) 단비네 반 학생들이 가지고 있는 참고서의 수

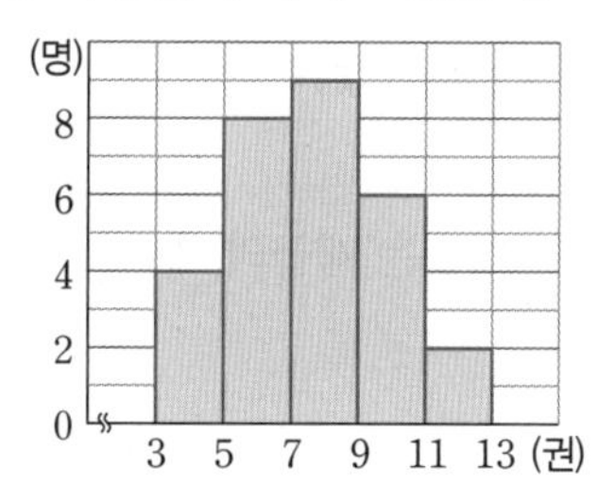

(3) 민주네 반 학생들의 분당 맥박 수

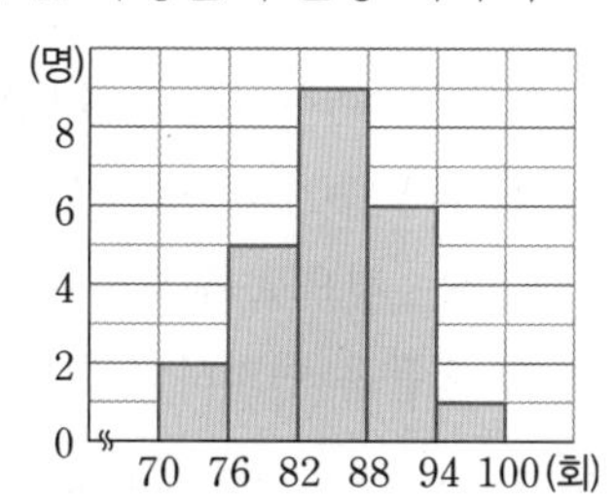

2 다음의 각 도수분포표를 보고, 도수분포다각형으로 나타내어라.

(1) 방학 동안 도담이네 반 학생들의 봉사활동 시간

봉사활동 시간(시간)	도수(명)
6이상 ~ 8미만	4
8 ~ 10	8
10 ~ 12	7
12 ~ 14	5
14 ~ 16	4
합계	28

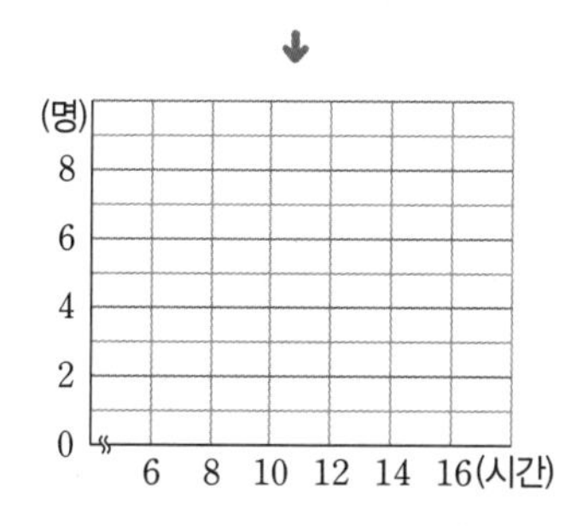

➜ 계급의 크기: ______시간,

계급의 개수: ______개

tip 도수분포표에서도 계급값과 도수를 알 수 있으므로 히스토그램을 그릴 필요없이 (계급값, 도수)를 좌표로 하는 점을 찍어 선분으로 연결하면 돼~

오답노트 작성 ______쪽

(2) 나래네 반 학생들의 수학 점수

수학 점수(점)	도수(명)
50^{이상} ~ 60^{미만}	2
60 ~ 70	3
70 ~ 80	10
80 ~ 90	7
90 ~ 100	4
합계	26

↓

(명) 10 8 6 4 2 0
50 60 70 80 90 100 (점)

→ 계급의 크기: ______점,
계급의 개수: ______개

tip
도수분포다각형에서 계급의 개수를 셀 때, 양 끝의 도수가 0인 계급은 원래는 없던 거야. 헷갈리지 않도록 주의해!

(3) 정현이네 반 학생들의 통학 시간

통학 시간(분)	도수(명)
10^{이상} ~ 15^{미만}	5
15 ~ 20	7
20 ~ 25	9
25 ~ 30	4
30 ~ 35	2
35 ~ 40	3
합계	30

↓

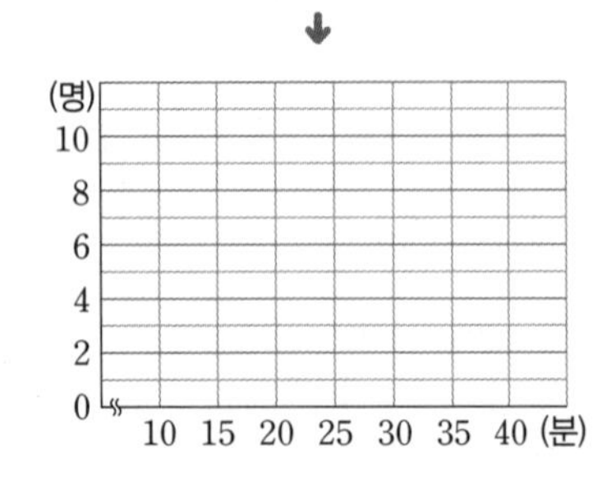

→ 계급의 크기: ______분,
계급의 개수: ______개

3 **다음 그림은 연우네 반 학생들의 앉은키를 조사하여 나타낸 도수분포다각형이다. 도수분포다각형을 보고, 도수분포표를 완성하여라.**

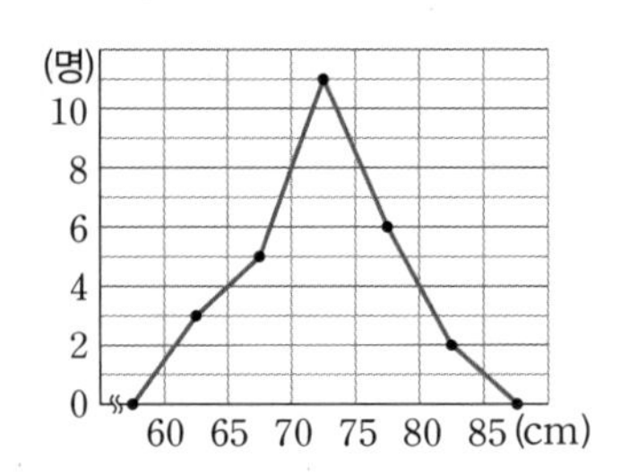

↓

앉은키(cm)	도수(명)
60^{이상} ~ 65^{미만}	3
65 ~ 70	
70 ~ 75	
75 ~ 80	
80 ~ 85	
합계	

4 **도수분포다각형에 대한 다음 설명 중 옳은 것에는 ○표, 옳지 않은 것에는 ×표를 하여라.**

(1) 가로축에는 계급의 양 끝 값을, 세로축에는 도수를 차례로 표시한다. (　　　)

(2) 도수분포다각형에서 점을 나타내는 좌표는 (도수, 계급값)이다. (　　　)

(3) 점의 개수는 계급의 개수와 같다. (　　　)

5 풍쌤의 point

히스토그램의 각 직사각형의 윗변의 중앙에 점을 찍고, 양 끝에 도수가 0이고 크기가 같은 계급이 하나씩 더 있는 것으로 생각하여 그 중앙에 점을 찍은 후, 그 점들을 연결하여 그린 다각형 모양의 그래프를 (　　　　　　　)이라고 한다.

오답노트 작성 ______쪽

09 도수분포다각형의 이해

핵심개념

1. 도수분포다각형에서 (계급의 개수)=(각 계급의 중앙에 찍은 점의 개수)

주의 양 끝에 도수가 0인 계급은 생각하지 않는다.

2. (특정 계급의 도수의 백분율)$=\frac{\text{(그 계급의 도수)}}{\text{도수의 총합}}\times 100(\%)$

▶학습 날짜 월 일 ▶걸린 시간 분 / 목표 시간 20분

정답과 해설 43쪽

1 다음 그림은 하늘이네 반 학생들의 국어 점수를 조사하여 나타낸 도수분포다각형이다. □ 안에 알맞은 수를 써넣어라.

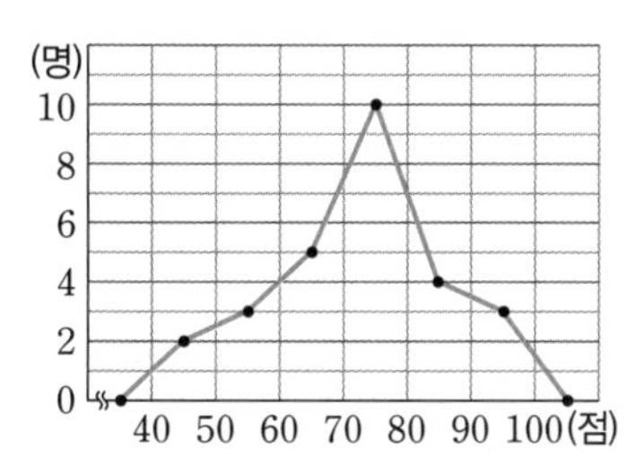

(1) 계급의 크기

➔ $50-40=\cdots=100-90=$□(점)

(2) 계급의 개수 ➔ □개

(3) 도수가 가장 큰 계급

➔ □점 이상 □점 미만

(4) 도수가 가장 작은 계급

➔ □점 이상 □점 미만

(5) 국어 점수가 67점인 학생이 속하는 계급의 도수 ➔ □명

(6) 하늘이네 반 전체 학생 수

➔ $2+3+5+$□$+$□$+3=$□(명)

2 다음 그림의 각 도수분포다각형에 대하여 □ 안에 알맞은 수를 써넣어라.

(1) 선민이네 반 학생들의 하루 평균 수면 시간

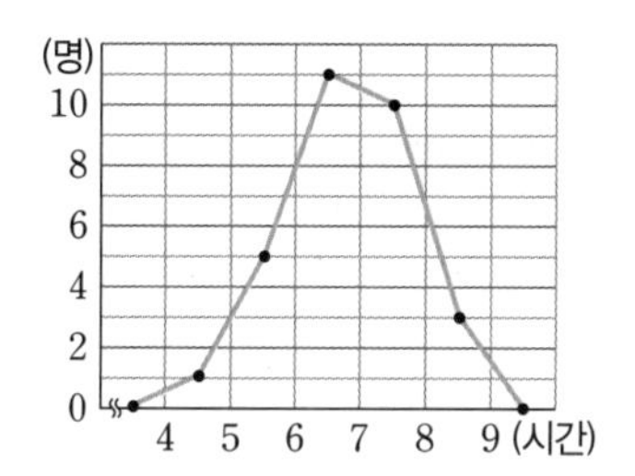

① 도수가 가장 작은 계급:

➔ □시간 이상 □시간 미만

② 선민이네 반 전체 학생 수 ➔ □명

③ 수면 시간이 6시간 미만인 학생 수

➔ □명

(2) 현아네 반 학생들의 몸무게

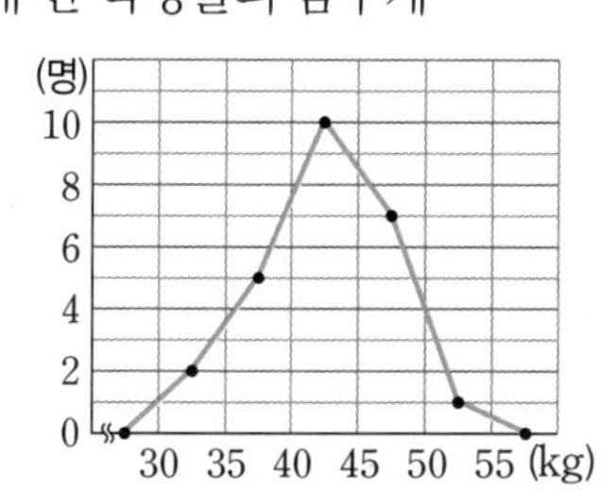

① 도수가 가장 큰 계급

➔ □ kg 이상 □ kg 미만

② 현아네 반 전체 학생 수 ➔ □명

③ 몸무게가 45 kg 이상인 학생 수

➔ □명

오답노트 작성 ______쪽

3 아래 그림은 주연이네 학교 학생들의 한 달 동안의 도서관 이용 횟수를 조사하여 나타낸 도수분포다각형이다. 다음을 구하여라.

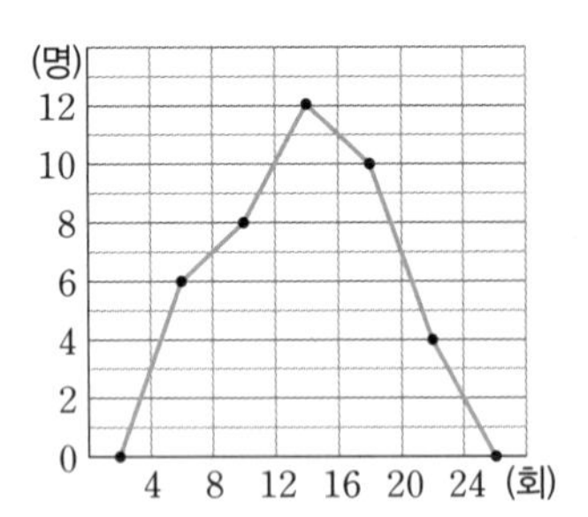

(1) 주연이네 학교 전체 학생 수

답 ________

(2) 이용 횟수가 4회 이상 12회 미만인 학생 수

답 ________

(3) 이용 횟수가 4회 이상 12회 미만인 학생 수의 백분율

답 ________

tip (특정 계급의 도수의 백분율)
$=\frac{(\text{해당 계급의 도수})}{(\text{도수의 총합})}\times 100(\%)$

(4) 이용 횟수가 20회 이상인 학생 수의 백분율

답 ________

(5) 이용 횟수가 6번째로 많은 학생이 속하는 계급

답 ________

tip 계급이 큰 쪽에서부터 도수를 세어 6번째가 어느 계급에 속하는지를 살펴봐.

4 아래 그림은 어느 학교 선생님들의 나이를 조사하여 나타낸 도수분포다각형이다. 다음을 구하여라.

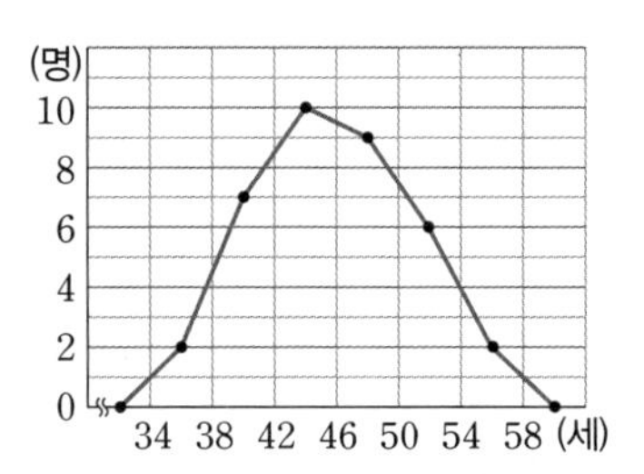

(1) 전체 선생님 수 답 ________

(2) 도수가 가장 큰 계급

답 ________

(3) 나이가 42세 미만인 선생님 수

답 ________

(4) 나이가 42세 미만인 선생님 수의 백분율

답 ________

(5) 나이가 5번째로 적은 선생님이 속하는 계급의 도수 답 ________

5 풍쌤의 point

(1) 도수분포다각형에서
(☐)
=(각 계급의 중앙에 찍은 점의 개수)

(2) 도수분포다각형에서 특정 계급의 도수의 백분율은 $\frac{(\text{해당 계급의 }\square)}{(\text{도수의 총합})}\times\square(\%)$ 으로 구한다.

오답노트 작성 ______쪽

10 도수분포다각형에서의 넓이

핵심개념

(도수분포다각형과 가로축으로 둘러싸인 부분의 넓이)

=(히스토그램의 직사각형의 넓이의 합)

=(계급의 크기)×(도수의 총합)

참고 오른쪽 그림에서 두 직각삼각형의 밑변의 길이와 높이가 각각 같으므로 넓이가 같다.

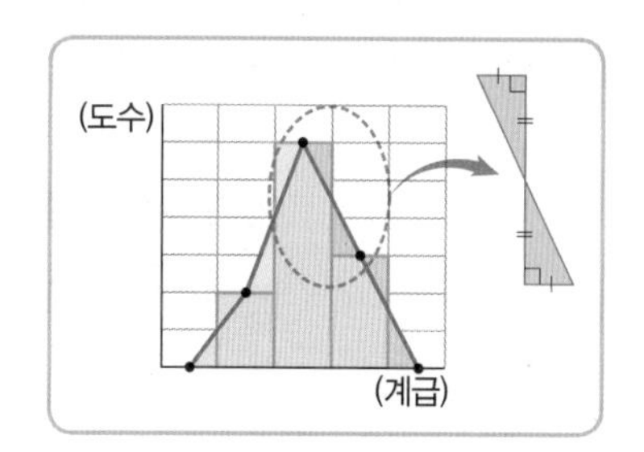

▶학습 날짜 월 일 ▶걸린 시간 분 / 목표 시간 10분

정답과 해설 43쪽

1 다음 그림은 은미네 반 학생들의 수학 점수를 조사하여 나타낸 도수분포다각형이다. □ 안에 알맞은 것을 써넣어라.

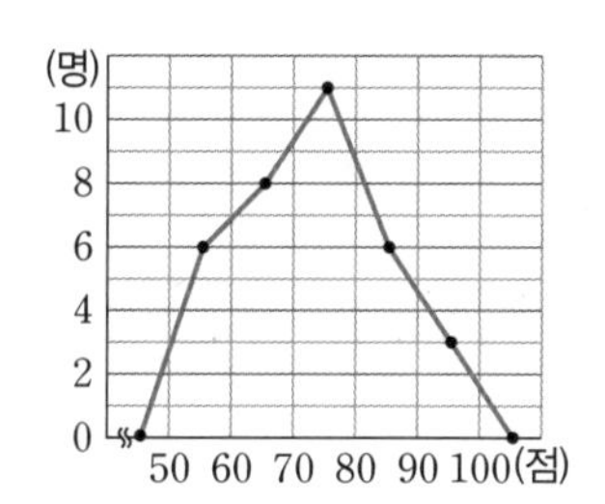

(1) 계급의 크기 ➜ □점

(2) 계급의 개수 ➜ □개

(3) 전체 학생 수

➜ 6+8+11+□+□=□(명)

(4) 도수분포다각형과 가로축으로 둘러싸인 부분의 넓이

➜ (히스토그램의 직사각형의 넓이의 합)

=(계급의 크기)×(□의 총합)

=□×□

=□

2 다음 그림의 각 도수분포다각형에서 도수분포다각형과 가로축으로 둘러싸인 부분의 넓이를 구하여라.

(1) 나영이네 반 학생들의 하루 평균 운동 시간

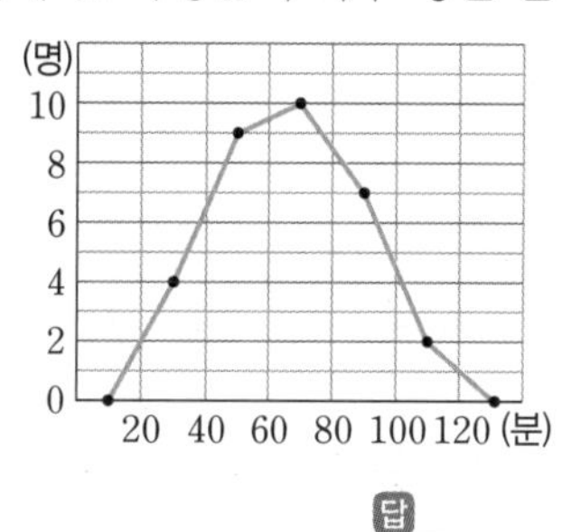

답

(2) 민경이네 반 학생들의 던지기 기록

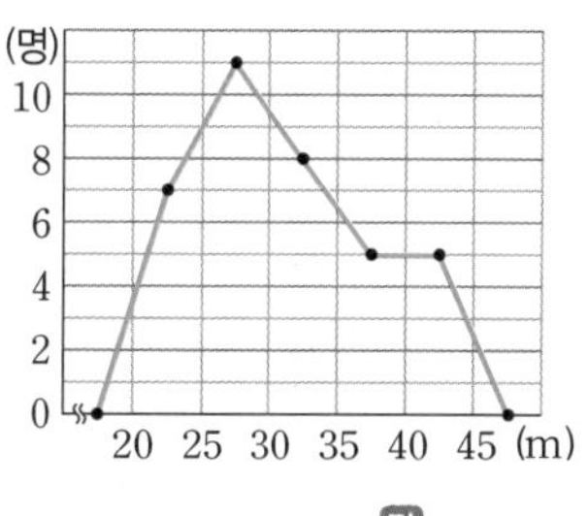

답

3 풍쌤의 point

도수분포다각형과 가로축으로 둘러싸인 부분의 넓이는 계급의 (   )와 도수의 (   )의 곱이다.

오답노트 작성 ____쪽

11 일부가 찢어진 경우

핵심개념

1. **도수의 총합을 알 수 있을 때:** 도수의 총합을 이용하여 찢어진 부분의 도수를 구한다.
   ➜ (찢어진 부분의 도수)=(도수의 총합)−(나머지 도수의 합)
2. **도수의 총합을 알 수 없을 때:** 주어진 조건을 이용하여 도수의 총합을 구한 후, 찢어진 부분의 도수를 구한다.

▶학습 날짜 월 일 ▶걸린 시간 분 / 목표 시간 20분

1 다음 그림은 정수네 학교 학생 40명이 하루 동안 게임을 하는 시간을 조사하여 나타낸 도수분포다각형의 일부이다. □ 안에 알맞은 수를 써넣고, 도수분포다각형을 완성하여라.

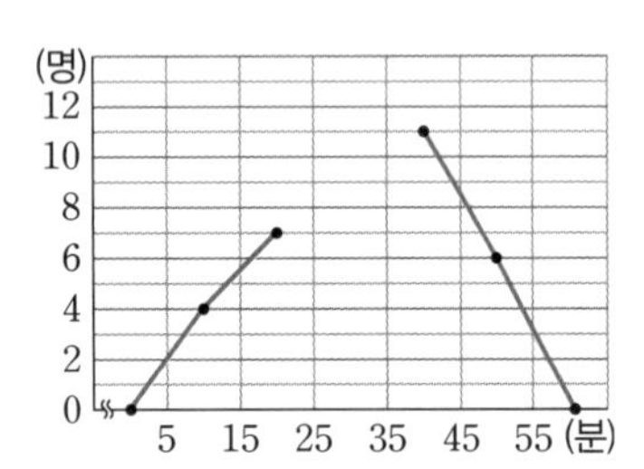

(1) 각 계급의 도수

➜ 5분 이상 15분 미만: □명
15분 이상 25분 미만: □명
25분 이상 35분 미만: ? ······ ㉠
35분 이상 45분 미만: □명
45분 이상 55분 미만: □명

(2) ㉠을 제외한 계급의 도수의 합 ➜ □(명)

(3) 전체 학생 수 ➜ □명

(4) 25분 이상 35분 미만인 계급의 도수
➜ □−□=□(명)

tip 도수의 총합을 알면 나머지 한 계급의 도수를 구할 수 있어.

(5) 도수가 가장 큰 계급
➜ □분 이상 □분 미만

2 아래의 각 그림은 어떤 자료를 조사하여 나타낸 도수분포다각형인데 일부가 찢어져 보이지 않는다. 찢어진 부분의 도수를 구하여라.

(1) 어느 해 9월의 30일 동안의 일교차

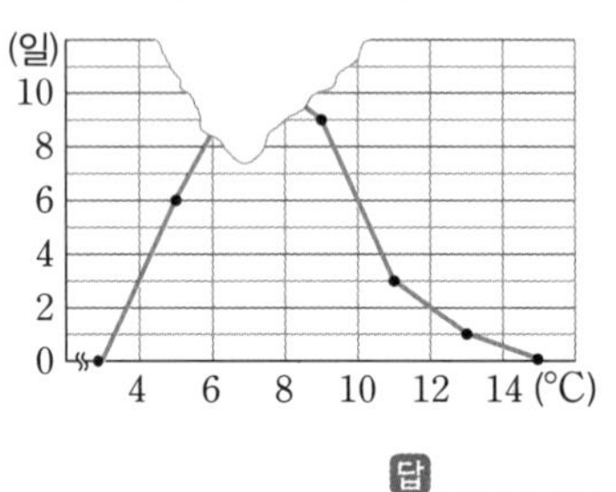

답

(2) 기타 동호회 회원 25명의 나이

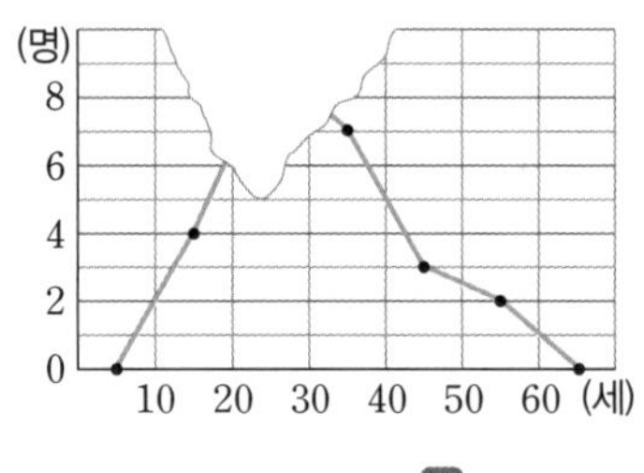

답

(3) 영희네 반 32명의 영어 점수

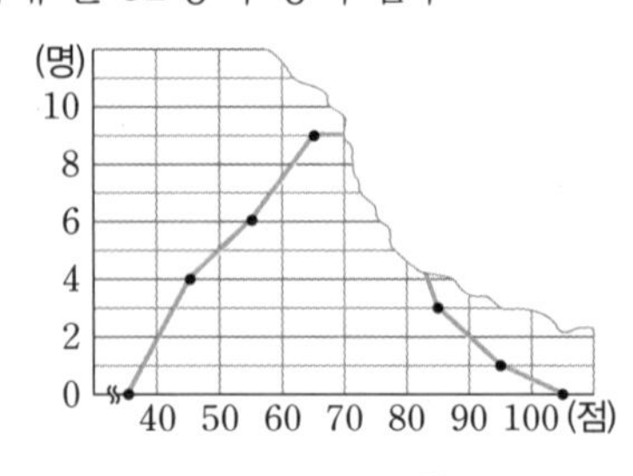

답

오답노트 작성 ____쪽

3 **다음 그림은 소영이네 반 학생들의 100 m 달리기 기록을 조사하여 나타낸 도수분포다각형인데 일부가 찢어져 보이지 않는다. 기록이 14초 이상 15초 미만인 학생이 전체의 10 %일 때, □ 안에 알맞은 수를 써넣어라.**

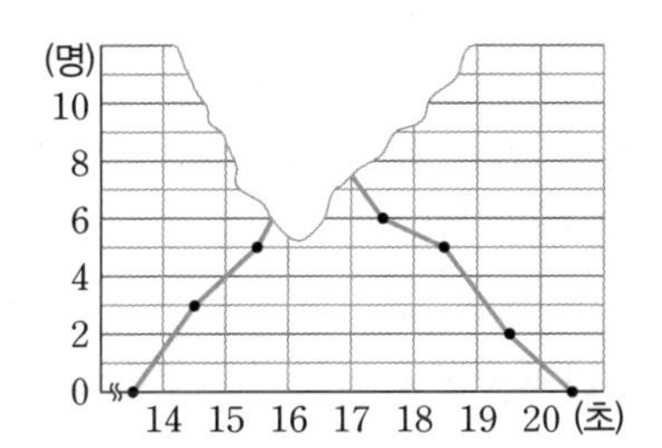

tip
히스토그램에서 이미 풀어 본 문제야. 여기서도 같은 방법으로 풀면 돼.
주어진 조건을 이용하여 먼저 도수의 총합을 구해 봐.

(1) 소영이네 반 전체 학생 수

➜ 전체 학생 수를 x명이라고 하면 기록이 14초 이상 15초 미만인 학생 □명이 전체의 10 %이므로

$\frac{\square}{x}\times 100=10$

$\therefore x=\square$

따라서 전체 학생 수는 □명이다.

(2) 기록이 16초 이상 17초 미만인 학생 수

➜ 전체 학생 수가 □명이므로 기록이 16초 이상 17초 미만인 학생 수는

$\square-(3+\square+\square+5+2)$

$=\square$(명)

(3) 도수가 가장 큰 계급의 학생 수의 백분율

➜ 도수가 가장 큰 계급은 □초 이상 □초 미만이고 이 계급의 도수는 □명이므로 전체의

$\frac{\square}{30}\times 100=\square$(%)

4 **다음 그림은 민주네 반 학생들의 영어 점수를 조사하여 나타낸 도수분포다각형인데 일부가 찢어져 보이지 않는다. 점수가 60점 이상 70점 미만인 학생이 전체의 10 %일 때, 다음을 구하여라.**

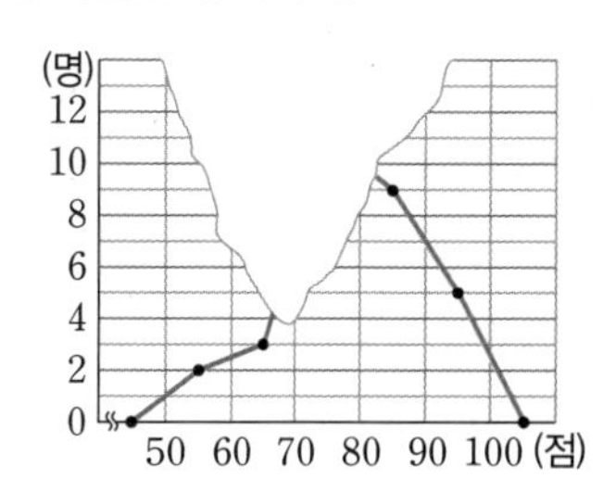

(1) 민주네 반 전체 학생 수

답

(2) 점수가 70점 이상 80점 미만인 학생 수

답

(3) 도수가 가장 큰 계급

답

5 **다음 그림은 유경이네 반 학생들이 도서관에 기증한 책의 수를 조사하여 나타낸 도수분포다각형인데 일부가 찢어져 보이지 않는다. 기증한 책의 수가 20권 이상 24권 미만인 학생이 전체의 20 %일 때, 다음을 구하여라.**

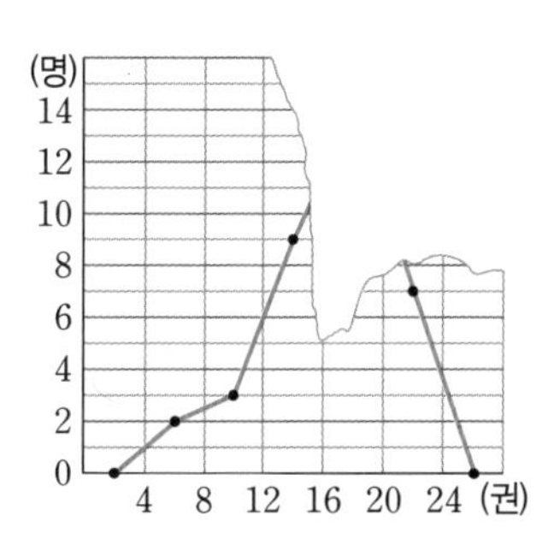

(1) 유경이네 반 전체 학생 수

답

(2) 기증한 책의 수가 16권 이상 20권 미만인 학생 수

답

(3) 도수가 가장 큰 계급의 학생 수의 백분율

답

오답노트 작성 ______쪽

▮ 정답과 해설 44쪽

08-11 ✦ 스스로 점검 문제

맞힌 개수 개 / 6개

▶학습 날짜 월 일 ▶걸린 시간 분 / 목표 시간 20분

1 □□ ○ 도수분포다각형 1, 2

오른쪽 그림은 하명이네 반 학생들의 턱걸이 횟수를 조사하여 나타낸 도수분포다각형이다. 계급의 크기가 a회, 계급의 개수가 b개일 때, $a+b$의 값을 구하여라.

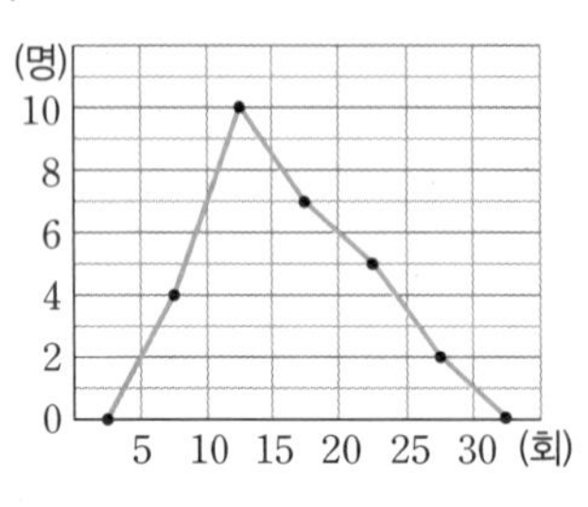

2 □□ ○ 도수분포다각형의 이해 1~4

오른쪽 그림은 혜미네 반 학생들의 하루 동안의 평균 수면 시간을 조사하여 나타낸 도수분포다각형이다. 다음 중 옳지 않은 것은?

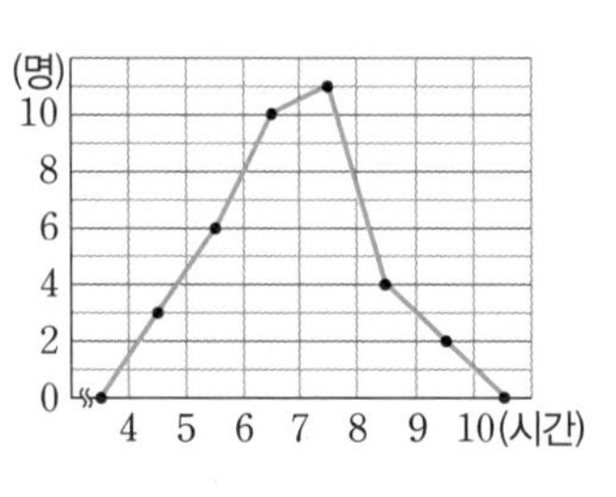

① 계급의 크기는 1시간이다.
② 혜미네 반 전체 학생 수는 36명이다.
③ 도수가 가장 큰 계급은 7시간 이상 8시간 미만이다.
④ 수면 시간이 가장 짧은 학생이 속하는 계급의 도수는 2명이다.
⑤ 수면 시간이 긴 쪽에서 5번째인 학생이 속하는 계급은 8시간 이상 9시간 미만이다.

3 □□ ○ 도수분포다각형의 이해 3, 4

오른쪽 그림은 주원이네 반 학생들의 멀리뛰기 기록을 조사하여 나타낸 도수분포다각형이다. 멀리뛰기 기록이 200 cm 이상인 학생은 전체의 몇 %인가?

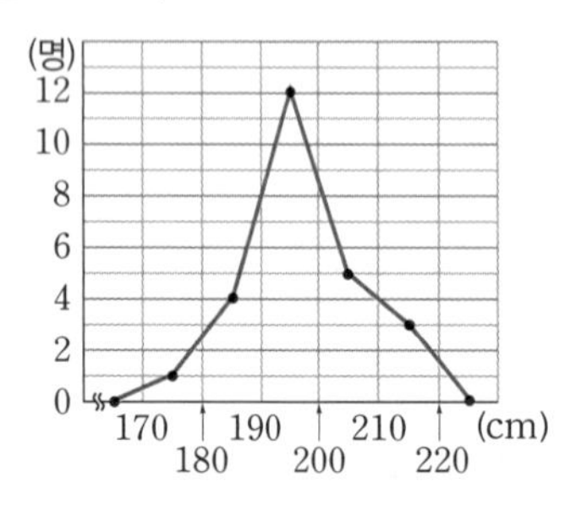

① 16 % ② 20 % ③ 28 %
④ 32 % ⑤ 48 %

4 □□ ○ 도수분포다각형에서의 넓이 2

오른쪽 그림은 어느 마을의 가구별 하루 동안의 수돗물 사용량을 조사하여 나타낸 도수분포다각형이다. 도수분포다각형과 가로축으로 둘러싸인 부분의 넓이는?

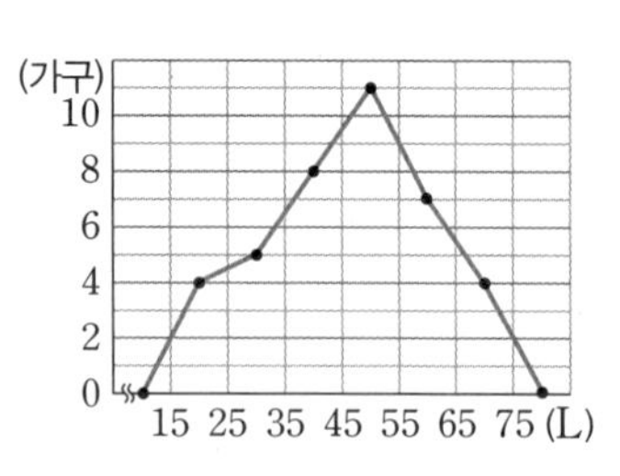

① 350 ② 360 ③ 370
④ 380 ⑤ 390

5 □□ ○ 일부가 찢어진 경우 2

오른쪽 그림은 현지네 반 학생 34명이 1년 동안 본 영화의 수를 조사하여 나타낸 도수분포다각형인데 일부가 찢어져 보이지 않는다. 1년 동안 본 영화의 수가 6편 이상 8편 미만인 학생이 8편 이상 10편 미만인 학생보다 2명이 많을 때, 6편 이상 8편 미만을 본 학생 수를 구하여라.

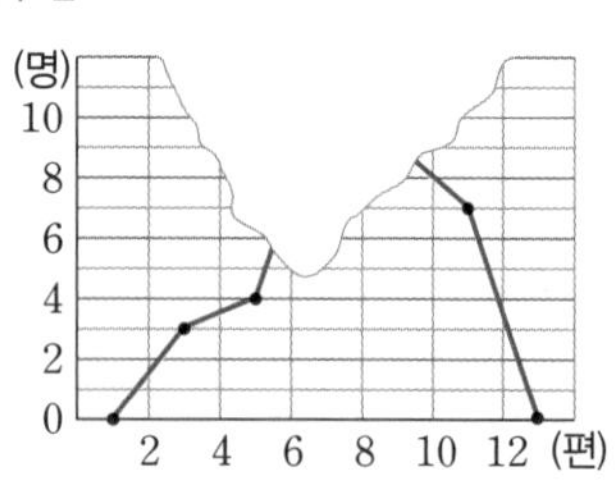

6 □□ ○ 일부가 찢어진 경우 3~5

오른쪽 그림은 서준이네 반 학생들의 음악 점수를 조사하여 나타낸 도수분포다각형인데 잉크를 쏟아 일부가 보이지 않는다. 80점 미만인 학생이 전체의 60 %일 때, 서준이네 반 전체 학생 수를 구하여라.

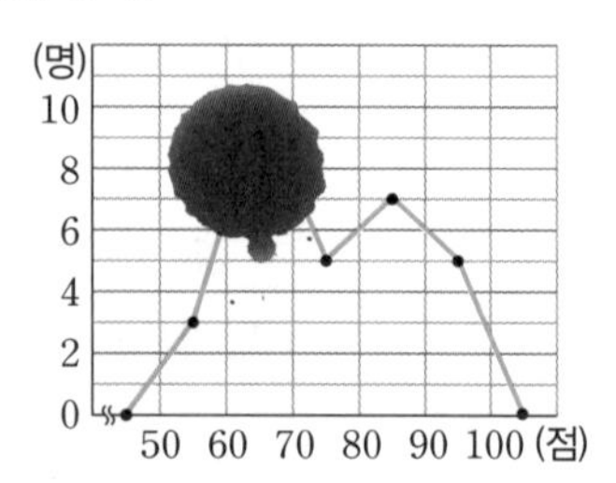

오답노트 작성 _____쪽

12 상대도수의 뜻

핵심개념 상대도수: 도수의 총합에 대한 각 계급의 도수의 비율

→ (어떤 계급의 상대도수)$=\dfrac{(\text{그 계급의 도수})}{(\text{도수의 총합})}$

참고 ① (어떤 계급의 도수)=(도수의 총합)×(그 계급의 상대도수)

② (도수의 총합)$=\dfrac{(\text{그 계급의 도수})}{(\text{어떤 계급의 상대도수})}$

▶학습 날짜 월 일 ▶걸린 시간 분 / 목표 시간 20분

정답과 해설 44쪽

1 다음 비율을 소수로 나타내어라.

(1) $\dfrac{1}{4}$ 답 ________

(2) $\dfrac{3}{20}$ 답 ________

(3) 21 % 답 ________

백분율은 비율을 나타내는 방식의 하나야.
백분율을 소수로 나타내려면 100으로 나누면 돼.

(4) 60 % 답 ________

2 다음 비율을 소수로 나타내어라.

(1) 100개의 제품 중 9개가 불량품일 때, 불량품의 비율

→ $\dfrac{\square}{100}=\square$

(2) 30명의 학생 중 안경 쓴 학생이 12명일 때, 안경 쓴 학생의 비율 답 ________

(3) 전체 도수가 25이고 어떤 계급의 도수가 5일 때, 전체 도수에 대한 이 계급의 도수의 비율

답 ________

tip 전체 도수에 대한 그 계급의 도수의 비율이 바로 상대도수야.

(4) 전체 도수가 40이고 어떤 계급의 도구가 10일 때, 전체 도수에 대한 이 계급의 도수의 비율

답 ________

3 도수의 총합과 어떤 계급의 도수가 다음과 같을 때, 그 계급의 상대도수를 구하여라.

(1) 도수의 총합이 50, 어떤 계급의 도수가 15

→ $\dfrac{15}{\square}=\square$

tip (어떤 계급의 상대도수)$=\dfrac{(\text{그 계급의 도수})}{(\text{도수의 총합})}$

(2) 도수의 총합이 30, 어떤 계급의 도수가 6

답 ________

(3) 도수의 총합이 25, 어떤 계급의 도수가 4

답 ________

오답노트 작성 ______쪽

4 도수의 총합과 어떤 계급의 상대도수가 다음과 같을 때, 그 계급의 도수를 구하여라.

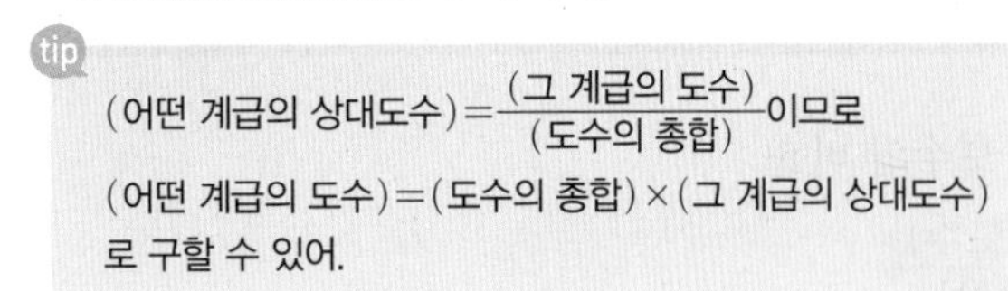
tip
(어떤 계급의 상대도수)$=\dfrac{(\text{그 계급의 도수})}{(\text{도수의 총합})}$이므로
(어떤 계급의 도수)$=$(도수의 총합)$\times$(그 계급의 상대도수)
로 구할 수 있어.

(1) 도수의 총합이 25, 상대도수가 0.2

➜ $25\times\square=\square$

(2) 도수의 총합이 40, 상대도수가 0.3

답 ________

(3) 도수의 총합이 50, 상대도수가 0.12

답 ________

5 어떤 계급의 도수와 그 계급의 상대도수가 다음과 같을 때, 도수의 총합을 구하여라.

tip
(도수의 총합)$=\dfrac{(\text{그 계급의 도수})}{(\text{어떤 계급의 상대도수})}$로 구할 수 있어.
분모가 소수인 경우의 계산 방법을 잘 익혀 둬~

(1) 어떤 계급의 도수가 12, 상대도수가 0.3

➜ $\dfrac{12}{\square}=\dfrac{120}{\square}=\square$

(2) 어떤 계급의 도수가 4, 상대도수가 0.2

답 ________

(3) 어떤 계급의 도수가 2, 상대도수가 0.08

답 ________

6 다음 표를 보고, □ 안에 알맞은 수를 써넣어라.

도수의 총합	어떤 계급의 도수	상대도수
20	8	A
30	B	0.2

(1) $A=\dfrac{\square}{20}=\square$

(2) $B=30\times\square=\square$

7 다음 상대도수를 백분율로 나타내어라.

(1) 0.21 ➜ $0.21\times\square=\square(\%)$

(2) 0.3 답 ________

(3) 0.04 답 ________

8 풍쌤의 point

(1) 도수의 총합에 대한 각 계급의 도수의 비율을 (　　　　　　)라고 한다.

(2) (어떤 계급의 상대도수)
$=\dfrac{(\text{그 계급의 }\square)}{(\text{도수의 총합})}$

(3) (어떤 계급의 도수)
$=$(도수의 총합)$\times$(그 계급의 $\square$)

(4) (도수의 총합)$=\dfrac{(\text{그 계급의 }\square)}{(\text{어떤 계급의 }\square)}$

오답노트 작성 ______쪽

13 상대도수의 분포표

핵심개념

1. **상대도수의 분포표:** 각 계급의 상대도수를 구하여 나타낸 표
2. **상대도수의 특징**
   (1) 상대도수의 총합은 항상 1이다.
   (2) 각 계급의 상대도수는 그 계급의 도수에 정비례한다.

참고 (상대도수의 총합)$=\dfrac{(\text{각 계급의 도수의 합})}{(\text{도수의 총합})}=\dfrac{(\text{도수의 총합})}{(\text{도수의 총합})}=1$

수학 점수(점)	도수(명)	상대도수
60 이상 ~ 70 미만	2	$\frac{2}{20}=0.1$
70 ~ 80	6	$\frac{6}{20}=0.3$
80 ~ 90	9	$\frac{9}{20}=0.45$
90 ~ 100	3	$\frac{3}{20}=0.15$
합계	20	1 ← 항상 1

(도수 2 → 6: 3배, 상대도수 0.1 → 0.3: 3배)

▶학습 날짜 월 일 ▶걸린 시간 분 / 목표 시간 20분

정답과 해설 45쪽

1 다음은 규원이네 반 학생 25명의 던지기 기록을 조사하여 나타낸 상대도수의 분포표이다. 빈칸에 알맞은 것을 써넣어라.

던지기 기록(m)	도수(명)	상대도수
25 이상 ~ 30 미만	3	$\frac{3}{25}=0.12$
30 ~ 35	6	$\frac{6}{25}=$☐
35 ~ 40	11	$\frac{11}{25}=$☐
40 ~ 45	5	$\frac{5}{25}=$☐
합계	25	☐

tip (어떤 계급의 상대도수)$=\dfrac{(\text{그 계급의 도수})}{(\text{도수의 총합})}$

(1) 상대도수의 총합은 항상 ☐이다.

(2) 각 계급의 상대도수는 그 계급의 도수에 (정비례, 반비례)한다.

(3)
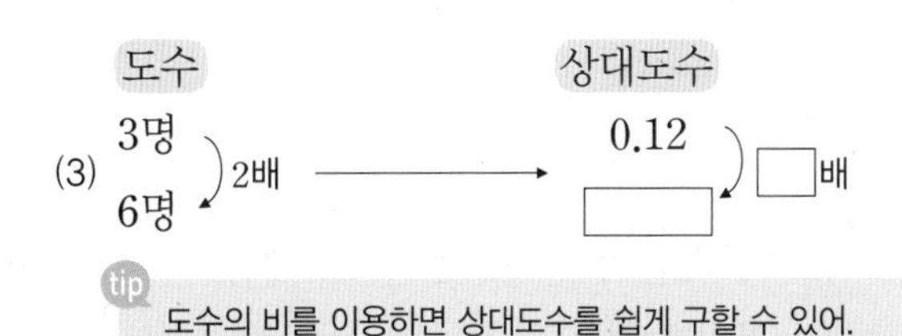

tip 도수의 비를 이용하면 상대도수를 쉽게 구할 수 있어.

2 다음 각 상대도수의 분포표에서 ☐ 안에 알맞은 것을 써넣어라.

(1) 연주네 반 학생 30명의 국어 점수

국어 점수(점)	도수(명)	상대도수
60 이상 ~ 70 미만	$30\times0.1=3$	0.1
70 ~ 80	$30\times0.2=$☐	0.2
80 ~ 90	$30\times$☐$=$☐	0.4
90 ~ 100	$30\times$☐$=$☐	0.3
합계	30	☐

(2) 현석이네 반 25명의 몸무게

몸무게(kg)	도수(명)	상대도수
35 이상 ~ 40 미만	$25\times0.12=$☐	0.12
40 ~ 45	$25\times0.16=$☐	0.16
45 ~ 50	$25\times0.4=$☐	0.4
50 ~ 55	$25\times$☐$=$☐	0.24
55 ~ 60	$25\times$☐$=$☐	0.08
합계	25	☐

오답노트 작성 ____쪽

3 아래는 소미네 학교 학생 40명의 하루 동안 걷는 시간을 조사하여 나타낸 상대도수의 분포표이다. 다음을 구하여라.

걷는 시간(분)	상대도수
20^{이상} ~ 30^{미만}	A
30 ~ 40	0.3
40 ~ 50	0.15
50 ~ 60	0.1
합계	1

(1) A의 값

답 ______

(2) 걷는 시간이 40분 이상인 학생 수

답 ______

(3) 걷는 시간이 50분 이상인 학생 수의 백분율

답 ______

4 아래는 하정이네 반 학생들의 키를 조사하여 나타낸 상대도수의 분포표이다. 다음을 구하여라.

tip
상대도수의 분포표에서 도수의 총합이 주어지지 않을 때는
① 도수와 상대도수가 모두 주어진 계급을 찾아봐.
② $(도수의\ 총합)=\frac{(그\ 계급의\ 도수)}{(어떤\ 계급의\ 상대도수)}$를 이용하여 도수의 총합을 먼저 구해.

키(cm)	도수(명)	상대도수
140^{이상} ~ 145^{미만}		B
145 ~ 150	6	
150 ~ 155	7	
155 ~ 160	5	0.2
160 ~ 165	4	
합계	A	

(1) A의 값

답 ______

(2) B의 값

답 ______

5 아래는 한자 경시 대회에 참가한 학생들의 점수를 조사하여 나타낸 상대도수의 분포표이다. 다음을 구하여라.

점수(점)	도수(명)	상대도수
50^{이상} ~ 60^{미만}	8	0.1
60 ~ 70	12	0.15
70 ~ 80		0.25
80 ~ 90	24	0.3
90 ~ 100		
합계		

(1) 한자 경시 대회에 참가한 전체 학생 수

답 ______

(2) 점수가 90점 이상인 학생 수

답 ______

6 아래는 도현이네 학교의 축구부 학생들의 윗몸일으키기 기록을 조사하여 나타낸 상대도수의 분포표인데 일부가 찢어져 보이지 않는다. 다음을 구하여라.

기록(회)	도수(명)	상대도수
45^{이상} ~ 50^{미만}	6	0.3
50 ~ 55	11	
55 ~ 60		

tip
찢어진 상대도수의 분포표에서
$(도수의\ 총합)=\frac{(그\ 계급의\ 도수)}{(어떤\ 계급의\ 상대도수)}$를 이용하여 도수의 총합을 먼저 구해.

(1) 축구부 전체 학생 수

답 ______

(2) 기록이 50회 이상 55회 미만인 계급의 상대도수

답 ______

7 풍쌤의 point

(1) 상대도수의 총합은 항상 (   )이다.

(2) 각 계급의 상대도수는 그 계급의 (   )에 정비례한다.

오답노트 작성 ______쪽

14 상대도수의 분포를 나타낸 그래프

핵심개념

1. 상대도수의 분포를 나타낸 그래프: 상대도수의 분포표를 히스토그램이나 도수분포다각형 모양으로 나타낸 그래프

2. 상대도수의 분포를 나타낸 그래프를 그리는 방법

❶ 가로축에 각 계급의 양 끝 값을 차례로 표시한다.

❷ 세로축에 상대도수를 차례로 표시한다.

❸ 히스토그램이나 도수분포다각형과 같은 모양으로 그린다.

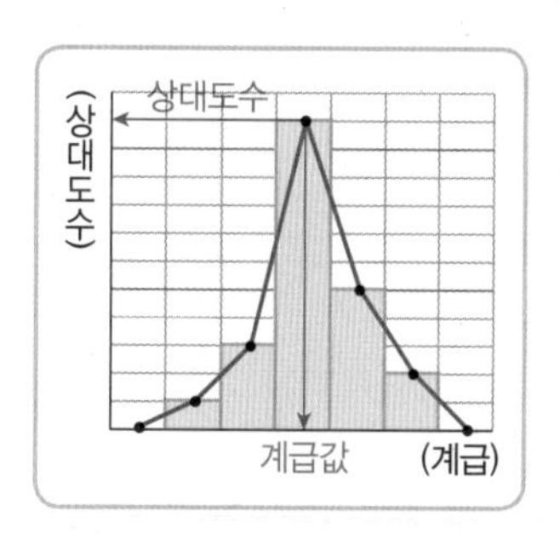

참고 ① 상대도수의 분포를 나타내는 점의 좌표는 (계급값, 상대도수)이다.

② 상대도수의 분포를 나타낸 두 개의 그래프는 일반적으로 두 개의 그래프를 동시에 나타내어 비교하기 편리한 도수분포다각형 모양으로 나타낸다.

③ (상대도수의 그래프와 가로축으로 둘러싸인 부분의 넓이)
=(계급의 크기)×(상대도수의 총합)=(계급의 크기)

▶학습 날짜 월 일 ▶걸린 시간 분 / 목표 시간 30분

정답과 해설 45~46쪽

1 **다음의 각 상대도수의 분포표를 보고, 상대도수의 분포를 나타낸 그래프를 도수분포다각형 모양으로 그려라.**

(1) 한 상자에 들어 있는 자두의 무게

무게(g)	상대도수
45이상 ~ 50미만	0.22
50 ~ 55	0.32
55 ~ 60	0.26
60 ~ 65	0.14
65 ~ 70	0.06
합계	1

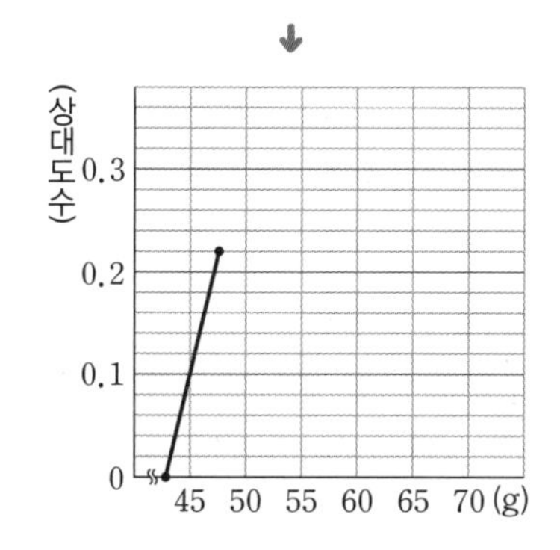

tip (계급값, 상대도수)를 좌표로 하는 점을 찍어 연결하면 돼.

(2) 찬수네 반 학생들의 봉사활동 시간

봉사활동 시간(시간)	상대도수
6이상 ~ 8미만	0.18
8 ~ 10	0.34
10 ~ 12	0.28
12 ~ 14	0.12
14 ~ 16	0.08
합계	1

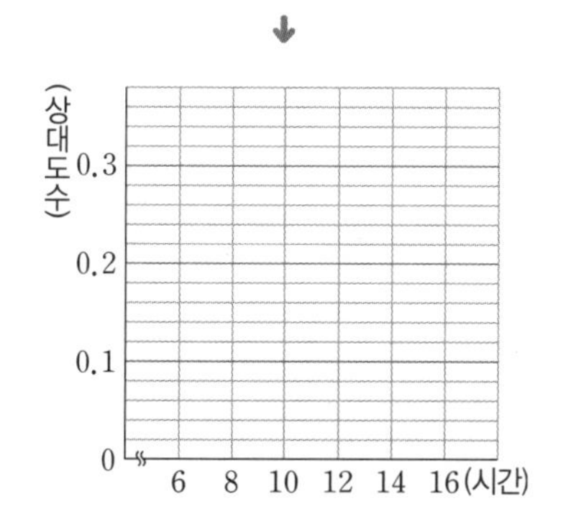

오답노트 작성 ____쪽

2 아래 그림은 동건이네 반 학생 30명의 오래매달리기 기록에 대한 상대도수의 분포를 나타낸 그래프이다. 다음 계급의 학생 수를 구하여라.

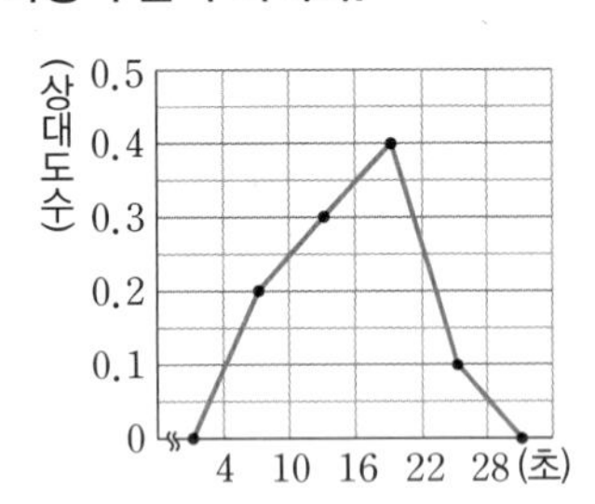

(1) 4초 이상 10초 미만 답

(2) 16초 이상 22초 미만 답

3 아래 그림은 윤정이네 학교 학생 40명의 통학 시간에 대한 상대도수의 분포를 나타낸 그래프이다. 다음을 구하여라.

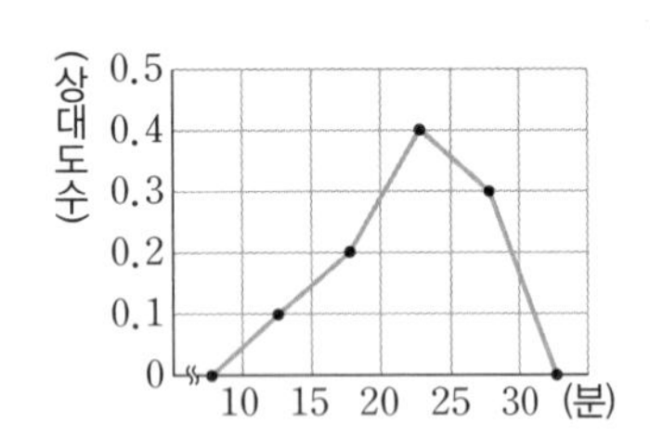

(1) 도수가 가장 큰 계급

답

→ 도수와 상대도수는 (정비례, 반비례) 관계이므로 상대도수가 가장 큰 계급의 도수가 가장 (크다, 작다).

(2) 상대도수가 가장 큰 계급의 학생 수

답

→ 상대도수가 가장 큰 계급은 ☐분 이상 ☐분 미만이고, 이 계급의 상대도수는 ☐이다.
이때 도수의 총합은 40명이므로
(이 계급의 학생 수)$=40\times$☐
$=$☐(명)

4 아래 그림은 희주네 반 학생 40명의 몸무게에 대한 상대도수의 분포를 나타낸 그래프이다. 다음을 구하여라.

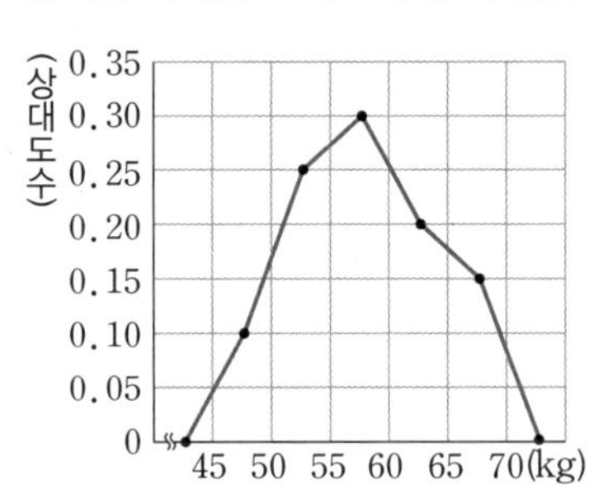

(1) 몸무게가 55 kg 미만인 학생 수의 백분율

답

(2) 몸무게가 50 kg 이상 60 kg 미만인 학생 수

답

(3) 몸무게가 60 kg 이상인 학생 수

답

5 아래 그림은 성인 200명의 하루 평균 수면 시간에 대한 상대도수의 분포를 나타낸 그래프이다. 다음을 구하여라.

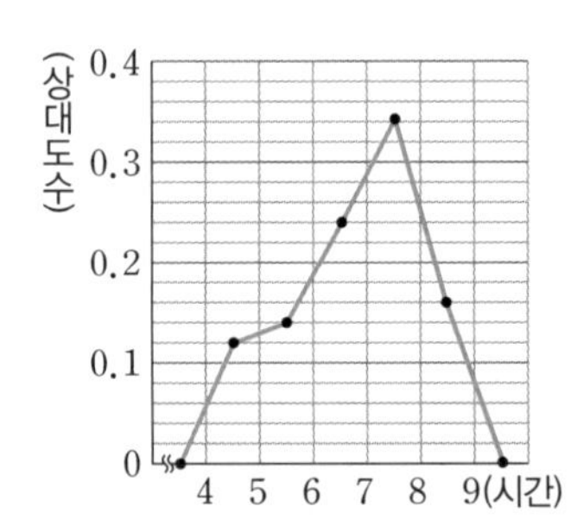

(1) 수면 시간이 5시간 이상 7시간 미만인 사람의 백분율 답

(2) 수면 시간이 6시간 미만인 사람 수

답

(3) 수면 시간이 7시간 이상인 사람 수

답

오답노트 작성 ______쪽

6 아래 그림은 과학 경시대회에 참가한 학생들의 과학 점수에 대한 상대도수의 분포를 나타낸 그래프이다. 점수가 90점 이상 100점 미만인 학생이 9명일 때, 다음을 구하여라.

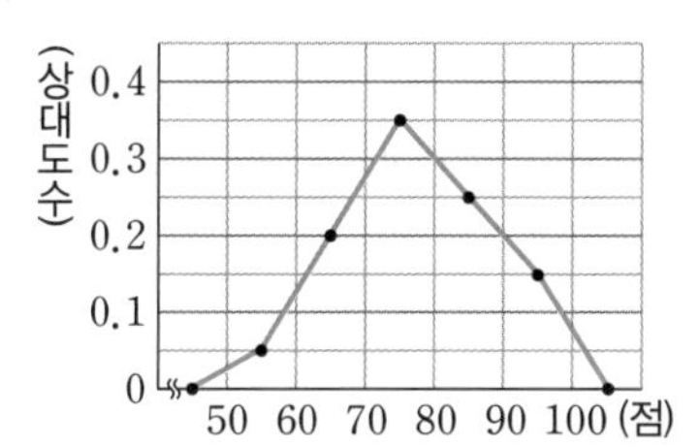

tip
$(\text{도수의 총합})=\dfrac{(\text{그 계급의 도수})}{(\text{어떤 계급의 상대도수})}$

(1) 전체 학생 수 답 ______

➜ 90점 이상 100점 미만인 계급의 상대도수는 ☐, 도수는 9명이므로
$(\text{전체 학생 수})=\dfrac{9}{\square}=\square$(명)

(2) 상대도수가 가장 큰 계급의 도수 답 ______

7 아래 그림은 시원이네 반 학생들의 인터넷 사용 시간에 대한 상대도수의 분포를 나타낸 그래프이다. 인터넷 사용 시간이 40분 이상 50분 미만인 학생이 8명일 때, 다음을 구하여라.

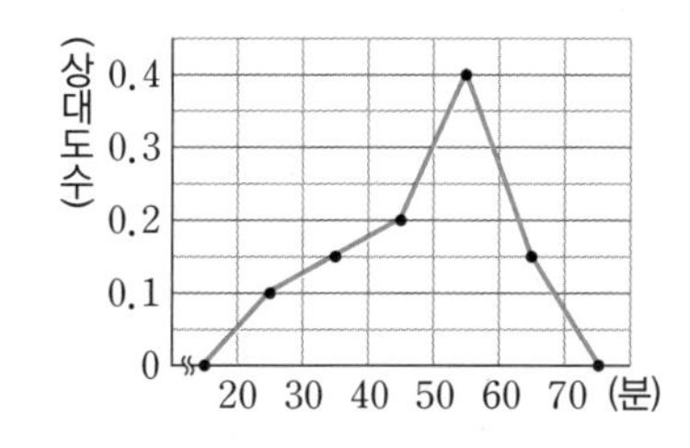

(1) 전체 학생 수 답 ______

(2) 도수가 가장 작은 계급의 도수 답 ______

8 아래 그림은 어느 병원 환자 50명의 대기 시간에 대한 상대도수의 분포를 나타낸 그래프인데 일부가 찢어져 보이지 않는다. 다음을 구하여라.

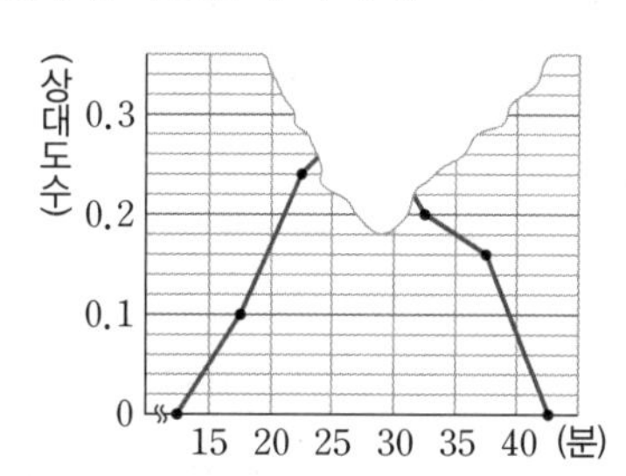

tip
상대도수의 총합이 1임을 이용하면 찢어진 부분의 상대도수를 구할 수 있어.

(1) 대기 시간이 25분 이상 30분 미만인 계급의 상대도수 답 ______

(2) 대기 시간이 25분 이상 30분 미만인 학생 수 답 ______

9 아래 그림은 미희네 반 학생들의 1분 동안의 한글자판 입력 속도에 대한 상대도수의 분포를 나타낸 그래프인데 일부가 찢어져 보이지 않는다. 입력 속도가 200타 이상 250타 미만인 학생이 4명일 때, 다음을 구하여라.

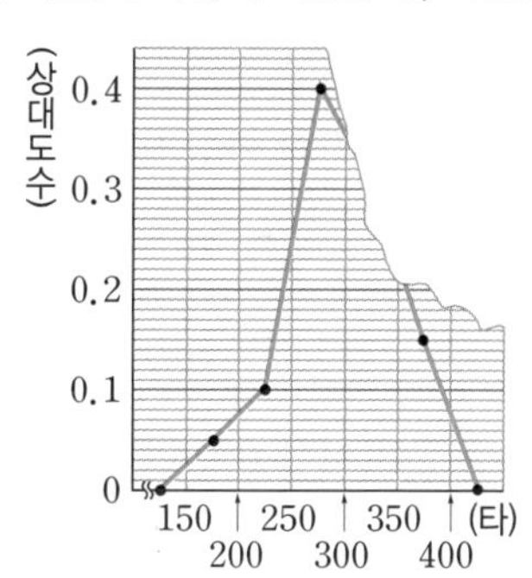

(1) 전체 학생 수 답 ______

(2) 입력 속도가 300타 이상 350타 미만인 학생 수 답 ______

10 풍쌤의 point

(1) 상대도수의 분포를 나타낸 그래프에서 도수가 가장 큰 계급은 (　　　　　　)가 가장 큰 계급이다.

(2) 상대도수의 분포를 나타낸 그래프에서 상대도수의 총합이 (　　)임을 이용하여 찢어진 부분의 상대도수를 구한다.

오답노트 작성 ______쪽

15 도수의 총합이 다른 두 집단의 비교

핵심개념

도수의 총합이 다른 두 자료의 분포 상태를 비교할 때

1. 도수를 그대로 비교하지 않고 상대도수를 구하여 비교한다.
   참고 도수의 총합이 다른 두 자료에서 각 자료의 도수를 비교하는 것은 의미가 없다.
2. 상대도수의 분포를 나타낸 그래프를 함께 나타내어 비교하면 한눈에 두 자료의 분포 상태를 비교할 수 있다.
   → 상대도수의 분포를 나타낸 그래프가 오른쪽으로 치우친 자료가 계급이 큰 쪽의 비율이 상대적으로 더 높다고 할 수 있다.

▶학습 날짜 월 일 ▶걸린 시간 분 / 목표 시간 20분

1 아래는 어느 중학교의 1학년 1반과 2반 학생들의 일년 동안의 영화 관람 횟수를 조사하여 나타낸 도수분포표의 일부이다. 빈칸에 알맞은 것을 써넣어라.

관람 횟수(회)	도수(명)	
	1반	2반
5^{이상} ~ 6^{미만}	14	14
합계	28	20

(1) 관람 횟수가 5회 이상 6회 미만인 계급의 상대도수

① 1반: ______ ② 2반: ______

(2) 영화를 5회 이상 6회 미만 관람한 학생의 비율은 (1반, 2반)이 더 높다.

tip 관람 횟수가 5회 이상 6회 미만인 계급의 도수는 두 반 모두 14명으로 같지만 도수의 총합이 다르므로 학생의 비율이 다르다.

2 다음은 예원이네 반 남학생과 여학생의 음악 성적을 조사하여 나타낸 도수분포표의 일부이다. 음악 성적이 90점 이상인 학생의 비율은 남학생과 여학생 중 어느 쪽이 더 높은지 구하여라.

음악 성적(점)	도수(명)	
	남학생	여학생
90^{이상} ~ 100^{미만}	3	5
합계	27	35

답 ______

3 다음은 A, B 두 학교 1학년 학생들의 체육 성적을 조사하여 나타낸 도수분포표이다. 이 도수분포표를 보고, 상대도수의 분포표를 완성하고 물음에 답하여라.

성적(점)	도수(명)	
	A 학교	B 학교
50^{이상} ~ 60^{미만}	6	8
60 ~ 70	11	16
70 ~ 80	18	28
80 ~ 90	10	20
90 ~ 100	5	8
합계	50	80

↓

성적(점)	상대도수	
	A 학교	B 학교
50^{이상} ~ 60^{미만}	0.12	0.1
60 ~ 70		0.2
70 ~ 80		
80 ~ 90	0.2	
90 ~ 100	0.1	0.1
합계	1	1

(1) B 학교의 비율이 더 높은 계급

답 ______

(2) 두 학교의 비율이 같은 계급

답 ______

오답노트 작성 ______쪽

4 다음 그림은 어느 중학교 1학년 학생들과 2학년 학생들의 운동 시간에 대한 상대도수의 분포를 나타낸 그래프이다. 빈칸에 알맞은 것을 써넣어라.

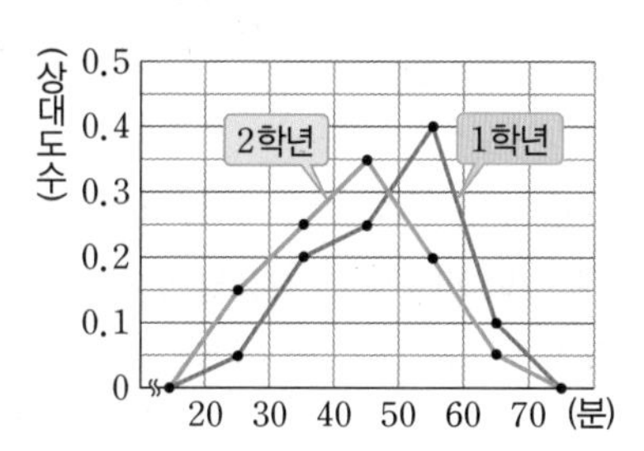

(1) 1학년과 2학년 각각의 상대도수의 총합은 ☐로 같다.

(2) 운동 시간이 40분 이상 50분 미만인 학생의 비율은 ☐학년이 더 높다.

(3) 운동 시간이 40분 이상 50분 미만인 학생 수는 (1학년이 더 많다, 2학년이 더 많다, 알 수 없다).

tip 도수의 총합을 모르기 때문에 그 계급에 속하는 학생 수를 구할 수 없어.

(4) 운동 시간이 40분 미만인 학생의 비율은 ☐학년이 더 높다.

(5) 상대적으로 운동을 더 오래하는 학년은 ☐학년이다.

tip 그래프가 오른쪽으로 치우쳐 있을수록 상대적으로 '높다, 길다, 많다, 크다, 무겁다, …' 는 것을 의미해.

(6) 각각의 상대도수의 분포를 나타낸 그래프와 가로축으로 둘러싸인 부분의 넓이는 (같다, 다르다).

5 다음 그림은 A 중학교 학생 400명과 B 중학교 학생 300명의 100 m 달리기 기록에 대한 상대도수의 분포를 나타낸 그래프이다. 빈칸에 알맞은 것을 써넣어라.

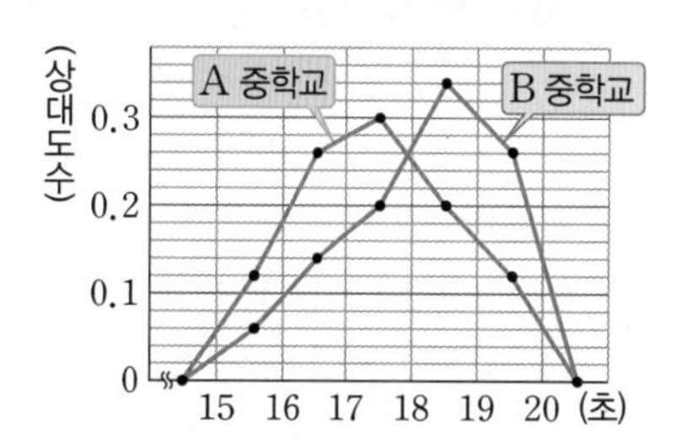

(1) 기록이 17초 이상 18초 미만인 학생 수

① A 중학교: ________

② B 중학교: ________

(2) 기록이 17초 미만인 학생은 ☐ 중학교가 ☐명 더 많다.

➜ A 중학교에서 기록이 17초 미만인 계급의 상대도수의 합은
0.12+☐=☐이므로 학생 수는
400×☐=☐(명)
B 중학교에서 기록이 17초 미만인 계급의 상대도수의 합은
0.06+☐=☐이므로 학생 수는
300×☐=☐(명)

(3) 기록이 18초 이상인 학생의 비율이 더 높은 중학교는 ☐ 중학교이다.

(4) 상대적으로 100 m 달리기 기록이 더 좋은 중학교는 ☐ 중학교이다.

tip 달리기 기록이 더 좋다는 것은 기록이 더 짧다는 것을 의미해.

오답노트 작성 ______쪽

정답과 해설 47쪽

12-15 · 스스로 점검 문제

맞힌 개수 개 / 5개

▶학습 날짜 월 일 ▶걸린 시간 분 / 목표 시간 20분

1 상대도수의 뜻 3

나영이네 반 학생 25명의 하루 동안의 TV 시청 시간을 조사하였더니 TV 시청 시간이 30분 이상 40분 미만인 계급의 도수가 8명이었다. 이 계급의 상대도수는?

① 0.28 ② 0.32 ③ 0.36
④ 0.4 ⑤ 0.44

2 상대도수의 분포표 2, 3

오른쪽은 재석이네 학교 학생 40명의 한 달 용돈을 조사하여 나타낸 상대도수의 분포표이다. 한 달 용돈이 4만 원 이상 5만 원 미만인 학생 수는?

용돈(만 원)	상대도수
$2^{이상}$ ~ $3^{미만}$	0.2
3 ~ 4	0.25
4 ~ 5	
5 ~ 6	0.2
6 ~ 7	0.05
합계	

① 2명 ② 4명
③ 8명 ④ 10명
⑤ 12명

3 상대도수의 분포를 나타낸 그래프 6, 7

오른쪽 그림은 철인 3종 경기에 참가한 선수들의 나이에 대한 상대도수의 분포를 나타낸 그래프이다. 도수가 가장 큰 계급에 속하는 선수가 160명일 때, 나이가 40세 이상인 선수의 수는?

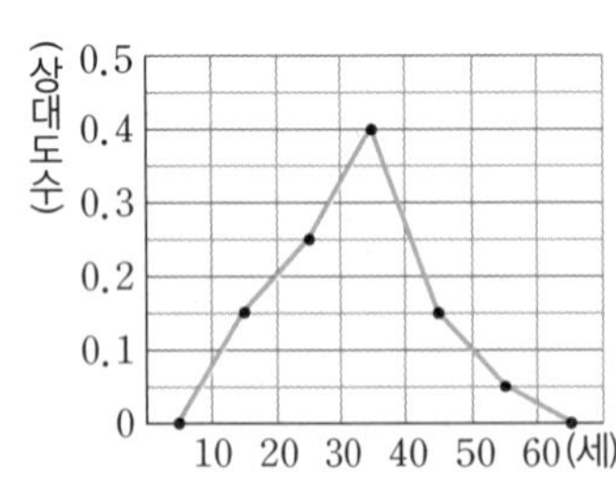

① 60명 ② 80명 ③ 100명
④ 120명 ⑤ 140명

4 상대도수의 분포를 나타낸 그래프 8, 9

다음 그림은 수범이네 학교 학생들의 영어 점수에 대한 상대도수의 분포를 나타낸 그래프인데 일부가 찢어져 보이지 않는다. 점수가 50점 이상 60점 미만인 학생이 8명일 때, 80점 이상 90점 미만인 학생 수를 구하여라.

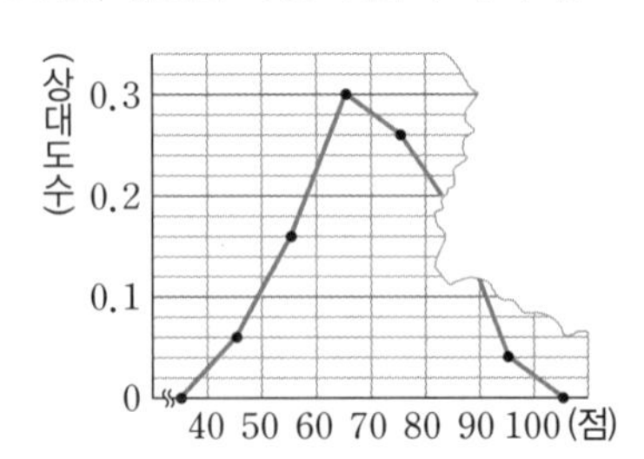

5 도수의 총합이 다른 두 집단의 비교 4, 5

아래 그림은 독서반과 글짓기반 학생들이 한 학기 동안 읽은 책의 수에 대한 상대도수의 분포를 나타낸 그래프이다. 다음 ⟨보기⟩에서 옳은 것을 모두 골라라.

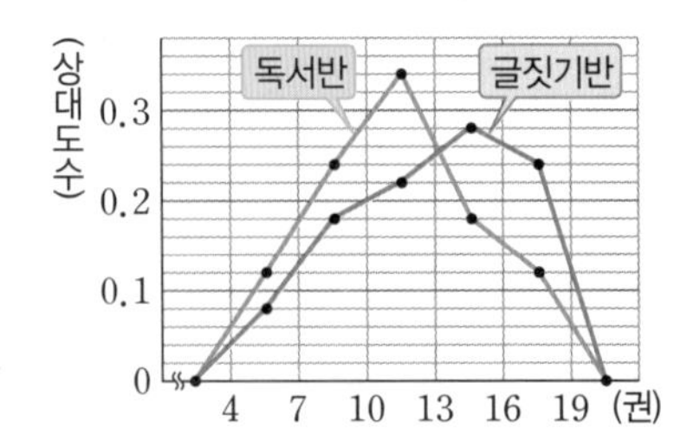

보기

ㄱ. 독서반과 글짓기반의 학생 수는 같다.
ㄴ. 글짓기반에서 도수가 가장 큰 계급은 13권 이상 16권 미만이다.
ㄷ. 읽은 책의 수가 7권 이상 10권 미만인 학생의 비율은 독서반이 더 높다.
ㄹ. 독서반이 글짓기반보다 상대적으로 책을 더 많이 읽었다.

오답노트 작성 ______쪽

이 책을 검토한 선생님들

서울
강현숙 유니크수학학원
길정균 교육그룹블에이블학원
김도헌 강서명일학원
김영준 목동해법수학학원
김유미 대성제넥스학원
박미선 고릴라수학학원
박미정 최강학원
박미진 목동쌤올림학원
박부림 용경M2M학원
박성웅 M.C.M학원
박은숙 BMA유명학원
손남천 최고수수학학원
심정민 애플캠퍼스학원
안중학 에듀탑학원
유영호 UMA우마수학학원
유정선 UPI한국학원
유종호 정석수리학원
유지현 수리수리학원
이미선 휴브레인학원
이범준 편수학학원
이상덕 제이투학원
이신애 TOP명문학원
이영철 Hub수학전문학원
이은희 한솔학원
이재봉 형설학원
이지영 프라임수학학원
장미선 형설학원
전동철 남림학원
조현기 메타에듀수학학원
최원준 쌤수학학원
최장배 청산학원
최종구 최종구수학학원

강원
김순애 Kim's&청석학원
류경민 문막한빛입시학원
박준규 홍인학원

경기
강병덕 청산학원
김기범 하버드학원
김기태 수풀림학원
김지형 행신학원
김한수 최상위학원
노태환 노선생해법학원
문상현 힘수학학원
박수빈 엠탑수학학원
박은영 M245U수학학원
송인숙 영통세종학원
송혜숙 진흥학원
유시경 에이플러스수학학원
윤효상 페르마학원
이가람 현수학학원
이강국 계룡학원
이민희 유수하학원
이상진 진수학학원
이종진 한뜻학원
이창준 청산학원
이혜용 우리학원
임원국 멘토학원
정오태 정선생수학교실
조정민 바른셈학원
조주희 이츠매쓰학원
주정호 라이프니츠영수학학원
최규헌 하이베스트학원
최일규 이츠매쓰학원
최재원 이지수학학원
하재상 이헤수학학원
한은지 페르마학원
한인경 공감왕수학학원
황미라 한울학원

경상
강동일 에이원학원
강소정 정훈입시학원
강영환 정훈입시학원
강윤정 정훈입시학원
강희정 수학교실
구아름 구수한수학교습소
김성재 The쎈수학학원
김정휴 비상에듀학원
남유경 유니크수학학원
류현지 유니크수학학원
박건주 청림학원
박성규 박샘수학학원
박소현 청림학원
박재훈 달공수학학원
박현철 정훈입시학원
서명원 입시박스학원
신동훈 유니크수학학원
유병호 캔깨쓰학원
유지민 비상에듀학원
윤영진 유클리드수학과학학원
이소리 G1230학원
이은미 수학의한수학원
전현도 A스쿨학원
정재헌 에디슨아카데미
제준헌 니그학원
최혜경 프라임학원

광주
강동호 리엔학원
김국철 필즈영어수학학원
김대균 김대균수학학원
김동신 정평학원
김동석 MFA수학학원
노승균 정평학원
신선미 명문학원
양우식 정평학원
오성진 오성진선생의수학스케치학원
이수현 원수학학원
이재구 소촌엘리트학원
정민철 연승학원
정 석 정석수학전문학원
정수종 에스원수학학원
지행은 최상위영어수학학원
한병선 매쓰로드학원

대구
권영원 영원수학학원
김영숙 마스터박수학학원
김유리 최상위수학과학학원
김은진 월성해법수학학원
김정희 이레수학학원
김지수 율사학원
김태수 김태수수학학원
박미애 학림수학학원
박세열 송설수학학원
박태영 더좋은하늘수학학원
박호연 필즈수학학원
서효정 에이스학원
송유진 차수학학원
오현정 솔빛입시학원
윤기호 사인수학학원
이선미 에스엠학원
이주형 DK경대학원
장경미 휘영수학학원
전진철 전진철수학학원
조현진 수앤지학원
지현숙 클라무학원
하상희 한빛하쌤학원

대전
강현중 J학원
박재춘 제크아카데미
배용제 해마학원
윤석주 윤석주수학학원
이은혜 J학원
임진희 청담클루빌플레이팩토 황선생학원
장보영 윤석주수학학원
장현상 제크아카데미
정유진 청담클루빌플레이팩토 황선생학원
정진혁 버드내종로엠학원
홍선화 홍수학학원

부산
김선아 아연학원
김옥경 더매쓰학원
김원경 옥샘학원
김정민 이경철학원
김창기 우주수학원
김채화 채움수학전문학원
박상희 맵플러스금정캠퍼스학원
박순들 신진학원
손종규 화인수학학원
심정섭 전성학원
유소영 매쓰트리수학학원
윤한수 기능영재아카데미학원
이승윤 한길학원
이재명 청진학원
전현정 전성학원
정상원 필수통합학원
정영판 뉴피플학원
정진경 대원학원
정희경 육영재학원
조이석 레몬수학학원
천미숙 유레카학원
황보상 우진수학학원

인천
곽소윤 밀턴수학학원
김상미 밀턴수학학원
안상준 세종EMI학원
이봉섭 정일학원
정은영 밀턴수학학원
채수현 밀턴수학학원
황찬욱 밀턴수학학원

전라
이강화 강승학원
최진영 필즈수학전문학원
한성수 위드클래스학원

충청
김선경 해머수학학원
김은향 루트수학학원
나종복 나는수학학원
오일영 해미수학학원
우명제 필즈수학학원
이태린 이태린으뜸수학학원
장경진 히파티아수학학원
장은희 자기주도학습센터 홀로세움학원
정한용 청록학원
정혜경 팔로스학원
현정화 멘토수학학원
홍승기 청록학원

풍산자 라인업

중학 풍산자로 개념과 문제를 꼼꼼히 풀면 성적이 지속적으로 향상됩니다

상위권으로의 도약을 위한 중학 풍산자 로드맵

풍산자 개념완성 풍산자 반복수학 풍산자 테스트북 풍산자 필수유형

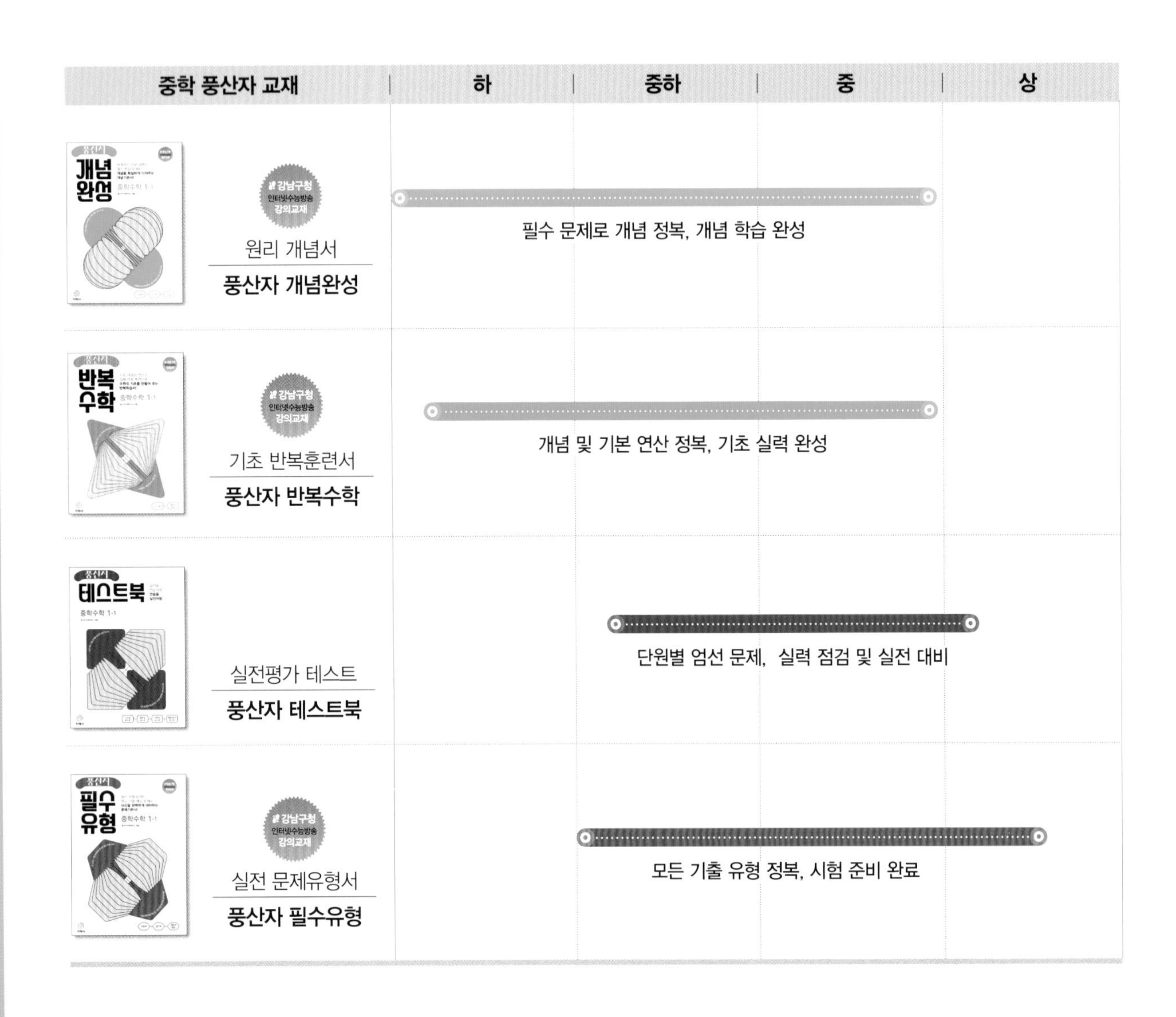

풍산자

반복수학

기초 개념과 연산의
집중 반복 훈련으로
수학의 기초를 만들어 주는
반복학습서!

중학수학 1-2

풍산자수학연구소 지음

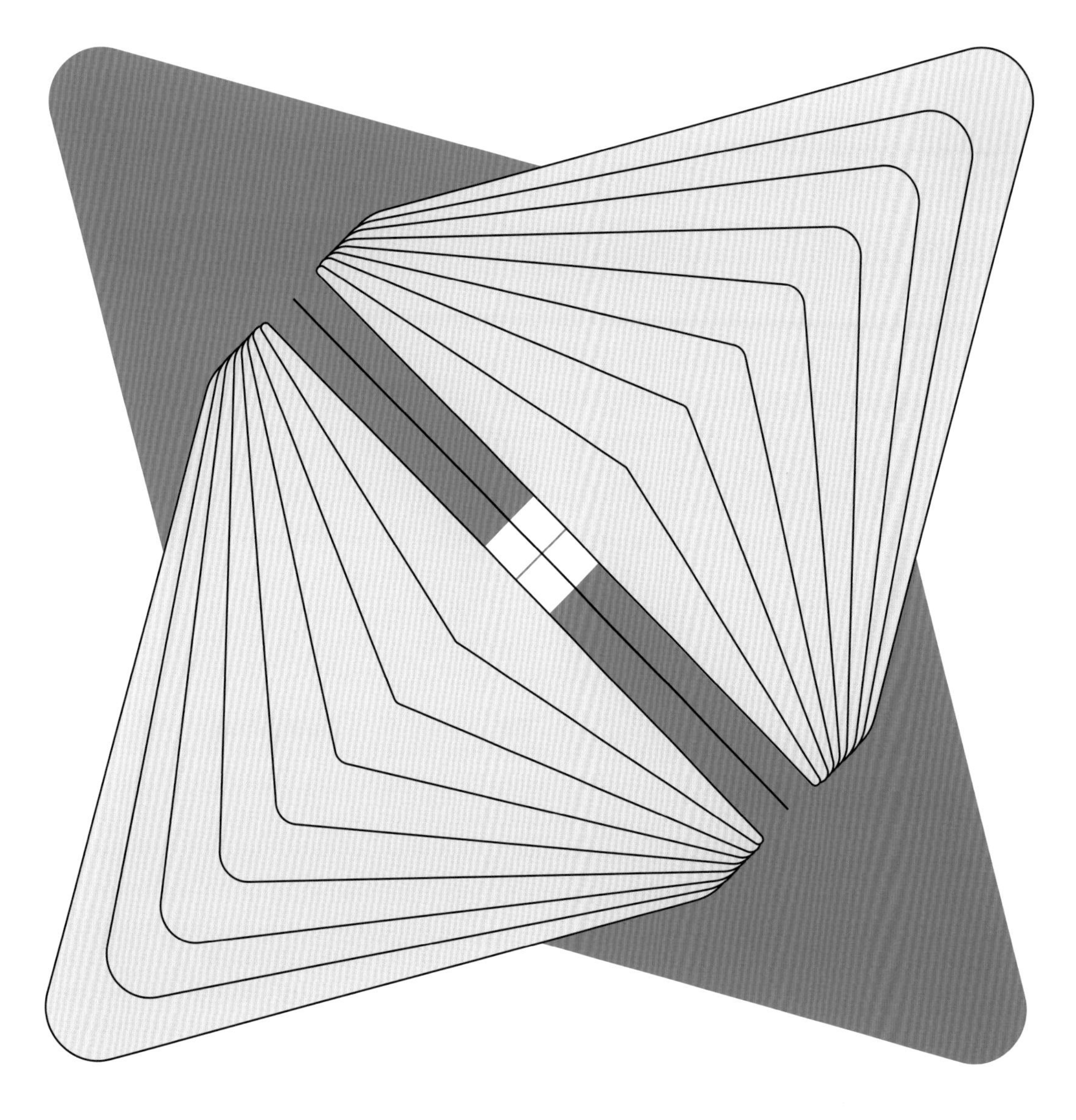

지학사

정답과
해설

반복 연습으로 기초를 탄탄하게 만드는

기본학습서

풍산자 반복수학

◆
◆
◆

정답과 해설

중학수학 1-2

Ⅰ. 기본 도형

1 기본 도형

01 도형 p. 8

1 선, 면

2 (1) 선, 면 (2) 점, 면

3 (1) ① 있다 ② 평면
(2) ① 있지 않다 ② 입체

4 (1) 입 (2) 평 (3) 입 (4) 평
(5) 입 (6) 입

5 (1) 점, 면 (2) 선, 면 (3) 평면도형, 입체도형

02 교점과 교선 p. 9

1 (1) ① B ② H (2) ① B ② E
(3) ① CD ② EF

2 (1) 4 (2) 10 (3) 6, 9 (4) 7, 12

3 (1) 교점, 교선 (2) 꼭짓점, 모서리

03 직선, 반직선, 선분 pp. 10~11

1

	도형	기호	읽는 방법
직선	A B	$\overleftrightarrow{AB}$ ($\overleftrightarrow{BA}$)	직선 AB (직선 BA)
반직선	A B	$\overrightarrow{AB}$	반직선 AB
	A B	$\overrightarrow{BA}$	반직선 BA
선분	A B	$\overline{AB}$ ($\overline{BA}$)	선분 AB (선분 BA)

2 (1) P Q R
(2) P Q R
(3) P Q R
(4) P Q R

3 (1) A B C　A B C
= / 하나뿐이다
(2) A B C　A B C
≠ / 같고, 같다
(3) A B C　A B C
= / 같다

4 (1) = (2) ≠ (3) = (4) ≠
(5) = (6) ≠

5 (1) ㄷ (2) ㄱ (3) ㄴ (4) ㄹ

6 (1) 1 (2) 3
(3) 6

7 (1) $\overleftrightarrow{AC}$, $\overleftrightarrow{AD}$, $\overleftrightarrow{BC}$, $\overleftrightarrow{BD}$, $\overleftrightarrow{CD}$ / 6
(2) $\overrightarrow{AC}$, $\overrightarrow{CA}$, $\overrightarrow{AD}$, $\overrightarrow{DA}$, $\overrightarrow{BC}$, $\overrightarrow{CB}$, $\overrightarrow{BD}$, $\overrightarrow{DB}$, $\overrightarrow{CD}$, $\overrightarrow{DC}$ / 12
(3) 2

8 (1) × (2) ○ (3) ×

9 (1) 1, = (2) 시작점, ≠

8 (1) 서로 다른 두 점을 지나는 직선은 오직 하나뿐이다.
(3) 시작점과 뻗은 방향이 모두 같아야 서로 같은 반직선이다.

04 두 점 사이의 거리 p. 12

1 (1) 10 (2) 선분 AC, 5
(3) 선분 AD, 4 (4) 선분 BC, 6

2 (1) 55 cm (2) 40 cm (3) 45 cm

3 (1) 25 cm (2) 20 cm (3) 7 cm (4) 15 cm
(5) 20 cm

4 (1) 짧은 (2) 2

05 선분의 중점 pp. 13~14

1 (1) 2, 2 (2) $\frac{1}{2}$, 4 (3) $\frac{1}{2}$, 4

2 (1) $\overline{NB}$ (2) 2, $\frac{1}{2}$ (3) 2, $\frac{1}{2}$ (4) 4, $\frac{1}{4}$ (5) 4, $\frac{1}{4}$

3 (1) $\frac{1}{3}$, 5 (2) 2, 10 (3) $\frac{2}{3}$, 10 (4) $\frac{2}{3}$, 10

4 (1) 6 (2) 3, 18 (3) 2, 12 (4) 2, 12

5 (1) $\overline{CB}$, 2, 2, 2, 6 (2) 2, 2, 2, 8
(3) $\overline{CN}$, $\frac{1}{2}$, $\frac{1}{2}$, $\frac{1}{2}$, $\frac{1}{2}$, $\frac{1}{2}$, 5 (4) 52 cm
(5) 2 cm (6) 18 cm

6 (1) 중점 (2) $\frac{1}{2}$ (3) $\frac{1}{3}$

5 (4) $\overline{AB}=\overline{AP}+\overline{PB}=2\overline{MP}+2\overline{PQ}$
$=2(\overline{MP}+\overline{PQ})=2\overline{MQ}$
$=2\times26=52(\text{cm})$

(5) $\overline{MC}=\frac{1}{3}\overline{MB}=\frac{1}{3}\times\frac{1}{2}\overline{AB}$
$=\frac{1}{6}\overline{AB}=\frac{1}{6}\times12=2(\text{cm})$

(6) $\overline{AP}=\frac{1}{5}\overline{AB}=\frac{1}{5}\times30=6(\text{cm})$
$\overline{PB}=\overline{AB}-\overline{AP}$
$=30-6=24(\text{cm})$
$\overline{PM}=\frac{1}{2}\overline{PB}=12(\text{cm})$
$\therefore\ \overline{AM}=\overline{AP}+\overline{PM}=6+12=18(\text{cm})$

01-05 스스로 점검 문제 p. 15

1 ④ **2** ③, ④ **3** ②, ④ **4** ③
5 ④ **6** 12 cm

1 $a=5$, $b=8$이므로 $a+b=13$

2 ① 입체도형에서 교선의 개수는 모서리의 개수와 같다.
② 교점은 선과 선 또는 선과 면이 만날 때 생긴다.
⑤ 두 반직선이 서로 같으려면 시작점과 뻗은 방향이 모두 같아야 한다.

3 ② 시작점이 다르므로 $\overrightarrow{AB}\neq\overrightarrow{BA}$
④ 양 끝 점이 다르므로 $\overline{AB}\neq\overline{AC}$

4 $\overline{AB}$, $\overline{AC}$, $\overline{AD}$, $\overline{AE}$, $\overline{BC}$, $\overline{BD}$, $\overline{BE}$, $\overline{CD}$, $\overline{CE}$, $\overline{DE}$의 10개이다.

5 ④ $\overline{NM}=\frac{1}{2}\overline{AM}=\frac{1}{2}\times\frac{1}{2}\overline{AB}=\frac{1}{4}\overline{AB}$

6 $\overline{AB}=2\overline{MB}=2\times2\overline{MN}$
$=4\overline{MN}=4\times3=12(\text{cm})$

06 각 pp. 16~17

1 (1) 180 (2) 직각 (3) 0, 90 (4) 90, 180

2 (1) 예 (2) 둔 (3) 둔 (4) 직 (5) 예 (6) 평

3 (1) $\angle AOB$ (2) $\angle AOD$ (3) $\angle COD$ (4) $\angle BOC$

4 (1) 예 (2) 직 (3) 둔 (4) 평

5 (1) 30, 60 (2) 3, 90, 18 (3) 55°

6 (1) 55, 125 (2) 90, 180, 70 (3) 64° (4) 55° (5) 20°

7 (1) 40, 50, 40, 50 (2) $\angle x=30°$, $\angle y=60°$
(3) $\angle x=62°$, $\angle y=28°$

8 (1) 90 (2) 평각 (3) 예각 (4) 90, 180

5 (3) $(\angle x+15°)+20°=90°$
$\therefore\ \angle x=55°$

6 (3) $76°+(\angle x+40°)=180°$
$\angle x+116°=180°$
$\therefore\ \angle x=64°$

(4) $60°+\angle x+(\angle x+10°)=180°$
$2\angle x+70°=180°$, $2\angle x=110°$
$\therefore\ \angle x=55°$

(5) $\angle x+90°+(2\angle x+30°)=180°$
$3\angle x+120°=180°$, $3\angle x=60°$
$\therefore\ \angle x=20°$

7 (2) $\angle x+60°=90°$ $\therefore\ \angle x=30°$
$\angle y+\angle x=90°$ $\therefore\ \angle y=90°-30°=60°$

(3) $\angle x+28°=90°$ $\therefore\ \angle x=62°$
$\angle y+\angle x=90°$ $\therefore\ \angle y=90°-62°=28°$

07 맞꼭지각 pp. 18~19

1 180, 180, $\angle c$, $\angle c$, $\angle d$

2 (1) $\angle BOD$ (2) $\angle DOF$ (3) $\angle BOF$ (4) $\angle BOE$

3 (1) 60, 30 (2) 80, 50, 25 (3) $25°$ (4) $55°$ (5) $10°$ (6) $25°$

4 (1) x / 180, 80 (2) $4x$ / $20°$ (3) x / $30°$ (4) 90 / $18°$

5 (1) $\angle x=45°$, $\angle y=75°$
(2) $\angle x=130°$, $\angle y=50°$
(3) $\angle x=70°$, $\angle y=60°$
(4) $\angle x=130°$, $\angle y=60°$

6 (1) 맞꼭지각 (2) 같다 (3) c, d (4) b

3 (3) $4\angle x+20°=120°$
$4\angle x=100°$
$\therefore \angle x=25°$
(4) $\angle x+90°=145°$
$\therefore \angle x=55°$
(5) $4\angle x-25°=\angle x+5°$
$3\angle x=30°$
$\therefore \angle x=10°$
(6) $200°-3\angle x=100°+\angle x$
$4\angle x=100°$
$\therefore \angle x=25°$

4 (2) $2\angle x+4\angle x+3\angle x=180°$
$9\angle x=180°$
$\therefore \angle x=20°$
(3) $60°+\angle x+90°=180°$
$\therefore \angle x=30°$
(4) $2\angle x+90°+3\angle x=180°$
$5\angle x=90°$
$\therefore \angle x=18°$

5 (1) $\angle x=45°$
$45°+60°+\angle y=180°$ $\therefore \angle y=75°$
(2) $\angle x=90°+40°=130°$
$\angle y+40°=90°$ $\therefore \angle y=50°$
(3) $\angle x+50°=120°$ $\therefore \angle x=70°$
$120°+\angle y=180°$ $\therefore \angle y=60°$
(4) $\angle x-10°=90°+30°$ $\therefore \angle x=130°$
$\angle y+30°+90°=180°$ $\therefore \angle y=60°$

08 수직과 수선 pp. 20~21

1 (1) $\overline{CD}$, $\perp$, $\overline{CD}$ (2) $\overline{AB}$, 6 (3) $\overline{AE}$, 8
(4) 수선의 발 (5) B

2
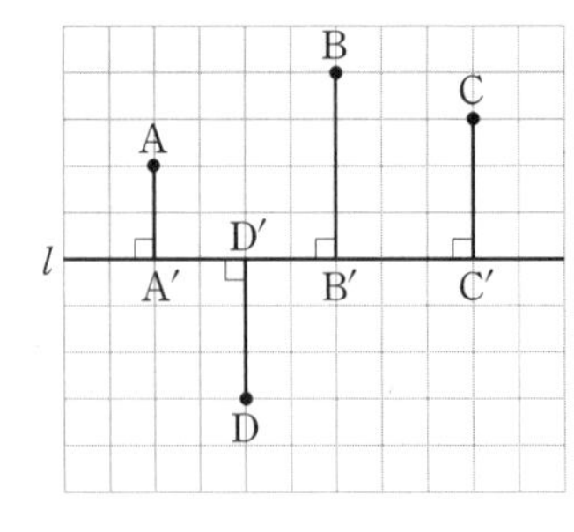

(1) 2, 4, 3, 3 (2) 점 C, 점 D
(3) 점 A

3 (1) 점 B (2) $\overline{AB}$, $\overline{DC}$
(3) 3 cm (4) 8 cm

4 (1) 점 C (2) 점 F (3) 5 cm (4) 7 cm
(5) 3 cm

5 (1) 3 cm (2) 4 cm (3) 4.8 cm

6 (1) $\perp$ (2) $\overleftrightarrow{CD}$ (3) H (4) $\overline{CH}$

06-08 스스로 점검 문제 p. 22

1 ①, ⑤ 2 $15°$ 3 ⑤ 4 ②
5 $15°$ 6 ③ 7 ③, ⑤

1 $90°$보다 작은 각을 모두 고르면 ①, ⑤이다.

2 $50°+\angle x+(5\angle x+40°)=180°$
$6\angle x=90°$ $\therefore \angle x=15°$

3 ④ $\angle BOC$의 맞꼭지각은
$\angle AOD$이므로
$\angle BOC=\angle AOD$
$=180°-50°$
$=130°$

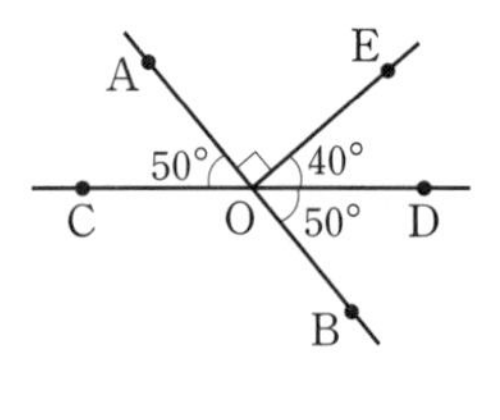

⑤ $\angle COE=\angle AOC+\angle AOE=50°+90°=140°$

4 맞꼭지각의 크기는 서로 같으므로
$2\angle x+15°=5\angle x-45°$
$3\angle x=60°$ $\therefore \angle x=20°$

5 $\angle x=150°-105°=45°$
$\angle y=180°-150°=30°$
$\therefore \angle x-\angle y=45°-30°=15°$

6 점과 직선 사이의 거리는 점과 직선 위의 점을 잇는 선분 중에서 길이가 가장 짧은 선분의 길이이므로 $\overline{PC}$이다.

7 ③ 점 D에서 $\overline{BC}$에 내린 수선의 발은 점 H이다.

09 점과 직선, 점과 평면의 위치 관계 p. 23

1 (1) 점 A, 점 B / 있다, 있지 않다
(2) 점 B, 점 D / 있다, 있지 않다
2 (1) 점 A, 점 C / 있다 (2) 점 B / 있지 않다
3 (1) 점 C, 점 G
(2) 점 A, 점 B, 점 C, 점 D, 점 G, 점 H
(3) 점 B, 점 C, 점 F, 점 G
(4) 점 E, 점 F, 점 G, 점 H

10 평면에서 두 직선의 위치 관계 p. 24

1 (1) $\overleftrightarrow{DE}$ (2) $\overleftrightarrow{AF}$, $\overleftrightarrow{BC}$, $\overleftrightarrow{CD}$, $\overleftrightarrow{EF}$ (3) 점 C
2 (1) ㄱ (2) ㄴ (3) ㄱ
3 (1) ○ (2) ○ (3) ○ (4) × (5) ×

11 공간에서 두 직선의 위치 관계 pp. 25~26

1 (1) $\overline{AE}$, $\overline{DC}$, $\overline{DH}$ (2) $\overline{EH}$, $\overline{FG}$
(3) 있지 않다 / 만나지 않는다 / 평행하지 않다, $\overline{CG}$, $\overline{EF}$, $\overline{GH}$
2 (1) ① $\overline{AC}$, $\overline{AD}$, $\overline{BC}$, $\overline{BE}$ ② $\overline{DE}$
③ $\overline{CF}$, $\overline{DF}$, $\overline{EF}$
(2) ① $\overline{BE}$, $\overline{CF}$, $\overline{DE}$, $\overline{DF}$ ② $\overline{BC}$
③ $\overline{AB}$, $\overline{AC}$, $\overline{AD}$
3 (1) ① $\overline{AB}$, $\overline{AC}$, $\overline{BE}$, $\overline{CD}$ ② $\overline{DE}$
③ $\overline{AD}$, $\overline{AE}$
(2) ① $\overline{AC}$, $\overline{AD}$, $\overline{AE}$, $\overline{BC}$, $\overline{BE}$ ② $\overline{CD}$, $\overline{DE}$
4 (1) ○ (2) × (3) ○ (4) ×
5 (1) ○ (2) × (3) × (4) ×
6 (1) 꼬인 위치 (2) 꼬인 위치

4 (2) 꼬인 위치에 있는 두 직선은 한 평면 위에 있지 않다.
(3) 공간에서 두 직선은 꼬인 위치에 있을 수 있다.
(4) 두 직선은 평행할 수도 있다.

5 (2) 다음 그림과 같이 $l \perp m$, $l \perp n$이면 두 직선 m, n은 평행하거나 한 점에서 만나거나 꼬인 위치에 있다.

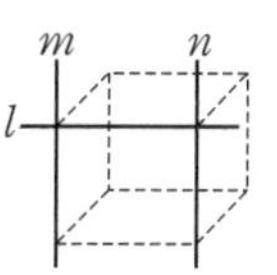

평행하다.

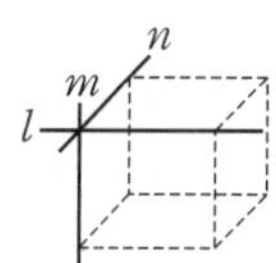

한 점에서 만난다.

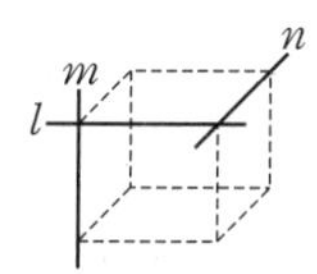

꼬인 위치에 있다.

(3) 다음 그림과 같이 $l // m$, $l \perp n$이면 두 직선 m, n은 한 점에서 만나거나 꼬인 위치에 있다.

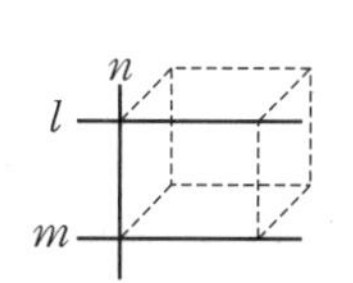

한 점에서 만난다.

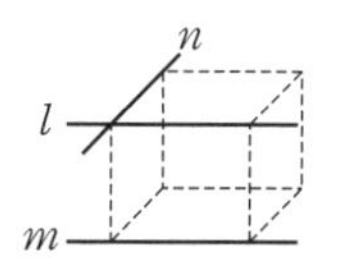

꼬인 위치에 있다.

(4) 다음 그림과 같이 $l \perp m$, $m \perp n$이면 두 직선 l, n은 평행하거나 한 점에서 만나거나 꼬인 위치에 있다.

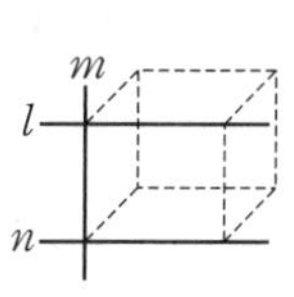

평행하다.

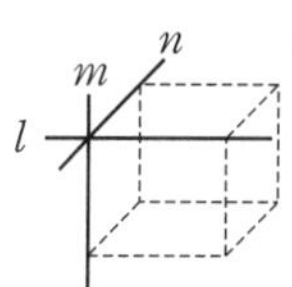

한 점에서 만난다.

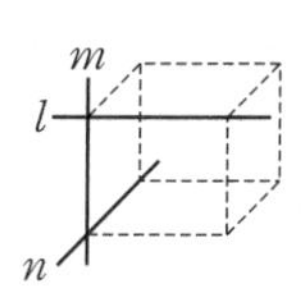

꼬인 위치에 있다.

12 공간에서 직선과 평면의 위치 관계 p. 27

1 (1) $\overline{CG}$, $\overline{DH}$ (2) $\overline{CG}$, $\overline{DH}$, $\overline{GH}$
(3) 면 ABFE (4) 면 EFGH
(5) 면 EFGH
2 (1) 3개 (2) 3개 (3) 2개 (4) 6 cm

2 (1) $\overline{DE}$, $\overline{DF}$, $\overline{EF}$의 3개이다.
(2) $\overline{AB}$, $\overline{AC}$, $\overline{BC}$의 3개이다.
(3) 면 ABC, 면 DEF의 2개이다.
(4) 점 A와 면 BEFC 사이의 거리는 $\overline{AB}$의 길이와 같으므로 6 cm이다.

13 두 평면의 위치 관계 p. 28

1 (1) 면 AEHD, 면 BFGC, 면 EFGH
(2) 면 CGHD
(3) 면 AEHD, 면 BFGC, 면 EFGH
(4) 면 ABFE, 면 BFGC, 면 CGHD, 면 AEHD
(5) $\overline{CG}$

2 (1) 면 DEF
(2) 면 ADEB, 면 BEFC, 면 ADFC
(3) 면 ABC, 면 ADEB, 면 DEF
(4) 면 ABC, 면 DEF, 면 ADFC, 면 BEFC
(5) $\overline{BE}$

09-13 스스로 점검 문제 p. 29

1 ⑤ **2** ⑤ **3** 5 **4** ③
5 ②, ④ **6** ①, ④ **7** ③

2 직선 CD와 만나는 직선은 $\overleftrightarrow{AB}$, $\overleftrightarrow{BC}$, $\overleftrightarrow{DE}$, $\overleftrightarrow{EF}$, $\overleftrightarrow{FG}$, $\overleftrightarrow{AH}$의 6개이므로 $a=6$
직선 CD와 평행한 직선은 $\overleftrightarrow{GH}$의 1개이므로 $b=1$
$\therefore a-b=5$

3 모서리 AB와 수직으로 만나는 모서리는 $\overline{AD}$, $\overline{BE}$의 2개이므로 $x=2$
모서리 AB와 꼬인 위치에 있는 모서리는 $\overline{CF}$, $\overline{DF}$, $\overline{EF}$의 3개이므로 $y=3$
$\therefore x+y=5$

4 오른쪽 그림에서 $l /\!/ m$, $m /\!/ n$이면 $l /\!/ n$이다.

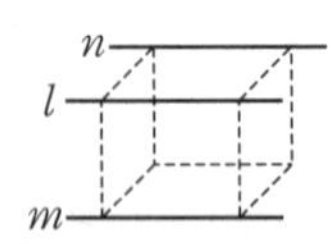

7 면 ABCD와 평행한 면은 면 EFGH의 1개이므로 $a=1$
면 ABCD와 수직인 모서리는 $\overline{AE}$, $\overline{BF}$, $\overline{CG}$, $\overline{DH}$의 4개이므로 $b=4$
$\therefore b-a=3$

14 동위각과 엇각 pp. 30~32

1 (1) $\angle e$, $\angle f$, $\angle g$, $\angle h$ / 동위각
(2) $\angle e$, $\angle f$ / 엇각 (3) 4, 2 (4) 위치

2 (1) $\angle e$ (2) $\angle f$ (3) $\angle d$ (4) $\angle c$
(5) $\angle e$ (6) $\angle f$

3 (1) 120° (2) 95° (3) ① 130° ② 130°
(4) ① 70° ② 110° (5) ① 95° ② 70°

4 (1)

각	기호	각의 크기
$\angle a$의 동위각	$\angle d$	140°
$\angle b$의 엇각	$\angle e$	40°
$\angle c$의 동위각	$\angle f$	140°
$\angle d$의 엇각	$\angle c$	120°

(2)

각	기호	각의 크기
$\angle b$의 동위각	$\angle e$	50°
$\angle c$의 엇각	$\angle d$	130°
$\angle d$의 동위각	$\angle a$	100°
$\angle f$의 동위각	$\angle c$	100°

(3)

각	기호	각의 크기
$\angle a$의 동위각	$\angle d$	60°
$\angle c$의 엇각	$\angle e$	120°
$\angle d$의 엇각	$\angle b$	80°
$\angle f$의 동위각	$\angle b$	80°

5 (1) $\angle j$ (2) $\angle j$ (3) $\angle d$, $\angle i$ (4) $\angle e$ $\angle i$
6 (1) 95, 220 (2) 235° (3) 250°
7 (1) ○ (2) × (3) ○ (4) ×
8 (1) × (2) ○ (3) ×
9 (1) 동위각, 엇각 (2) 위치

3 (1) 오른쪽 그림에서 $\angle x$의 엇각은 $\angle a$이므로
$\angle a=180°-60°=120°$

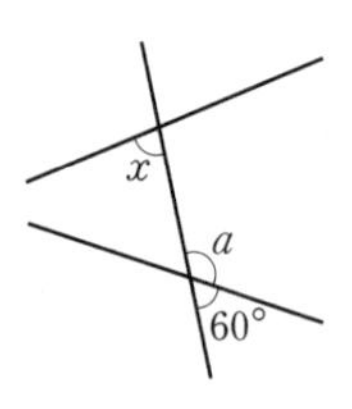

(2) 오른쪽 그림에서 $\angle x$의 동위각은 $\angle a$이므로
$\angle a=180°-85°=95°$

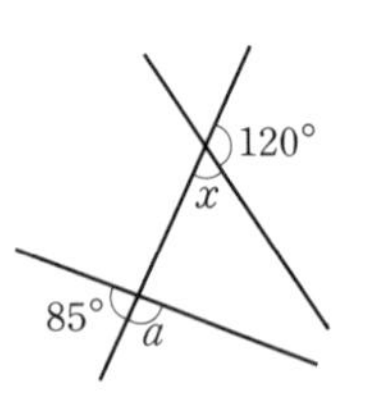

(3) 오른쪽 그림에서
① $\angle a$의 동위각은 $\angle c$이므로
$\angle c=130°$
② $\angle b$의 엇각은 $\angle c$이므로
$\angle c=130°$

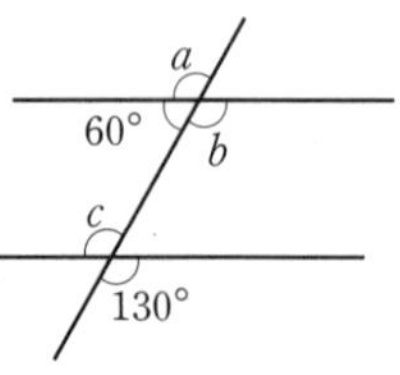

(4) 오른쪽 그림에서

① $\angle a$의 동위각은 $\angle d$이므로

$\angle d=180°-110°=70°$

② $\angle b$의 엇각은 $\angle c$이므로

$\angle c=110°$

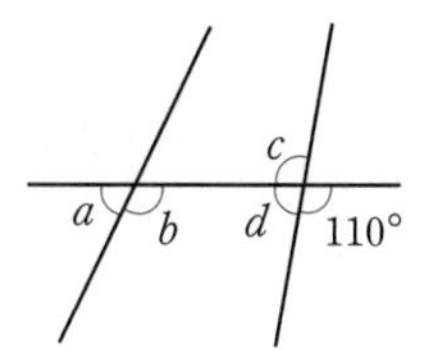

(5) 오른쪽 그림에서

① $\angle a$의 동위각은 $\angle c$이므로

$\angle c=95°$

② $\angle b$의 엇각은 $\angle d$이므로

$\angle d=70°$

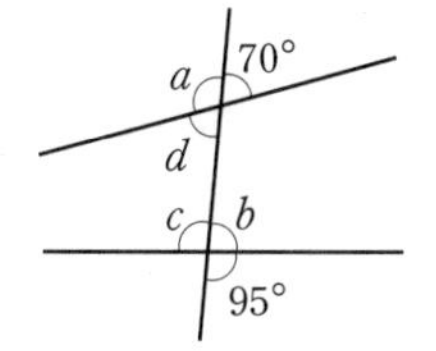

6 (2) 오른쪽 그림에서 $\angle x$의 동위각은 $\angle y$, 135°인 각이므로 그 합은

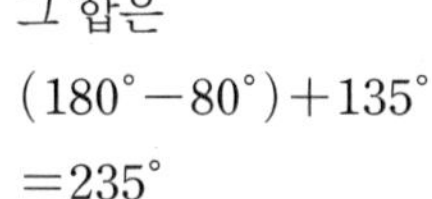

$(180°-80°)+135°$

$=235°$

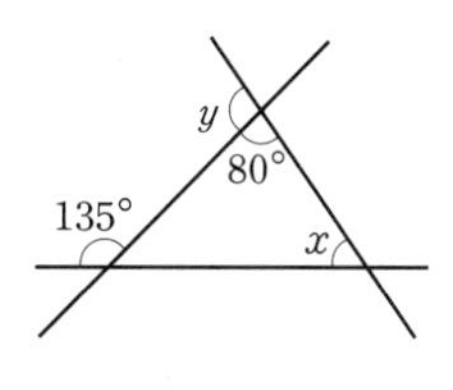

(3) 오른쪽 그림에서 $\angle x$의 엇각은 $\angle y$, $\angle z$이므로 그 합은

$120°+(180°-50°)$

$=250°$

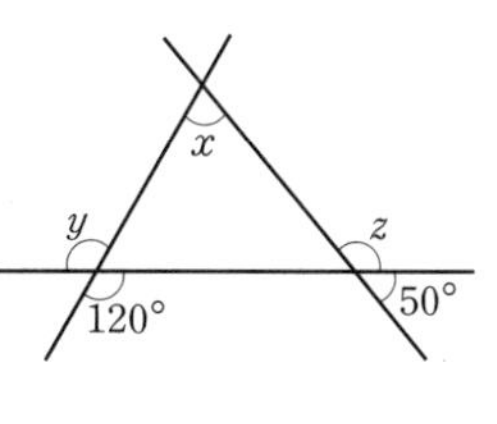

7 (2) $\angle c$의 동위각은 $\angle g$, $\angle k$이다.

(4) $\angle d$의 엇각은 $\angle f$, $\angle j$이다.

15 평행선의 성질 pp. 33~35

1 (1) 같다 / $\angle e$, $\angle f$, $\angle g$, $\angle h$

(2) 같다 / $\angle h$, $\angle e$

2 (1) × (2) ○ (3) ○

3 (1) 40° (2) 75° (3) 85° (4) 66°

4 (1) $\angle x$, 180, 150, 50 (2) 40° (3) 50°

5 (1) $\angle x=130°$, $\angle y=50°$

(2) $\angle x=30°$, $\angle y=150°$

(3) $\angle x=20°$, $\angle y=20°$

6 (1) $\angle x=100°$, $\angle y=70°$

(2) $\angle x=125°$, $\angle y=95°$

(3) $\angle x=60°$, $\angle y=58°$

(4) $\angle x=135°$, $\angle y=70°$

(5) $\angle x=55°$, $\angle y=75°$

7 (1) 25, 30, 55 (2) 89° (3) 36°

(4) 40, 45, 85 (5) 125°

8 (1) 55, 55, 55, 55, 70 (2) 30° (3) 44°

(4) 47°

2 (1) $l /\!/ m$일 때, 동위각의 크기는 같으므로 $\angle a=\angle e$

(3) $l /\!/ m$일 때, 동위각의 크기는 같으므로 $\angle d=\angle h$

$\therefore \angle d+\angle e=\angle h+\angle e=180°$

3 (1) $l /\!/ m$일 때, 동위각의 크기는 같으므로

$\angle x=40°$

(2) $l /\!/ m$일 때, 엇각의 크기는 같으므로

$\angle x=75°$

(3) 오른쪽 그림에서 $l /\!/ m$일 때, 동위각의 크기는같으므로

$\angle a=85°$

$\therefore \angle x=85°$ (맞꼭지각)

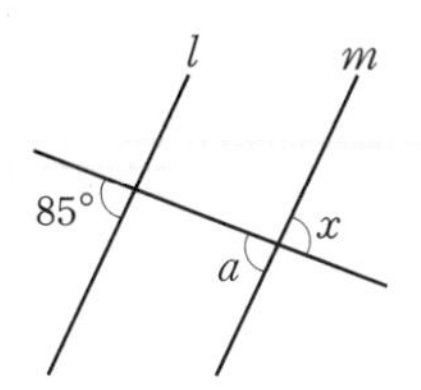

(4) 오른쪽 그림에서 $l /\!/ m$일 때, 동위각의 크기는 같으므로

$\angle a=\angle x$

$\therefore \angle x=180°-114°=66°$

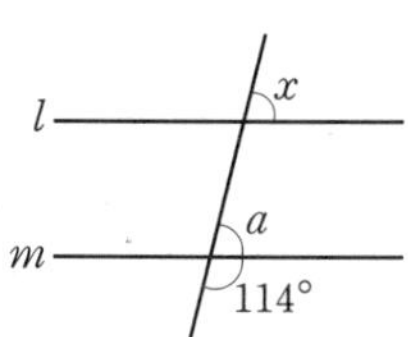

4 (2) 오른쪽 그림에서 $l /\!/ m$이므로

$\angle x+(3\angle x+20°)$

$=180°$

$4\angle x=160°$

$\therefore \angle x=40°$

(3) 오른쪽 그림에서 $l /\!/ m$이므로

$(3\angle x-25°)$

$+(\angle x+5°)=180°$

$4\angle x=200°$

$\therefore \angle x=50°$

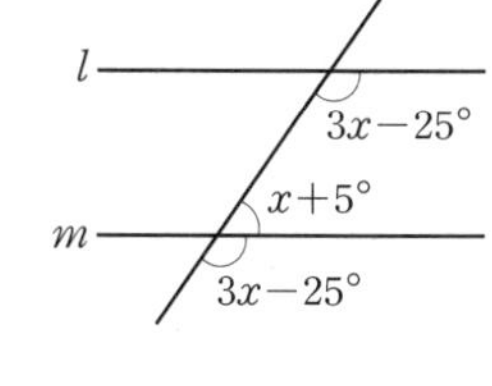

5 (1) $\angle x=180°-50°=130°$, $\angle y=50°$ (엇각)

(2) 오른쪽 그림에서

$\angle x=30°$ (맞꼭지각)

$\angle y=180°-30°=150°$

(3) 오른쪽 그림에서

$130°+(2\angle y+10°)$

$=180°$

$2\angle y=40°$

$\therefore \angle y=20°$

$(\angle x+30°)+130°=180°$

$\therefore \angle x=20°$

6 (1) 오른쪽 그림에서

$\angle x=100^\circ$ (동위각)

$\angle y=180^\circ-110^\circ$

$=70^\circ$

(2) 오른쪽 그림에서

$\angle x=180^\circ-55^\circ=125^\circ$

$\angle y=95^\circ$ (동위각)

(3) $\angle x=60^\circ$ (엇각)

$\angle y=58^\circ$ (엇각)

(4) $\angle x=180^\circ-45^\circ=135^\circ$

$\angle y=70^\circ$ (엇각)

(5) 오른쪽 그림에서

$\angle x+50^\circ=105^\circ$ (동위각)

$\therefore \angle x=55^\circ$

$\angle y=180^\circ-105^\circ=75^\circ$

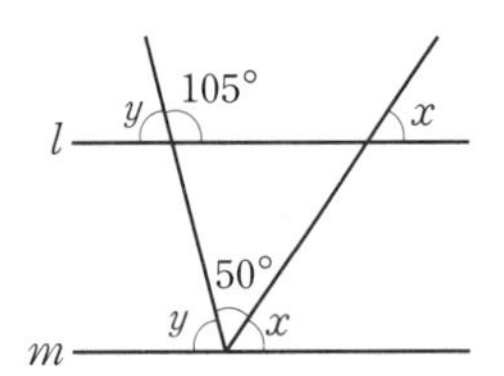

(3) 오른쪽 그림에서

$\angle \mathrm{D'EF}$

$=\angle \mathrm{GEF}$

$=68^\circ$ (접은 각)

$\angle \mathrm{EFG}$

$=\angle \mathrm{D'EF}$

$=68^\circ$ (엇각)

삼각형의 세 내각의 크기의 합은 180°이므로

$68^\circ+68^\circ+\angle x=180^\circ$ $\quad\therefore \angle x=44^\circ$

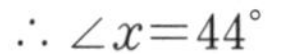

(4) 오른쪽 그림에서

$\angle \mathrm{FEC'}$

$=\angle \mathrm{GEF}$

$=\angle x$ (접은 각)

$\angle \mathrm{GEB}$

$=\angle \mathrm{CGA}$

$=86^\circ$ (동위각)

$86^\circ+\angle x+\angle x=180^\circ$

$2\angle x=94^\circ$ $\quad\therefore \angle x=47^\circ$

7 (2) 오른쪽 그림과 같이 두 직선 l, m과 평행한 직선을 그으면

$\angle x=27^\circ+62^\circ=89^\circ$

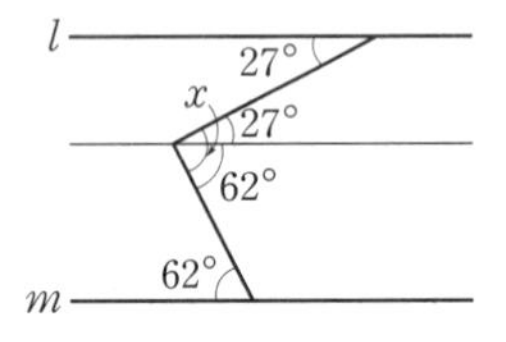

(3) 오른쪽 그림과 같이 두 직선 l, m과 평행한 직선을 그으면

$\angle x+34^\circ=70^\circ$

$\therefore \angle x=36^\circ$

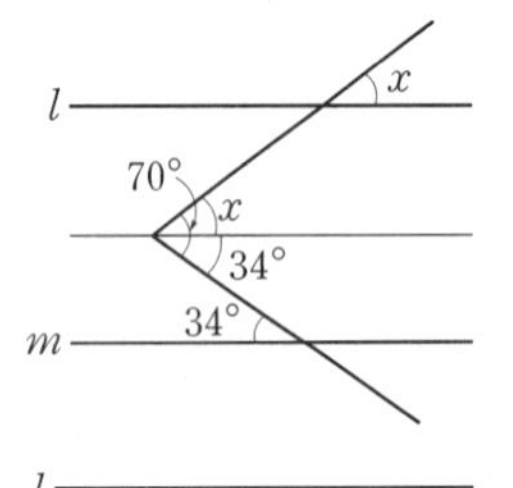

(5) 오른쪽 그림과 같이 두 직선 l, m과 평행한 직선을 그으면

$\angle x=80^\circ+45^\circ=125^\circ$

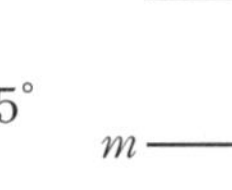

8 (2) 오른쪽 그림에서

$\angle \mathrm{FEC'}$

$=\angle \mathrm{GFE}$

$=\angle x$ (엇각)

$\angle \mathrm{GEF}$

$=\angle \mathrm{FEC'}$

$=\angle x$ (접은 각)

$120^\circ+\angle x+\angle x=180^\circ$

$2\angle x=60^\circ$ $\quad\therefore \angle x=30^\circ$

16 두 직선이 평행할 조건 pp. 36~37

1 (1) // (2) // (3) 65 / ⫽̸ (4) 120 / //
(5) 35 / ⫽̸ (6) 75 / // (7) 50 / //

2 (1) 70° (2) 115° (3) 80 / 80° (4) 60 / 60°
(5) 55 / 55°

3 (1) 110, 110 / $l/\!/n$ (2) 100, 98 / $l/\!/n$
(3) 85 / $l/\!/m$

4 (1) 118 / //, 118, 62 (2) 110 / 80°

2 (1) $\angle x=70^\circ$ (동위각)

(2) $\angle x=115^\circ$ (엇각)

(3) 오른쪽 그림에서

$\angle x=80^\circ$ (엇각)

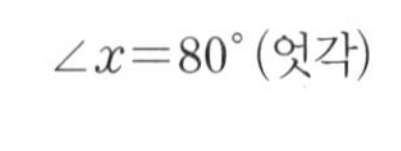

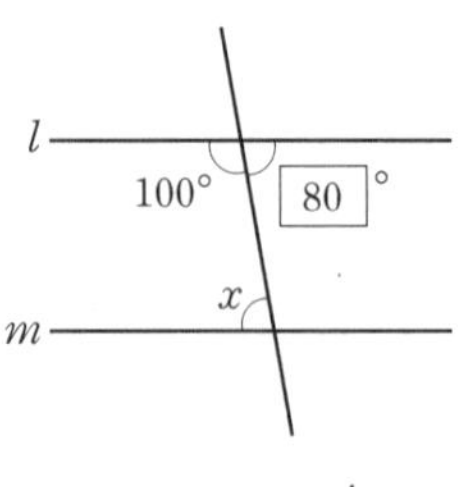

(4) 오른쪽 그림에서

$\angle x=60^\circ$ (동위각)

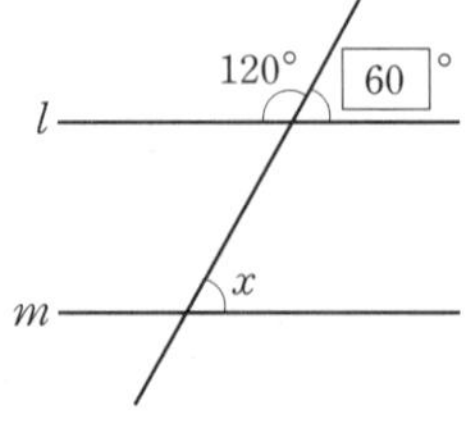

(5) 오른쪽 그림에서
$\angle x=180^\circ-125^\circ$
$=55^\circ$ (동위각)

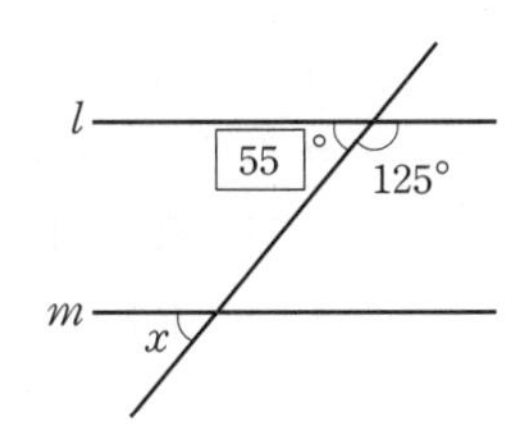

3 (1) 직선 l과 직선 n은 동위각의 크기가 110°로 같으므로 $l /\!/ n$
(2) 직선 l과 직선 n은 동위각의 크기가 98°로 같으므로 $l /\!/ n$
(3) 직선 l과 직선 m은 엇각의 크기가 85°로 같으므로 $l /\!/ m$

4 (2) 오른쪽 그림에서 동위각의 크기가 110°로 같으므로
$l /\!/ m$
$\therefore \angle x=180^\circ-100^\circ$
$=80^\circ$

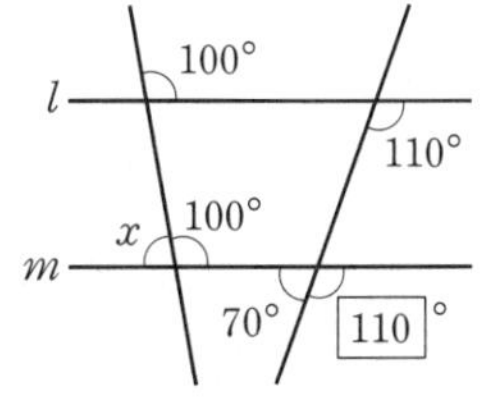
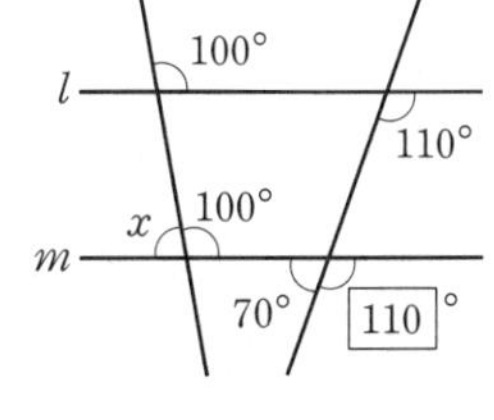

14-16 · 스스로 점검 문제
p. 38

1 ②	2 ③	3 ③	4 ⑤
5 ②, ④	6 ㄱ, ㄴ, ㄹ	7 ④	

1 오른쪽 그림에서 $\angle x$의 동위각은 $\angle a$이고 $\angle a=135^\circ$ (맞꼭지각)
$\angle y$의 엇각은 $\angle b$이고
$\angle b=180^\circ-125^\circ=55^\circ$
$\therefore \angle a+\angle b=135^\circ+55^\circ$
$=190^\circ$

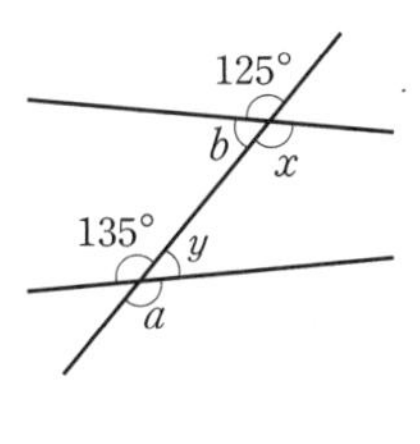

2 오른쪽 그림에서
$\angle a+\angle b+75^\circ=180^\circ$
$\therefore \angle a+\angle b=105^\circ$

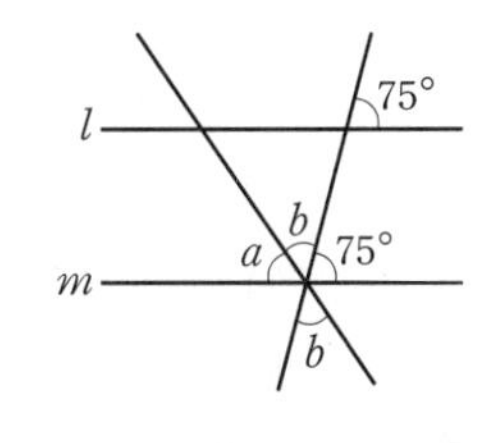

3 오른쪽 그림과 같이 두 직선 l, m과 평행한 직선을 그으면
$\angle x=35^\circ+28^\circ=63^\circ$

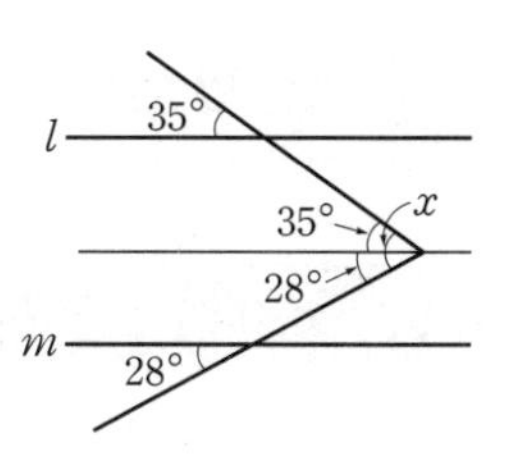

4 오른쪽 그림에서
$\angle AEG=\angle EGF$
$=40^\circ$ (엇각)
$\angle GEF=\angle D'EF$
$=\angle x$ (접은 각)
$40^\circ+\angle x+\angle x=180^\circ$
$2\angle x=140^\circ \quad \therefore \angle x=70^\circ$

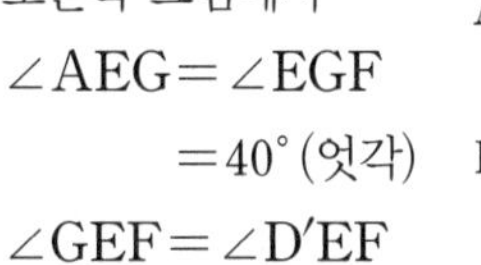
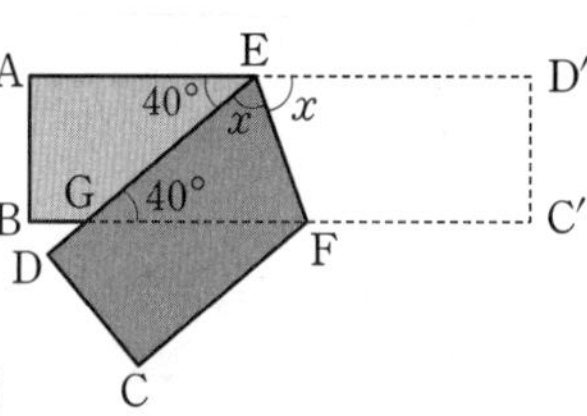

5 ②, ④ 동위각(또는 엇각)의 크기가 서로 같으므로 $l /\!/ m$이다.

6 ㄷ. $\angle c=\angle e$이면 $l /\!/ m$이다.

7 동위각의 크기가 72°로 같으므로 $l /\!/ m$
$\therefore \angle x=180^\circ-110^\circ=70^\circ$

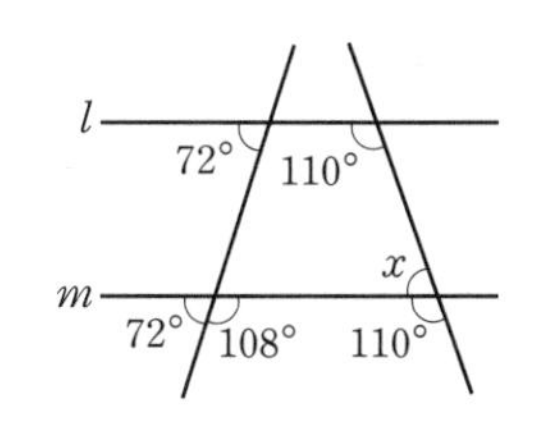

2 작도와 합동

17 길이가 같은 선분의 작도 p. 39

1 (1) 눈금 없는 자 (2) 컴퍼스

2 (1) ㉠, ㉢

(2) ㉠ 컴퍼스 ㉡ 눈금 없는 자 ㉢ 컴퍼스

3 ❶ 컴퍼스 ❷ $\overline{AB}$ ❸ $\overline{AB}$, 2

4 (1) 작도

(2) ① 눈금 없는 자 ② 컴퍼스 ③ 컴퍼스

18 크기가 같은 각의 작도 p. 40

1 (1) ㉠, ㉢, ㉡, ㉤

(2) $\overline{OB}$(또는 $\overline{PD}$), $\overline{PD}$(또는 $\overline{OB}$), $\overline{CD}$

(3) DPC

2

X ③ A ① O B Y ⑤ ④ D ② P C Q

3 (1) ○ (2) × (3) ○ (4) ○

4 (1) 크기가 같은 각 (2) ③, ②, ④, ⑤

(3) XOY, $\overline{OA}$(또는 $\overline{PC}$), $\overline{PC}$(또는 $\overline{OA}$), $\overline{AB}$

19 삼각형 ABC pp. 41~42

1 (1) $\overline{BC}$, 4 cm (2) $\overline{AC}$, 3 cm

(3) $\overline{AB}$, 5 cm (4) $\angle C$, 90°

(5) $\angle A$, 54° (6) $\angle B$, 36°

2 (1) > / 없다 (2) 작아야

3 (1) 8, <, 11 (2) <, 13 (3) <, 18

4 (1) × / 5, =, 없다 (2) ○

(3) × (4) ○ (5) ×

5 10, 14, 10, 4, 6, 6, 14, 7

6 (1) 3개 (2) 5개 (3) 11개 (4) 9개

7 (1) ① 대변 ② 대각, $\overline{AC}$ ③$\angle C$ (2) 작다

4 (2) $5<3+3$

➜ 가장 긴 변의 길이가 다른 두 변의 길이의 합보다 작으므로 삼각형을 만들 수 있다.

(3) $12>4+7$

➜ 가장 긴 변의 길이가 다른 두 변의 길이의 합보다 크므로 삼각형을 만들 수 없다.

(4) $8<5+4$

➜ 가장 긴 변의 길이가 다른 두 변의 길이의 합보다 작으므로 삼각형을 만들 수 있다.

(5) $14=6+8$

➜ 가장 긴 변의 길이가 다른 두 변의 길이의 합과 같으므로 삼각형을 만들 수 없다.

6 (1) (i) 가장 긴 변의 길이가 x일 때,

$x<5+2$

$\therefore x<7$

(ii) 가장 긴 변의 길이가 5일 때,

$5<x+2$

$\therefore x>3$

(i), (ii)에서 $3<x<7$

따라서 자연수 x는 4, 5, 6의 3개이다.

(2) (i) 가장 긴 변의 길이가 x일 때,

$x<3+7$

$\therefore x<10$

(ii) 가장 긴 변의 길이가 7일 때,

$7<3+x$

$\therefore x>4$

(i), (ii)에서 $4<x<10$

따라서 자연수 x는 5, 6, 7, 8, 9의 5개이다.

(3) (i) 가장 긴 변의 길이가 x일 때,

$x<6+13$

$\therefore x<19$

(ii) 가장 긴 변의 길이가 13일 때,

$13<6+x$

$\therefore x>7$

(i), (ii)에서 $7<x<19$

따라서 자연수 x는 8, 9, 10, ⋯, 18의 11개이다.

(4) (i) 가장 긴 변의 길이가 x일 때,

$x<5+8$

$\therefore x<13$

(ii) 가장 긴 변의 길이가 8일 때,

$8<5+x$

$\therefore x>3$

(i), (ii)에서 $3<x<13$

따라서 자연수 x는 4, 5, 6, ⋯, 12의 9개이다.

20 삼각형의 작도 pp. 43~44

1 ❶ C ❷ c ❸ b ❹ A, $\overline{AC}$

2 (1) $\angle B$, $\overline{BC}$, $\angle B$, $\overline{AB}$, $\overline{AC}$
(2) $\angle B$, $\overline{BC}$, $\angle B$, $\overline{AB}$, $\overline{AC}$

3 (1) $\overline{BC}$, $\angle C$, $\overline{BC}$, $\angle B$ (2) $\overline{BC}$, $\angle C$, $\overline{BC}$, $\angle B$

4 (1) ○ (2) × (3) ×

5 (1) ○ / 세 변 (2) × / 두 변, 끼인각
(3) ○ / 양 끝 각 (4) × / 세 각

6 (1) 세 변 (2) 끼인각 (3) 양 끝 각

4 (1) $\angle A$는 두 변의 끼인각이다.
(2) $\angle B$는 두 변의 끼인각이 아니다.
(3) $\angle C$는 두 변의 끼인각이 아니다.

21 삼각형이 하나로 정해지는 조건 pp. 45~46

1 (1) ○ / 세 변 (2) × / 세 각
(3) ○ / 한 변, 양 끝 각 (4) ○ / 두 변, 끼인각
(5) × / 두 변, 한 각
(6) ○ / 한 변, 55, 85, 한 변, 양 끝 각

2 (1)

추가로 필요한 조건	삼각형이 하나로 정해질 조건
ㄷ	세 변의 길이가 주어진 경우
ㅁ	두 변의 길이와 그 끼인각의 크기가 주어진 경우

(2)

추가로 필요한 조건	삼각형이 하나로 정해질 조건
ㄴ	두 변의 길이와 그 끼인각의 크기가 주어진 경우
ㄹ	한 변의 길이와 그 양 끝 각의 크기가 주어진 경우
ㅁ	한 변의 길이와 그 양 끝 각의 크기가 주어진 경우

3 (1) ○ (2) ○ (3) × (4) ○
(5) × (6) ○

4 (1) × (2) ㄷ (3) × (4) ㄴ
(5) ㄱ (6) ×

5 (1) 세 변 (2) 끼인각 (3) 양 끝 각

2 (2) ㅁ. $\angle B$, $\angle C$의 크기를 알면 $\angle A$의 크기를 구할 수 있으므로 한 변의 길이와 그 양 끝 각의 크기가 주어진 경우와 같다.

3 (1) 세 변의 길이가 주어진 경우이다.
(2) 한 변의 길이와 그 양 끝 각의 크기가 주어진 경우이다.
(4) 두 변의 길이와 그 끼인각의 크기가 주어진 경우이다.
(6) 두 각의 크기를 알면 나머지 한 각의 크기를 알 수 있으므로 한 변의 길이와 그 양 끝 각의 크기가 주어진 경우이다.

4 (1) 오른쪽 그림과 같이 세 각의 크기가 주어진 삼각형은 하나로 정해지지 않는다.

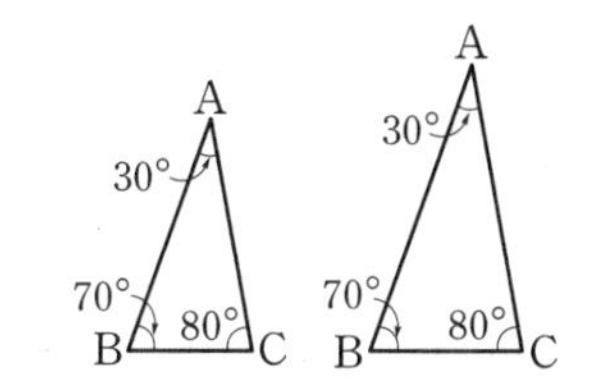

(2) 한 변의 길이와 그 양 끝 각의 크기가 주어졌으므로 삼각형이 하나로 정해진다.
(3) $\angle B$는 $\overline{AB}$와 $\overline{AC}$의 끼인각이 아니므로 오른쪽 그림과 같이 삼각형이 2개 만들어진다.

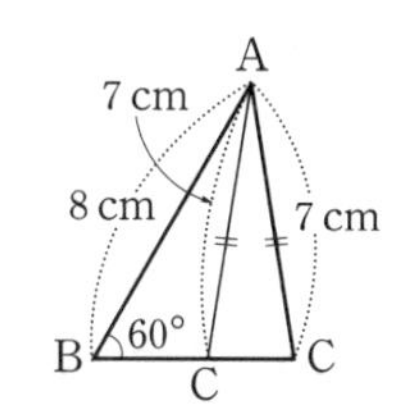

(4) $\angle A$는 $\overline{AB}$와 $\overline{CA}$의 끼인각이므로 삼각형이 하나로 정해진다.
(5) $6<4+5$
➔ 세 변의 길이가 주어졌고 가장 긴 변의 길이가 다른 두 변의 길이의 합보다 작으므로 삼각형이 하나로 정해진다.
(6) $8>3+4$
➔ 세 변의 길이가 주어졌지만 가장 긴 변의 길이가 다른 두 변의 길이의 합보다 크므로 삼각형이 만들어지지 않는다.

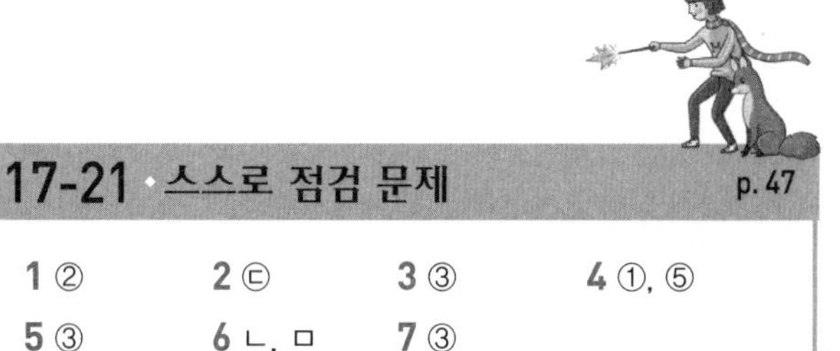

17-21 스스로 점검 문제 p. 47

1 ② **2** ㉢ **3** ③ **4** ①, ⑤
5 ③ **6** ㄴ, ㅁ **7** ③

2 작도 순서는 ㉥ → ㉠ → ㉢ → ㉡ → ㉤ → ㉣이므로 세 번째 과정에 해당하는 것은 ㉢이다.

3 ① $4<2+3$ ② $5<3+4$
④ $7<2+6$ ⑤ $10<7+8$
따라서 ①, ②, ④, ⑤는 가장 긴 변의 길이가 다른 두 변의 길이의 합보다 작으므로 삼각형이 만들어진다.
③ $9=4+5$ ➔ 가장 긴 변의 길이가 다른 두 변의 길이의 합과 같으므로 삼각형이 만들어지지 않는다.

4 (i) 가장 긴 변의 길이가 x cm일 때,

$x<3+6$ $\quad\therefore x<9$

(ii) 가장 긴 변의 길이가 6 cm일 때,

$6<x+3$ $\quad\therefore x>3$

(i), (ii)에서 $3<x<9$

따라서 x의 값이 될 수 없는 것은 ①, ⑤이다.

5 작도 순서는

$\overline{AB}\rightarrow\angle B\rightarrow\overline{BC}\rightarrow\overline{AC}$

또는 $\overline{BC}\rightarrow\angle B\rightarrow\overline{AB}\rightarrow\overline{AC}$

또는 $\angle B\rightarrow\overline{AB}\rightarrow\overline{BC}\rightarrow\overline{AC}$

또는 $\angle B\rightarrow\overline{BC}\rightarrow\overline{AB}\rightarrow\overline{AC}$

따라서 마지막 과정에 해당하는 것은 ③ $\overline{AC}$이다.

6 ㄱ. 두 변의 길이와 그 끼인각의 크기가 주어진 경우

ㄷ. 세 변의 길이가 주어진 경우

ㄹ. 한 변의 길이와 그 양 끝 각의 크기가 주어진 경우

7 ① 한 변의 길이와 그 양 끝 각의 크기가 주어진 경우이다.

② 세 변의 길이가 주어진 경우이다.

$9<5+6$이므로 삼각형이 하나로 정해진다.

③ $\angle C$는 $\overline{AB}$와 $\overline{AC}$의 끼인각이 아니므로 삼각형이 하나로 정해지지 않는다.

④ 두 변의 길이와 그 끼인각의 크기가 주어진 경우이다.

⑤ $\angle B$의 크기를 구할 수 있으므로 한 변의 길이와 그 양 끝 각의 크기가 주어진 경우이다.

22 도형의 합동, 합동인 도형의 성질 pp. 48~49

1	(1) ① $\angle D$, $\angle E$, $\angle F$		② $\overline{DE}$, $\overline{EF}$, $\overline{FD}$	
	(2) $\equiv$		(3) 같고, 같다	
2	(1) $\triangle ABC\equiv\triangle DEF$		(2) 6 cm	
	(3) 60°		(4) 50°	
3	(1) 8 cm	(2) 75°	(3) 60°	
4	(1) 3 cm	(2) 4 cm	(3) 140°	(4) 75°
	(5) 65°			
5	(1) ○	(2) ○	(3) ×	(4) ○
	(5) ×	(6) ×	(7) ○	(8) ×
6	(1) 합동		(2) $\equiv$	

2 (2) $\overline{DE}=\overline{AB}=6$ cm

(3) $\angle A$의 대응각은 $\angle D$이므로

$\angle D=60^\circ$

(4) $\angle F$의 대응각은 $\angle C$이므로

$\angle C=50^\circ$

3 (1) $\overline{DE}=\overline{AB}=8$ cm

(2) $\angle D=\angle A=75^\circ$

(3) $\angle C=\angle F=60^\circ$

4 (1) $\overline{AB}=\overline{EF}=3$ cm

(2) $\overline{FG}=\overline{BC}=4$ cm

(3) $\angle B=\angle F=140^\circ$

(4) $\angle D=\angle H=75^\circ$

(5) $\angle G=\angle C=80^\circ$이므로

$\angle E=360^\circ-(75^\circ+80^\circ+140^\circ)$

$=65^\circ$

5 (3) 다음 그림과 같이 두 삼각형의 세 각의 크기가 각각 같더라도 크기가 다를 수 있으므로 합동이라고 할 수 없다.

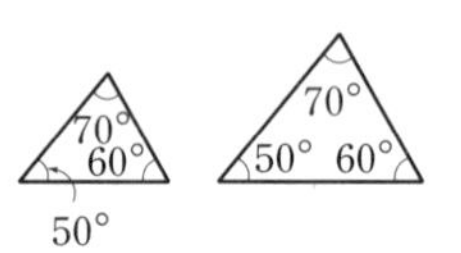

(5) 다음 그림과 같이 두 정삼각형의 한 변의 길이가 다르면 합동이라고 할 수 없다.

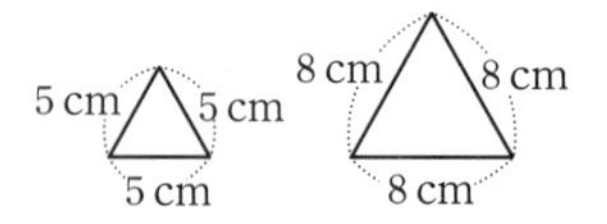

(6) 다음 그림과 같이 두 삼각형의 둘레의 길이가 같더라도 모양이 다를 수 있으므로 합동이라고 할 수 없다.

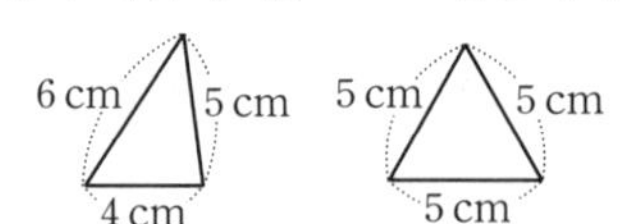

(7) 둘레의 길이가 같은 두 정오각형은 한 변의 길이도 같으므로 합동이다.

(8) 다음 그림과 같이 두 직사각형의 넓이가 같더라도 모양이 다를 수 있으므로 합동이라고 할 수 없다.

4 cm, 3 cm, 12 cm², 6 cm, 2 cm, 12 cm²

23 삼각형의 합동 조건 pp. 50~51

1 (1) $\triangle$DEF, SSS (2) $\triangle$ONM, SAS
(3) $\triangle$GHI, ASA

2 (1) SSS 합동 (2) ×
(3) ASA 합동 (4) SAS 합동
(5) ×

3 (1) $\overline{OC}$, $\angle$DOC, SAS (2) $\triangle$CBD, SSS
(3) $\triangle$ACM, SAS (4) $\triangle$EDC, ASA

4 (1)

추가할 조건	합동 조건
$\overline{AC}=\overline{DF}$	SSS 합동
$\angle B=\angle E$	SAS 합동

(2)

추가할 조건	합동 조건
$\overline{AC}=\overline{DF}$	SAS 합동
$\angle B=\angle E$	ASA 합동
$\angle C=\angle F$	ASA 합동

5 (1) 세 변 (2) 끼인각, SAS
(3) 양 끝 각, ASA

2 (1) 대응하는 세 변의 길이가 각각 같으므로
$\triangle ABC\equiv\triangle DEF$ (SSS 합동)
(2) 대응하는 두 변의 길이는 각각 같지만 그 끼인각이 아닌 다른 한 각의 크기가 같으므로 $\triangle$ABC와 $\triangle$DEF는 합동이라고 할 수 없다.
(3) 대응하는 한 변의 길이가 같고, 그 양 끝 각의 크기가 각각 같으므로
$\triangle ABC\equiv\triangle DEF$
(4) 대응하는 두 변의 길이가 각각 같고, 그 끼인각의 크기가 같으므로
$\triangle ABC\equiv\triangle DEF$
(5) 세 각의 크기가 각각 같으면 모양은 같지만 크기가 다를 수 있으므로 $\triangle$ABC와 $\triangle$DEF는 합동이라고 할 수 없다.

3 (2) $\triangle$ABD와 $\triangle$CBD에서
$\overline{AB}=\overline{CB}$, $\overline{AD}=\overline{CD}$, $\overline{BD}$는 공통
$\therefore$ $\triangle ABD\equiv\triangle CBD$ (SSS 합동)
(3) $\triangle$ABM과 $\triangle$ACM에서
$\overline{AB}=\overline{AC}$, $\angle BAM=\angle CAM$, $\overline{AM}$은 공통
$\therefore$ $\triangle ABM\equiv\triangle ACM$ (SAS 합동)
(4) $\triangle$ABC와 $\triangle$EDC에서
$\overline{AB}=\overline{ED}$, $\angle ABC=\angle EDC$ (엇각),
$\angle BAC=\angle DEC$ (엇각)
$\therefore$ $\triangle ABC\equiv\triangle EDC$ (ASA 합동)

22-23 스스로 점검 문제 p. 52

1 ③, ④ **2** 24 **3** ④ **4** ②
5 SSS 합동 **6** ②

1 ③ 두 도형 P, Q가 합동인 것을 기호 P≡Q로 나타낸다.
④ 다음 그림의 두 삼각형은 넓이가 12 cm^2로 같지만 합동이 아니다.

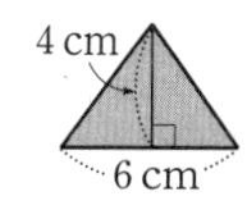

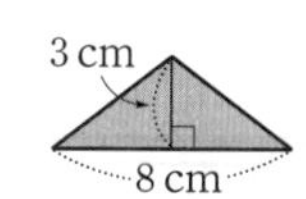

2 $\angle B=\angle E=180°-(55°+90°)=35°$
$\therefore x=35$
$\overline{EF}=\overline{BC}=11$ cm
$\therefore y=11$
$\therefore x-y=24$

3 ① $\angle$A의 대응각은 $\angle$E이다.
② $\overline{CD}$의 대응변은 $\overline{GH}$이다.
③ $\overline{FG}$의 대응변은 $\overline{BC}$이므로
$\overline{FG}=\overline{BC}=7$ cm
④ $\angle$C의 대응각은 $\angle$G이므로
$\angle C=\angle G=70°$
⑤ $\angle E=\angle A=360°-(130°+70°+90°)=70°$

4 ② 나머지 한 각의 크기는
$180°-(50°+60°)=70°$
이므로 보기의 삼각형과 ASA 합동이다.

5 $\triangle$ABD와 $\triangle$CDB에서
$\overline{AB}=\overline{CD}=9$ cm, $\overline{AD}=\overline{CB}=14$ cm, $\overline{BD}$는 공통
$\therefore$ $\triangle ABD\equiv\triangle CDB$ (SSS 합동)

6 SAS 합동이 되기 위해서는 두 변의 길이가 각각 같고, 그 끼인각의 크기가 같아야 하므로
조건 ② $\overline{AC}=\overline{DF}$가 필요하다.

Ⅱ. 평면도형과 입체도형

1 다각형

01 다각형 pp. 54~55

1 선분, 평면도형
(1) × (2) ○ (3) ○ (4) ×
(5) × (6) × (7) ○ (8) ×

2 (1) 삼각형 / 3개, 3개
(2) 사각형 / 4개, 4개
(3) 오각형 / 5개, 5개, 5개
(4) 육각형 / 6개, 6개, 6개

3 (1) 120° (2) 95° (3) 80° (4) 85°
(5) 180°

4 (1) 85, 95 (2) 180, 70, 110

5 (1) 135°, 45° (2) 118°, 62°
(3) 90°, 90° (4) 103°, 77°

6 (1) 3, 선분 (2) 180, 외각, 180

02 정다각형 p. 56

1 (1) ×/같고, 같지 않다 (2) ×/같지 않고, 같다

2 (1) ○ (2) × (3) ○ (4) ×

3 정칠각형

4 (가) 10 (나) 변 (다) 내각

5 (1) 변, 내각 (2) 이 아니다
(3) 이 아니다

2 (2), (4) 정다각형은 모든 변의 길이가 같고 모든 내각의 크기가 같은 다각형이다.

03 다각형의 대각선 pp. 57~58

1 (1) 0 (2) 1
(3) 2 (4) 3
(5) 4 (6) 3

2 (1) 3, 5 (2) 6개 (3) 9개

3 (1) 육각형 / 3, 6 (2) 십각형
(3) 십사각형

4 ㉠ 7 ㉡ 3, 4 ㉢ 7, 7 ㉣ 2 / 7, 7, 2, 14

5 (1) 5, 2, 5 (2) 9개 (3) 20개 (4) 35개
(5) 54개

6 (1) 27개 (2) 44개 (3) 65개

7 (1) 오각형/3, 3, 5, 5 (2) 구각형 (3) 십이각형

8 (1) 3 (2) n, 3, 2

2 (2) $9-3=6$(개) (3) $12-3=9$(개)

3 (2) 구하는 다각형을 n각형이라 하면
$n-3=7$이므로 $n=10$
따라서 십각형이다.
(3) 구하는 다각형을 n각형이라 하면
$n-3=11$이므로 $n=14$
따라서 십사각형이다.

5 (2) $\frac{6\times(6-3)}{2}=9$(개)
(3) $\frac{8\times(8-3)}{2}=20$(개)
(4) $\frac{10\times(10-3)}{2}=35$(개)
(5) $\frac{12\times(12-3)}{2}=54$(개)

6 (1) 구하는 다각형을 n각형이라 하면
$n-3=6$이므로 $n=9$
따라서 구각형이므로 대각선의 총 개수는
$\frac{9\times(9-3)}{2}=27$(개)

(2) 구하는 다각형을 n각형이라 하면

$n-3=8$이므로 $n=11$

따라서 십일각형이므로 대각선의 총 개수는

$\frac{11\times(11-3)}{2}=44$(개)

(3) 구하는 다각형을 n각형이라 하면

$n-3=10$이므로 $n=13$

따라서 십삼각형이므로 대각선의 총 개수는

$\frac{13\times(13-3)}{2}=65$(개)

7 (2) 구하는 다각형을 n각형이라 하면

$\frac{n\times(n-3)}{2}=27$

$n\times(n-3)=54=9\times6$

따라서 $n=9$이므로 구각형이다.

(3) 구하는 다각형을 n각형이라 하면

$\frac{n\times(n-3)}{2}=54$

$n\times(n-3)=108=12\times9$

따라서 $n=12$이므로 십이각형이다.

01-03 스스로 점검 문제 p. 59

1 ②, ⑤	2 ④	3 ③	4 ④
5 ④	6 정팔각형		

2 ($\angle$A의 내각의 크기)$=180^\circ-60^\circ=120^\circ$

($\angle$C의 외각의 크기)$=180^\circ-75^\circ=105^\circ$

따라서 구하는 각의 크기의 합은

$120^\circ+105^\circ=225^\circ$

3 ③ 변의 길이가 모두 같고 내각의 크기가 모두 같은 다각형이 정다각형이다.

4 구하는 다각형을 n각형이라 하면

$n-3=12$이므로 $n=15$

따라서 십오각형이므로 대각선의 총 개수는

$\frac{15\times(15-3)}{2}=90$(개)

5 구하는 다각형을 n각형이라 하면

$\frac{n\times(n-3)}{2}=44$

$n\times(n-3)=88=11\times8$

따라서 $n=11$이므로 십일각형이고, 십일각형의 변의 개수는 11개이다.

6 조건 (가), (나)에서 정다각형이다.

구하는 정다각형을 정n각형이라 하면 조건 (다)에서

$\frac{n\times(n-3)}{2}=20$

$n\times(n-3)=40=8\times5$

따라서 $n=8$이므로 정팔각형이다.

04 삼각형의 세 내각의 크기의 합 pp. 60~61

1	(1) ❶ B ❷ C	(2) 180, 180	
	(3) 180	(4) 55, 180, 50	
2	(1) 180, 180, 60	(2) 115°	(3) 55°
3	(1) 180, $3\angle x$, 180, 30	(2) 26°	(3) 50°
4	(1) ① 75 / 40°	(2) ① 90 ② 90 / 35°	
	(3) ① 45 / 45°	(4) ① 70 ② 35 / 105°	
5	(1) $3\angle x$, $4\angle x$, $3\angle x$, $4\angle x$, 20, 40, 60, 80		
	(2) 30°, 60°, 90°	(3) 36°, 60°, 84°	
6	(1) 180°	(2) $4\angle x$, $5\angle x$	

2 (2) $38^\circ+27^\circ+\angle x=180^\circ$

$\therefore \angle x=115^\circ$

(3) $35^\circ+90^\circ+\angle x=180^\circ$

$\therefore \angle x=55^\circ$

3 (2) $3\angle x+2\angle x+50^\circ=180^\circ$

$5\angle x=130^\circ$ $\therefore \angle x=26^\circ$

(3) $70^\circ+(\angle x+10^\circ)+\angle x=180^\circ$

$2\angle x=100^\circ$ $\therefore \angle x=50^\circ$

4 (1) ① $\angle ACB=\angle DCE=75^\circ$ (맞꼭지각)

따라서 삼각형 ABC에서

$\angle x=180^\circ-(65^\circ+75^\circ)=40^\circ$

(2) ① 삼각형 ABC에서

$\angle ACB=180^\circ-(40^\circ+50^\circ)=90^\circ$

② $\angle DCE=\angle ACB=90^\circ$ (맞꼭지각)

따라서 삼각형 CED에서

$\angle x=180^\circ-(90^\circ+55^\circ)=35^\circ$

다른 풀이 $\angle A+\angle B=\angle D+\angle E$이므로

$40^\circ+50^\circ=\angle x+55^\circ$ $\therefore \angle x=35^\circ$

(3) ① 삼각형 DBC에서

$\angle C=180^\circ-(85^\circ+50^\circ)=45^\circ$

따라서 삼각형 ABC에서

$\angle x=180^\circ-(90^\circ+45^\circ)=45^\circ$

(4) ① 삼각형 ABC에서

$\angle BAC=180^\circ-(70^\circ+40^\circ)=70^\circ$

② $\angle BAD=\angle CAD$이므로

$\angle CAD=\frac{1}{2}\angle BAC=\frac{1}{2}\times 70^\circ=35^\circ$

따라서 삼각형 ADC에서

$\angle x=180^\circ-(35^\circ+40^\circ)=105^\circ$

5 (2) 세 내각의 크기를 각각 $\angle x$, $2\angle x$, $3\angle x$로 놓으면

$\angle x+2\angle x+3\angle x=180^\circ$

$6\angle x=180^\circ$ $\quad\therefore \angle x=30^\circ$

따라서 세 내각의 크기는 30°, 60°, 90°

(3) 세 내각의 크기를 각각 $3\angle x$, $5\angle x$, $7\angle x$로 놓으면 $3\angle x+5\angle x+7\angle x=180^\circ$

$15\angle x=180^\circ$ $\quad\therefore \angle x=12^\circ$

따라서 세 내각의 크기는 36°, 60°, 84°

05 삼각형의 외각과 내각의 크기의 관계 pp. 62~63

1 (1) $\angle C$ (2) 두 내각 / 60, 100

2 (1) 125° (2) 110°

3 (1) 135, 73 (2) 45° (3) 41° (4) 20°

4 (1) ① 60 / 40° (2) ① 30 / 37° (3) ① 80 ② 60 / 140° (4) ① 45 / 120° (5) ① 75 / 75°

5 (1) $\angle x=55^\circ$, $\angle y=40^\circ$
(2) $\angle x=58^\circ$, $\angle y=55^\circ$
(3) $\angle x=130^\circ$, $\angle y=60^\circ$
(4) $\angle x=105^\circ$, $\angle y=45^\circ$

6 (1) 두 내각 / $a+b$ (2) 이웃하지 않는, 합

2 (1) $\angle x=70^\circ+55^\circ=125^\circ$

(2) $\angle x=50^\circ+60^\circ=110^\circ$

3 (2) $55^\circ+\angle x=100^\circ$ $\quad\therefore \angle x=45^\circ$

(3) $\angle x+\angle x=82^\circ$

$2\angle x=82^\circ$ $\quad\therefore \angle x=41^\circ$

(4) $(3\angle x+5^\circ)+45^\circ=110^\circ$

$3\angle x=60^\circ$ $\quad\therefore \angle x=20^\circ$

4 (1) ① $180^\circ-120^\circ=60^\circ$

따라서 $60^\circ+\angle x=100^\circ$이므로

$\angle x=40^\circ$

(2) ① $180^\circ-150^\circ=30^\circ$

따라서 $\angle x+30^\circ=67^\circ$이므로

$\angle x=37^\circ$

(3) ① $180^\circ-100^\circ=80^\circ$

② $180^\circ-120^\circ=60^\circ$

$\therefore \angle x=80^\circ+60^\circ=140^\circ$

(4) ① 맞꼭지각의 크기는 같으므로 45°

$\therefore \angle x=75^\circ+45^\circ=120^\circ$

(5) ① $180^\circ-105^\circ=75^\circ$

따라서 $75^\circ+\angle x=2\angle x$이므로

$\angle x=75^\circ$

5 (1) $\angle x+45^\circ=100^\circ$ $\quad\therefore \angle x=55^\circ$

$\angle y+60^\circ=100^\circ$ $\quad\therefore \angle y=40^\circ$

(2) $30^\circ+\angle x=88^\circ$ $\quad\therefore \angle x=58^\circ$

$33^\circ+\angle y=88^\circ$ $\quad\therefore \angle y=55^\circ$

(3) $\angle x=80^\circ+50^\circ=130^\circ$

$\angle y+70^\circ=130^\circ$ $\quad\therefore \angle y=60^\circ$

(4) $\angle x=55^\circ+50^\circ=105^\circ$

$\angle y+60^\circ=105^\circ$ $\quad\therefore \angle y=45^\circ$

06 삼각형의 내각과 외각의 활용 pp. 64~66

1 (1) 60, 45, 45, 135
(2) $\angle x=60^\circ$, $\angle y=105^\circ$

2 (1) 180, 80, 2, 40, 40, 95
(2) $\angle x=20^\circ$, $\angle y=50^\circ$
(3) $\angle x=30^\circ$, $\angle y=50^\circ$

3 (1) 25, 30, 70, 25, 30, 125
(2) 137° (3) 26° (4) 38°

4 (1) 180, 100, 2, 100, 130
(2) 126° (3) 60° (4) 30°

5 (1) ① 40 ② 40, 80 ③ 80 ④ 80, 120
(2) 34° (3) 31° (4) 28° (5) 76°

6 (1) 180, 100, 35, 85 (2) 57, 97
(3) c, e, 180 (4) 45

1 (2) 삼각형 ADC에서

$\angle x=180^\circ-(40^\circ+80^\circ)=60^\circ$

삼각형 ABC에서

$\angle y=45^\circ+60^\circ=105^\circ$

2 (2) 삼각형 ABC에서 $110^\circ+\angle B+30^\circ=180^\circ$이므로

$\angle B=40^\circ$

$\therefore \angle x=\frac{1}{2}\angle B=20^\circ$

삼각형 DBC에서 $\angle y=20^\circ+30^\circ=50^\circ$

(3) 삼각형 ABD에서

$\angle x+70^\circ=100^\circ \quad \therefore \angle x=30^\circ$

삼각형 DBC에서

$\angle y=180^\circ-(100^\circ+30^\circ)=50^\circ$

3 (2) 오른쪽 그림과 같이 보조선 AD를 그으면

$\angle x=80^\circ+30^\circ+27^\circ$

$=137^\circ$

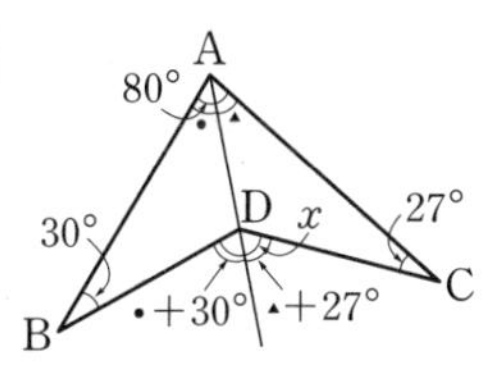

(3) 오른쪽 그림과 같이 보조선 AD를 그으면

$75^\circ+\angle x+25^\circ=126^\circ$

$\therefore \angle x=26^\circ$

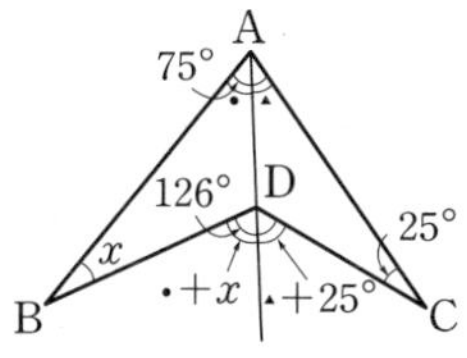

(4) 오른쪽 그림과 같이 보조선 AD를 그으면

$\angle x+40^\circ+40^\circ=118^\circ$

$\therefore \angle x=38^\circ$

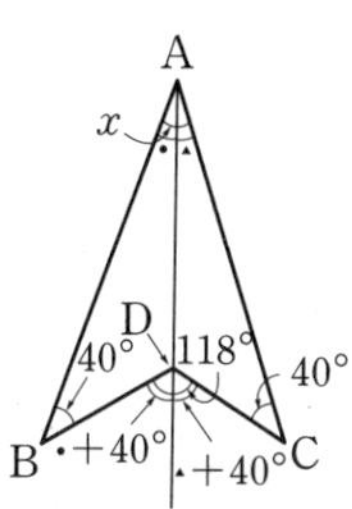

4 (2) 삼각형 ABC에서

$\angle B+\angle C+72^\circ=180^\circ$

$\therefore \angle B+\angle C=108^\circ$

삼각형 IBC에서

$\angle x+\frac{1}{2}\times(\angle B+\angle C)=180$

$\therefore \angle x=180-\frac{1}{2}\times 108=126$

(3) 삼각형 IBC에서

$120^\circ+\angle IBC+\angle ICB=180^\circ$

$\therefore \angle IBC+\angle ICB=60^\circ$

삼각형 ABC에서

$\angle B+\angle C+\angle x=180^\circ$

$2\times(\angle IBC+\angle ICB)+\angle x=180^\circ$

$\therefore \angle x=180^\circ-2\times 60^\circ=60^\circ$

(4) 삼각형 IAB에서

$105^\circ+\angle IAB+\angle IBA=180^\circ$

$\therefore \angle IAB+\angle IBA=75^\circ$

삼각형 ABC에서

$\angle A+\angle B+\angle x=180^\circ$

$2\times(\angle IAB+\angle IBA)+\angle x=180^\circ$

$\therefore \angle x=180^\circ-2\times 75^\circ=30^\circ$

5 (2) 오른쪽 그림에서

$\angle x+2\angle x=102^\circ$

$3\angle x=102^\circ$

$\therefore \angle x=34^\circ$

(3) 오른쪽 그림에서

$2\angle x+118^\circ=180^\circ$

$2\angle x=62^\circ$

$\therefore \angle x=31^\circ$

(4) 오른쪽 그림에서

$\angle x+3\angle x=112^\circ$

$4\angle x=112^\circ$

$\therefore \angle x=28^\circ$

(5) 오른쪽 그림에서

$\angle x$

$=180^\circ-(52^\circ+52^\circ)$

$=76^\circ$

6 (2) $\angle x=30^\circ+27^\circ=57^\circ$

$\angle y=40^\circ+\angle x=40^\circ+57^\circ=97^\circ$

(3) $\angle x+\angle y+\angle d=180^\circ$

이때 $\angle x=\angle a+\angle c$, $\angle y=\angle b+\angle e$이므로

$(\angle a+\angle c)+(\angle b+\angle e)+\angle d=180^\circ$

즉, $\angle a+\angle b+\angle c+\angle d+\angle e=180^\circ$

(4) $\angle x+34^\circ+42^\circ+30^\circ+29^\circ=180^\circ$

$\angle x+135^\circ=180^\circ \quad \therefore \angle x=45^\circ$

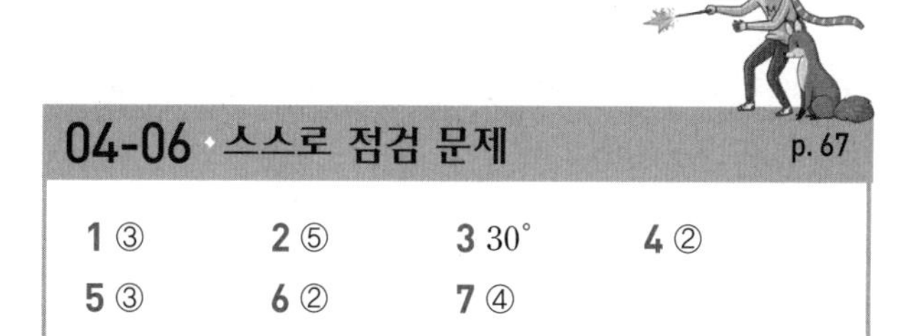

04-06 스스로 점검 문제 p. 67

1 ③	2 ⑤	3 30°	4 ②
5 ③	6 ②	7 ④	

1 $2\angle x+4\angle x+(\angle x+40^\circ)=180^\circ$

$7\angle x=140^\circ$

$\therefore \angle x=20^\circ$

2 세 내각의 크기를 각각 $4\angle x$, $3\angle x$, $5\angle x$로 놓으면

$4\angle x+3\angle x+5\angle x=180^\circ$

$12\angle x=180^\circ$

$\therefore \angle x=15^\circ$

가장 작은 내각의 크기는 $3\angle x$이므로

$3\angle x=3\times 15^\circ=45^\circ$

3 $\angle x+(\angle x+10^\circ)=70^\circ$

$2\angle x=60^\circ \quad \therefore \angle x=30^\circ$

4 삼각형 ABC에서

$\angle \mathrm{BCE}=26^\circ+50^\circ=76^\circ$

삼각형 CED에서

$\angle \mathrm{BCE}=\angle x+48^\circ=76^\circ$

$\therefore \angle x=28^\circ$

5 삼각형 ABC에서

$68^\circ+\angle \mathrm{B}+\angle \mathrm{C}=180^\circ$

$\therefore \angle \mathrm{B}+\angle \mathrm{C}=112^\circ$

삼각형 DBC에서

$\angle x+\frac{1}{2}\times(\angle \mathrm{B}+\angle \mathrm{C})=180^\circ$

$\therefore \angle x=180^\circ-\frac{1}{2}\times 112^\circ=124^\circ$

6 오른쪽 그림에서

$\angle x+2\angle x=120^\circ$

$3\angle x=120^\circ$

$\therefore \angle x=40^\circ$

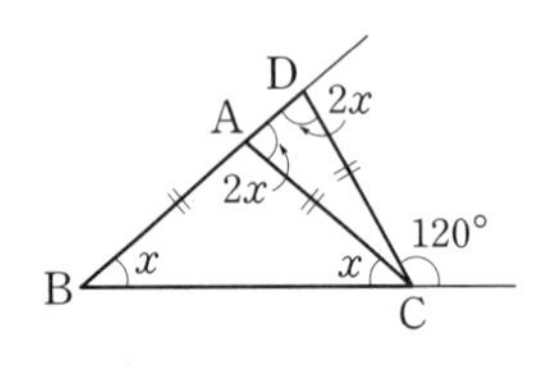

7 $25^\circ+60^\circ+\angle a+40^\circ+35^\circ=180^\circ$이므로

$\angle a+160^\circ=180^\circ \quad \therefore \angle a=20^\circ$

$\angle b=25^\circ+\angle a=25^\circ+20^\circ=45^\circ$

$\therefore \angle a+\angle b=20^\circ+45^\circ=65^\circ$

07 다각형의 내각의 크기의 합 p. 68

1 (1) 2, 2, 360

(2) 2, 3, 3, 540

(3) 6개, 6, 4, $180^\circ\times4=720^\circ$

/ 삼각형, 180, $n-2$

2 (1) 2, 900 (2) 1440° (3) 1800°

3 (1) 115° (2) 100° (3) 65°

4 (1) $n-2$ (2) 180, $n-2$

2 (2) $180^\circ\times(10-2)=1440^\circ$

(3) $180^\circ\times(12-2)=1800^\circ$

3 (1) 사각형의 내각의 크기의 합은

$180^\circ\times(4-2)=360^\circ$이므로

$90^\circ+75^\circ+80^\circ+\angle x=360^\circ$

$\therefore \angle x=115^\circ$

(2) 오각형의 내각의 크기의 합은

$180^\circ\times(5-2)=540^\circ$이므로

$\angle x+112^\circ+110^\circ+108^\circ+110^\circ=540^\circ$

$\therefore \angle x=100^\circ$

(3) 육각형의 내각의 크기의 합은

$180^\circ\times(6-2)=720^\circ$이므로

$115^\circ+100^\circ+130^\circ+135^\circ+110^\circ+2\angle x=720^\circ$

$2\angle x=130^\circ$

$\therefore \angle x=65^\circ$

08 다각형의 외각의 크기의 합 p. 69

1 (1) 360, 360, 130 (2) 105° (3) 70°

2 (1) 70° (2) 30° (3) 80°

1 (2) $115^\circ+50^\circ+90^\circ+\angle x=360^\circ$

$\therefore \angle x=105^\circ$

(3) $54^\circ+56^\circ+\angle x+48^\circ+72^\circ+60^\circ=360^\circ$

$\angle x+290^\circ=360^\circ$

$\therefore \angle x=70^\circ$

2 (1) $\angle x+130^\circ+(180^\circ-90^\circ)+(180^\circ-110^\circ)=360^\circ$

$\angle x+290^\circ=360^\circ$

$\therefore \angle x=70^\circ$

(2) $3\angle x+(\angle x+20^\circ)+70^\circ+80^\circ+(180^\circ-110^\circ)$

$=360^\circ$

$4\angle x+240^\circ=360^\circ$, $4\angle x=120^\circ$

$\therefore \angle x=30^\circ$

(3) $75^\circ+(180^\circ-120^\circ)+85^\circ+(180^\circ-120^\circ)+\angle x$

$=360^\circ$

$\angle x+280^\circ=360^\circ$

$\therefore \angle x=80^\circ$

09 정다각형의 내각과 외각 pp. 70~71

1 (1) n, 같다 / 180, 2, n (2) 같다 / 360, n
2 (1) 180, 5, 108 (2) 120° (3) 135° (4) 150°
3 (1) 360, 120 (2) 72° (3) 36° (4) 20°
4 (1) 정사각형 / 360, 4 (2) 정육각형 (3) 정십이각형
5 360, 40, 180, 40, 140
6 (1) 60°, 120° (2) 36°, 144°
7 (1) 정육각형 / 120, 60, 60, 6 (2) 정오각형 (3) 정팔각형
8 2, 120, 120, 3, 정삼각형
9 (1) 정오각형 / 2, 72 (2) 정육각형 (3) 정팔각형
10 (1) $n-2$, n (2) 360, n

2 (2) $\frac{180° \times (6-2)}{6}=120°$

(3) $\frac{180° \times (8-2)}{8}=135°$

(4) $\frac{180° \times (12-2)}{12}=150°$

3 (2) $\frac{360°}{5}=72°$

(3) $\frac{360°}{10}=36°$

(4) $\frac{360°}{18}=20°$

4 (2) 구하는 정다각형을 정n각형이라 하면

$\frac{360°}{n}=60° \quad \therefore n=6$

따라서 정육각형이다.

(3) 구하는 정다각형을 정n각형이라 하면

$\frac{360°}{n}=30° \quad \therefore n=12$

따라서 정십이각형이다.

6 (1) 정육각형의 한 외각의 크기는 $\frac{360°}{6}=60°$

따라서 한 내각의 크기는 $180°-60°=120°$

(2) 정십각형의 한 외각의 크기는 $\frac{360°}{10}=36°$

따라서 한 내각의 크기는 $180°-36°=144°$

7 (2) 구하는 정다각형을 정n각형이라 하면

(한 외각의 크기)$=180°-108°=72°$

따라서 $\frac{360°}{n}=72°$이므로 $n=5$

즉, 정오각형이다.

(3) 구하는 정다각형을 정n각형이라 하면

(한 외각의 크기)$=180°-135°=45°$

따라서 $\frac{360°}{n}=45°$이므로 $n=8$

즉, 정팔각형이다.

9 (1) 구하는 정다각형을 정n각형이라 하면

$\frac{360°}{n}=72°$이므로 $n=5$

즉, 정오각형이다.

(2) 구하는 정다각형을 정n각형이라 하면

(한 외각의 크기)$=180° \times \frac{1}{2+1}=60°$

따라서 $\frac{360°}{n}=60°$이므로 $n=6$

즉, 정육각형이다.

(3) 구하는 정다각형을 정n각형이라 하면

(한 외각의 크기)$=180° \times \frac{1}{3+1}=45°$

따라서 $\frac{360°}{n}=45°$이므로 $n=8$

즉, 정팔각형이다.

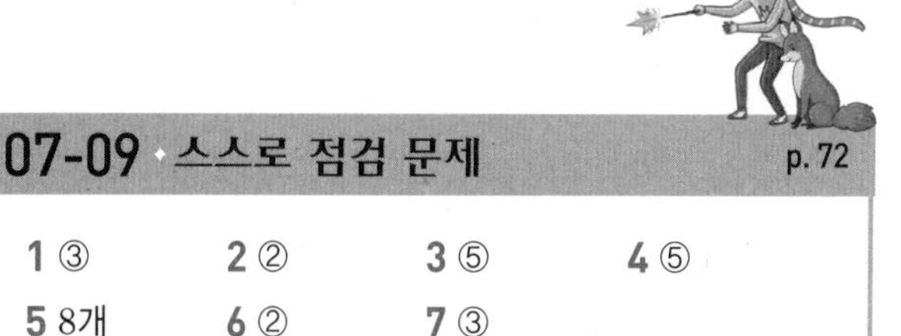

07-09 스스로 점검 문제 p. 72

1 ③	2 ②	3 ⑤	4 ⑤
5 8개	6 ②	7 ③	

1 구하는 다각형을 n각형이라 하면

$n-3=5$이므로 $n=8$

따라서 팔각형이므로 내각의 크기의 합은

$180° \times (8-2)=1080°$

2 구하는 다각형을 n각형이라 하면

$180° \times (n-2)=720°$

$n-2=4$

$\therefore n=6$

따라서 육각형이다.

3 사각형의 내각의 크기의 합은 $360°$이므로

$80°+140°+\angle x+(180°-120°)=360°$

$\therefore\ \angle x=80°$

4 다각형의 외각의 크기의 합은 $360°$이므로

$80°+75°+70°+(180°-\angle x)+45°=360°$

$450°-\angle x=360°$

$\therefore\ \angle x=90°$

5 구하는 정다각형을 정n각형이라 하면

$\frac{360°}{n}=45°$

$\therefore\ n=8$

따라서 정팔각형이므로 변의 개수는 8개이다.

6 조건 (나)에서 정다각형이므로 조건 (가), (나)에서 구하는 다각형은 내각의 크기의 합이 $3240°$인 정다각형이다.

정n각형이라 하면

$180°\times(n-2)=3240°$

$n-2=18$

$\therefore\ n=20$

따라서 정이십각형이므로 한 외각의 크기는

$\frac{360°}{20}=18°$

7 구하는 정다각형을 정n각형이라 하면

$(\text{한 외각의 크기})=180°\times\frac{2}{7+2}=40°$

따라서 $\frac{360°}{n}=40°$이므로 $n=9$

즉, 정구각형이다.

2 원과 부채꼴

10 원과 부채꼴 p. 73

1 (1) ㉣, ㉤ (2) ㉢ (3) ㉡, ㉠

2

3 (1) × (2) ○ (3) ○

4 (1) ㉠ 호 ㉡ 부채꼴 ㉢ 활꼴 ㉣ 현 ㉤ 중심각

(2) 지름 (3) $180°$

11 중심각의 크기와 호의 길이 pp. 74~75

1 (1) 같다, 3 (2) 30, 1, 1, 2, 6

(3) 12, 4, 4, 4, 30

2 (1) 6 (2) 60 (3) 60

3 (1) $x=5$, $y=60$ (2) $x=90$, $y=5$

4 (1) $135°$ / 정비례, 3, 1, 180, 180, 3, 135

(2) $140°$ (3) $150°$

5 (1) ① 40 ② 40 ③ 100 ④ 15

(2) ① 30 ② 30 ③ 120 ④ 20

(3) ① 20 ② 20 ③ 140 ④ 21

6 (1) 같다 (2) 같다 (3) 한다

2 (1) 중심각의 크기의 비가 $40:100$, 즉 $2:5$이므로

$x:15=2:5$, $5x=30$

$\therefore\ x=6$

(2) 호의 길이의 비가 $10:5$, 즉 $2:1$이므로

$120:x=2:1$, $2x=120$

$\therefore\ x=60$

(3) 호의 길이의 비가 $6:4$, 즉 $3:2$이므로

$90:x=3:2$, $3x=180$

$\therefore\ x=60$

3 (1) $30:50=3:x$이므로 $x=5$

$30:y=3:6$이므로 $y=60$

(2) $x:30=15:5$이므로 $x=90$

$30:30=5:y$이므로 $y=5$

4 (2) $\widehat{AB}:\widehat{BC}=2:7$이므로

$\angle AOB:\angle BOC=2:7$

이때 $\angle AOB+\angle BOC=180°$이므로

$\angle x=180°\times\dfrac{7}{2+7}=140°$

(3) $\widehat{AB}:\widehat{BC}:\widehat{CA}=3:4:5$이므로

$\angle AOB:\angle BOC:\angle COA=3:4:5$

이때 $\angle AOB+\angle BOC+\angle COA=360°$이므로

$\angle x=360°\times\dfrac{5}{3+4+5}=150°$

5 (1) ❶ $\overline{AB}\,/\!/\,\overline{CD}$이므로

$\angle OCD=\angle AOC=40°$ (엇각)

❷ $\triangle OCD$는 $\overline{OC}=\overline{OD}$인 이등변삼각형이므로

$\angle ODC=\angle OCD=40°$

❸ $\angle COD=180°-(40°+40°)=100°$

❹ $\angle AOC:\angle COD=\widehat{AC}:\widehat{CD}$이므로

$40:100=6:x$, $2:5=6:x$

$\therefore x=15$

(2) ❶ $\overline{AC}\,/\!/\,\overline{OD}$이므로

$\angle OAC=\angle BOD=30°$ (동위각)

❷ $\triangle AOC$는 $\overline{OA}=\overline{OC}$인 이등변삼각형이므로

$\angle ACO=\angle OAC=30°$

❸ $\angle AOC=180°-(30°+30°)=120°$

❹ $\angle AOC:\angle BOD=\widehat{AC}:\widehat{BD}$이므로

$120:30=x:5$, $4:1=x:5$

$\therefore x=20$

(3) ❶ $\overline{AC}\,/\!/\,\overline{OD}$이므로

$\angle OAC=\angle BOD=20°$ (동위각)

❷ $\overline{OC}$를 그으면

$\triangle AOC$는 $\overline{OA}=\overline{OC}$인 이등변삼각형이므로

$\angle ACO=\angle CAO=20°$

❸ $\angle AOC=180°-(20°+20°)=140°$

❹ $\angle AOC:\angle BOD=\widehat{AC}:\widehat{BD}$

$140:20=x:3$, $7:1=x:3$

$\therefore x=21$

12 부채꼴의 중심각의 크기와 넓이 p. 76

1	(1) 같다, 24		(2) 같다, 60
	(3) 80, 4, 4, 4, 5		(4) 9, 3, 3, 3, 50
2	(1) 30	(2) 30	(3) 5
3	(1) 같다		(2) 한다

2 (1) 중심각의 크기의 비가 $40:100$, 즉 $2:5$이므로

$12:x=2:5$ $\therefore x=30$

(2) 부채꼴의 넓이의 비가 $9:27$, 즉 $1:3$이므로

$x:90=1:3$ $\therefore x=30$

(3) 호의 길이의 비가 $9:3$, 즉 $3:1$이므로 부채꼴의 넓이의 비는 $3:1$이다.

$15:x=3:1$ $\therefore x=5$

13 중심각의 크기와 현의 길이 p. 77

1	(1) 같다, 3		(2) 같다, 40	
2	(1) ○	(2) ×	(3) ○	(4) ×
3	(1) ○	(2) ×	(3) ×	(4) ○
4	(1) 같다	(2) 하지 않는다		(3) 한다

2 (2) 호의 길이는 중심각의 크기에 정비례한다.

➜ $\widehat{AC}=2\widehat{AB}$

(4) 현의 길이는 중심각의 크기에 정비례하지 않는다.

➜ $\overline{AC}\neq2\overline{AB}$ ($\overline{AC}<2\overline{AB}$)

3 (2), (3) 현의 길이와 삼각형의 넓이는 부채꼴의 중심각의 크기에 정비례하지 않는다.

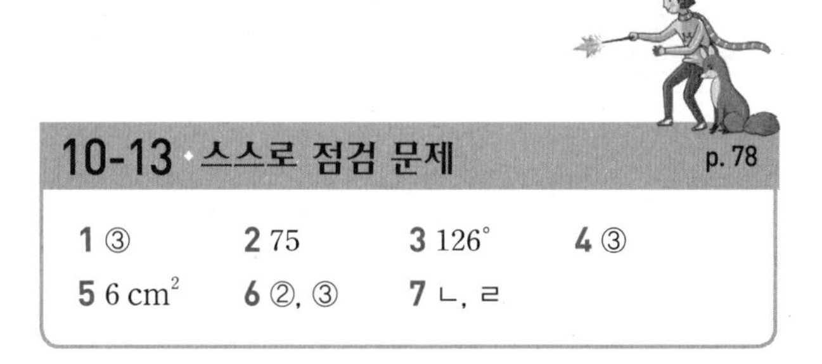

10-13 스스로 점검 문제 p. 78

1 ③	2 75	3 126°	4 ③
5 6 cm^2	6 ②, ③	7 ㄴ, ㄹ	

1 ③ 현 BC와 호 BC로 이루어진 도형은 활꼴이다.

2 $30:x=5:10$이므로

$30:x=1:2$

$\therefore x=60$

$30:90=5:y$이므로

$1:3=5:y$

$\therefore y=15$

$\therefore x+y=60+15=75$

3 $\angle AOB : \angle BOC = \widehat{AB} : \widehat{BC}$이므로

$\angle AOB : \angle BOC = 3 : 7$

이때 $\angle AOB + \angle BOC = 180°$이므로

$\angle BOC = 180° \times \frac{7}{3+7} = 126°$

4 $\overline{AC} /\!/ \overline{OD}$이므로

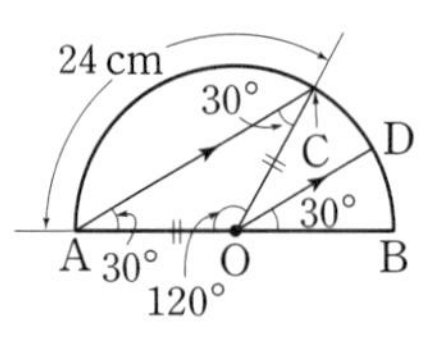

$\angle OAC = \angle BOD$ (동위각)

$\triangle OAC$는 $\overline{OA} = \overline{OC}$인 이등변 삼각형이므로

$\angle OCA = \angle OAC = 30°$

$\therefore \angle AOC = 180° - (30° + 30°) = 120°$

$\widehat{AC} : \widehat{BD} = \angle AOC : \angle DOB$이므로

$24 : \widehat{BD} = 120 : 30$

$24 : \widehat{BD} = 4 : 1$

$\therefore \widehat{BD} = 6$ (cm)

5 부채꼴 OAB의 넓이를 x cm^{2}라 하면

$135 : 45 = 18 : x$이므로

$3 : 1 = 18 : x$

$\therefore x = 6$

따라서 부채꼴 OAB의 넓이는 6 cm^{2}이다.

6 ② 현의 길이는 중심각의 크기에 정비례하지 않는다.

③ 중심각의 크기가 같으면 현의 길이도 같다.

7 ㄱ, ㄷ. 현의 길이와 삼각형의 넓이는 부채꼴의 중심각의 크기에 정비례하지 않는다.

14 원의 둘레의 길이와 넓이 pp. 79~80

1 (1) ① 3, 6π ② 3, 9π
(2) ① 10π cm ② 25π cm^2
(3) ① 20π cm ② 100π cm^2

2 (1) 4 / ① 8π cm ② 16π cm^2
(2) 7 / ① 14π cm ② 49π cm^2
(3) 6 / ① 12π cm ② 36π cm^2

3 (1) 9 cm / 18, 9 (2) 12 cm (3) 15 cm

4 (1) 2 cm / 4, 4, 2 (2) 5 cm (3) 7 cm

5 ① 6, 6, 12 ② 6, $\frac{1}{2}$, 18π

6 (1) ① 12π cm ② 27π cm^2
(2) ① 24π cm ② 48π cm^2
(3) ① 10π cm ② 5π cm^2

7 (1) 원주율, π (2) $2\pi r$, πr^2

1 (2) ① $2\pi \times 5 = 10\pi$ (cm)

② $\pi \times 5^2 = 25\pi$ (cm^2)

(3) ① $2\pi \times 10 = 20\pi$ (cm)

② $\pi \times 10^2 = 100\pi$ (cm^2)

2 (1) ① $2\pi \times 4 = 8\pi$ (cm)

② $\pi \times 4^2 = 16\pi$ (cm^2)

(2) ① $2\pi \times 7 = 14\pi$ (cm)

② $\pi \times 7^2 = 49\pi$ (cm^2)

(3) ① $2\pi \times 6 = 12\pi$ (cm)

② $\pi \times 6^2 = 36\pi$ (cm^2)

3 (2) 원의 반지름의 길이를 r cm라 하면

$2\pi r = 24\pi$ $\therefore r = 12$

(3) 원의 반지름의 길이를 r cm라 하면

$2\pi r = 30\pi$ $\therefore r = 15$

4 (2) 원의 반지름의 길이를 r cm라 하면

$\pi r^2 = 25\pi$, $r^2 = 25$ $\therefore r = 5$ ($\because r > 0$)

(3) 원의 반지름의 길이를 r cm라 하면

$\pi r^2 = 49\pi$, $r^2 = 49$ $\therefore r = 7$ ($\because r > 0$)

6 (1) ① (둘레의 길이)

$= 2\pi \times 6 \times \frac{1}{2} + \left(2\pi \times 3 \times \frac{1}{2}\right) \times 2$

$= 12\pi$ (cm)

② (넓이) $= \pi \times 6^2 \times \frac{1}{2} + \left(\pi \times 3^2 \times \frac{1}{2}\right) \times 2$

$= 27\pi$ (cm^2)

(2) ① (둘레의 길이) $= 2\pi \times 8 + 2\pi \times 4 = 24\pi$ (cm)

② (넓이) $= \pi \times 8^2 - \pi \times 4^2 = 48\pi$ (cm^2)

(3)

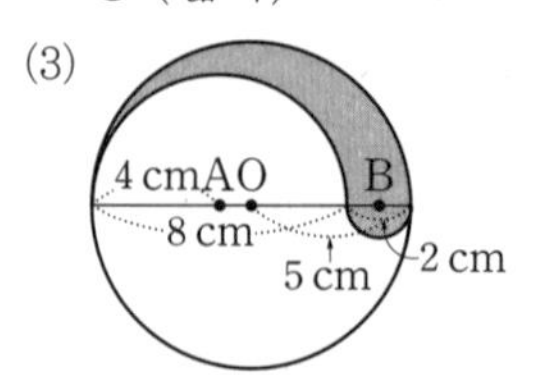

① (둘레의 길이)

$= 2\pi \times 5 \times \frac{1}{2} + 2\pi \times 4 \times \frac{1}{2} + 2\pi \times 1 \times \frac{1}{2}$

$= 10\pi$ (cm)

② (넓이) $= \pi \times 5^2 \times \frac{1}{2} - \pi \times 4^2 \times \frac{1}{2} + \pi \times 1^2 \times \frac{1}{2}$

$= 5\pi$ (cm^2)

15 부채꼴의 호의 길이와 넓이 pp. 81~84

1 (1) 정비례 / ① 360 ② $2\pi r$, 360, $2\pi r$, 360
(2) 정비례 / ① 360 ② πr^2, 360, πr^2, 360

2 (1) ① 4, 90, 2π ② 4^2(또는 16), 90, 4π
(2) ① 12π cm ② 54π cm^2
(3) ① π cm ② $\frac{3}{2}\pi$ cm^2

3 (1) 6 cm / 30, π, 6 (2) 9 cm (3) 4 cm
(4) 18 cm (5) 15 cm

4 (1) 30° / 12, 2π, 30 (2) 50° (3) 270°
(4) 90° (5) 135°

5 (1) 6 cm / 120, 12π, 36, 6 (2) 6 cm
(3) 12 cm (4) 6 cm (5) 2 cm

6 (1) 90° / 8, 16π, 90 (2) 80° (3) 225°
(4) 120° (5) 60°

7 (1) ① $\overset{\frown}{CD}$, $\overline{BD}$, 3π, 4, 7, 8 ② COD, 32, 18, 14π
(2) ① $(10\pi+10)$ cm ② $\frac{25}{2}\pi$ cm^2
(3) ① $(9\pi+4)$ cm ② 9π cm^2

8 (1) 25, 50, 50, 100 (2) $\left(50-\frac{25}{2}\pi\right)$ cm^2
(3) 32 cm^2

9 (1) $2\pi r\times\frac{x}{360}$ (2) $\pi r^2\times\frac{x}{360}$

2 (2) ① (호의 길이)$=2\pi\times9\times\frac{240}{360}=12\pi$(cm)
② (넓이)$=\pi\times9^2\times\frac{240}{360}=54\pi$(cm^2)
(3) ① (호의 길이)$=2\pi\times3\times\frac{60}{360}=\pi$(cm)
② (넓이)$=\pi\times3^2\times\frac{60}{360}=\frac{3}{2}\pi$(cm^2)

3 (2) $2\pi r\times\frac{120}{360}=6\pi$, $\frac{2}{3}r=6$ $\therefore r=9$
(3) $2\pi r\times\frac{315}{360}=7\pi$, $\frac{7}{4}r=7$ $\therefore r=4$
(4) 부채꼴의 반지름의 길이를 r cm라 하면
$2\pi r\times\frac{20}{360}=2\pi$, $\frac{1}{9}r=2$ $\therefore r=18$
(5) 부채꼴의 반지름의 길이를 r cm라 하면
$2\pi r\times\frac{120}{360}=10\pi$, $\frac{2}{3}r=10$ $\therefore r=15$

4 (2) $2\pi\times18\times\frac{x}{360}=5\pi$, $\frac{1}{10}x=5$ $\therefore x=50$
(3) $2\pi\times4\times\frac{x}{360}=6\pi$, $\frac{1}{45}x=6$ $\therefore x=270$
(4) 부채꼴의 중심각의 크기를 x°라 하면
$2\pi\times6\times\frac{x}{360}=3\pi$, $\frac{1}{30}x=3$ $\therefore x=90$
(5) 부채꼴의 중심각의 크기를 x°라 하면
$2\pi\times8\times\frac{x}{360}=6\pi$, $\frac{2}{45}x=6$ $\therefore x=135$

5 (2) $\pi r^2\times\frac{100}{360}=10\pi$, $r^2=36$
$\therefore r=6$ ($\because r>0$)
(3) $\pi r^2\times\frac{45}{360}=18\pi$, $r^2=144$
$\therefore r=12$ ($\because r>0$)
(4) 부채꼴의 반지름의 길이를 r cm라 하면
$\pi r^2\times\frac{60}{360}=6\pi$, $r^2=36$
$\therefore r=6$ ($\because r>0$)
(5) 부채꼴의 반지름의 길이를 r cm라 하면
$\pi r^2\times\frac{270}{360}=3\pi$, $r^2=4$
$\therefore r=2$ ($\because r>0$)

6 (2) $\pi\times9^2\times\frac{x}{360}=18\pi$, $\frac{9}{40}x=18$ $\therefore x=80$
(3) $\pi\times4^2\times\frac{x}{360}=10\pi$, $\frac{2}{45}x=10$ $\therefore x=225$
(4) 부채꼴의 중심각의 크기를 x°라 하면
$\pi\times3^2\times\frac{x}{360}=3\pi$, $\frac{1}{40}x=3$ $\therefore x=120$
(5) 부채꼴의 중심각의 크기를 x°라 하면
$\pi\times6^2\times\frac{x}{360}=6\pi$, $\frac{1}{10}x=6$ $\therefore x=60$

7 (2) ① (둘레의 길이)
$=\left(2\pi\times5\times\frac{1}{2}\right)+\left(2\pi\times10\times\frac{1}{4}\right)+10$
$=5\pi+5\pi+10=10\pi+10$(cm)
② (넓이)$=\pi\times10^2\times\frac{1}{4}-\pi\times5^2\times\frac{1}{2}$
$=25\pi-\frac{25}{2}\pi=\frac{25}{2}\pi$(cm^2)
(3) ① (둘레의 길이)
$=\left(2\pi\times4\times\frac{270}{360}\right)+\left(2\pi\times2\times\frac{270}{360}\right)+2+2$
$=6\pi+3\pi+4=9\pi+4$(cm)
② (넓이)$=\left(\pi\times4^2\times\frac{270}{360}\right)-\left(\pi\times2^2\times\frac{270}{360}\right)$
$=12\pi-3\pi=9\pi$(cm^2)

8 (2) (색칠한 부분의 넓이)

$=\left(5\times5-\pi\times5^2\times\frac{90}{360}\right)\times2$

$=\left(25-\frac{25}{4}\pi\right)\times2$

$=50-\frac{25}{2}\pi\,(\text{cm}^2)$

(3) 오른쪽 그림과 같이 선분을 긋고 도형을 이동시키면

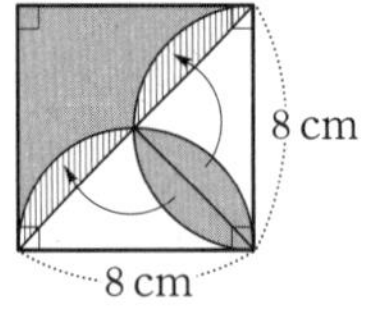

(색칠한 부분의 넓이)

$=\frac{1}{2}\times8\times8=32\,(\text{cm}^2)$

16 부채꼴의 호의 길이와 넓이 사이의 관계 p. 85

1 x, x, $\frac{1}{2}$, $\frac{1}{2}$, l

(1) 24π cm² (2) 6π cm² (3) 96π cm²

2 (1) 6 cm / 3π, 6 (2) 8 cm (3) 5 cm

3 r

1 (1) (넓이)$=\frac{1}{2}\times8\times6\pi=24\pi\,(\text{cm}^2)$

(2) (넓이)$=\frac{1}{2}\times6\times2\pi=6\pi\,(\text{cm}^2)$

(3) (넓이)$=\frac{1}{2}\times12\times16\pi=96\pi\,(\text{cm}^2)$

2 (2) 부채꼴의 반지름의 길이를 r cm라 하면

$\frac{1}{2}\times r\times12\pi=48\pi$이므로

$6r=48$ $\therefore r=8$

(3) 부채꼴의 반지름의 길이를 r cm라 하면

$\frac{1}{2}\times r\times8\pi=20\pi$이므로

$4r=20$ $\therefore r=5$

14-16 스스로 점검 문제 p. 86

1 ①	**2** ④	**3** ④	**4** $(4\pi+6)$ cm
5 36	**6** ③	**7** ②	

1 반지름의 길이가 5 cm이므로

(둘레의 길이)$=2\pi\times5=10\pi\,(\text{cm})$

(넓이)$=\pi\times5^2=25\pi\,(\text{cm}^2)$

2 (둘레의 길이)$=2\pi\times6+(2\pi\times3)\times2$

$=12\pi+12\pi=24\pi\,(\text{cm})$

3 중심각의 크기를 $x°$라 하면

$2\pi\times9\times\frac{x}{360}=3\pi$

$\frac{1}{20}x=3$ $\therefore x=60$

4 (둘레의 길이)$=2\pi\times3\times\frac{240}{360}+3+3$

$=4\pi+6\,(\text{cm})$

5 (둘레의 길이)

$=2\pi\times12\times\frac{60}{360}+2\pi\times6\times\frac{60}{360}+6+6$

$=4\pi+2\pi+12$

$=6\pi+12\,(\text{cm})$

(넓이)$=\pi\times12^2\times\frac{60}{360}-\pi\times6^2\times\frac{60}{360}$

$=24\pi-6\pi=18\pi\,(\text{cm}^2)$

따라서 $a=6$, $b=12$, $c=18$이므로

$a+b+c=6+12+18=36$

6 오른쪽 그림과 같이 도형의 일부를 이동시키면 색칠한 부분의 넓이는

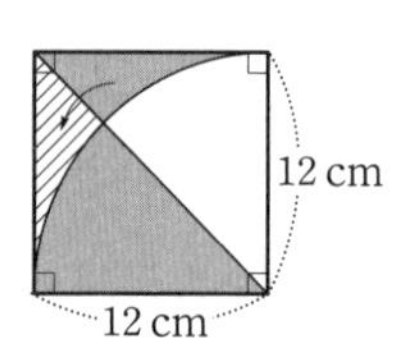

$\frac{1}{2}\times12\times12=72\,(\text{cm}^2)$

7 부채꼴의 호의 길이를 l cm라 하면

$\frac{1}{2}\times8\times l=36\pi$ $\therefore l=9\pi$

17 다면체 p. 87

1 다각형, 입체도형
(1) ○ (2) × (3) ○ (4) ×
(5) ○ (6) × (7) × (8) ○
(9) × (10) ×

2 (1) 12, 6, 육면체 (2) 4, 6, 4
(3) 10, 15, 7, 칠면체 (4) 면

3 (1) 다면체 (2) 면 (3) 사면체

18 다면체의 종류(각기둥, 각뿔, 각뿔대) pp. 88~89

1 밑면
(1) 삼각형, 삼각기둥 (2) 오각형, 오각뿔
(3) 사각형, 사각뿔대

2 (1) 직사각형, 12, 18, 8, 팔면체
(2) 육각형, 1, 육각뿔, 삼각형, 7, 12, 7, 칠면체
(3) 육각형, 2, 육각뿔대, 사다리꼴, 12, 18, 8, 팔면체

3 (1) ① 3, 2 ② 1, 1 ③ 2, 3, 2
(2) ① 2, 3, n ② n, 2, 1 ③ 2, n, 2
(3) 꼭짓점

4 (1) 각기둥, 사각기둥 (2) 각뿔, 오각뿔
(3) 각뿔대, 육각뿔대 (4) 각기둥, 팔각기둥

5 (1) 2, 1 (2) 직사각형, 삼각형, 사다리꼴
(3) $2n$, $n+1$ (4) $3n$, $2n$
(5) $n+2$, $n+1$

4 (4) 조건 (가), (나)에서 각기둥이므로 n각기둥이라 하면 조건 (다)에서
$n+2=10$ $\therefore n=8$
따라서 팔각기둥이다.

19 정다면체 pp. 90~91

1 (1) ① ㄷ. 정팔면체, ㅁ. 정이십면체
② ㄴ. 정육면체 ③ ㄹ. 정십이면체
(2) ① ㄴ. 정육면체, ㄹ. 정십이면체
② ㄷ. 정팔면체 ③ ㅁ. 정이십면체

2 (1) 4, 6 (2) 8, 6 (3) 12, 8 (4) 30, 12
(5) 20

3 (1) 정사면체 (2) 정십이면체
(3) 정팔면체 (4) 정육면체

4 (1) ○ (2) × (3) × (4) ○
(5) × (6) ×

5 (1) 정다각형, 면
(2) 정육면체, 정팔면체, 정십이면체, 5
(3) ㉠ 정사각형, 3 ㉡ 정삼각형, 4
㉢ 정오각형, 3 ㉣ 정삼각형, 5
(4) 다르다, 가 아니다

4 (2) 정다면체는 정사면체, 정육면체, 정팔면체, 정십이면체, 정이십면체의 5가지뿐이다.
(3) 각 면의 모양이 정삼각형인 정다면체는 정사면체, 정팔면체, 정이십면체이다.
(5) 정다면체의 면의 모양은 정삼각형, 정사각형, 정오각형 중 하나이다.
(6) 모든 면이 합동인 정다각형이고, 각 꼭짓점에 모인 면의 개수가 같은 다면체가 정다면체이다.

20 정다면체의 전개도 pp. 92~93

1 (1) ㄴ (2) ㄷ (3) ㄱ (4) ㅁ
(5) ㄹ

2 (1) ○ (2) ○ (3) × (4) ×
(5) ○

3 그림은 풀이 참조
(1) 정육면체 (2) M (3) I
(4) KJ

4 그림은 풀이 참조
(1) 정팔면체 (2) H (3) CB
(4) BC(또는 FE)

5 (1) 풀이 참조
(2) ㅂ (3) ㄱ, ㄴ, ㄷ, ㅁ

6 (1) ㄴ (2) ㄱ (3) ㅁ (4) ㄹ
(5) ㄷ

2

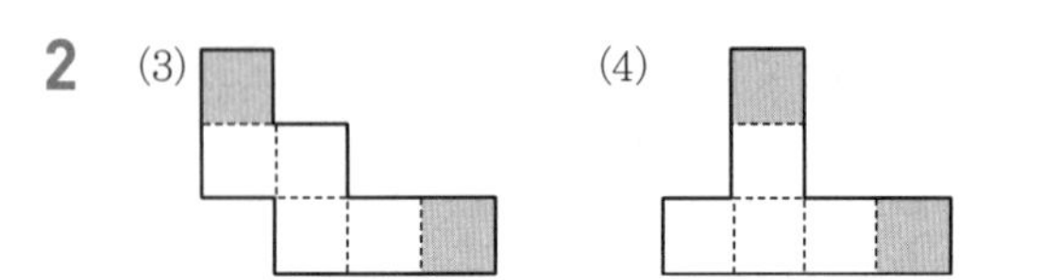

위의 그림에서 어두운 부분이 겹치므로 정육면체가 만들어지지 않는다.

3

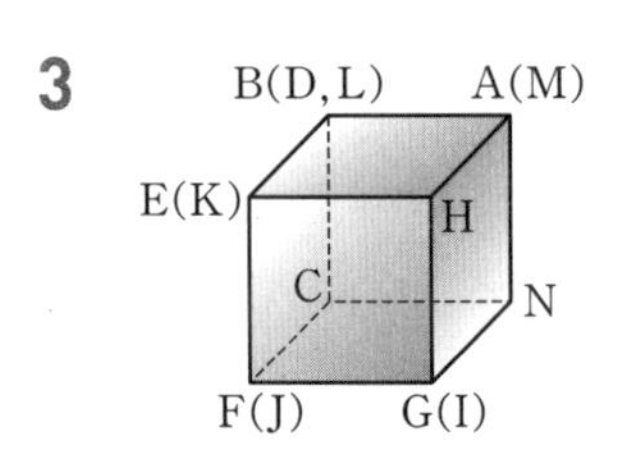

4

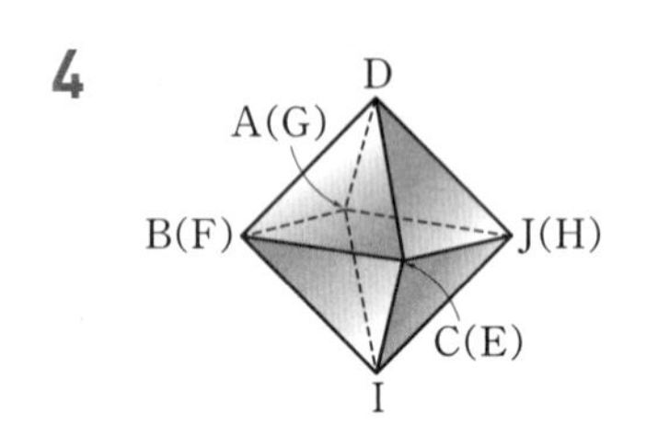

5 (1)

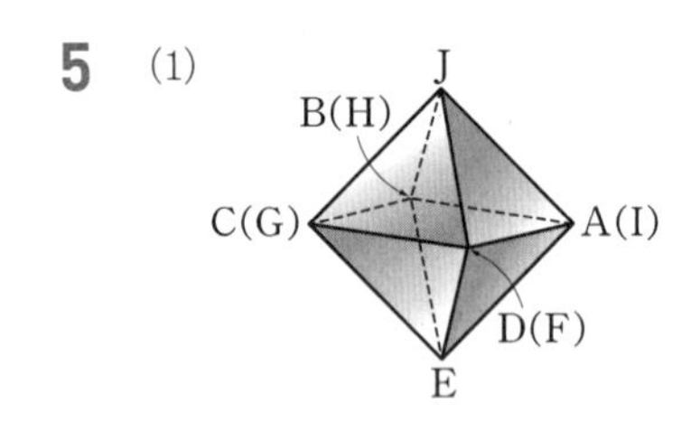

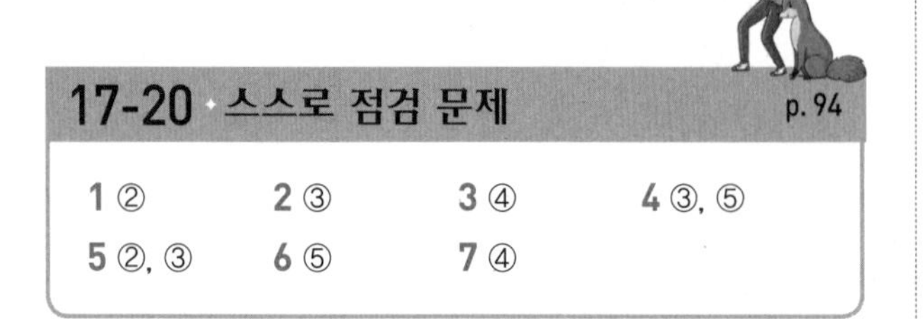

17-20 스스로 점검 문제 p. 94

1 ②	2 ③	3 ④	4 ③, ⑤
5 ②, ③	6 ⑤	7 ④	

1 칠면체인 것은 ㄱ, ㄷ, ㅂ의 3개이다.
ㄹ, ㅇ: 오면체, ㄴ, ㅈ: 육면체, ㅁ, ㅅ: 팔면체

2 입체도형과 그 옆면의 모양은 다음과 같다.
① 사각기둥 – 직사각형
② 사각뿔 – 삼각형
③ 삼각뿔대 – 사다리꼴
④ 정육면체 – 정사각형
⑤ 오각뿔 – 삼각형

참고 각기둥, 각뿔, 각뿔대의 옆면의 모양은 각각 직사각형, 삼각형, 사다리꼴이다.

3 구하는 각뿔을 n각뿔이라 하면 면의 개수가 6개이므로
$n+1=6$ $\therefore n=5$
따라서 오각뿔이므로 모서리의 개수는
$5\times2=10$(개) $\therefore a=10$
꼭짓점의 개수는 $5+1=6$(개) $\therefore b=6$
$\therefore a+b=10+6=16$

4 ③ 정팔면체: 4개
⑤ 정이십면체: 5개

5 ① 정다면체는 정사면체, 정육면체, 정팔면체, 정십이면체, 정이십면체의 5가지뿐이다.
④ 직육면체는 각 꼭짓점에 모인 면의 개수가 3개로 같지만 모든 면이 합동인 정다각형이 아니다.
따라서 정다면체가 아니다.
⑤ 정십이면체의 꼭짓점의 개수는 20개이다.

6 주어진 전개도로 만들어지는 정사면체는 오른쪽 그림과 같으므로 모서리 AC와 꼬인 위치에 있는 모서리는 $\overline{\mathrm{FD}}$이다.

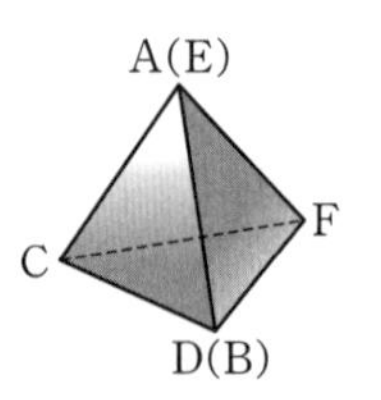

7 ① 정이십면체이다.
② 꼭짓점의 개수는 12개이다.
③ 모서리의 개수는 30개이다.
⑤ 모든 면의 모양은 정삼각형이다.

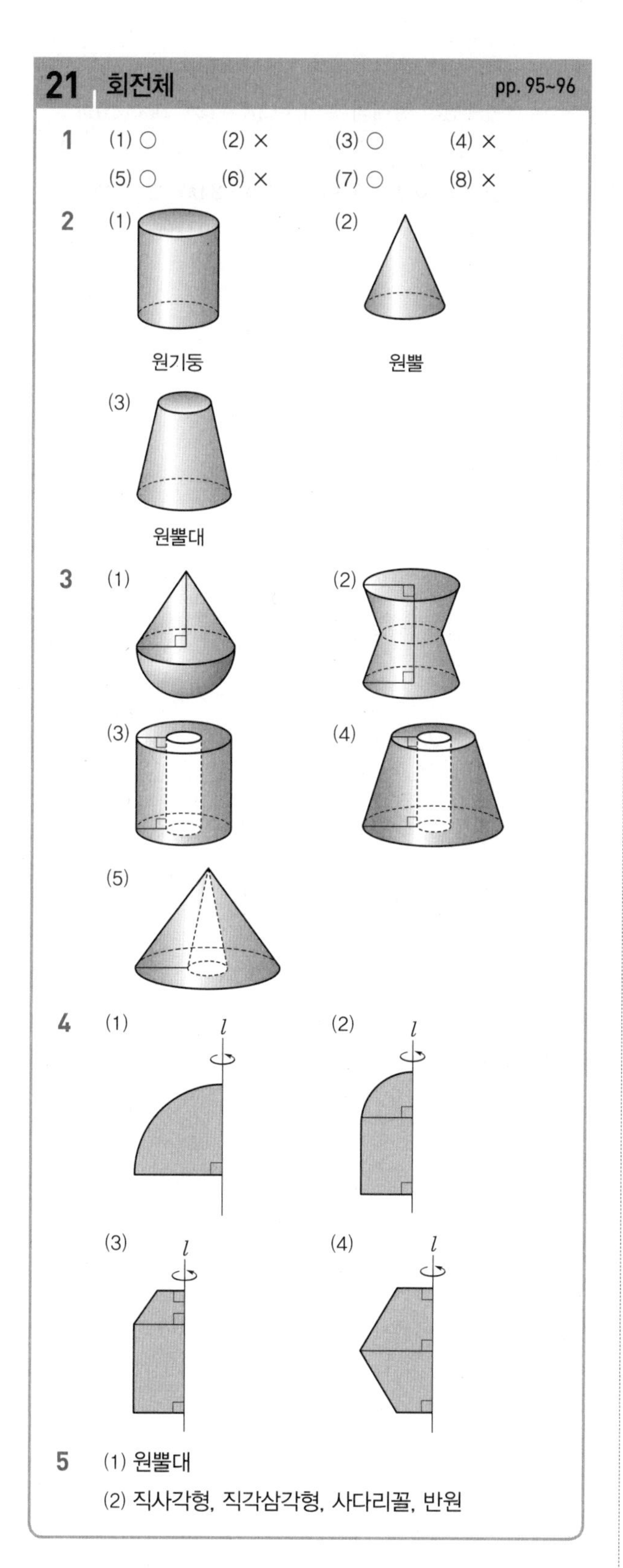

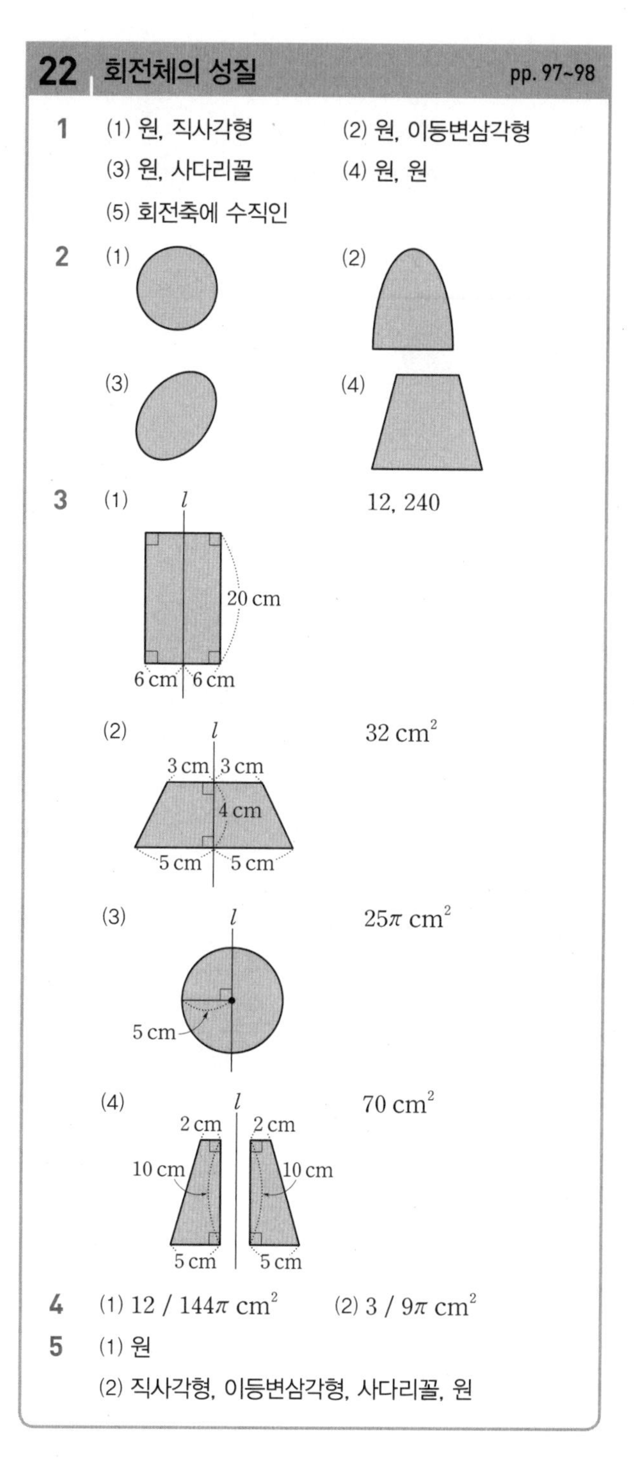

3 (1) (단면의 넓이) $=12\times20=240\,(\mathrm{cm}^2)$

(2) (단면의 넓이) $=\frac{1}{2}\times(6+10)\times4=32\,(\mathrm{cm}^2)$

(3) (단면의 넓이) $=\pi\times5^2=25\pi\,(\mathrm{cm}^2)$

(4) (단면의 넓이) $=\frac{1}{2}\times(2+5)\times10\times2=70\,(\mathrm{cm}^2)$

4 (1) 넓이가 가장 큰 단면은 반지름의 길이가 12 cm인 원이므로

(넓이) $=\pi\times12^2=144\pi\,(\mathrm{cm}^2)$

(2) 넓이가 가장 작은 단면은 반지름의 길이가 3 cm인 원이므로

(넓이) $=\pi\times3^2=9\pi\,(\mathrm{cm}^2)$

23 회전체의 전개도 pp. 99~100

1 (1) ㄷ (2) ㄱ (3) ㄴ

2 (1) $a=5$, $b=10$, $c=10\pi$
(2) $a=5$, $b=2$, $c=4\pi$
(3) $a=12$, $b=8$, $c=16\pi$

3 (1) 12, 4, 48π
(2) 48π

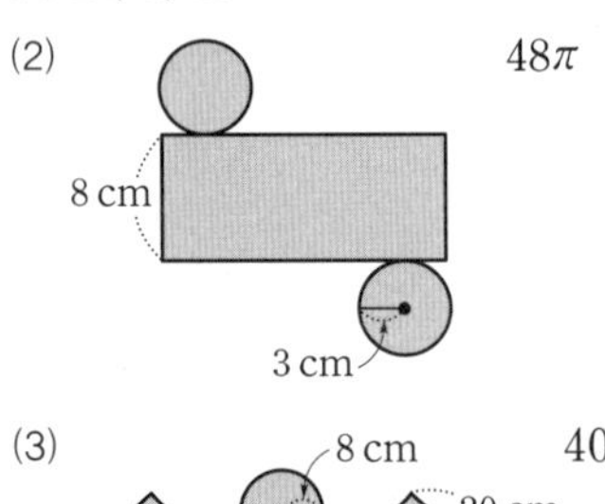

(3) 40, 40

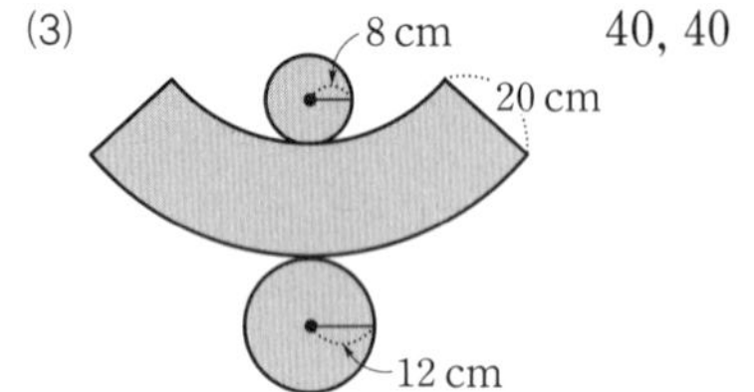

4 (1) (2)

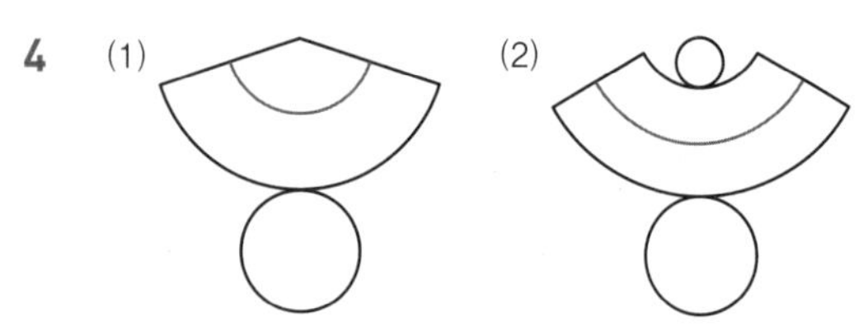

5 (1) (2)

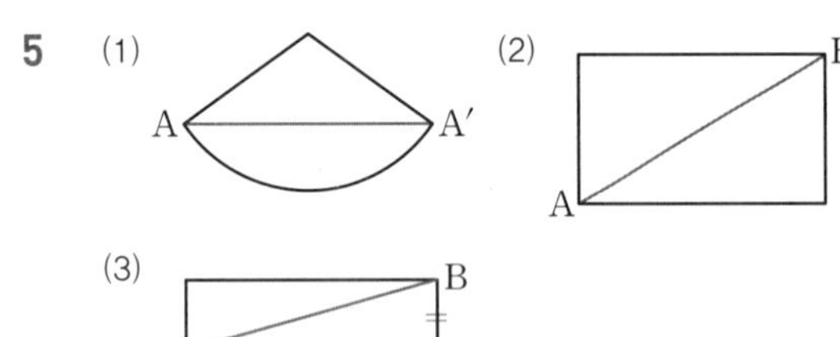

(3)

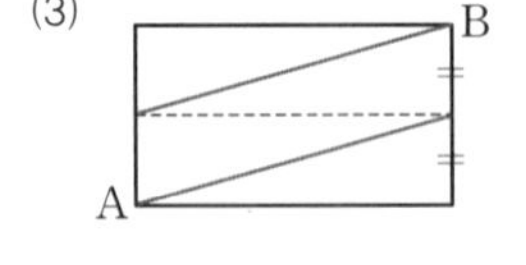

6 (1) 원기둥, 둘레, 높이 (2) 원뿔, 모선, 둘레
(3) 원뿔대

2 (1) $c=2\pi\times5=10\pi$
(2) $c=2\pi\times2=4\pi$
(3) $c=2\pi\times8=16\pi$

3 (1) 옆면인 부채꼴의 반지름의 길이는 12 cm, 호의 길이는 $2\pi\times4=8\pi$(cm)이므로

$$(\text{옆면의 넓이})=\frac{1}{2}\times12\times8\pi=48\pi(\text{cm}^2)$$

(2) 옆면인 직사각형의 가로의 길이는
$2\pi\times3=6\pi$(cm),
세로의 길이는 8 cm이므로
$(\text{옆면의 넓이})=6\pi\times8=48\pi(\text{cm}^2)$

(3) $(\text{윗면의 둘레의 길이})=2\pi\times8=16\pi(\text{cm})$,
$(\text{아랫면의 둘레의 길이})=2\pi\times12=24\pi(\text{cm})$
이므로

$$(\text{옆면의 둘레의 길이})=16\pi+24\pi+20+20=40\pi+40(\text{cm})$$

21-23 스스로 점검 문제 p. 101

1 ④	2 ③	3 ⑤	4 원뿔대
5 60 cm^2	6 ③	7 160°	

1 ④ 각기둥은 회전체가 아니다.

3 ⑤ 원뿔을 회전축을 포함하는 평면으로 자르면 그 단면은 이등변삼각형이 된다.

5 단면은 밑변의 길이가 10 cm, 높이가 12 cm인 삼각형이므로

$$(\text{단면의 넓이})=\frac{1}{2}\times10\times12=60(\text{cm}^2)$$

7 부채꼴의 호의 길이는 밑면인 원의 둘레의 길이와 같으므로
$2\pi\times4=8\pi$(cm)
구하는 중심각의 크기를 x°라 하면

$$2\pi\times9\times\frac{x}{360}=8\pi$$

$\therefore x=160$

4 입체도형의 겉넓이와 부피

24 각기둥의 겉넓이 pp. 102~103

1 (1) 둘레의 길이 (2) 직사각형, 10, 4
(3) 밑넓이, 6, 40, 52

2 (1) ❶ 12 cm^2 ❷ 98 cm^2 ❸ 122 cm^2
(2) ❶ 6 cm^2 ❷ 72 cm^2 ❸ 84 cm^2

3 (1) 310 cm^2 (2) 60 cm^2
(3) 136 cm^2 (4) 272 cm^2

4 (1) ❶ 32 cm^2 ❷ 252 cm^2
❸ 144 cm^2 ❹ 460 cm^2
(2) ❶ 19 cm^2 ❷ 100 cm^2
❸ 50 cm^2 ❹ 188 cm^2

2 (1) ❶ (밑넓이)$=4\times3=12(cm^2)$
❷ (옆넓이)$=(3+4+3+4)\times7$
$=98(cm^2)$
❸ (겉넓이)=(밑넓이)×2+(옆넓이)
$=12\times2+98$
$=122(cm^2)$
(2) ❶ (밑넓이)$=\frac{1}{2}\times4\times3=6(cm^2)$
❷ (옆넓이)$=(5+4+3)\times6$
$=72(cm^2)$
❸ (겉넓이)=(밑넓이)×2+(옆넓이)
$=6\times2+72$
$=84(cm^2)$

3 (1) (밑넓이)$=10\times5=50(cm^2)$
(옆넓이)$=(5+10+5+10)\times7=210(cm^2)$
∴ (겉넓이)=(밑넓이)×2+(옆넓이)
$=50\times2+210=310(cm^2)$
(2) (밑넓이)$=\frac{1}{2}\times4\times3=6(cm^2)$
(옆넓이)$=(4+3+5)\times4=48(cm^2)$
∴ (겉넓이)$=6\times2+48=60(cm^2)$
(3) (밑넓이)$=\frac{1}{2}\times(8+4)\times3=18(cm^2)$
(옆넓이)$=(8+3+4+5)\times5=100(cm^2)$
∴ (겉넓이)$=18\times2+100=136(cm^2)$
(4) (밑넓이)$=\frac{1}{2}\times(11+5)\times4=32(cm^2)$
(옆넓이)$=(11+5+5+5)\times8=208(cm^2)$
∴ (겉넓이)$=32\times2+208=272(cm^2)$

4 (1) ❶ (밑넓이)$=8\times6-4\times4=32(cm^2)$
❷ (바깥쪽 옆넓이)$=(6+8+6+8)\times9$
$=252(cm^2)$
❸ (안쪽 옆넓이)$=(4+4+4+4)\times9$
$=144(cm^2)$
❹ (겉넓이)$=32\times2+252+144$
$=460(cm^2)$
(2) ❶ (밑넓이)$=5\times5-3\times2=19(cm^2)$
❷ (바깥쪽 옆넓이)$=(5+5+5+5)\times5$
$=100(cm^2)$
❸ (안쪽 옆넓이)$=(2+3+2+3)\times5$
$=50(cm^2)$
❹ (겉넓이)$=19\times2+100+50$
$=188(cm^2)$

25 각기둥의 부피 pp. 104~105

1 높이
(1) 밑넓이, 24, 5, 120 (2) 98 cm^3
(3) 270 cm^3 (4) 256 cm^3

2 (1) 180, 18, 10 (2) 5 cm (3) 4 cm
(4) 30 cm^2 (5) 12 cm^2

3 (1) 8, 5, 40 (2) 84 cm^3 (3) 18 cm^3 (4) 360 cm^3
(5) 320 cm^3

4 (1) ❶ 20 cm^2 ❷ 160 cm^3
(2) ❶ 85 cm^2 ❷ 850 cm^3

5 (1) 밑넓이 (2) Sh (3) ㉠ 높이 ㉡ −

1 (2) (부피)$=14\times7=98(cm^3)$
(3) (부피)$=30\times9=270(cm^3)$
(4) (부피)$=32\times8=256(cm^3)$

2 (2) (높이)$=60\div12=5(cm)$
(3) (높이)$=72\div18=4(cm)$
(4) (밑넓이)$=240\div8=30(cm^2)$
(5) (밑넓이)$=144\div12=12(cm^2)$

3 (2) (부피)$=\left(\frac{1}{2}\times6\times4\right)\times7$
$=84(cm^3)$
(3) (부피)$=\left(\frac{1}{2}\times3\times2\right)\times6$
$=18(cm^3)$

(4) $(부피)=\left\{\frac{1}{2}\times(12+6)\times4\right\}\times10$

$=360(\text{cm}^3)$

(5) $(부피)=\left(\frac{1}{2}\times8\times5+\frac{1}{2}\times8\times3\right)\times10$

$=320(\text{cm}^3)$

4 (1) ❶ $(밑넓이)=6\times4-2\times2=20(\text{cm}^2)$

❷ $(부피)=20\times8=160(\text{cm}^3)$

(2) ❶ $(밑넓이)=10\times10-5\times3=85(\text{cm}^2)$

❷ $(부피)=85\times10=850(\text{cm}^3)$

26 원기둥의 겉넓이 pp. 106~107

1 (1) 2, 둘레 (2) 직사각형, 4π, 5

(3) 밑넓이, 4π, 20π, 28π

2 (1) ❶ 9π cm^2 ❷ 42π cm^2 ❸ 60π cm^2

(2) ❶ 16π cm^2 ❷ 40π cm^2 ❸ 72π cm^2

(3) 8, 4

❶ 16π cm^2 ❷ 80π cm^2 ❸ 112π cm^2

(4) 10, 5

❶ 25π cm^2 ❷ 80π cm^2 ❸ 130π cm^2

3 (1) 32π cm^2 (2) 128π cm^2

4 (1) $(32\pi+120)$ cm^2 (2) $(16\pi+24)$ cm^2

(3) $(36\pi+64)$ cm^2

5 (1) ❶ 16π cm^2 ❷ 80π cm^2

❸ 48π cm^2 ❹ 160π cm^2

(2) ❶ 27π cm^2 ❷ 120π cm^2

❸ 60π cm^2 ❹ 234π cm^2

6 (1) $2\pi r$, πr^2 (2) πr^2, $2\pi rh$

2 (1) ❶ $(밑넓이)=\pi\times3^2=9\pi(\text{cm}^2)$

❷ $(옆넓이)=(2\pi\times3)\times7=42\pi(\text{cm}^2)$

❸ $(겉넓이)=9\pi\times2+42\pi=60\pi(\text{cm}^2)$

(2) ❶ $(밑넓이)=\pi\times4^2=16\pi(\text{cm}^2)$

❷ $(옆넓이)=(2\pi\times4)\times5=40\pi(\text{cm}^2)$

❸ $(겉넓이)=16\pi\times2+40\pi=72\pi(\text{cm}^2)$

(3) 밑면인 원의 둘레의 길이가 8π cm이므로

$2\pi r=8\pi$

$\therefore r=4$

❶ $(밑넓이)=\pi\times4^2=16\pi(\text{cm}^2)$

❷ $(옆넓이)=8\pi\times10=80\pi(\text{cm}^2)$

❸ $(겉넓이)=16\pi\times2+80\pi$

$=112\pi(\text{cm}^2)$

(4) 밑면인 원의 둘레의 길이가 10π cm이므로

$2\pi r=10\pi$

$\therefore r=5$

❶ $(밑넓이)=\pi\times5^2=25\pi(\text{cm}^2)$

❷ $(옆넓이)=10\pi\times8=80\pi(\text{cm}^2)$

❸ $(겉넓이)=25\pi\times2+80\pi=130\pi(\text{cm}^2)$

3 (1) $(밑넓이)=\pi\times2^2=4\pi(\text{cm}^2)$

$(옆넓이)=(2\pi\times2)\times6=24\pi(\text{cm}^2)$

$\therefore (겉넓이)=4\pi\times2+24\pi$

$=32\pi(\text{cm}^2)$

(2) 반지름의 길이가 4 cm이므로

$(밑넓이)=\pi\times4^2=16\pi(\text{cm}^2)$

$(옆넓이)=(2\pi\times4)\times12=96\pi(\text{cm}^2)$

$\therefore (겉넓이)=16\pi\times2+96\pi$

$=128\pi(\text{cm}^2)$

4 (1) $(밑넓이)=\pi\times6^2\times\frac{60}{360}=6\pi(\text{cm}^2)$

$(옆넓이)=\left(2\pi\times6\times\frac{60}{360}+6+6\right)\times10$

$=20\pi+120(\text{cm}^2)$

$\therefore (겉넓이)=6\pi\times2+20\pi+120$

$=32\pi+120(\text{cm}^2)$

(2) $(밑넓이)=\pi\times2^2\times\frac{1}{2}=2\pi(\text{cm}^2)$

$(옆넓이)=\left(2\pi\times2\times\frac{1}{2}+4\right)\times6$

$=12\pi+24(\text{cm}^2)$

$\therefore (겉넓이)=2\pi\times2+12\pi+24$

$=16\pi+24(\text{cm}^2)$

(3) $(밑넓이)=\pi\times4^2\times\frac{135}{360}=6\pi(\text{cm}^2)$

$(옆넓이)=\left(2\pi\times4\times\frac{135}{360}+4+4\right)\times8$

$=24\pi+64(\text{cm}^2)$

$\therefore (겉넓이)=6\pi\times2+24\pi+64$

$=36\pi+64(\text{cm}^2)$

5 (1) ❶ $(밑넓이)=\pi\times5^2-\pi\times3^2=16\pi(\text{cm}^2)$

❷ $(바깥쪽\ 옆넓이)=(2\pi\times5)\times8=80\pi(\text{cm}^2)$

❸ $(안쪽\ 옆넓이)=(2\pi\times3)\times8=48\pi(\text{cm}^2)$

❹ $(겉넓이)=16\pi\times2+80\pi+48\pi$

$=160\pi(\text{cm}^2)$

(2) ❶ (밑넓이)$=\pi\times6^2-\pi\times3^2=27\pi\,(\text{cm}^2)$

❷ (바깥쪽 옆넓이)$=(2\pi\times6)\times10$
$=120\pi\,(\text{cm}^2)$

❸ (안쪽 옆넓이)$=(2\pi\times3)\times10=60\pi\,(\text{cm}^2)$

❹ (겉넓이)$=27\pi\times2+120\pi+60\pi$
$=234\pi\,(\text{cm}^2)$

27 원기둥의 부피 pp. 108~109

1 높이
(1) 밑넓이, 36π, 5, 180π (2) 640π cm^3
(3) 96π cm^3 (4) 180π cm^3

2 (1) 108π, 9π, 12 (2) 5 cm
(3) 9π cm^2 (4) 16π cm^2

3 (1) 16π cm^3 (2) 63π cm^3
(3) 80π cm^3

4 (1) 8, 45, 8π, 8π, 6, 48π (2) 54π cm^3

5 (1) ❶ 12π cm^2 ❷ 120π cm^3
(2) ❶ $\frac{16}{3}\pi$ cm^2 ❷ 48π cm^3

6 (1) πr^2h (2) ㉠ 높이 ㉡ −

1 (2) (부피)$=64\pi\times10=640\pi\,(\text{cm}^3)$
(3) (부피)$=(\pi\times4^2)\times6=96\pi\,(\text{cm}^3)$
(4) 밑면인 원의 반지름의 길이가 6 cm이므로
(부피)$=(\pi\times6^2)\times5=180\pi\,(\text{cm}^3)$

2 (2) (높이)$=120\pi\div24\pi=5\,(\text{cm})$
(3) (밑넓이)$=90\pi\div10=9\pi\,(\text{cm}^2)$
(4) (밑넓이)$=112\pi\div7=16\pi\,(\text{cm}^2)$

3 (1) (부피)$=(\pi\times2^2)\times4=16\pi\,(\text{cm}^3)$
(2) (부피)$=(\pi\times3^2)\times7=63\pi\,(\text{cm}^3)$
(3) 밑면인 원의 반지름의 길이가 4 cm이므로
(부피)$=(\pi\times4^2)\times5=80\pi\,(\text{cm}^3)$

4 (2) (부피)$=\left(\pi\times3^2\times\frac{240}{360}\right)\times9=54\pi\,(\text{cm}^3)$

5 (1) ❶ (밑넓이)$=\pi\times4^2-\pi\times2^2=12\pi\,(\text{cm}^2)$
❷ (부피)$=12\pi\times10=120\pi\,(\text{cm}^3)$

(2) ❶ (밑넓이)$=\pi\times5^2\times\frac{120}{360}-\pi\times3^2\times\frac{120}{360}$
$=\frac{16}{3}\pi\,(\text{cm}^2)$

❷ (부피)$=\frac{16}{3}\pi\times9=48\pi\,(\text{cm}^3)$

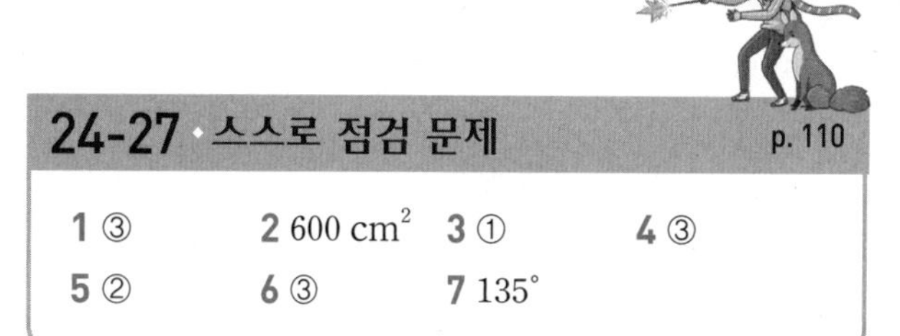

24-27 스스로 점검 문제 p. 110

1 ③ 2 600 cm^2 3 ① 4 ③
5 ② 6 ③ 7 135°

1 (옆넓이)$=(3+3+3+3+3)\times8=120\,(\text{cm}^2)$

2 주어진 입체도형의 겉넓이는 한 모서리의 길이가 10 cm인 정육면체의 겉넓이와 같으므로
(겉넓이)$=(10\times10)\times6=600\,(\text{cm}^2)$

3 (부피)$=$(밑넓이)$\times$(높이)
$=\left\{\frac{1}{2}\times(4+6)\times3\right\}\times6=90\,(\text{cm}^3)$

4 원기둥의 높이를 h cm라 하면
(겉넓이)$=$(밑넓이)$\times2+$(옆넓이)
$=(\pi\times2^2)\times2+2\pi\times2\times h$
$=8\pi+4\pi h$
$8\pi+4\pi h=52\pi$, $4\pi h=44\pi$
$\therefore h=11$

5 (겉넓이)$=$(밑넓이)$\times2+$(옆넓이)
$=\left(\pi\times4^2\times\frac{45}{360}\right)\times2$
$+\left(2\pi\times4\times\frac{45}{360}+4+4\right)\times8$
$=4\pi+(8\pi+64)=12\pi+64\,(\text{cm}^2)$
따라서 $a=12$, $b=64$이므로
$a+b=12+64=76$

6 (겉넓이)

$=$(큰 원기둥의 겉넓이)$+$(작은 원기둥의 옆넓이)

$=(\pi\times6^2)\times2+2\pi\times6\times5+2\pi\times2\times4$

$=72\pi+60\pi+16\pi=148\pi\,(\text{cm}^2)$

(부피)

$=$(큰 원기둥의 부피)$+$(작은 원기둥의 부피)

$=\pi\times6^2\times5+\pi\times2^2\times4$

$=180\pi+16\pi=196\pi\,(\text{cm}^3)$

7 밑면의 중심각의 크기를 $x°$라 하면

(부피)$=\left(\pi\times4^2\times\frac{x}{360}\right)\times8=48\pi$

$\frac{16}{45}x=48$ $\quad\therefore x=135$

28 각뿔의 겉넓이 pp. 111~112

1 (1) 6, 4 (2) 4, 4, 16 (3) 4, 6, 4, 48 (4) 밑넓이, 16, 48, 64

2 (1) ❶ 25 cm^2 ❷ 40 cm^2 ❸ 65 cm^2
(2) ❶ 64 cm^2 ❷ 160 cm^2 ❸ 224 cm^2

3 (1) 80 cm^2 (2) 39 cm^2 (3) 96 cm^2 (4) 189 cm^2

4 (1) ❶ 64 cm^2 ❷ 9 cm^2 ❸ 132 cm^2 ❹ 205 cm^2
(2) ❶ 100 cm^2 ❷ 16 cm^2 ❸ 140 cm^2 ❹ 256 cm^2

5 (1) 밑넓이 (2) 1, 4

2 (1) ❶ (밑넓이)$=5\times5=25\,(\text{cm}^2)$

❷ (옆넓이)$=\left(\frac{1}{2}\times5\times4\right)\times4=40\,(\text{cm}^2)$

❸ (겉넓이)$=25+40=65\,(\text{cm}^2)$

(2) ❶ (밑넓이)$=8\times8=64\,(\text{cm}^2)$

❷ (옆넓이)$=\left(\frac{1}{2}\times8\times10\right)\times4=160\,(\text{cm}^2)$

❸ (겉넓이)$=64+160=224\,(\text{cm}^2)$

3 (1) (밑넓이)$=4\times4=16\,(\text{cm}^2)$

(옆넓이)$=\left(\frac{1}{2}\times4\times8\right)\times4=64\,(\text{cm}^2)$

$\therefore$ (겉넓이)$=16+64=80\,(\text{cm}^2)$

(2) (밑넓이)$=3\times3=9\,(\text{cm}^2)$

(옆넓이)$=\left(\frac{1}{2}\times3\times5\right)\times4=30\,(\text{cm}^2)$

$\therefore$ (겉넓이)$=9+30=39\,(\text{cm}^2)$

(3) (밑넓이)$=6\times6=36\,(\text{cm}^2)$

(옆넓이)$=\left(\frac{1}{2}\times6\times5\right)\times4=60\,(\text{cm}^2)$

$\therefore$ (겉넓이)$=36+60=96\,(\text{cm}^2)$

(4) (밑넓이)$=7\times7=49\,(\text{cm}^2)$

(옆넓이)$=\left(\frac{1}{2}\times7\times10\right)\times4=140\,(\text{cm}^2)$

$\therefore$ (겉넓이)$=49+140=189\,(\text{cm}^2)$

4 (1) ❶ (큰 밑면의 넓이)$=8\times8=64\,(\text{cm}^2)$

❷ (작은 밑면의 넓이)$=3\times3=9\,(\text{cm}^2)$

❸ (옆넓이)$=\left\{\frac{1}{2}\times(3+8)\times6\right\}\times4$

$=132\,(\text{cm}^2)$

❹ (겉넓이)$=64+9+132=205\,(\text{cm}^2)$

(2) ❶ (큰 밑면의 넓이)$=10\times10=100\,(\text{cm}^2)$

❷ (작은 밑면의 넓이)$=4\times4=16\,(\text{cm}^2)$

❸ (옆넓이)$=\left\{\frac{1}{2}\times(4+10)\times5\right\}\times4$

$=140\,(\text{cm}^2)$

❹ (겉넓이)$=100+16+140=256\,(\text{cm}^2)$

29 각뿔의 부피 pp. 113~114

1 $\frac{1}{3}$, 각기둥, $\frac{1}{3}$, 높이
(1) $\frac{1}{3}$, $\frac{1}{3}$, 33, 7, 77 (2) 32 cm^3 (3) 60 cm^3 (4) 80 cm^3

2 (1) 96 cm^3 (2) 32 cm^3 (3) 168 cm^3

3 (1) 28 cm^3 (2) 6 cm^3 (3) 64 cm^3 (4) 20 cm^3

4 (1) ❶ 480 cm^3 ❷ 60 cm^3 ❸ 420 cm^3
(2) ❶ $\frac{1000}{3}$ cm^3 ❷ $\frac{64}{3}$ cm^3 ❸ 312 cm^3

5 (1) $\frac{1}{3}$ (2) $\frac{1}{3}$, 높이 (3) $\frac{1}{3}Sh$

1 (2) (부피)$=\frac{1}{3}\times16\times6=32\,(\text{cm}^3)$

(3) (부피)$=\frac{1}{3}\times45\times4=60\,(\text{cm}^3)$

(4) (부피)$=\frac{1}{3}\times48\times5=80\,(\text{cm}^3)$

2 (1) (부피)$=\frac{1}{3}\times(6\times6)\times8=96\,(\text{cm}^3)$

(2) (부피)$=\frac{1}{3}\times(4\times4)\times6=32\,(\text{cm}^3)$

(3) (부피)$=\frac{1}{3}\times(7\times8)\times9=168\,(\text{cm}^3)$

3 (1) (부피)$=\frac{1}{3}\times\left(\frac{1}{2}\times4\times6\right)\times7=28\,(\text{cm}^3)$

(2) (부피)$=\frac{1}{3}\times\left(\frac{1}{2}\times4\times3\right)\times3=6\,(\text{cm}^3)$

(3) (부피)$=\frac{1}{3}\times\left(\frac{1}{2}\times4\times12\right)\times8=64\,(\text{cm}^3)$

(4) (부피)$=\frac{1}{3}\times\left(\frac{1}{2}\times4\times6\right)\times5=20\,(\text{cm}^3)$

4 (1) ❶ $\frac{1}{3}\times(12\times12)\times10=480\,(\text{cm}^3)$

❷ $\frac{1}{3}\times(6\times6)\times5=60\,(\text{cm}^3)$

❸ (각뿔대의 부피)$=480-60=420\,(\text{cm}^3)$

(2) ❶ $\frac{1}{3}\times(10\times10)\times10=\frac{1000}{3}\,(\text{cm}^3)$

❷ $\frac{1}{3}\times(4\times4)\times4=\frac{64}{3}\,(\text{cm}^3)$

❸ (각뿔대의 부피)$=\frac{1000}{3}-\frac{64}{3}=312\,(\text{cm}^3)$

30 원뿔의 겉넓이 pp. 115~116

1 (1) 5, 3 (2) 3, 9π (3) 5, 6π, 5, 6π, 15π
(4) 옆넓이, 9π, 15π, 24π

2 (1) 3, 3, 8, 9π, 24π, 33π (2) 52π cm^2
(3) 96π cm^2

3 (1) ❶ 4π cm ❷ 6 cm / 120, 4π, 6
❸ 16π cm^2
(2) ❶ 8π cm ❷ 6 cm ❸ 40π cm^2

4 (1) ❶ 36π cm^2 ❷ 9π cm^2 ❸ 60π cm^2
❹ 15π cm^2 ❺ 90π cm^2
(2) ❶ 144π cm^2 ❷ 64π cm^2 ❸ 180π cm^2
❹ 80π cm^2 ❺ 308π cm^2

5 (1) 모선 (2) πrl

2 (2) (밑넓이)$=\pi\times4^2=16\pi\,(\text{cm}^2)$

(옆넓이)$=\pi\times4\times9=36\pi\,(\text{cm}^2)$

$\therefore$ (겉넓이)$=16\pi+36\pi=52\pi\,(\text{cm}^2)$

(3) (밑넓이)$=\pi\times6^2=36\pi\,(\text{cm}^2)$

(옆넓이)$=\pi\times6\times10=60\pi\,(\text{cm}^2)$

$\therefore$ (겉넓이)$=36\pi+60\pi=96\pi\,(\text{cm}^2)$

3 (1) ❶ (호의 길이)$=2\pi\times2=4\pi\,(\text{cm})$

❸ (겉넓이)=(밑넓이)+(옆넓이)
$=(\pi\times2^2)+(\pi\times2\times6)$
$=4\pi+12\pi$
$=16\pi\,(\text{cm}^2)$

(2) ❶ (호의 길이)$=2\pi\times4=8\pi\,(\text{cm})$

❷ $2\pi\times l\times\frac{240}{360}=8\pi$ $\quad\therefore l=6\,(\text{cm})$

❸ (겉넓이)=(밑넓이)+(옆넓이)
$=(\pi\times4^2)+(\pi\times4\times6)$
$=16\pi+24\pi$
$=40\pi\,(\text{cm}^2)$

4 (1) ❶ (큰 밑면의 넓이)$=\pi\times6^2=36\pi\,(\text{cm}^2)$

❷ (작은 밑면의 넓이)$=\pi\times3^2=9\pi\,(\text{cm}^2)$

❸ (큰 원뿔의 옆넓이)$=\pi\times6\times10=60\pi\,(\text{cm}^2)$

❹ (작은 원뿔의 옆넓이)$=\pi\times3\times5=15\pi\,(\text{cm}^2)$

❺ (겉넓이)$=36\pi+9\pi+(60\pi-15\pi)$
$=90\pi\,(\text{cm}^2)$

(2) ❶ (큰 밑면의 넓이)$=\pi\times12^2=144\pi\,(\text{cm}^2)$

❷ (작은 밑면의 넓이)$=\pi\times8^2=64\pi\,(\text{cm}^2)$

❸ (큰 원뿔의 옆넓이)$=\pi\times12\times15$
$=180\pi\,(\text{cm}^2)$

❹ (작은 원뿔의 옆넓이)$=\pi\times8\times10=80\pi\,(\text{cm}^2)$

❺ (겉넓이)$=144\pi+64\pi+(180\pi-80\pi)$
$=308\pi\,(\text{cm}^2)$

31 원뿔의 부피 pp. 117~118

1 $\frac{1}{3}$, 원기둥, $\frac{1}{3}$, 높이

(1) $\frac{1}{3}$, $\frac{1}{3}$, 39π, 9, 117π (2) $75\pi\ \text{cm}^3$

(3) $32\pi\ \text{cm}^3$ (4) $60\pi\ \text{cm}^3$

2 (1) $48\pi\ \text{cm}^3$ (2) $320\pi\ \text{cm}^3$ (3) $96\pi\ \text{cm}^3$

3 (1) ❶ $108\pi\ \text{cm}^3$ ❷ $32\pi\ \text{cm}^3$ ❸ $76\pi\ \text{cm}^3$

(2) ❶ $405\pi\ \text{cm}^3$ ❷ $120\pi\ \text{cm}^3$ ❸ $285\pi\ \text{cm}^3$

4 (1)

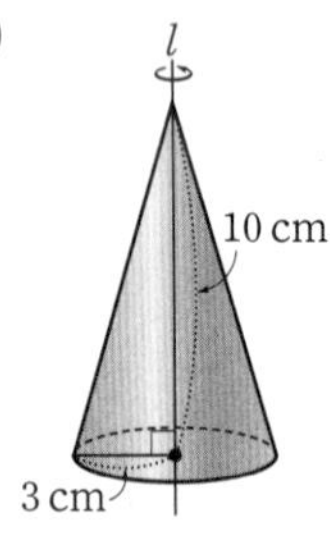

$30\pi\ \text{cm}^3$

(2)

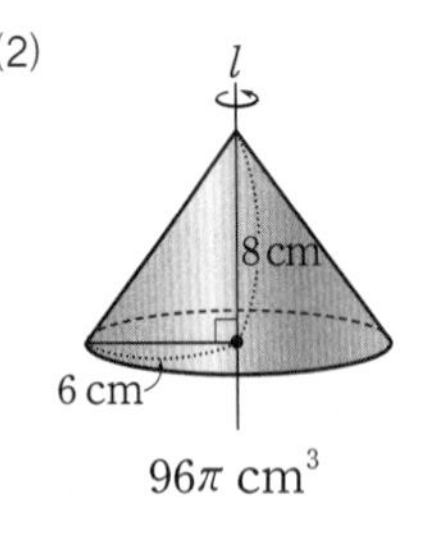

$96\pi\ \text{cm}^3$

(3)

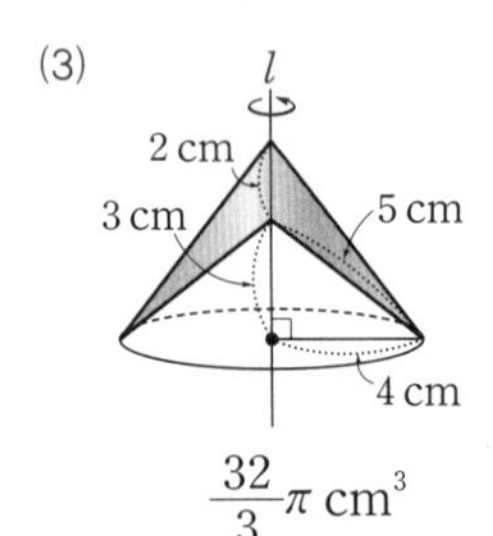

$\frac{32}{3}\pi\ \text{cm}^3$

(4)

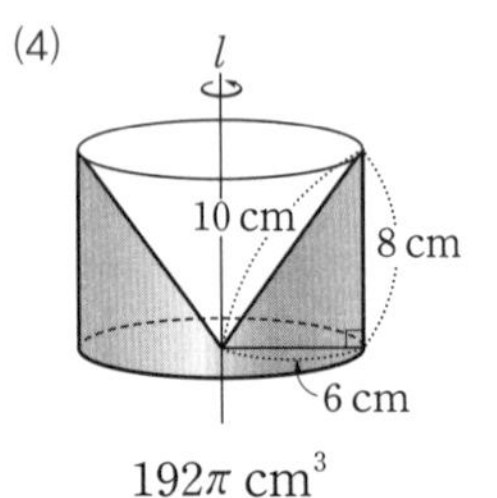

$192\pi\ \text{cm}^3$

5 (1) $\frac{1}{3}$ (2) $\frac{1}{3}$, 밑넓이 (3) $\frac{1}{3}\pi r^2 h$

1 (2) $(\text{부피})=\frac{1}{3}\times 25\pi\times 9=75\pi\,(\text{cm}^3)$

(3) $(\text{부피})=\frac{1}{3}\times(\pi\times 4^2)\times 6=32\pi\,(\text{cm}^3)$

(4) $(\text{부피})=\frac{1}{3}\times(\pi\times 6^2)\times 5=60\pi\,(\text{cm}^3)$

2 (1) $(\text{부피})=\frac{1}{3}\times(\pi\times 4^2)\times 9=48\pi\,(\text{cm}^3)$

(2) $(\text{부피})=\frac{1}{3}\times(\pi\times 8^2)\times 15=320\pi\,(\text{cm}^3)$

(3) $(\text{부피})=\frac{1}{3}\times(\pi\times 6^2)\times 8=96\pi\,(\text{cm}^3)$

3 (1) ❶ $(\text{큰 원뿔의 부피})=\frac{1}{3}\times(\pi\times 6^2)\times 9$
$=108\pi\,(\text{cm}^3)$

❷ $(\text{작은 원뿔의 부피})=\frac{1}{3}\times(\pi\times 4^2)\times 6$
$=32\pi\,(\text{cm}^3)$

❸ $(\text{원뿔대의 부피})=108\pi-32\pi$
$=76\pi\,(\text{cm}^3)$

(2) ❶ $(\text{큰 원뿔의 부피})=\frac{1}{3}\times(\pi\times 9^2)\times 15$
$=405\pi\,(\text{cm}^3)$

❷ $(\text{작은 원뿔의 부피})=\frac{1}{3}\times(\pi\times 6^2)\times 10$
$=120\pi\,(\text{cm}^3)$

❸ $(\text{원뿔대의 부피})=405\pi-120\pi$
$=285\pi\,(\text{cm}^3)$

4 (1) $(\text{부피})=\frac{1}{3}\times(\pi\times 3^2)\times 10=30\pi\,(\text{cm}^3)$

(2) $(\text{부피})=\frac{1}{3}\times(\pi\times 6^2)\times 8=96\pi\,(\text{cm}^3)$

(3) $(\text{부피})=(\text{큰 원뿔의 부피})-(\text{작은 원뿔의 부피})$
$=\left\{\frac{1}{3}\times(\pi\times 4^2)\times 5\right\}-\left\{\frac{1}{3}\times(\pi\times 4^2)\times 3\right\}$
$=\frac{80}{3}\pi-\frac{48}{3}\pi=\frac{32}{3}\pi\,(\text{cm}^3)$

(4) $(\text{부피})=(\text{원기둥의 부피})-(\text{원뿔의 부피})$
$=(\pi\times 6^2)\times 8-\frac{1}{3}\times(\pi\times 6^2)\times 8$
$=288\pi-96\pi$
$=192\pi\,(\text{cm}^3)$

28-31 스스로 점검 문제 p. 119

1 ④ **2** $152\ \text{cm}^2$ **3** ② **4** ②
5 $30\pi\ \text{cm}^2$ **6** ④ **7** ④

1 $(\text{겉넓이})=2\times 2+\left(\frac{1}{2}\times 2\times 5\right)\times 4$
$=4+20=24\,(\text{cm}^2)$

2 $(\text{겉넓이})=6\times 6+4\times 4+\left\{\frac{1}{2}\times(4+6)\times 5\right\}\times 4$
$=36+16+100$
$=152\,(\text{cm}^2)$

3 사각뿔의 높이를 h cm라 하면

$\frac{1}{3}\times(9\times 9)\times h=135$ $\quad\therefore h=5$

4 (겉넓이)$=\pi\times3\times5+\pi\times3\times7$
$=36\pi\,(\text{cm}^2)$

5 밑면의 반지름의 길이를 r cm라 하면
$\pi\times r\times7=21\pi$ $\therefore r=3$
$\therefore$ (겉넓이)$=\pi\times3^2+21\pi$
$=30\pi\,(\text{cm}^2)$

6 (부피)=(원뿔의 부피)+(원기둥의 부피)
$=\frac{1}{3}\times(\pi\times8^2)\times9+\pi\times8^2\times5$
$=192\pi+320\pi$
$=512\pi\,(\text{cm}^3)$

7 (두 밑면의 넓이의 합)$=\pi\times6^2+\pi\times3^2$
$=45\pi\,(\text{cm}^2)$
(옆넓이)$=(\pi\times6\times10)-(\pi\times3\times5)$
$=45\pi\,(\text{cm}^2)$
$\therefore$ (겉넓이)$=45\pi+45\pi$
$=90\pi\,(\text{cm}^2)$
(부피)$=\frac{1}{3}\times(\pi\times6^2)\times8-\frac{1}{3}\times(\pi\times3^2)\times4$
$=96\pi-12\pi$
$=84\pi\,(\text{cm}^3)$
따라서 $a=90$, $b=84$이므로
$a+b=90+84=174$

32 구의 겉넓이 pp. 120~121

1 (1) 4, 6, 144π (2) 100π cm^2
(3) 36π cm^2 (4) 64π cm^2

2 (1) $\frac{1}{2}$, 8π, 4π, 12π (2) 108π cm^2
(3) 32π cm^2

3 (1) 원기둥, 32π, 64π, 112π
(2) 원뿔, 18π, 12π, 30π
(3) 원기둥, 36π, 72π
(4) 2, 48π, 16π, 64π

4 (1) 4 cm (2) 5 cm

5 (1) 196π cm^2 (2) 75π cm^2
(3) 33π cm^2

6 (1) $4\pi r^2$ (2) $2r$

1 (2) (겉넓이)$=4\pi\times5^2=100\pi\,(\text{cm}^2)$
(3) (겉넓이)$=4\pi\times3^2=36\pi\,(\text{cm}^2)$
(4) (겉넓이)$=4\pi\times4^2=64\pi\,(\text{cm}^2)$

2 (2) (겉넓이)$=\frac{1}{2}\times(4\pi\times6^2)+\pi\times6^2$
$=72\pi+36\pi=108\pi\,(\text{cm}^2)$
(3) (겉넓이)$=\frac{1}{4}\times(4\pi\times4^2)+\left(\frac{1}{2}\times\pi\times4^2\right)\times2$
$=16\pi+16\pi=32\pi\,(\text{cm}^2)$

3 (1) $\frac{1}{2}\times$(구의 겉넓이)
+(원기둥의 옆넓이)+(원의 넓이)
$=\frac{1}{2}\times4\pi\times4^2+2\pi\times4\times8+\pi\times4^2$
$=32\pi+64\pi+16\pi=112\pi\,(\text{cm}^2)$
(2) $\frac{1}{2}\times$(구의 겉넓이)+(원뿔의 옆넓이)
$=\frac{1}{2}\times4\pi\times3^2+\pi\times3\times4$
$=18\pi+12\pi=30\pi\,(\text{cm}^2)$
(3) (구의 겉넓이)+(원기둥의 옆넓이)
$=4\pi\times3^2+2\pi\times3\times6$
$=36\pi+36\pi=72\pi\,(\text{cm}^2)$
(4) $\frac{3}{4}\times$(구의 겉넓이)$+2\times$(반원의 넓이)
$=\frac{3}{4}\times4\pi\times4^2+2\times\frac{1}{2}\times\pi\times4^2$
$=48\pi+16\pi=64\pi\,(\text{cm}^2)$

4 (1) 구의 반지름의 길이를 r cm라 하면
$4\pi\times r^2=64\pi$, $r^2=16$
$\therefore r=4$ ($\because r>0$)
따라서 구의 반지름의 길이는 4 cm이다.
(2) 구의 반지름의 길이를 r cm라 하면
$4\pi\times r^2=100\pi$, $r^2=25$
$\therefore r=5$ ($\because r>0$)
따라서 구의 반지름의 길이는 5 cm이다.

5 (1) 직선 l을 축으로 하여 1회전시킬 때 만들어지는 회전체는 오른쪽 그림과 같으므로
$4\pi\times7^2=196\pi\,(\text{cm}^2)$

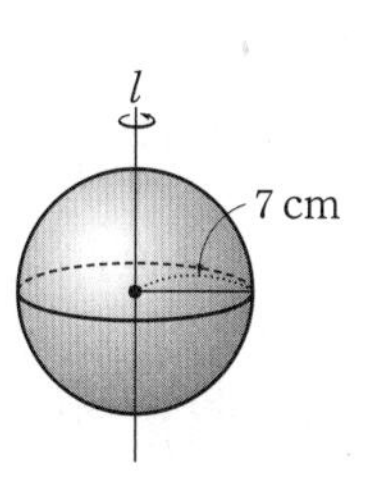

(2) 직선 l을 축으로 하여 1회전시킬 때 만들어지는 회전체는 오른쪽 그림과 같으므로

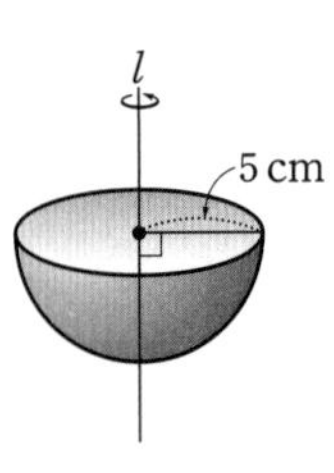

$\frac{1}{2}\times 4\pi\times 5^2+\pi\times 5^2$

$=75\pi\,(\text{cm}^2)$

(3) 직선 l을 축으로 하여 1회전시킬 때 만들어지는 회전체는 오른쪽 그림과 같으므로

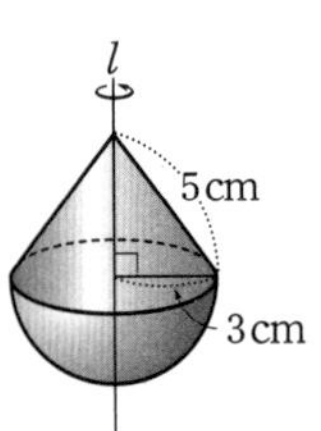

$\pi\times 3\times 5+\frac{1}{2}\times 4\pi\times 3^2$

$=33\pi\,(\text{cm}^2)$

33 구의 부피 pp. 122~123

1 (1) $\frac{4}{3}$, 3, 36π (2) $\frac{500}{3}\pi$ cm^3 (3) 288π cm^3

2 (1) $\frac{1}{2}$ / $\frac{16}{3}\pi$ cm^3 (2) $\frac{3}{4}$ / 27π cm^3 (3) $\frac{7}{8}$ / $\frac{224}{3}\pi$ cm^3

3 (1) 원기둥 / $\frac{88}{3}\pi$ cm^3 (2) 원뿔 / 240π cm^3 (3) 반구 / 30π cm^3 (4) 원기둥, 원기둥 / $\frac{80}{3}\pi$ cm^3

4 (1) 18π cm^3 (2) 36π cm^3 (3) 54π cm^3 (4) 1 : 2 : 3

5 (1) 2 / $\frac{16}{3}\pi$ cm^3 (2) 3 / 16π cm^3

6 (1) $\frac{4}{3}\pi r^3$ (2) $\frac{1}{3}$, $\frac{2}{3}$, 1, 2

1 (2) (부피)$=\frac{4}{3}\pi\times 5^3=\frac{500}{3}\pi\,(\text{cm}^3)$

(3) (부피)$=\frac{4}{3}\pi\times 6^3=288\pi\,(\text{cm}^3)$

2 (1) (부피)$=\frac{1}{2}\times\left(\frac{4}{3}\pi\times 2^3\right)=\frac{16}{3}\pi\,(\text{cm}^3)$

(2) (부피)$=\frac{3}{4}\times\left(\frac{4}{3}\pi\times 3^3\right)=27\pi\,(\text{cm}^3)$

(3) (부피)$=\frac{7}{8}\times\left(\frac{4}{3}\pi\times 4^3\right)=\frac{224}{3}\pi\,(\text{cm}^3)$

3 (1) (부피)$=\frac{1}{2}\times\left(\frac{4}{3}\pi\times 2^3\right)+(\pi\times 2^2)\times 6$

$=\frac{16}{3}\pi+24\pi$

$=\frac{88}{3}\pi\,(\text{cm}^3)$

(2) (부피)$=\frac{1}{2}\times\left(\frac{4}{3}\pi\times 6^3\right)+\frac{1}{3}\times(\pi\times 6^2)\times 8$

$=144\pi+96\pi$

$=240\pi\,(\text{cm}^3)$

(3) (부피)$=\frac{1}{3}\times(\pi\times 3^2)\times 4+\frac{1}{2}\times\left(\frac{4}{3}\pi\times 3^3\right)$

$=12\pi+18\pi$

$=30\pi\,(\text{cm}^3)$

(4) (부피)$=\frac{4}{3}\pi\times 2^3+(\pi\times 2^2)\times 4$

$=\frac{32}{3}\pi+16\pi$

$=\frac{80}{3}\pi\,(\text{cm}^3)$

4 (1) (원뿔의 부피)$=\frac{1}{3}\times(\pi\times 3^2)\times 6$

$=18\pi\,(\text{cm}^3)$

(2) (구의 부피)$=\frac{4}{3}\pi\times 3^3$

$=36\pi\,(\text{cm}^3)$

(3) (원기둥의 부피)$=(\pi\times 3^2)\times 6$

$=54\pi\,(\text{cm}^3)$

(4) (원뿔의 부피) : (구의 부피) : (원기둥의 부피)

$=18\pi : 36\pi : 54\pi$

$=1 : 2 : 3$

5 (1) (원뿔의 부피) : (구의 부피)$=1:2$이므로

(원뿔의 부피) : $\frac{32}{3}\pi=1:2$

$\therefore$ (원뿔의 부피)$=\frac{16}{3}\pi\,(\text{cm}^3)$

(2) (원뿔의 부피) : (원기둥의 부피)$=1:3$이므로

$\frac{16}{3}\pi$: (원기둥의 부피)$=1:3$

$\therefore$ (원기둥의 부피)$=\frac{16}{3}\pi\times 3$

$=16\pi\,(\text{cm}^3)$

32-33 · 스스로 점검 문제 p. 124

1 ③ 2 48π cm^2 3 ④ 4 ②
5 겉넓이: 144π cm^2, 부피: 216π cm^3 6 ②
7 ④

1 (겉넓이)$=4\pi\times2^2=16\pi$(cm^2)

(부피)$=\frac{4}{3}\pi\times2^3=\frac{32}{3}\pi$(cm^3)

따라서 $a=16$, $b=\frac{32}{3}$이므로

$a+b=16+\frac{32}{3}=\frac{80}{3}$

2 (겉넓이)$=\frac{1}{2}\times$(구의 겉넓이)$+$(원의 넓이)

$=\frac{1}{2}\times(4\pi\times4^2)+\pi\times4^2$

$=32\pi+16\pi$

$=48\pi$(cm^2)

3 반지름의 길이가 $3r$인 구의 겉넓이는

$4\pi\times(3r)^2=36\pi r^2$

반지름의 길이가 r인 구의 겉넓이는

$4\pi r^2$

따라서 반지름의 길이가 $3r$인 구의 겉넓이는 반지름의 길이가 r인 구의 겉넓이의 $\frac{36\pi r^2}{4\pi r^2}=9$(배)이다.

참고 두 구의 반지름의 길이의 비가 $a:b$이면 두 구의 겉넓이의 비는 $a^2:b^2$이다.

다른 풀이 반지름의 길이의 비가 $1:3$이므로 겉넓이의 비는 $1^2:3^2=1:9$

따라서 9배이다.

4 (작은 반구의 구면의 넓이)$=\frac{1}{2}\times(4\pi\times3^2)$

$=18\pi$(cm^2)

(큰 반구의 구면의 넓이)$=\frac{1}{2}\times(4\pi\times6^2)$

$=72\pi$(cm^2)

(포개어지지 않은 단면의 넓이)$=\pi\times6^2-\pi\times3^2$

$=27\pi$(cm^2)

$\therefore$ (겉넓이)$=18\pi+72\pi+27\pi$

$=117\pi$(cm^2)

5 (겉넓이)$=\frac{3}{4}\times(4\pi\times6^2)+\pi\times6^2$

$=108\pi+36\pi$

$=144\pi$(cm^2)

(부피)$=\frac{3}{4}\times\left(\frac{4}{3}\pi\times6^3\right)$

$=216\pi$(cm^3)

6 (반구의 부피)$=\frac{1}{2}\times\left(\frac{4}{3}\pi\times3^3\right)$

$=18\pi$(cm^3)

(원뿔의 부피)$=\frac{1}{3}\times(\pi\times3^2)\times5$

$=15\pi$(cm^3)

$\therefore$ (입체도형의 부피)$=18\pi+15\pi$

$=33\pi$(cm^3)

7 (구의 부피) : (원기둥의 부피)$=2:3$이므로

(구의 부피)$:432\pi=2:3$

$\therefore$ (구의 부피)$=288\pi$(cm^3)

Ⅲ. 통계

1 자료의 정리와 해석

01 줄기와 잎 그림 pp. 126~128

1

몸무게 (3|6은 36 kg)

줄기	잎
3	6 7 9
4	0 3 5 5 6 8
5	1 3 4 5 7 7 8 9
6	0 2 4

(1) 십, 일 (2) 중복된 횟수만큼 (3) 5, 6
(4) 5 (5) 6, 7 (6) 64 (7) 잎
(8) 20

2 (1)

통학 시간 (1|0은 10분)

줄기	통학 시간
1	0 2 4 5 7 8
2	1 2 3 3 5 7 8
3	0 2 3 5 6
4	0 1

(2)

영어 점수 (6|2는 62점)

줄기	잎
6	2 5 6 7 8
7	0 2 3 4 6 8
8	1 3 4 5 7 8 9
9	4 6 8

(3)

키 (14|5는 145 cm)

줄기	잎
14	5 5 6 7 8
15	2 3 4 5 5 7 9
16	1 3 4 6 8 8
17	0 0 1

3 (1) 1, 4 (2) 4, 1, 18 / 18
(3) 35, 40 / 5

4 (1) 28명 (2) 5명 (3) 33권

5 (1) 0 (2) 29명 (3) 9명 (4) 14명
(5) 13시간 (6) 34시간

6 (1) 3 (2) 56쪽 (3) 8일 (4) 45쪽

7 (1) 변량 (2) 줄기, 잎
(3) 한 번만, 중복된 횟수만큼

4 (1) 전체 학생 수는 잎의 총 개수와 같으므로
$5+10+8+5=28$(명)
(2) 독서량이 10권 미만인 학생은 4권, 5권, 6권, 7권, 9권의 5명이다.
(3) 독서량이 가장 많은 학생의 독서량은 37권이고 가장 적은 학생의 독서량은 4권이므로 그 차는
$37-4=33$(권)

5 (2) 전체 학생 수는 잎의 총 개수와 같으므로
$3+6+9+7+4=29$(명)
(4) $3+7+4=14$(명)

02 도수분포표 pp. 129~130

1 (1) 변량, 8 (2) 계급, 16, 20, 20, 24, 5
(3) 차, 4 (4) 20, 24 (5) 도수, 14

2 (1)

횟수(회)	도수(명)	
0 이상 ~ 10 미만	///	3
10 ~ 20	////	4
20 ~ 30	卌 /	6
30 ~ 40	//	2
합계	15	

(2)

방문자 수(명)	도수(일)
0 이상 ~ 5 미만	3
5 ~ 10	5
10 ~ 15	1
15 ~ 20	6
20 ~ 25	6
합계	21

(3)

시청 시간(분)	도수(명)
10 이상 ~ 20 미만	2
20 ~ 30	6
30 ~ 40	6
40 ~ 50	7
50 ~ 60	3
합계	24

3 (1) 5 g (2) 5개 (3) 50 g 이상 55 g 미만
(4) 15개

4 (1) 계급 (2) 차 (3) 계급값 (4) 도수

3 (1) $(\text{계급의 크기})=65-60=\cdots=45-40=5(\text{g})$
(2) 계급은 40~45, 45~50, 50~55, 55~60, 60~65의 5개이다.

(5) 키가 165 cm 이상인 학생 수: 2명
키가 160 cm 이상인 학생 수: $6+2=8$(명)
따라서 키가 큰 쪽에서 5번째인 학생이 속하는 계급은 160 cm 이상 165 cm 미만이다.

03 도수분포표의 이해 pp. 131~132

1 (1) 10, 11, 15 (2) 7, 11, 8
(3) 5, 8, 13 (4) 8, 13, 7, 11
(5) 6, 7, 15, 19 (6) 6, 6, 20

2 (1) 25, 19, 6 (2) 8명
(3) 90점 이상 100점 미만
(4) 70점 이상 80점 미만
(5) 8 % (6) 28 %

3 (1) 6 (2) 155 cm 이상 160 cm 미만
(3) 6명 (4) 30 %
(5) 160 cm 이상 165 cm 미만

4 (1) $b-a$ (2) 도수, 총합

2 (2) 80점 이상 90점 미만인 학생 수가 6명, 90점 이상 100점 미만인 학생 수가 2명이므로 80점 이상인 학생 수는 $6+2=8$(명)
(4) 60점 미만인 학생 수: 3명
70점 미만인 학생 수: $3+4=7$(명)
80점 미만인 학생 수: $3+4+10=17$(명)
따라서 과학 점수가 낮은 쪽에서 8번째인 학생이 속하는 계급은 70점 이상 80점 미만이다.
(5) 90점 이상 100점 미만인 학생 수는 2명이므로
전체의 $\frac{2}{25}\times100=8(\%)$
(6) 70점 미만인 학생 수는 $3+4=7$(명)이므로 전체의
$\frac{7}{25}\times100=28(\%)$

3 (1) 도수의 총합은 30명이므로
$A=30-(3+13+6+2)=6$
(3) 키가 162.5 cm인 학생이 속하는 계급은 160 cm 이상 165 cm 미만이므로 구하는 도수는 6명이다.
(4) 키가 155 cm 미만인 학생 수는 $3+6=9$(명)이므로
$\frac{9}{30}\times100=30(\%)$

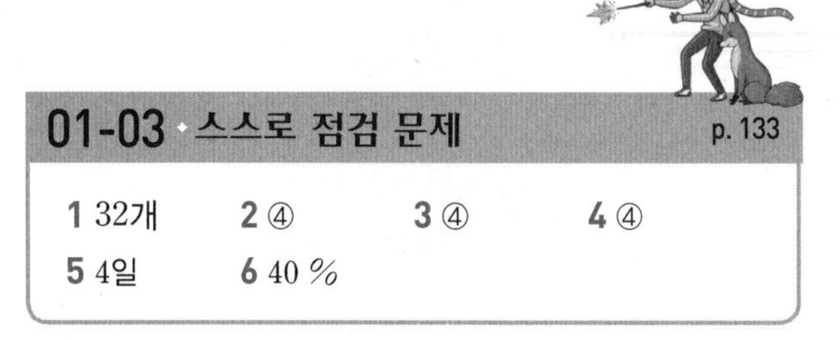

01-03 스스로 점검 문제 p. 133

1 32개 **2** ④ **3** ④ **4** ④
5 4일 **6** 40 %

1 가장 많은 홈런 수는 33개, 가장 적은 홈런 수는 1개이므로 구하는 차는
$33-1=32$(개)

2 ④ 계급의 크기는 계급의 양 끝 값의 차이다.

3 ① $(\text{계급의 크기})=20-10=10(\text{m})$
② 계급은 10~20, 20~30, 30~40, 40~50, 50~60의 5개이다.
③ $A=30-(2+8+10+1)=9$
④ 도수가 가장 큰 계급은 30 m 이상 40 m 미만이다.
⑤ 기록이 30 m 미만인 학생 수는
$2+8=10$(명)

4 $A=25-(2+4+8+3)=8$이므로
90점 이상인 학생 수: 3명
80점 이상인 학생 수: $3+8=11$(명)
따라서 수학 점수가 높은 쪽에서 7번째인 학생이 속하는 계급은 80점 이상 90점 미만이다.

5 일교차가 3 ℃인 날이 속한 계급은 2 ℃ 이상 4 ℃ 미만이므로 구하는 도수는
$30-(8+6+1+11)=4$(일)

6 일교차가 4 ℃ 미만인 날은 $8+4=12$(일)이므로 전체의
$\frac{12}{30}\times100=40(\%)$

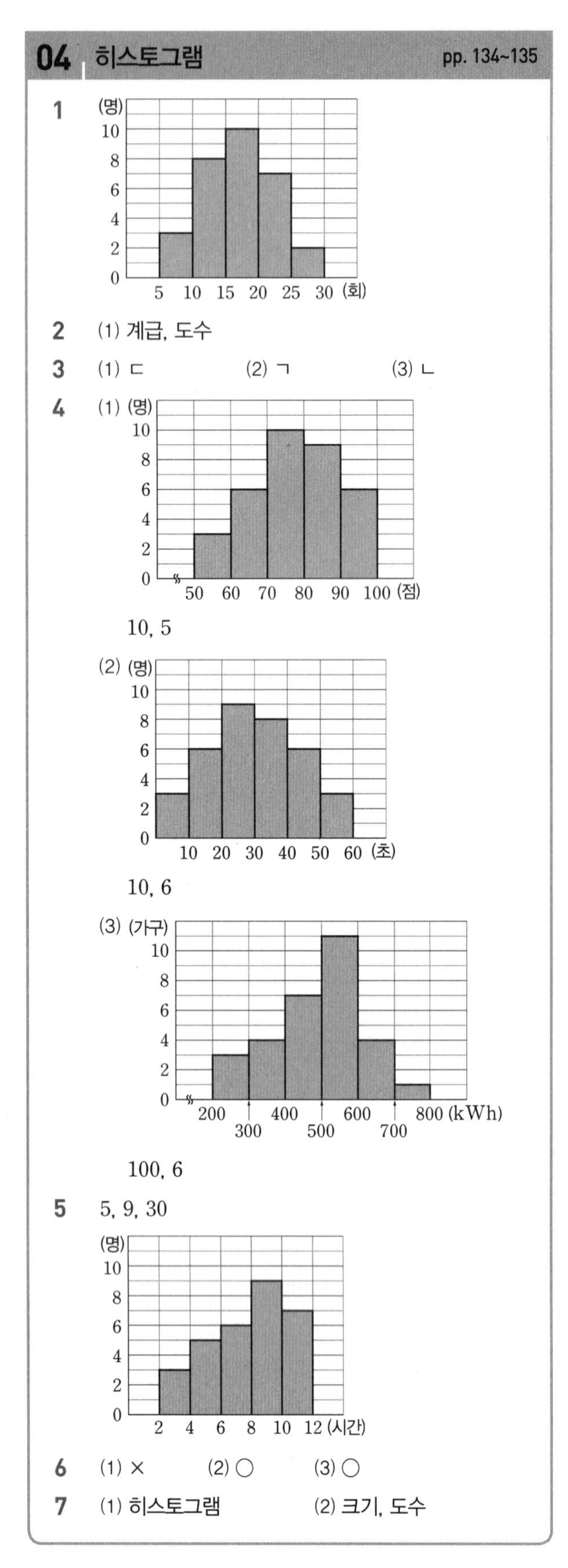

04 히스토그램 pp. 134~135

1

2 (1) 계급, 도수

3 (1) ㄷ (2) ㄱ (3) ㄴ

4 (1)

10, 5

(2)

10, 6

(3)

100, 6

5 5, 9, 30

6 (1) × (2) ○ (3) ○

7 (1) 히스토그램 (2) 크기, 도수

6 (1) 가로축에는 계급의 양 끝 값을, 세로축에는 도수를 차례로 표시한다.

(2) 직사각형의 가로의 길이는 계급의 크기로 모두 같다.

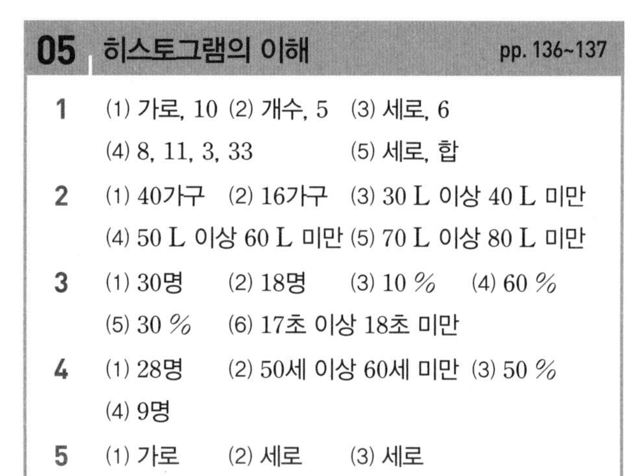

05 히스토그램의 이해 pp. 136~137

1 (1) 가로, 10 (2) 개수, 5 (3) 세로, 6
(4) 8, 11, 3, 33 (5) 세로, 합

2 (1) 40가구 (2) 16가구 (3) 30 L 이상 40 L 미만
(4) 50 L 이상 60 L 미만 (5) 70 L 이상 80 L 미만

3 (1) 30명 (2) 18명 (3) 10 % (4) 60 %
(5) 30 % (6) 17초 이상 18초 미만

4 (1) 28명 (2) 50세 이상 60세 미만 (3) 50 %
(4) 9명

5 (1) 가로 (2) 세로 (3) 세로

2 (1) $5+8+11+9+7=40$(가구)

(2) $9+7=16$(가구)

3 (1) $3+6+8+10+3=30$(명)

(2) $8+10=18$(명)

(3) 기록이 20초 이상인 학생은 3명이므로 전체의

$\frac{3}{30}\times 100=10(\%)$

(4) 기록이 18초 이상 20초 미만인 학생은

$8+10=18$(명)이므로 전체의

$\frac{18}{30}\times 100=60(\%)$

(5) 기록이 18초 미만인 학생은 $3+6=9$(명)이므로

전체의 $\frac{9}{30}\times 100=30(\%)$

(6) 기록이 17초 미만인 학생 수: 3(명)

기록이 18초 미만인 학생 수: $3+6=9$(명)

따라서 기록이 6번째로 좋은 학생이 속하는 계급은 17초 이상 18초 미만이다.

4 (1) $7+9+5+4+3=28$(명)

(3) 나이가 20세 이상 40세 미만인 회원은

$9+5=14$(명)이므로 전체의

$\frac{14}{28}\times 100=50(\%)$

(4) 나이가 20세 미만인 회원 수: 7명

나이가 30세 미만인 회원 수: $7+9=16$(명)

따라서 20세 이상 30세 미만이므로 구하는 도수는 9명이다.

06 히스토그램에서의 넓이 pp. 138~139

1 (1) 10, 10 (2) 10, 50
(3) 8, 4, 1, 8, 4, 1, 280 (4) 도수의 총합
(5) 도수, 정비례

2 (1) 180 (2) ① 10명 ② 50
(3) ① 2명 ② 10 (4) 5 (5) 5

3 12, 60, 4, 20, 60, 20, 3 / 4, 4, 3

4 9, 3, 3

5 (1) 340 (2) 5 : 11 (3) 3 : 7

6 (1) 도수 (2) 도수 (3) 도수 (4) 크기, 도수

2 (1) 계급의 크기는 $25-20=5$(m)이고 도수의 총합은
$2+5+10+9+7+3=36$(명)이므로
(직사각형의 넓이의 합)$=5\times36=180$

(2) 도수가 가장 큰 계급은 30 m 이상 35 m 미만이고 이 계급의 도수는 10명이므로 직사각형의 넓이는
$5\times10=50$

(3) 도수가 가장 작은 계급은 20 m 이상 25 m 미만이고 이 계급의 도수는 2명이므로 직사각형의 넓이는
$5\times2=10$

(4) $\frac{10}{2}=5$(배)

(5) $\frac{50}{10}=5$(배)

4 $\frac{9}{3}=3$(배)

5 (1) (직사각형의 넓이의 합)
$=10\times(7+5+8+11+3)$
$=10\times34=340$

(2) 점수가 60점 이상 70점 미만인 계급의 도수는 5명이고, 점수가 80점 이상 90점 미만인 계급의 도수는 11명이므로 두 계급의 직사각형의 넓이의 비는 5 : 11이다.

(3) 점수가 가장 높은 학생이 속한 계급은 90점 이상 100점 미만이고, 이 계급의 도수는 3명이다.
또, 점수가 가장 낮은 학생이 속한 계급은 50점 이상 60점 미만이고, 이 계급의 도수는 7명이므로 두 계급의 직사각형의 넓이의 비는 3 : 7이다.

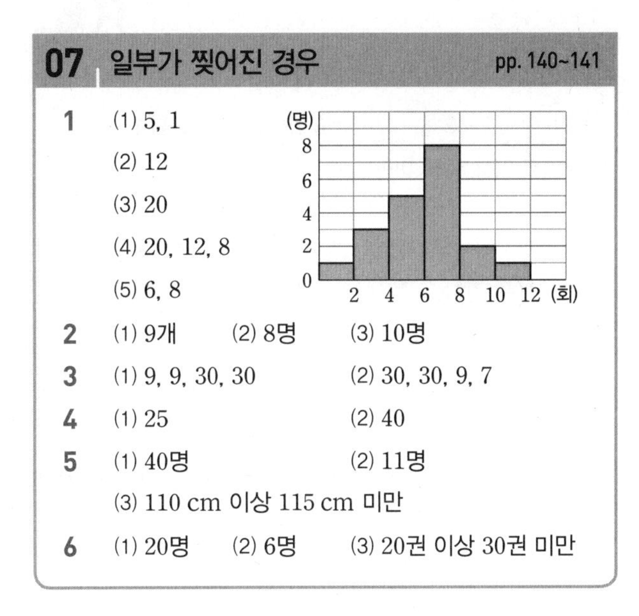

07 일부가 찢어진 경우 pp. 140~141

1 (1) 5, 1
(2) 12
(3) 20
(4) 20, 12, 8
(5) 6, 8

2 (1) 9개 (2) 8명 (3) 10명

3 (1) 9, 9, 30, 30 (2) 30, 30, 9, 7

4 (1) 25 (2) 40

5 (1) 40명 (2) 11명
(3) 110 cm 이상 115 cm 미만

6 (1) 20명 (2) 6명 (3) 20권 이상 30권 미만

2 (1) $30-(5+8+5+3)=9$(개)
(2) $35-(6+10+7+4)=8$(명)
(3) $30-(4+5+8+3)=10$(명)

4 (1) 도수의 총합을 x라고 하면
$\frac{10}{x}\times100=40 \quad \therefore x=25$
(2) 도수의 총합을 x라고 하면
$\frac{4}{x}\times100=10 \quad \therefore x=40$

5 (1) 전체 어린이 수를 x명이라고 하면 키가 115 cm 이상 120 cm 미만인 어린이 8명이 전체의 20 %이므로
$\frac{8}{x}\times100=20 \quad \therefore x=40$
따라서 전체 어린이 수는 40명이다.

(2) 전체 어린이 수가 40명이므로 키가 110 cm 이상 115 cm 미만인 어린이 수는
$40-(7+9+8+3+2)=11$(명)

6 (1) 전체 학생 수를 x명이라 하면 1년 동안 읽은 책의 수가 40권 이상 50권 미만인 학생 2명이 전체의 10 %이므로
$\frac{2}{x}\times100=10 \quad \therefore x=20$
따라서 전체 학생 수는 20명이다.

(2) 전체 학생 수가 20명이므로 읽은 책의 수가 20권 이상 30권 미만인 학생 수는
$20-(2+5+4+2+1)=6$(명)

04-07 스스로 점검 문제 p. 142

1 ④ 2 ⑤ 3 28 % 4 4 : 1
5 75회 이상 80회 미만 6 ⑤

1 ④ 직사각형의 가로의 길이는 계급의 크기와 같으므로 모두 같다.

2 ① (계급의 크기)$=140-130=10$(cm)
② $4+7+10+6+3=30$(명)
④ 키가 가장 큰 학생이 속하는 계급은 170 cm 이상 180 cm 미만이고 이 계급의 도수는 3명이다.
⑤ 키가 140 cm 미만인 학생 수: 4명
키가 150 cm 미만인 학생 수: $4+7=11$(명)
따라서 키가 작은 쪽에서 5번째인 학생이 속하는 계급은 140 cm 이상 150 cm 미만이다.

3 은후네 반 전체 학생 수는
$4+6+8+5+2=25$(명)
운동 시간이 40분 이상인 학생은 $5+2=7$(명)
따라서 전체의 $\frac{7}{25}\times100=28(\%)$

4 [방법1] 계급의 크기는 $20-15=5$(회)
도수가 가장 큰 계급의 도수는 8명이므로 이 계급의 직사각형의 넓이는 $5\times8=40$
도수가 가장 작은 계급의 도수는 2명이므로 이 계급의 직사각형의 넓이는 $5\times2=10$
따라서 두 계급의 직사각형의 넓이의 비는
$40:10=4:1$
[방법2] 도수를 이용하면 $8:2=4:1$

5 75회 이상 80회 미만인 계급의 도수는
$36-(5+9+10+8)=4$(명)
따라서 도수가 가장 작은 계급은 75회 이상 80회 미만이다.

6 전체 학생 수를 x명이라고 하면 몸무게가 45 kg 이상 50 kg 미만인 학생 6명이 전체의 24 %이므로
$\frac{6}{x}\times100=24 \quad \therefore x=25$
따라서 몸무게가 40 kg 이상 45 kg 미만인 학생 수는
$25-(7+6+2)=10$(명)
따라서 전체의 $\frac{10}{25}\times100=40(\%)$

08 도수분포다각형 pp. 143~144

1 (1) (명) 0, 2, 4, 6 / 2, 4, 6, 8, 10, 12 (시간)

(2) (명) 0, 2, 4, 6, 8 / 3, 5, 7, 9, 11, 13 (권)

(3)
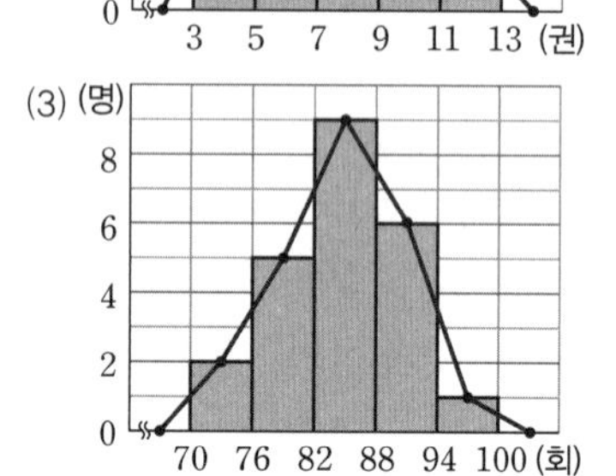

2 (1)
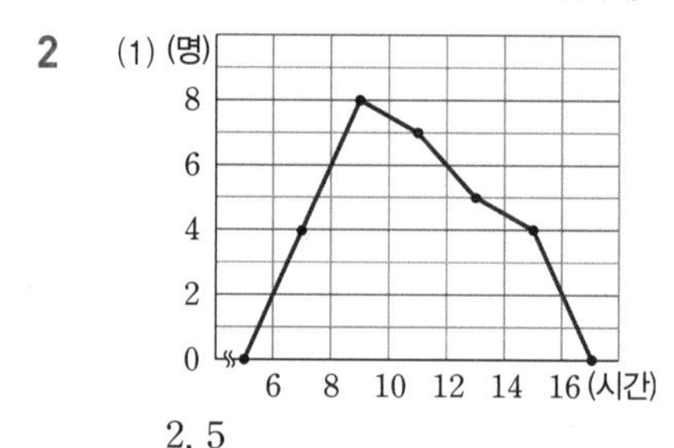

2, 5

(2)
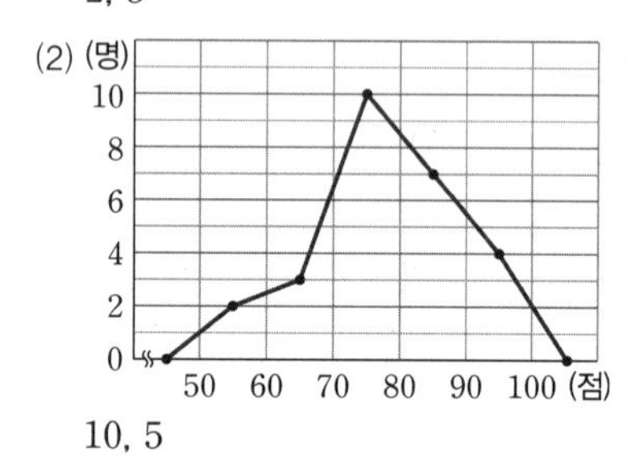

10, 5

(3)
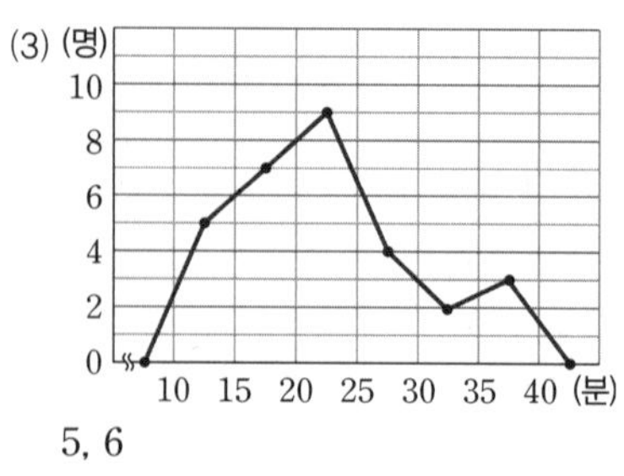

5, 6

3 5, 11, 6, 2, 27
4 (1) ○ (2) × (3) ×
5 도수분포다각형

4 (2) 도수분포다각형에서 점을 나타내는 좌표는 (계급값, 도수)이다.
(3) 점의 개수는 {(계급의 개수)+2}이다.

09 도수분포다각형의 이해 pp. 145~146

1 (1) 10 (2) 6 (3) 70, 80 (4) 40, 50
(5) 5 (6) 10, 4, 27

2 (1) ① 4, 5 ② 30 ③ 6
(2) ① 40, 45 ② 25 ③ 8

3 (1) 40명 (2) 14명 (3) 35 % (4) 10 %
(5) 16회 이상 20회 미만

4 (1) 36명 (2) 42세 이상 46세 미만
(3) 9명 (4) 25 % (5) 7명

5 (1) 계급의 개수 (2) 도수, 100

2 (1) ② 전체 학생 수는
$1+5+11+10+3=30$(명)
③ $1+5=6$(명)
(2) ② 전체 학생 수는
$2+5+10+7+1=25$(명)
③ $7+1=8$(명)

3 (1) 전체 학생 수는
$6+8+12+10+4=40$(명)
(2) $6+8=14$(명)
(3) 이용 횟수가 4회 이상 12회 미만인 학생은 14명이므로 전체의 $\frac{14}{40}\times 100=35(\%)$
(4) 이용 횟수가 20회 이상인 학생은 4명이므로 전체의 $\frac{4}{40}\times 100=10(\%)$
(5) 20회 이상인 학생 수: 4명
16회 이상인 학생 수: $10+4=14$(명)
따라서 이용 횟수가 6번째로 많은 학생이 속하는 계급은 16회 이상 20회 미만이다.

4 (1) 전체 선생님의 수는
$2+7+10+9+6+2=36$(명)
(3) $2+7=9$(명)
(4) 나이가 42세 미만인 선생님은 9명이므로 전체의 $\frac{9}{36}\times 100=25(\%)$
(5) 38세 미만인 선생님 수: 2명
42세 미만인 선생님 수: $2+7=9$(명)
따라서 나이가 5번째로 적은 선생님이 속하는 계급은 38세 이상 42세 미만이므로 이 계급의 도수는 7명이다.

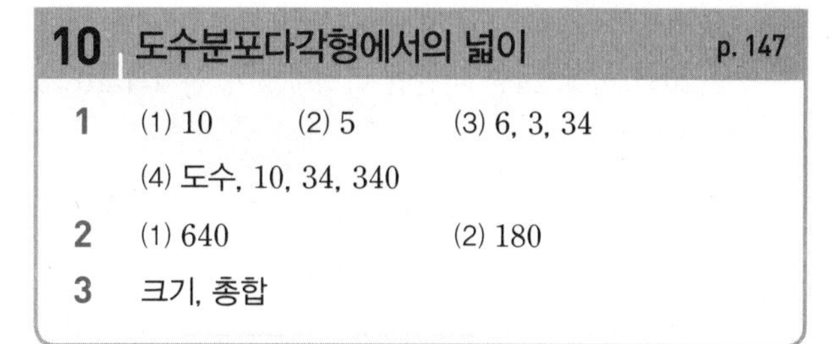

10 도수분포다각형에서의 넓이 p. 147

1 (1) 10 (2) 5 (3) 6, 3, 34
(4) 도수, 10, 34, 340

2 (1) 640 (2) 180

3 크기, 총합

1 (1) 계급의 크기는
$60-50=\cdots=100-90=10$(점)
(3) 전체 학생 수는
$6+8+11+6+3=34$(명)

2 (1) (넓이)$=20\times(4+9+10+7+2)=640$
(2) (넓이)$=5\times(7+11+8+5+5)=180$

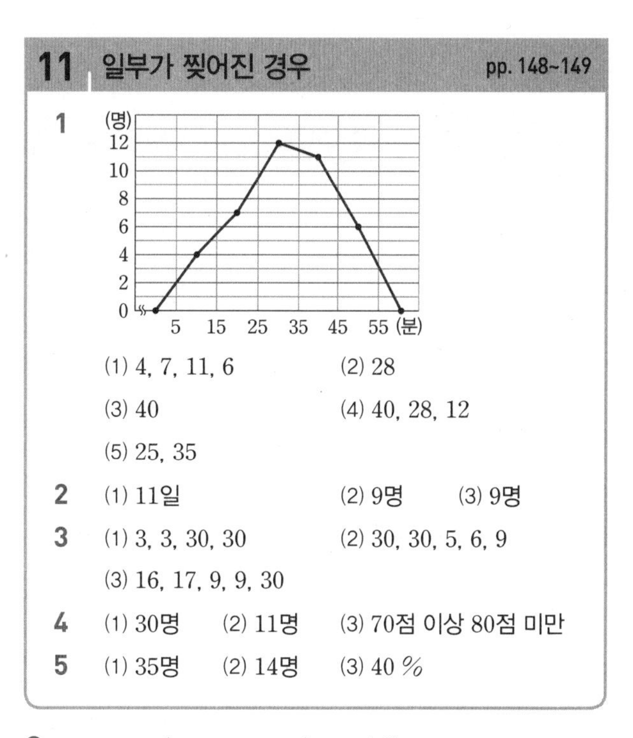

11 일부가 찢어진 경우 pp. 148~149

1 (1) 4, 7, 11, 6 (2) 28
(3) 40 (4) 40, 28, 12
(5) 25, 35

2 (1) 11일 (2) 9명 (3) 9명

3 (1) 3, 3, 30, 30 (2) 30, 30, 5, 6, 9
(3) 16, 17, 9, 9, 30

4 (1) 30명 (2) 11명 (3) 70점 이상 80점 미만

5 (1) 35명 (2) 14명 (3) 40 %

2 (1) $30-(6+9+3+1)=11$(일)
(2) $25-(4+7+3+2)=9$(명)
(3) $32-(4+6+9+3+1)=9$(명)

4 (1) 전체 학생 수를 x명이라고 하면 점수가 60점 이상 70점 미만인 학생 3명이 전체의 10 %이므로
$\frac{3}{x}\times 100=10 \quad \therefore x=30$
따라서 전체 학생 수는 30명이다.
(2) 전체 학생 수가 30명이므로 점수가 70점 이상 80점 미만인 학생 수는
$30-(2+3+9+5)=11$(명)

5 (1) 전체 학생 수를 x명이라고 하면 기증한 책의 수가 20권 이상 24권 미만인 학생 7명이 전체의 20 %이므로

$\frac{7}{x}\times 100=20 \qquad \therefore x=35$

따라서 전체 학생 수는 35명이다.

(2) 전체 학생 수가 35명이므로 기증한 책의 수가 16권 이상 20권 미만인 학생 수는

$35-(2+3+9+7)=14$(명)

(3) 도수가 가장 큰 계급은 16권 이상 20권 미만이고 이 계급의 도수는 14명이므로 전체의

$\frac{14}{35}\times 100=40(\%)$

08-11 스스로 점검 문제 p. 150

1 10 **2** ④ **3** ④ **4** ⑤
5 11명 **6** 30명

1 계급의 크기는 $10-5=5$(회)이므로 $a=5$
계급의 개수는 5개이므로 $b=5$
$\therefore a+b=5+5=10$

2 ① (계급의 크기)$=5-4=1$(시간)
② 전체 학생 수는 $3+6+10+11+4+2=36$(명)
④ 수면 시간이 가장 짧은 학생이 속하는 계급은 4시간 이상 5시간 미만이므로 이 계급의 도수는 3명이다.
⑤ 수면 시간이 9시간 이상인 학생 수: 2명
수면 시간이 8시간 이상인 학생 수: $2+4=6$(명)
따라서 수면 시간이 긴 쪽에서 5번째인 학생이 속하는 계급은 8시간 이상 9시간 미만이다.

3 전체 학생 수는 $1+4+12+5+3=25$(명)
기록이 200 cm 이상인 학생은 $5+3=8$(명)이므로
전체의 $\frac{8}{25}\times 100=32(\%)$

4 (넓이)$=$(계급의 크기)$\times$(도수의 총합)
$=10\times(4+5+8+11+7+4)$
$=390$

5 1년 동안 본 영화의 수가 6편 이상 8편 미만인 학생을 x명이라고 하면 8편 이상 10편 미만인 학생은 $(x-2)$명이다.
전체 학생 수가 34명이므로
$3+4+x+(x-2)+7=34$
$2x+12=34,\ 2x=22 \qquad \therefore x=11$
따라서 6편 이상 8편 미만을 본 학생은 11명이다.

6 80점 이상인 학생은 전체의 40 %이므로 전체 학생 수를 x명이라고 하면

$\frac{7+5}{x}\times 100=40(\%) \qquad \therefore x=30$

따라서 전체 학생 수는 30명이다.

12 상대도수의 뜻 pp. 151~152

1	(1) 0.25	(2) 0.15	(3) 0.21	(4) 0.6
2	(1) 9, 0.09	(2) 0.4	(3) 0.2	(4) 0.25
3	(1) 50, 0.3	(2) 0.2	(3) 0.16	
4	(1) 0.2, 5	(2) 12	(3) 6	
5	(1) 0.3, 3, 40		(2) 20	(3) 25
6	(1) 8, 0.4	(2) 0.2, 6		
7	(1) 100, 21	(2) 30 %	(3) 4 %	
8	(1) 상대도수		(2) 도수	
	(3) 상대도수		(4) 도수, 상대도수	

2 (2) $\frac{12}{30}=0.4$
(3) $\frac{5}{25}=0.2$
(4) $\frac{10}{40}=0.25$

3 (2) $\frac{6}{30}=0.2$
(3) $\frac{4}{25}=0.16$

4 (2) $40\times 0.3=12$
(3) $50\times 0.12=6$

5 (2) $\frac{4}{0.2}=\frac{40}{2}=20$
(3) $\frac{2}{0.08}=\frac{200}{8}=25$

7 (2) $0.3\times 100=30(\%)$
(3) $0.04\times 100=4(\%)$

13 상대도수의 분포표 pp. 153~154

1 0.24, 0.44, 0.2, 1
(1) 1 (2) 정비례 (3) 2, 0.24

2 (1) 6, 0.4, 12, 0.3, 9, 1
(2) 3, 4, 10, 0.24, 6, 0.08, 2, 1

3 (1) 0.45 (2) 10명 (3) 10 %

4 (1) 25 (2) 0.12

5 (1) 80명 (2) 16명

6 (1) 20명 (2) 0.55

7 (1) 1 (2) 도수

3 (1) 상대도수의 총합은 1이므로
$A=1-(0.3+0.15+0.1)=0.45$
(2) 40분 이상 50분 미만, 50분 이상 60분 미만인 계급의 상대도수의 합은
$0.15+0.1=0.25$
따라서 걷는 시간이 40분 이상인 학생 수는
$40\times0.25=10$(명)
(3) 50분 이상 60분 미만인 계급의 상대도수가 0.1이므로 걷는 시간이 50분 이상인 학생은 전체의
$0.1\times100=10(\%)$

4 (1) 155 cm 이상 160 cm 미만인 계급의 도수는 5명이고, 상대도수는 0.2이므로
$A=\frac{5}{0.2}=\frac{50}{2}=25$
(2) 도수의 총합은 25명이므로 140 cm 이상 145 cm 미만인 계급의 도수는
$25-(6+7+5+4)=3$(명)
$\therefore B=\frac{3}{25}=0.12$

5 (1) (전체 학생 수)$=\frac{8}{0.1}=80$(명)
(2) 90점 이상 100점 미만인 계급의 상대도수는
$1-(0.1+0.15+0.25+0.3)=0.2$
이므로 점수가 90점 이상인 학생 수는
$80\times0.2=16$(명)

6 (1) (전체 학생 수)$=\frac{6}{0.3}=\frac{60}{3}=20$(명)
(2) 전체 학생 수는 20명이고, 기록이 50회 이상 55회 미만인 학생은 11명이므로 이 계급의 상대도수는
$\frac{11}{20}=0.55$

14 상대도수의 분포를 나타낸 그래프 pp. 155~157

1 (1)
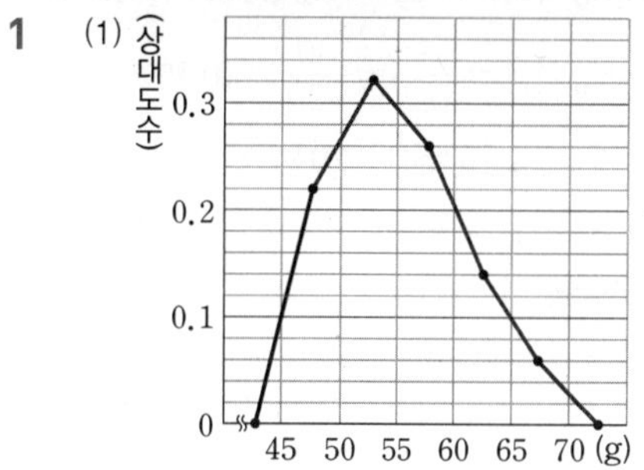

(2)
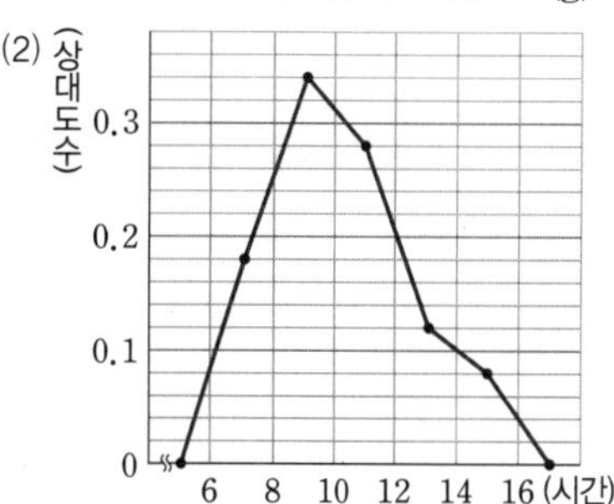

2 (1) 6명 (2) 12명

3 (1) 20분 이상 25분 미만 / 정비례, 크다
(2) 16명 / 20, 25, 0.4, 0.4, 16

4 (1) 35 % (2) 22명 (3) 14명

5 (1) 38 % (2) 52명 (3) 100명

6 (1) 60명 / 0.15, 0.15, 60 (2) 21명

7 (1) 40명 (2) 4명

8 (1) 0.3 (2) 15명

9 (1) 40명 (2) 12명

10 (1) 상대도수 (2) 1

2 (1) 4초 이상 10초 미만인 계급의 상대도수는 0.2이므로 이 계급의 학생 수는
$30\times0.2=6$(명)
(2) 16초 이상 22초 미만인 계급의 상대도수는 0.4이므로 이 계급의 학생 수는
$30\times0.4=12$(명)

4 (1) $(0.1+0.25)\times100=0.35\times100=35(\%)$
(2) $(0.25+0.30)\times40=22$(명)
(3) $(0.2+0.15)\times40=14$(명)

5 (1) $(0.14+0.24)\times100=38(\%)$
(2) $(0.12+0.14)\times200=52$(명)
(3) $(0.34+0.16)\times200=100$(명)

6 (2) 상대도수가 가장 큰 계급은 70점 이상 80점 미만이고 이 계급의 상대도수가 0.35이므로 도수는
$60\times0.35=21$(명)

7 (1) 인터넷 사용 시간이 40분 이상 50분 미만인 계급의 도수가 8명이고 이 계급의 상대도수가 0.2이므로

(전체 학생 수)$=\frac{8}{0.2}=\frac{80}{2}=40$(명)

(2) 도수가 가장 작은 계급은 20분 이상 30분 미만이고 이 계급의 상대도수가 0.1이므로 도수는

$40\times0.1=4$(명)

8 (1) 상대도수의 총합은 1이므로 구하는 계급의 상대도수는

$1-(0.1+0.24+0.2+0.16)=0.3$

(2) 대기 시간이 25분 이상 30분 미만인 계급의 상대도수가 0.3이므로 이 계급의 도수는

$50\times0.3=15$(명)

9 (1) 200타 이상 250타 미만의 계급의 상대도수는 0.1이므로

(전체 학생 수)$=\frac{4}{0.1}=40$(명)

(2) 300타 이상 350타 미만의 계급의 상대도수는

$1-(0.05+0.1+0.4+0.15)=1-0.7=0.3$

이므로 $0.3\times40=12$(명)

15 도수의 총합이 다른 두 집단의 비교 pp. 158~159

1 (1) ① 0.5 ② 0.7 (2) 2반

2 여학생

3

성적(점)	상대도수	
	A 학교	B 학교
50이상 ~ 60미만	0.12	0.1
60 ~ 70	0.22	0.2
70 ~ 80	0.36	0.35
80 ~ 90	0.2	0.25
90 ~ 100	0.1	0.1
합계	1	1

(1) 80점 이상 90점 미만

(2) 90점 이상 100점 미만

4 (1) 1 (2) 2 (3) 알 수 없다 (4) 2 (5) 1 (6) 같다

5 (1) ① 120명 ② 60명

(2) A, 92 / 0.26, 0.38, 0.38, 152, 0.14, 0.2, 0.2, 60

(3) B (4) A

1 (1) ① $\frac{14}{28}=0.5$ ② $\frac{14}{20}=0.7$

(2) 관람 횟수가 5회 이상 6회 미만인 계급의 상대도수가 2반이 더 높으므로 비율이 더 높은 쪽은 2반이다.

2 남학생 중 90점 이상인 계급의 상대도수는

$\frac{3}{27}=\frac{1}{9}$

여학생 중 90점 이상인 계급의 상대도수는

$\frac{5}{35}=\frac{1}{7}$

따라서 음악 성적이 90점 이상인 학생의 비율이 더 높은 쪽은 여학생이다.

3 (1) B 학교의 상대도수가 더 높은 계급은 80점 이상 90점 미만이므로 B 학교의 비율이 더 높은 계급은 80점 이상 90점 미만이다.

(2) 상대도수가 같은 계급은 90점 이상 100점 미만이므로 두 학교의 비율이 같은 계급은 90점 이상 100점 미만이다.

4 (2) 40분 이상 50분 미만인 계급의 상대도수는 2학년이 더 크다.

(4) 운동 시간이 20분 이상 40분 미만인 계급의 상대도수의 합은

1학년이 $0.05+0.2=0.25$,

2학년이 $0.15+0.25=0.4$

이므로 2학년이 더 크다.

(5) 1학년의 그래프가 2학년의 그래프보다 오른쪽으로 치우쳐 있으므로 1학년이 상대적으로 운동을 더 오래 하는 편이다.

(6) 두 자료의 계급의 크기가 같으므로 넓이는 같다.

5 (1) A 중학교에서 기록이 17초 이상 18초 미만인 계급의 상대도수가 0.3이므로 이 계급의 학생 수는

$400\times0.3=120$(명)

B 중학교에서 기록이 17초 이상 18초 미만인 계급의 상대도수가 0.2이므로 이 계급의 학생 수는

$300\times0.2=60$(명)

(2) $152-60=92$(명)

(3) 18초 이상인 계급의 상대도수의 합이 B 중학교가 더 크다.

(4) A 중학교에 대한 그래프가 B 중학교에 대한 그래프보다 왼쪽으로 치우쳐 있으므로 A 중학교가 B 중학교보다 100 m 달리기 기록이 더 좋다.

12-15 스스로 점검 문제 p. 160

1 ② **2** ⑤ **3** ② **4** 9명
5 ㄴ, ㄷ

2 상대도수의 총합은 1이므로 한 달 용돈이 4만 원 이상 5만 원 미만인 계급의 상대도수는
$1-(0.2+0.25+0.2+0.05)=0.3$
따라서 구하는 학생 수는
$40\times0.3=12$(명)

3 도수가 가장 큰 계급은 30세 이상 40세 미만이고 이 계급의 상대도수는 0.4이므로
(전체 선수의 수)$=\frac{160}{0.4}=\frac{1600}{4}=400$(명)
따라서 40세 이상인 계급의 상대도수의 합이
$0.15+0.05=0.2$
이므로 구하는 선수의 수는
$400\times0.2=80$(명)

4 50점 이상 60점 미만인 계급의 상대도수는 0.16이므로
(전체 학생 수)$=\frac{8}{0.16}=\frac{800}{16}=50$(명)
상대도수의 총합은 1이므로 점수가 80점 이상 90점 미만인 계급의 상대도수는
$1-(0.06+0.16+0.3+0.26+0.04)=0.18$
따라서 구하는 학생 수는
$50\times0.18=9$(명)

5 ㄱ. 독서반과 글짓기반의 학생 수는 알 수 없다.
ㄷ. 7권 이상 10권 미만인 계급의 상대도수가 독서반이 더 크므로 읽은 책의 수가 7권 이상 10권 미만인 학생의 비율은 독서반이 더 높다.
ㄹ. 글짓기 반에 대한 그래프가 독서반에 대한 그래프보다 오른쪽으로 치우쳐 있으므로 글짓기반이 독서반보다 상대적으로 책을 더 많이 읽었다.
따라서 옳은 것은 ㄴ, ㄷ이다.

생각을 잘 하는 것은 현명하고,
계획을 잘 하는 것은 더 현명하며,
실행을 잘 하는 것은 가장 현명하다.

– 로마 속담 –

풍산자

반복수학

중학수학 1-2